U0397525

"郑州大学考古学学科建设创新中心"系列丛书（一）

河南冶鐵技術

发展史研究

姚智辉 著

上海古籍出版社

本书的出版得到

郑州大学"双一流"建设项目——
"考古学学科建设创新中心专项"资助

序

　　中国冶铁技术史是我学术研究的起点，也是我最为重视的冶金考古研究领域，其中感受最深的是河南古代冶铁技术研究历史厚重、成果丰硕，因此当我收到姚智辉教授的《河南冶铁技术发展史研究》书稿之后，就认真学习、消化并深入思考本书价值，现说几点体会，与大家共勉。

　　我一直关注河南冶铁技术发展史研究。1995—2001 年在北京科技大学读书期间，我阅读了大量河南古代冶铁技术史研究文献资料，结识了河南省文物考古研究所李京华和刘海旺先生，已被河南铁冶金考古的巨大成就折服，当时我已有与河南考古同仁开展合作研究的决心。记得 2000 年秋冬时节，刘海旺先生负责发掘鲁山望城岗冶铁遗址，我主动到发掘工地学习，并采集部分样品进行检测分析，收获颇丰。以此为契机，并在李京华、刘海旺等先生的支持下，我在河南参与了不少冶铁遗址调查和发掘、出土冶铸遗物的整理和铁器检测分析工作，因此对河南古代冶铁技术的发展历程有了更为深入和系统的认识，也在不断思考应从何处做出突破。

　　河南冶铁技术发展史研究的开展与突出成就离不开李京华先生的卓越贡献。李先生长期致力于冶金考古研究，除主持或参与多项青铜冶铸遗址田野考古工作之外，还主持或参与了河南新郑郑韩故城遗址、南阳瓦房庄汉代冶铁遗址、古荥汉代冶铁遗址、登封告成王城岗遗址、西平县酒店冶铁遗址、巩义铁生沟汉代冶铁遗址、鹤壁鹿楼冶铁遗址、鲁山望城岗汉代冶铁遗址、渑池铁器窖藏遗址、山西夏县安邑"东三"冶铁遗址等钢铁生产类遗址的考古发掘和整理工作，形成的《中原古代冶金技术研究》《汉代叠铸》《南阳瓦房庄》《登封王城岗与阳城》等学术论著堪称古代钢铁技术研究经典，这些研究奠定了论述河南古代钢铁技术发展史的考古基础。

　　李京华先生在从事高水平冶金考古研究的同时，不断培养、帮助年轻考古人从事冶金考古研究，不断呼吁考古界重视冶金考古工作。如他在河南省文物考古研究所重点培养刘海旺等进行冶金考古研究，构建研究团队；曾给时任北京大学考古学系主任的李伯谦教授写信，建议北大考古重视冶金考古并开设相关课程。2003 年 12 月，我到北京大学考古文博学院任教，也许是对李先生建议的积极回应。这些年，我在《冶金考古》课程上每次讲授中国古代钢铁技术发展史时，我都会强调，河南是战国秦汉时期中国古代冶铁技术的中心，河南古代的钢铁技术，很大程度上可视为中国古代钢铁技术发展的缩影，一部河南冶铁史、半部中国冶铁史。这是因为在很长一个时期内，河南发现、发掘了中国年代最早、数量最多、类型最丰富的冶铁遗址，关于冶铁遗物检测分析和铁器制作工艺研究最成体系，基本构建了中国古代钢铁技术谱系，在冶铁遗址类全国重点文物保护单位中河南的数量也是最多的。我告诉同学们，形成这种结果的原因，虽不能否定河南具有丰富的冶铁遗址资源、具备必要的研究条件，但更关键的在于李先生的长期不懈努力，这是他积极组织冶铁遗址考古调查、发掘和综合研究，积极推动冶铁遗址的保护与利用，积极宣传河南和中国冶铁技术史研究成果的结果。李京华先生由此也获得国内外学者的高度赞誉，其中在英国剑桥李约瑟研究所出版的《中国科学技术史》第五卷 11 分册《钢铁冶金》一书中，作者华道安在卷首写着"献给李京华先生……"。

通读《河南冶铁技术发展史研究》可以发现，该书聚焦河南冶铁历史遗存，从管理政策、冶铁业态、生产模式、技术发展等角度，对河南冶铁发展史进行梳理与写作，内容包括冶金史研究方法、资源分布、冶铁技术起源、战国—魏晋时期冶铁遗址与铁器分析、燃料与鼓风技术，古代冶铁遗址的当代阐释等，全景展示、系统揭示了河南古代冶铁技术发展历程、各类价值及其现代意义，对更好认识河南古代手工业史，更好挖掘河南文化底蕴，更好推动中华优秀传统文化创造性转化和创新性发展，意义重大。特别是，本书能够抓住关键问题、做好基础研究、树立精品意识，做到"今、古、人、事、物、书"相统一，是河南兴文化工程文化研究工作的优秀成果，并且通过河南讲述中国古代钢铁技术的发明创造体系，立意更加深远。关于本书特点，我想从以下四点进行介绍。

首先，本书对河南冶铁技术史的研究历史与现状进行了细致梳理与深入分析，并提出相关建议，对未来工作具有指导意义。关于中国冶铁技术史的研究自 20 世纪 20 年代已经开始了，当时主要通过历史文献研究冶铁技术起源时间等问题。中华人民共和国成立以后，1950 年代就有冶铁遗址考古发掘和铁器制作工艺研究成果，随着现代科技被不断引入冶铁史研究，到 1980 年代初，基本构建出中国古代钢铁技术体系。20 世纪 90 年代以来，学界更加注重冶铁技术的起源、发展和传播问题，充分运用"操作链"和"运营链"理论及空间信息技术等手段，取得一些示范性成果；更加重视从冶金原理角度探讨铁器材质和冶炼技术的判定标准，特别是在炒钢工艺判定标准的建立方面有重大进展。在山东章丘东平陵、陕西杨陵郿城、河南鲁山望城岗和福建安溪下草埔等冶铁遗址的发掘及多学科合作研究，展现了冶金考古与田野考古交融的新方法与新理念。本书对以上中国铁冶金考古研究成果和研究取向进行了深入、系统分析，指出存在的问题，并通过河南巩义铁生沟、南阳瓦房庄、郑州古荥、鲁山望城岗等冶铁遗址的发掘及研究成果的全面系统梳理与分析，着力构建从西周到明清时期河南地区古代铁器和冶铁业发展历程，对未来工作具有指导意义，充分展示了作者的研究功力。

其次，本书重点讨论了冶铁技术起源问题，特别是关于从块炼铁冶炼到生铁冶炼技术转变原因的讨论尤为精彩。研究发现，新疆早在距今 5000 年左右就利用陨铁制成铁器，与中亚地区联系密切，中原最早的陨铁制品是河北藁城台西村商代墓地出土的铁刃铜钺；甘肃陈旗磨沟距今 3300 年左右寺洼文化墓地出土了目前中国最早的人工冶铁（块炼铁）制品，但块炼铁制品在新疆迟到公元前 10 世纪开始、在中原地区大致在公元前 8 世纪，才得到较为广泛的使用；在豫陕晋交界地带的河南三门峡虢国墓地、陕西韩城梁带村芮国墓地和山西曲沃天马曲村遗址，集中出土了一批春秋前期两周之际的陨铁、块炼铁和生铁制品，其中生铁是迄今世界上年代最早的。因此，我们认为中国生铁冶炼技术是在块炼铁技术的刺激下，基于社会经济发展需求，结合中原地区已有的制陶、铸铜技术传统，率先在晋陕豫交界地带发明，并逐步发展演变出具有中原独特"华夏风格"的生铁冶炼和生铁制钢技术体系。但是关于如何从块炼铁冶炼转变到生铁冶炼技术体系，以往研究并不深入，本书尝试从块炼铁冶炼技术传播的时空背景、思想观念以及技术因素等方面进行综合讨论，颇有新意，值得关注。

第三，本书系统介绍了冶铁设施、耐火材料以及块炼铁遗存的最新研究成果。李京华、刘云彩、韩汝玢等前辈曾聚焦冶炼设施，通过总结文献和考察重点遗址，指出古代冶铁竖炉起源于冶铜炉，复原了冶铁竖炉、炒钢炉和退火窑结构，初步总结了冶铁竖炉的演变模式。近年来，有学者在系统整理炼炉遗存资料的基础上，将古代冶铁竖炉分为"六型九式"，并从鼓风技术变革的视角探讨了冶铁竖炉演进的驱动因素；以竖炉炉壁为研究对象，综合文献梳理、田野调查和实验室分析结果，将制铁炉壁分为粘土质、砂质、砂泥质和石质等材质，并描绘出炉壁材料随时代变化的清晰发展脉络。值得重视的是，关于块炼铁遗址的发现、确认与保护工作，成为近年来铁冶金考古重大收获之一。黄全胜等从冶铁遗址的田野调查入手，在广西贵港发掘出"碗式"炼炉，利用炉渣分析的方法，确认汉代至六朝时期的块炼铁冶炼遗址，属国内首次。李映福认为这种"碗式"炼炉的起源与世界其他地区"碗式"炼炉的起源途径相同，是西亚地区"碗式"炼炉对外扩散的结果，其传播线路是沿印度洋经由西亚、南亚、东南亚传入。在福建安溪下草埔、湖北大冶等地也发现宋元至清代的块炼铁遗存，说明块炼铁与生铁冶炼两种技术长期并存，因社会环境、资源禀赋等差异呈现不同的技术选择面貌。本书对这些研究成果均进行了充分阐述，并系统介绍了河南发现的战国秦汉至明清时期数十处铁矿开采和冶铁遗址的研究情况，深入分析了这些遗址所反映的炉形结构、鼓风设施、燃料使用的发展演变过程，充分阐释了河南古代冶铁业态格局与模式、完整的钢铁技术体系建立以及辐射四方的影响力，并创造性地指出冶铁遗址分布的范围、规模、技术水平和数量，是衡量冶铁业水平和铁器推广程度的重要标志。这些成果，进一步凸显河南在中国冶铁技术发展史上的地位与作用。

第四，本书对古代冶铁遗址的当代价值与保护利用问题进行了深入分析，提出了一系列重要工作思路。中国古代从陨铁、块炼铁到生铁冶炼的技术演变轨迹，准确展示了冶铁技术从西北到中原地区不断进步的发展历程，进一步说明了中原地区的创造力。即中原地区一方面接受了陨铁制作和相对原始的块炼铁冶炼技术的同时，另一方面则在将其与本区域发达的青铜冶铸技术传统结合的基础上，创造性地发明了以生铁为基础的钢铁技术体系，并向周边地区传播，对秦汉帝国的建立和东亚地区的文明进程产生了重要影响，再次体现了中华文明包容性和创新性的特点。

我们认为，中国古代冶铁技术的创新与包容，体现在技术和制度两个方面，而河南在中国古代冶金史上具有更加重要的地位。河南偃师二里头遗址出土了中国最早的青铜容器和代表王权的青铜钺，发掘了紧邻宫城的青铜器铸造作坊，可以认为是河南地区的先民在接受外来青铜冶铸技术之后完成了技术本土化转化过程。以二里头遗址青铜容器群为代表，是冶金技术第一次本土化过程，郑州商城、安阳殷墟的铸铜作坊所反映的铸造技术水平是当时中国最先进的。生铁冶炼和利用生铁制钢技术是中国冶金技术第二次本土化，河南又是非常重要的完成之地之一。在郑州古荥和巩义、南阳、鲁山、泌阳等地发现的汉代特大型炼铁高炉，这些冶铁遗址技术水平在当时是全国最高的，当然也是当时全世界最高的。因此，可能古代冶铁遗址具有十分重要的科学价值，也具有更加重要的历史价值，很有必要充分地研究、保护与利用。

但正如本书所指出的，冶铁遗址原址保护的难度较大，小型矿冶遗址的阐释空白较多，阐释方式千篇一律，风格雷同，因此具有很大的研究空间。近年来，考古遗址公园、各种类型的博物馆成为文化旅游的热点，其中郑州古荥冶铁遗址博物馆、舞钢中国冶铁文化博物馆的建成，是河南冶铁技术研究成果进行文化产品转化的优秀案例。河南冶铁遗址充分代表了中国古代冶金技术的创新，深刻反映了技术推动社会变革的规律，具有强烈的突出普遍价值，趁此机会，我强烈呼吁，今后应系统总结经验，进一步加强冶铁遗址的考古调查、发掘和综合研究，系统阐释其各类价值，更加重视价值传播和展示利用工作，积极申报世界文化遗产，让这些优秀文化遗产发挥活力、讲好中国故事。

总之，本书从古代冶铁技术研究理论与方法入手，系统介绍了河南古代冶铁技术研究成果和发展历程，深入分析了河南冶铁技术起源和兴衰的历史和技术背景，全面阐释了河南冶铁遗址和古代冶铁技术的各种价值，并根据在研究、保护和利用方面存在的问题提出一系列具备很强操作性的举措，我为智辉教授取得这一优秀研究成果而高兴。我们应该再次致敬李京华先生，并将本书献给李先生，期待河南和中国冶金考古事业能有更大发展，期待有更多、更加优秀的冶金考古研究成果问世。

陈建立（北京大学考古文博学院）

前　言

　　党的十八大以来，习近平总书记高度重视传承弘扬中华优秀传统文化，强调要深入了解中华文明五千多年发展史，把中国文明历史研究引向深入。

　　河南是文化大省，在五千多年的中国文明历史进程中具有不可替代的独特地位，充分利用和发挥河南的历史文化资源优势，在中国文明历史研究中展现河南担当，在铸就社会主义新辉煌中作出河南贡献，是极具历史价值和当代意义的工作。"河南兴文化工程"作为我省宣传思想战线深入学习贯彻习近平总书记重要讲话重要指示的重要举措，是推进河南历史文化保护的传承与弘扬的着力点。

　　矿冶遗址记录着悠远的中华文脉，镌刻着民族厚重的历史。我们应充分发掘遗址与遗物蕴藏的历史价值、艺术价值、文化价值、生态价值等，使其在现代文明建设中发挥积极的促进性作用。

　　金属矿自带耀眼的光泽和鲜艳的颜色，这可能是古人最早认识金属的途径。自然界存在的天然金、天然铜等，它们质地柔软、延展性好，借助质地坚硬的岩石就可以对其进行锤打，加工成简单的饰件等器物，这是古代最早对金属加工的方式。冶金技术就是从矿石中提取金属和金属化合物，然后用各种方法制成具有一定性能的金属材料。新石器时代的采石和烧陶技术，为金属的冶炼提供了多方面的经验积累，包括对矿物、炉温与气氛、木炭的性质的认识和了解等诸多方面。

　　金属单质被冶炼出来之后，就和人类的生产、生活发生了密切关联。冶金技术的推广和发展直接导致了工具的变革，无疑会对生产力的发展、社会生活面貌的改变产生革命性的作用。目前多将文字、冶金术和城市并列，作为文明诞生的标准，称为"文明三要素"。尽管文明诞生的"三要素"并非普适的绝对标准，但冶金与人类文明发展的密切关系不言而喻，冶金是人类文明和社会发展的物质基础。没有金属材料，便没有人类今天的物质文明。中国古代金属技术是中国古代文明的重要组成，青铜文化和钢铁文化为古代政治、经济、文化的发展奠定了技术和物质基础，对中华文明的肇建和发展产生着深远的影响。

自冶铁术出现后，冶铁业的发展就成为衡量一个国家或地区经济发展的重要指标。恩格斯指出："铁是在历史上起过革命作用的各种原料中最后和最重要的一种原料。铁使更大面积的农田耕作，开垦广阔森林地区成为可能；它给手工业工人提供了一种坚固和锐利非石头或当时所知道的其他金属所能抵挡的工具。"① 郭沫若将铁器发展水平作为衡量社会经济发展水平的标尺以及古史分期的依据之一，认为铁器的出现与发展，和社会形态有着相应的关联，铁器的发明是原始社会步入奴隶社会的重要推动力；铁农具的使用，则促进了奴隶社会走向封建社会②。尽管今天我们知道，青铜或铁的出现与使用，和一个社会的经济形态之间不存在必然的联系，如希腊社会在公元前 10 世纪已经步入铁器时代，而其在公元前 5 至公元前 4 世纪时，仍然是高度繁荣的奴隶制经济形态。但能够将铁器作为贯穿于对先秦社会形态体系研究的重要线索，体现出作为史学家的学术自觉和考古学家的学术素养③，其肯定和总结了科学技术的社会功能，指出一部工艺史便是人类社会进化的轨迹④。

冶铁作为一门重要的工程技术，对于人类社会的发展和进步具有重大意义。我国古代出现的生铁冶炼技术及建立在其基础之上的钢铁技术体系，是中华民族历史上最伟大的发明之一，其为我国古代农业、手工业、军事等方面的发展提供了充分的技术保障，因此对冶铁技术的认识和研究，对于了解人类社会发展的历史无疑具有重要意义。中国古代冶铁技术发展的历史，既是中国古代科学技术发展史的重要部分，也是中国古代史研究中非常重要的环节。

大量考古材料证实，河南地区是战国、两汉时期中国古代冶铁技术的中心，河南古代的钢铁技术，很大程度上可视为中国古代钢铁技术发展的缩影。

---

① （德）恩格斯：《家庭、私有制和国家的起源》，见《马克思 恩格斯选集》（第四卷），北京人民出版社，1963 年，第 149 页。

② 郭沫若：《中国古代社会研究》，见《郭沫若全集 历史篇》（第一卷），北京人民出版社，1982 年，第 16 页。

③ 王舒琳：《郭沫若的铁器研究与先秦社会形态研究体系的建立与发展》，《河北师范大学学报（哲学社会科学版）》2022 年第 6 期。

④ 郭沫若：《中国古代社会研究》，见《郭沫若全集 历史篇》（第一卷），第 251 页。

对河南冶铁技术发展史的研究，从管理政策、冶铁业态、生产模式、技术发展等角度，对河南冶铁发展史进行梳理，聚焦河南冶铁历史遗存，从考古和技术史的视野来揭示其所凝聚的古人智慧、特殊价值和背后的历史兴衰。对河南地区冶铁发展技术的回顾和思考，有助于更好地认识河南地区的古代手工业史和工业史，不仅帮助我们更好地挖掘河南地区的文化底蕴，了解其辉煌成就，防止自身文化的丢失，而且有助于更好地审视自身，丰富对中原古代文明和文化的认识，在守正创新中传承和发展中华文明，推动优秀传统文化新时代的发展。

本书分为八章，第一章介绍冶金技术史常用的研究方法。从考古材料、技术分析、社会视角研究几方面，对河南地区冶铁技术研究现状进行梳理，介绍研究目的与意义。

第二章，介绍天然陨铁的特征和河南地区最早的陨铁器，对河南地区铁矿石分布、类型和品位进行概述。

第三章，对人工冶铁起源的标准界定、介绍早期（公元前5世纪前）人工冶铁制品的分布和河南地区出现的早期冶铁件，并对冶金技术起源和块炼铁技术进行探讨。

第四章，介绍战国时期河南冶铁技术的快速发展，结合考古材料如以郑韩故城、登封（告成）阳城铸铁遗址等为代表的冶铁遗址，从冶金炉的进步、型材与铸造、脱碳铸铁、铸铁脱碳钢与韧性铸铁（材质）、退火工艺与柔化技术（工艺）几个方面，对战国冶铁技术进行探讨，寻找其发展特点。根据先秦较多出现铜铁复合器这一现象，对早期东西冶金文化的碰撞进行分析和讨论。

第五章，对汉代河南冶铁技术发展的研究，以郑州古荥"河一"冶铁遗址、巩义铁生沟"河三"冶铁遗址等大量河南冶铁遗址为切入点，从冶金炉、型材与铸造、热处理技术、制钢技术等诸多方面，了解汉代冶铁技术发展状况。南阳地区多个冶铁遗址群的出现，反映出河南汉代冶铁业态的新格局。从空间布局、市场机制、管理体系和产业技术等，多角度探讨汉代河南冶铁工业体系雏形的形成。从业态格局与模式、生产体系与技术辐射来论述和说明河南是汉代冶铁的核心区。汉代冶铁业不仅带来农业革命，更为汉代的开疆拓土和冶铁技术外传带来深刻影响。

第六章，结合河南冶铁遗址和遗物，对魏晋以后的钢铁技术发展进行论述，同时结合不同时期代表性冶铁作坊和铁产品，探寻冶铁业从资源基地向贸易加工地转移这一变化的原因。

第七章，对与冶铁技术密切相关的冶铁燃料与鼓风技术发展进行梳理，并对冶铁燃料相关问题进行再思考。

第八章，对河南古代冶铁遗址的当代阐释研究，选取河南地区冶铁遗址中两类不同模式的典型代表，一个是古荥汉代冶铁遗址，一个是舞钢古代冶铁遗址群，结合国内外典型矿冶遗址带来的启示，分析我们的不足并提出设想和建议，为探寻古代矿冶遗址的现代呈现进行初步探索。

由于本人水平所限，书稿难免有错误和不足之处，恭候读者的批评，再进行后续补正。

目　录

绪　论

2002 年在韩国举行的第五届 BUMA 冶金史国际会议上，美国材料科学专家 R. Maddin 教授作了主题发言[1]，他认为金属铁代替青铜，最主要的原因在于世界大部分地区铁矿资源比铜矿、锡矿资源更为丰富，青铜在冶炼和使用的 2000 多年间，属于富裕阶层才能享用的金属，而铁的发明和出现改变了这种情况，打破了以贵族为中心的社会政治体系，造福于整个社会。

　　世界范围发现最早的铁器，一般认为源自两河流域北部和小亚细亚地区。赫梯人常被认为是块炼铁技术的发明者。陈坤龙等对早期铜铁技术的交流进行梳理、论述[2]。早期文献有不少出土于青铜时代地层的铁器被认为人工冶铁制品[3]，研究显示其性质的认定还存在争议[4]。有学者认为印度冶铁技术在公元前第 2 千纪早期起源于文底耶山（Vindhyas）东部的恒河平原地带[5]，但因其测年结果与类型学判断结果差距较大而受到质疑[6]，公元前 1500 年前后，在安纳托利亚地区开始出现比较明确的人工冶铁制品[7]；随后，地中海沿岸地区陆

　　①　R. Maddin. "The beginning of the use of iron." *Procceding of BUMA - V*, Korea, 2002, pp. 1 - 16.

　　②　陈坤龙等：《丝绸之路与早期铜铁技术的交流》，《西域研究》2018 年第 2 期。

　　③　Waldbaum, J. C., "The first Archaeological Appearance of Iron and the Transition to the Iron Age." in the *Coming of the Age of Iron*, T. A. Wertime and J. D. Muhly, Editors. 1980, New Haven: Yale University Press. pp. 69 - 98.

　　④　Yalçın, Ü., "Early Iron Metallurgy in Anatolia." *Anatolian Studies*, 1999. 49: 177 - 187; Waldbaum, J. C., "The Coming of Iron in the Eastern Mediterranean," in *Archaeometallurgy of the Asian Old World*, V. C. Pigott, Editor. 1999. Philadelphia: The University of Pennsylvania: pp. 27 - 58.

　　⑤　Tewari, R., "The Origins of Iron Working in India: New Evidence from the Central Ganga Plain and the Eastern Vindhyas." *Antiquity*, 2003. 77 (297): 536 - 544; Tewari, R., "Updates on the Antiquity of Iron in South Asia." *Man and Environment*, 2010. 35 (2): 81 - 97.

　　⑥　Barba, F., "Early Iron Age in India. Annali dell' Università Degli Studi di Napoli 'L'Orientale'." *Rivista del Dipartimento di Studi Asiatici e del Dipartimento di Studi e Ricerche su Africa e Paesi Arabi*, 2005. 65: 141 - 159.

　　⑦　Muhly, J. D., et al., "Iron in Anatolia and the Nature of the Hittite Iron Industry." *Anatolian Studies*, 1985. 35: 67 - 84.

续掌握冶铁技术，外高加索地区的遗址开始出现铁器①；公元前第 1 千纪前半叶，多数欧亚大陆早期文明已进入铁器时代②。

20 世纪 70 年代，在泰国东北部的班清遗址，发现了公元前 1000—前 300 年的锻打非铸造的铁器，这些铁器被视为是本地制作的③。近些年，欧洲地区如瑞典、荷兰、捷克等发现公元前 15 世纪—前 11 世纪的零星铁器，如铁残件、铁钻、铁刀等。在印度和巴基斯坦也发现了不少公元前 13 世纪甚至更早的铁器④。诸多新材料的发现，引发铁器多中心发源观点的出现，但早期铁器中许多问题尚不明了，有待更多材料和进一步研究来说明。

中国冶铁技术的起源，是中国考古学研究中极重要的问题之一。中原地区不仅是东周、秦汉时期政治、经济、文化的发展中心，也是中国古代冶铁技术的核心发源地。

第一节　冶金技术史的研究方法

冶金业是古代手工业的重要组成部分，涉及矿石的开采、金属的冶炼、金属器的生产、原料和产品的流通、产品的使用及其相关的社会组织管理等多方面的内容。冶金考古工作可帮助我们建立起冶金技术的发展谱系，揭示冶金活动的生产组织方式，多角度阐释资源、技术与文明发展之间的关系，为认识文明演进和国家发展等重大历史问题提供参考，为保护、传承优秀传统文化提供科学依据。

对中国古代冶金技术史研究，需要以古代冶金遗存和遗物为研究对象，结合古代文献，来了解古代矿冶技术产生和发展历程、不同时代不同区域冶金技术的特点以及冶金技术发展对社会的影响等等。

古代文献关于冶金技术或者冶金史的内容多是零星的，我们对古代冶金技术的认识和了解，主要来自冶金考古材料，包括考古发掘的冶炼遗址和遗物。20 世纪 20 年代是中国冶金考古的萌芽期，学者们开始关注古代冶金史，并发

---

① Yalçın, Ü., "Early Iron Metallurgy in Anatolia." *Anatolian Studies*，1999. 49：177 – 187.

② Tylecote, R. F., "*A History of Metallurgy*." 1992. London：Institute of Materials.

③ J. whife, Ban chiang：*Discovery of a Lost Bronze*. Pennsylvania University Press. 1982.

④ 涂厚善：《有关印度铁器时代开始年代的问题》，《华中师范大学学报（哲学社会科学版）》1986 年第 6 期。

表一批重要的冶金史研究著作，如王琎的《中国古代金属原质之化学》[①]，通过化学分析的方法对古代金属器物进行研究，开创了我国冶金史与化学史研究的先河；章鸿钊的《中国铜器、铁器时代沿革考》[②]、朱希祖的《中国古代铁制兵器先行于南方考》[③] 等，对我国铜器、铁器的时代做了初步考证，均为该时期重要的研究成果。受限于时代与资料的完整性和方法的局限性，该时期的研究虽未呈现出学科式的探索韧力，但重视实物资料与文献资料相结合的研究方法，却为后世研究指出了正确的方向。早期通过文献记载来研究的方法，带有极大的主观因素，需要更为客观的研究手段加以辅助，后来科技手段介入冶金考古即是较好的解决路径。

1949 年以后，大量冶金考古遗存（遗址）被发现，考古研究内容日趋扩大化和精细化，考古学研究和冶金史研究紧密结合，得到快速发展，杨宽《中国古代冶铁技术的发明和发展》[④]、张子高《中国化学史稿（古代之部）》[⑤] 等，将我国古代的冶金史研究工作向前推进一大步。直到 20 世纪 70 年代中期，冶金工业部联合中国科学院自然科学史研究室、有色金属研究院和北京钢铁学院成立《中国冶金史》编写组[⑥]，系统阐述中国古代冶金技术的发展历程，标志着古代冶金史研究迈入系统研究和编写教程的新时期。

20 世纪 80 年代至 21 世纪初，是我国冶金考古事业巨大发展的时期。学界对国内多处古代矿冶遗迹、遗址进行调查研究，对涉及的遗物进行科学鉴定与模拟实验，成绩斐然。这一阶段的研究状况，已呈现出冶金学与金属工艺学、考古学、历史学、地理地质学和科技史等相关学科合作，并运用现代科学技术手段进行研究的新局面，标志着我国冶金史研究正逐渐走向成熟。21 世纪以来，科技考古极大丰富和完善着对古代冶金技术的认知，对古代冶金技术已不再停留于技术层面的分析，开始转向与技术相关的社会流通、社会管理等诸多问题的深层探讨，对古代冶金史的发展研究更加多维度、多层次。

冶金史是科学技术史的重要组成部分，其研究方法与其他科学史、技术史的

① 　王琎：《中国古代金属原质之化学》，《科学》1920 年第 5 卷第 6 期。
② 　章鸿钊：《中国铜器、铁器时代沿革考》，《科学》1921 年第 6 卷第 7 期。
③ 　朱希祖：《中国古代铁制兵器先行于南方考》，《清华学报》第 5 卷第 1 期，1928 年。
④ 　杨宽：《中国古代冶铁技术发展史（外三种）》，上海人民出版社，1982 年。
⑤ 　张子高：《中国化学史稿》，北京出版社，2021 年。
⑥ 　《中国冶金简史》编写小组：《中国冶金简史》，科学出版社，1978 年。

研究方法具有共同之处，但也有其独特性。孙淑云、柯俊对冶金史的研究方法进行了总结①，陈建立在此基础上，结合新时期工作要求和进展，补充添加了田野调查、发掘、采样和资料整理的内容②。概括而言，冶金技术史研究主要包含以下几个方面：文献的收集整理；现场的调研，包括冶金田野调查、田野发掘和矿冶遗址的采样等等；对冶金样品的检测分析和实验模拟；多角度、多学科进行的综合研究。

一、文献的收集整理

和其他学科一样，冶金技术史的研究离不开文献的收集整理。这里不仅包含了古代文献，还包括近现代地质矿产资料文献。

尽管中国古代文献中有关冶金方面的记载并不多，但其中如《考工记》《越绝书》《淮南万毕术》《大冶赋》《天工开物》《滇南矿产图录》等文献，仍为我们了解古代冶金信息提供了非常有价值的参考，是我们今天认识和了解古代冶金技术的主要来源之一。

东汉时期的《越绝书》，记载了战国初期吴越著名的冶师欧冶子、干将、莫邪的事迹。《越绝书》记载，楚王请欧冶子和干将"凿茨山，泄其溪，取铁英，作为铁剑三枚：一曰龙渊，二曰泰阿，三曰工布（或曰工市）"。龙渊剑后因避唐李渊之名，改称龙泉剑。民间至今尚留大量关于欧冶子等造剑的传说。《越绝书》："作铁兵，威服三军，天下闻之，莫敢不服。"可以看出当时铁制武器已经广泛应用。

汉代《淮南万毕术》载"曾青得铁则为铜"，首次记载了我国古代冶金技术中的一重要发现——胆铜法冶炼铜。曾青即天然硫酸铜，是由辉铜矿（Cu_2S）或黄铜矿（$CuFeS_2$）氧化而成硫酸铜溶液，色青、味苦，也称胆水，胆水与铁常温下即可发生置换反应，生成单质铜。北宋时期水法炼铜大行其道，对于具有胆水资源的矿山来说，这是一种经济方便获取铜的方法。但铁是水法获取铜的原料之一，间接反映出北宋时期铁产量富裕和冶铁技术发达。

明代宋应星的《天工开物》，是中国17世纪的工艺百科全书，其中涉及各种

① 孙淑云、柯俊：《冶金史研究方法的探索》，《广西民族学院学报（自然科学版）》2004 年第 2 期。

② 陈建立：《中国古代金属冶铸文明新探》，科学出版社，2014 年，第 13—25 页。

古代金属矿产的开采、冶炼技术，特别是关于炼铁、炒钢、灌钢等工艺的记载，是我们认识古代钢铁技术的主要史料来源。

文字是我们认识古代冶金技术的途径之一，但古代文献有着自身的局限：有的记载不全，有的是后人、外行人所写，有些是后来靠传说追记，等等。由于著者缺乏实践和调查，所记载的生产过程和工艺，往往与实际存在偏差，甚至有些是错误的。加之古代文献往往是古代读书文人的著作，作品题材受限制，文辞华丽、晦涩难懂，技术方面的量化表述少之又少，一些精艺绝技，因保密或其他原因一般不会见诸文字，常常导致工艺失传。

故想要系统、全面了解古代冶金技术，不能单靠古代文献，更需要对考古遗迹、遗物进行科学的研究，并结合考古研究成果，才能充分揭示其内涵。越来越多事实表明，科技考古已经成为考古研究不可缺少的一个方面，其研究成果和确定的史实，不仅可以检验古籍真伪、验证古籍记载的可靠程度，而且能够极大地弥补和丰富文献学。

地矿资料的收集整理也是古代冶金技术史研究的重要方法。我国近代开始的地质矿产调查工作，多是由第一批受到科学教育的地质、冶金工作者进行的，如于锡猷先生 1940 年的《西康之矿业》，对镍白铜的矿产、冶炼过程均有较详细记述。这些近现代矿冶文献和调查报告，具有较高的科学性，不仅对发展我国冶金工作具有重要意义，也为今人研究古代冶金技术提供了宝贵资料。

二、调查研究方法

对古代矿冶遗址的调查与发掘，是认识和了解古代冶金技术的根本。古代冶炼活动遗留下来冶炼炉、铸范、矿坑、采矿工具、大量炉渣等遗迹。常见调查研究方法有以下两种。

（一）田野调研与遗址发掘

田野考察是冶金考古工作第一步，田野考察的目的，在于发现和寻找冶金遗存，并初步推测这些冶金遗址的空间分布、遗址功能、组织协作、资源与产品等信息。

冶金考古田野调查方法需要严格按照《田野考古操作规范》进行，根据矿业遗址的特点，按照专题调查、系统采样的方法开展工作。冶金考古田野调查内容，包括矿冶活动遗留下来的设施和遗存、生产的遗迹、遗物以及遗址的环境等。

近些年，李延祥、陈建立等，在辽西、甘肃河西走廊和山西中条山等地区开展了大量早期冶金遗址的调研工作[①]，在详细收集该地区矿冶遗址资料基础上，通过实地调查、访谈，有针对性地对可能的遗址开展普查、重点调查，和考古单位联合进行试发掘，未来工作的进一步深入，将会为探讨冶金技术以及技术与环境等方面的关系提供诸多信息。

考古学是一门善于不断向其他学科学习和开展跨学科研究的现代学科，其中，20 世纪 80 年代兴起于西方的"景观考古学"就是考古学与人文地理学相互结合的产物。景观与考古学的基础，均是对地表构成的空间结构的关注与考察，核心问题是人类的空间认识与社会实践活动。具体研究内容则包括景观的历史演变、景观的复原、景观的社会学等；基本研究方法为区域系统调查和GIS 支持下的景观特征分析、空间过程分析和视域分析。冶金活动作为影响社会文化和生态环境的因素之一，无疑也成为景观历史变迁的动力。景观考古学为冶金考古田野调查研究提供借鉴。这方面已有学者进行了尝试和探索[②]，从微观入手，通过遗址调查，结合环境因素，通过 GIS 支持的景观考古方法，从宏观探讨区域冶炼活动与环境的互动等。

（二）冶炼遗物的采样

除了对遗址的年代、性质进行考察，对冶金遗物进一步分析是矿冶技术研究的又一重要方法。矿冶遗址保留了大量古代冶金信息，如古铜矿、矿石、采矿工具、残炉壁、炉基、炉渣、风管、坩埚、陶范等遗物，是我们研究古代冶金技术的珍贵资料。如对河南郑州古荥冶铁遗址残留的巨大的"积铁"遗物的分析研究，帮助我们认识和了解当时炼炉炉缸尺寸、容积、冶炼技术和冶炼规模等等，并分析积铁的生成可能来自炼铁炉的不顺行。

冶金考古研究离不开样品采集，考古样品类型相对庞杂（见表 0-1），包含了各个冶炼阶段。需要结合具体情况，兼顾取样目的和要解决的问题，来选择和采集样品。目前，国家关于冶金遗址采样规范化的研究也在进行中。

---

① 李延祥等：《西拉木伦河上游地区 2005 年度古矿冶遗址考察报告》，中国文化遗产研究院编：《文化遗产保护科技发展国际研讨会论文集——中国文物研究所成立七十周年纪念》，科学出版社，2007 年。

② 秦臻：《舞钢、西平地区战国秦汉时期冶铁遗址研究——从微观到宏观》，北京大学硕士学位论文，2011 年。

表 0 - 1　冶金考古样品类型①

遗址种类	样 品 种 类	研究方向与目的
采矿遗址	采矿工具、采矿痕迹、矿石、选矿工具等	采矿技术
冶炼遗址	冶金设施：炉壁、鼓风炉、坩埚、焙烧炉等	炉型结构、鼓风技术等
	炉料：矿石、助熔剂、燃料等	冶炼技术等
	产品以及废弃物：炉渣、金属锭等	工艺、成分、产地信息等
铸造、冶炼或锻造遗址	冶金设施：坩埚、熔炉、退火窑、锻造炉、烘范窑、操作工具等	炉型结构、鼓风技术等
	原料：矿石、燃料、助溶剂金属锭、制范材料、模、芯等	合金熔炼、铸造、锻造技术等
	产品和废弃物：金属制品、金属锭、炉渣等	工艺、成分、产地信息等
其他性质遗址	金属器、冶炼铸造工具、炉渣、与冶炼有关的材料等	工艺、成分、产地信息等

三、检测与实验

　　冶金技术史离不开对金属文物的研究，除了从考古学角度进行年代判别、形制观察等，利用现代分析仪器对古代金属器物或炉渣、陶范等冶铸遗物样品进行成分、组织等方面的分析检测，是冶金技术史研究的重要方法之一。20 世纪 70 年代以来，考古学者和冶金工作者密切合作，对众多矿冶遗址进行系统研究，取得了大量成果。近年来，在大量考古发掘工作和对冶炼遗物的分析工作基础上，已初步对不同区域古矿冶遗址的冶金技术内涵、规模和特征等给以揭示②。

　　炼渣是冶炼过程被排放到炉外冷却凝固形成的丢弃物，具有良好的封闭性，其成分受到矿石、助熔剂、燃料、炉壁耐火材料、炉型结构、冶炼条件等多因素的影响，能够反映大量冶金信息。鉴别和分析炉渣的性质，可以帮助我

---

① 陈建立：《中国古代金属冶铸文明新探》，科学出版社，2014 年，第 16 页。
② 陈建立：《中国古代金属冶铸文明新探》，科学出版社，2014 年。

们了解和还原其冶炼过程。陈建立、张周瑜基于炉渣分析，对古代的炒钢技术进行判定①。黄全胜较为系统地总结了通过冶铁炉渣及其中夹杂颗粒，即通过氧化和还原渣型来判断冶炼方法和冶炼技术②。

对金属器物和炼渣的分析，目前较为常用的检测方法有金相显微镜观察、SEM‐EDS 分析、X 射线探伤和 EMPA 分析等。前者帮助我们了解组织分布，后者帮助获取元素和成分信息。杂质元素是钢铁制品中除铁元素以外的元素成分，不同冶炼方法得到的产品中的夹杂物形态和杂质元素含量存在差异③。根据金相组织和夹杂物综合研究，可以解读古代不同钢铁制品如块炼铁、块炼渗碳钢以及经过液态冶炼的炒钢、铸铁脱碳钢、夹钢等的金相组织和夹杂物特征④。完整金属器物可以借助 X 射线探伤完成内部的宏观缺陷检验。当金属器受到 X 光照射时，由于物体内部各部分对 X 射线吸收程度不同，底片上对应部位会产生不同的感光程度，经显影处理后显示出具有明暗色调的 X 光照片，通过照片即可看清器物内部结构。灵敏度更高的 EMPA 方法，可进行微区的痕量元素定性、定量分析。

早期炼铁是用木炭作为燃料的，冶炼高温下，铁与渗入的碳结合，形成碳铁合金，炉渣和炉壁等冶铁遗物中也会存留一定的碳，故可利用铁器和冶铁遗物进行碳十四测年。陈建立对湖北杨营遗址、甘肃礼县和灵台、湖北随州、武夷山成村汉城、河北徐水东黑山遗址出土铁器进行了一些尝试工作，利用铁器并结合与铁器同出的木炭样品得出测年数据，准确度更为提高。

除了遗址遗迹、遗物的检测分析，冶金实验工作还包含模拟实验。通过模拟实验，帮助解决古代技术、考古学上有争论的问题。当然我们用现代方法模拟某种古代工艺技术的实验的成功，并不证明这是古代唯一采用的工艺方法。

冶金实验考古分为室内研究和室外研究，前者着重验证古代冶金生产的物理化学反应过程和器物的使用状况，以解释其技术上的问题，大部分模拟实验属于此类；后者是在室外对冶金生产过程进行全方位的模拟，除了技术本身还要还原生产过程、生产环境和人类的活动等等。

① 陈建立、张周瑜：《基于炉渣分析的古代炒钢技术判定问题》，《南方文物》2016 年第 1 期。

② 黄全胜：《广西贵港地区古代冶铁遗址调查与炉渣研究》，漓江出版社，2013 年，第 43 页。

③ Piaskowski J. "Distinguishing between Directly and Indirectly Smelted Iron Steel." *Archaeomaterials*, Vol. 6，1992，pp. 169‐173.

④ 陈建立：《中国古代金属冶铸文明新探》，科学出版社，2014 年，第 34 页。

冶金实验考古是了解古代冶金生产活动的重要研究方法，它不仅能够解决古代冶金技术问题，也能较全面地复原古代人类的冶金活动及其对社会、环境产生的影响，其对于完善考古和技术史工作都具有重要的方法论和实际意义。

20 世纪 50 年代末，冶金实验考古始于 Tylecote R. F. 和 Wynne E. J. 对冶铁炉（low shaft furnace）的复原工作。20 世纪 60 年代，H. Straube、H. Hagfeldt 和 W. Schuster 等，也对这种冶铁炉和鼓风管进行了复原研究。20 世纪 70 年代以后，冶金实验考古工作才开始有了更多进展，自 20 世纪 90 年代至今，冶金实验考古已成为欧美冶金考古中重要的研究方法和一个重要研究领域。如英国冶金史协会、德国波鸿古矿业博物馆和日本古代冶铁研究会等，开展了多方面的冶金实验考古工作。国内北京科技大学冶金与材料史研究所、中国社会科学院考古研究所、中国科学院自然科学史研究所、中国科技大学、中国科学院研究生院、中国钱币博物馆、上海博物馆、鄂州博物馆等也陆续开始了相关的冶金实验考古工作。冶金实验考古，可以帮助我们尝试了解古代冶金的各个环节：结合本地自然资源进行冶炼活动；组织和管理大量人员，介入冶金生产活动；从矿石冶炼出金属单质的全过程；当时社会的文化、信仰和习惯对冶金活动的影响；半成品和成品如何出现；工艺的变化，以及冶炼遗址迁移变化等。

陈建立将冶金实验考古的过程概括为以下几个步骤[1]：

（1）对古代冶金遗址和遗物进行研究，提供复原的参数和依据；

（2）对古代冶金生产的各个环节进行理论研究，为之后的复原工作提供文本和假设；

（3）实验考古的操作过程，就是寻找与假设和考古材料相对应的环境、材料、设施和工具等，利用它们还原古代冶金过程；

（4）将实验考古的产物与古代冶金遗物进行比较研究，以验证该实验是否成功，或所建立的假设是否成立。

实验考古的流程可概括为：信息（数据）—假设（模型）—实验（模拟）—验证（再循环）—总结。

对现有的考古材料进行总结和归纳，是开展工作的基础，要充分挖掘每个冶金遗址的细节，完善每个遗址的信息。进行充分的理论验证，建立一个假设

---

[1]　陈建立：《中国古代金属冶铸文明新探》，科学出版社，2014 年，第 38 页。

或模型。完善实验的每个参数，尽可能地细化实验工作和实验过程，最后要对实验产物进行详细的分析，并与考古信息相比较，演绎出冶金生产的各个环节。

冶金实验模拟能更直观地认识古人冶炼金属的过程，在理论与实践结合的基础上加深对冶金考古的理解，更深入体会和研究古代的冶金技术及其生产组织。

目前国内实验考古的模拟实验，多集中在对技术和工艺的复原，对技术以外的人的活动相对忽视，在研究方法、研究内容、参与对象和学科参与度等方面，都存在很大的局限，因此需要进一步建立和完善自己的理论和方法论体系，拓展研究内容，借鉴不同学科的理论和方法。通过实验考古过程中还原出考古发掘过程中无法解释的问题，为解决问题的路径塑造一个假设或模型，进而判断其合理性。

四、综合研究与遗址展示

矿冶遗址的发掘往往只是冶铁作坊原有区域的一部分，怎样从遗物的种类、性质以及考古学背景中，复原当时的生产技术和流程，从而探讨当时手工业的生产组织与管理，这无疑需要多学科介入的综合研究。

冶金史研究涉及采矿、冶金、材料、历史、考古等多种学科知识和理化研究手段与方法，学科结合是开展冶金史研究的重要途径，其研究更离不开考古工作者的支持和配合。

矿冶遗产是古代冶金与矿业生产遗留下来的工业遗存，是人为形成的具有较高历史、技术或艺术价值的矿区遗存。古代矿冶遗址作为工业遗产的一部分，不仅需要基础研究工作，在此之上对其保护、复原展示也是重要环节。矿冶文化遗产的研究和保护工作始于英国[1]，之后出现了世界范围的矿冶文化遗产保护和再利用热潮，进而促成国际社会召开了一系列涉及矿冶文化遗产保护的会议，签订了一批国际公约[2]。《有关工业遗产的下塔吉尔宪章》中，有诸多涉及矿冶文化遗产保护的规定。全世界的工业遗产中，约三分之一属于矿冶文化遗产，归属多为欧洲国家，其中英国、德国的矿冶文化遗址较多[3]。地处东

---

[1]　李蕾蕾：《逆工业化与工业遗产旅游开发：德国鲁尔区的实践过程与开发模式》，《世界地理研究》2002 年第 3 期。

[2]　单霁翔：《关注新型文化遗产：工业遗产的保护》，《北京规划建设》2007 年第 2 期。

[3]　Teller J，Bond A，"Review of Present European Environmental Policies and Legislation Involving Cultural Heritage." *En-vironmental Impact Assessment Review*，Vol. 22，No. 6，2002，pp. 611-632.

亚东端的日本列岛西部的石见银山银矿遗址，是亚洲首个入选的矿山遗址，也是日本矿石产业兴衰的历史见证。

对矿冶遗址保护和阐释的前提是对其历史和科学价值的充分揭示，我国古代矿冶文化遗产的研究和保护工作已经取得了一定的成绩[①]。对中国古代矿冶遗址的综合研究和阐释，对于研究古代社会、经济和文化的发展无疑具有重要意义。

第二节　河南地区古代冶铁研究的现状

河南是目前出土战国—汉代冶铁遗址数量最多的地区，以河南为中心的中原冶铁技术更是处于当时世界冶金技术的前列。汉代以后，铁器及冶铁技术的应用地域进一步扩大，边远地区的铁器化进程大大加快。

按照时间脉络，将以冶铁遗址和铁器等出土资料为中心展开的研究，分为三个阶段，来介绍各时期河南冶铁业主要研究与成果。

一、第一阶段：20 世纪 50 年代初至 60 年末

1942 年赵全嘏对鲁山望城岗冶铁遗址[②]进行调查，调查报告发表于 1952 年，是河南地区最早发现的冶铁遗址。

20 世纪 50 年代以后，随着田野考古工作的大量开展，更多冶铁遗址和铁器陆续被发现，如 1951 年辉县固围村 5 座墓葬，就出土战国晚期铁器近 200 件[③]；南阳瓦房庄汉代冶铁遗址于 1956 年发现，在 1959—1960 年间进行两次大面积发掘，并陆续公布发掘资料[④]；新郑仓城战国晚期冶铁遗址于 1958 年发现，1960 年第一次试掘[⑤]，1964—1975 年间第二次试掘[⑥]；巩义铁生沟汉代冶

---

① 李延祥、陈建立：《古代矿冶遗址的研究与保护》，见中国文化保护技术协会、故宫博物院文保科技部编：《中国文物保护技术协会第五次学术年会论文集》，科学出版社，2007 年，第 33—41 页。

② 赵全嘏：《河南鲁山汉代冶铁厂调查记》，《新史学通讯》1952 年第 7 期。

③ 中国科学院考古研究所：《辉县发掘报告》，科学出版社，1956 年，第 69—109 页。

④ 河南省文物工作队：《南阳汉代炼钢遗址》，《文物》1959 年第 4 期；河南省文化局文物工作队：《南阳汉代铁工厂发掘简报》，《文物》1960 年第 1 期。

⑤ 刘东亚：《河南新郑仓城发现战国铸铁器泥范》，《考古》1962 年第 3 期。

⑥ 河南省博物馆新郑工作站：《河南新郑郑韩故城的钻探和试掘》，《文物资料丛刊》1980 年第 3 期，第 56 页。

铁遗址，于 1958—1960 年间进行了两次大面积发掘，《巩县铁生沟》① 作为河南地区第一部冶铁遗址考古报告，于 1962 年出版。除了进行发掘的冶铁遗址，也对临汝夏店汉代冶铁遗址②、鹤壁鹿楼战汉冶铁遗址③、南召地区冶铁遗址④、渑池宋代铸铁钱遗址⑤等展开调查，其中鹤壁鹿楼冶铁遗址公布的调查资料较为详细。

冶铁遗址的发掘报告中多对遗址时代、所用燃料和模范技术等进行了初步推测，这些资料的公布，使我们对古代竖炉、模范、炼渣及铁器遗存有了初步的认识。立足于这些实物资料，学者们从不同角度进行更多深入的研究。

铁器的研究方面，有对出土铁器的综述⑥，有关于出土铁器的考证⑦，有对铁工具、铁农具开展的专题研究⑧。除了考古学研究，也开始了对铁器的分析检测和冶铁工艺的研究，李京华对南阳出土汉代犁铧的铸造工艺进行研究⑨，孙廷烈对辉县出土的几件铁器进行金相学考察⑩，最早引入金相分析，通过观察铁器的内部组织，推测古代冶炼过程与加工工艺，同时段开始对中国古代冶铁技术的发明和发展形成初步认识⑪。

该阶段是河南冶铁史研究的起始阶段，由于时代局限，考古工作者尚还缺少这类遗存的发掘经验和相关知识，发掘报道难免出现过于简略、遗迹和遗物定名混乱甚至断代失实，以及技术研究内容较少、个别判定有误等问题。现代科技分析与鉴定方法的引入，为冶铁工艺的判定提供了有力依据，冶铁史研究中将考古资料、文献记载与金相学相结合的研究方法，初步形成；对一些基本

---

① 河南省文化局文物工作队：《河南巩县铁生沟汉代冶铁遗址的发掘》，《考古》1960 年第 5 期；河南省文化局文物工作队编著：《巩县铁生沟》，文物出版社，1962 年。

② 倪自励：《河南临汝夏店发现汉代炼铁遗址一处》，《文物》1960 年第 1 期。

③ 河南省文化局文物工作队：《河南鹤壁市汉代冶铁遗址》，《考古》1963 年第 10 期。

④ 河南省文物工作队：《河南南召发现古代冶铁遗址》，《文物》1959 年第 1 期。

⑤ 赵青云：《河南渑池县发现宋代铸铁钱遗址》，《考古》1960 年第 6 期。

⑥ 黄展岳：《近年出土的战国两汉铁器》，《考古学报》1957 年第 3 期。

⑦ 李京华：《汉代的铁钩镶与铁铖戟》，《文物》1965 年第 2 期。

⑧ 李文信：《古代的铁农具》，《文物参考资料》1954 年第 9 期；蒋若是：《洛阳古墓中的铁制生产工具》，《考古通讯》1957 年第 2 期。

⑨ 河南省文化局文物工作队：《从南阳宛城遗址出土汉代犁铧模和铸范看犁铧的铸造工艺过程》，《文物》1965 年第 7 期。

⑩ 孙廷烈：《辉县出土的几件铁器底金相学考察》，《考古学报》1956 年第 2 期。

⑪ 高林生：《关于我国早期的冶铁技术方法》，《考古》1962 年第 2 期；杨宽：《试论中国古代冶铁技术的发明和发展》，《文史哲》1955 年第 2 期。

问题如铁器的类型学研究、冶铁技术的起源和早期发展、冶铁工艺、燃料的使用等，展开了一定的讨论，开创了河南冶铁史研究的先河。

二、第二阶段：20 世纪 70 年代初至 20 世纪 90 年代末

20 世纪 70 年代之后，河南地区出土了一大批铁器[①]，其中一些代表性铁器步入大众视野，如三门峡虢国墓地 M2001 出土的玉茎铜芯铁剑[②]、长葛汉墓的"川"字铭文铁臿[③]，登封宋金时期的"韩家□真钢犁耳使司"犁镜[④]，南乐汉代铜铁合铸博山炉[⑤]，南阳宛城汉墓的汉代鎏金错金铁镜[⑥]，等等。同时，前一阶段发掘的冶铁遗址的发掘资料也于该时段陆续公布，如《南阳北关瓦房庄汉代冶铁遗址发掘报告》[⑦]。部分遗址进行了再次发掘，新郑仓城冶铁遗址从 1964—1975 年间进行第二期试掘，并公布简报[⑧]；巩义铁生沟冶铁遗址在 1980 年对部分遗存重新发掘，纠正了前一阶段的错误观点[⑨]；鹤壁鹿楼冶铁遗址于 1988 年再次发掘，其后发表《鹤壁鹿楼冶铁遗址》专著[⑩]。与此同时，对冶铁遗址的调查和发掘工作掀起高潮，大量新的冶铁遗址被发现[⑪]，如东周王

[①]　谢遂莲：《郑州市郊发现汉代铁刑具》，《中原文物》1981 年第 1 期；张思清：《温县发现汉代铁暖炉》，《中原文物》1982 年第 1 期；郑州市文物工作队：《郑州市郊区刘胡垌发现窖藏铜铁器》，《中原文物》1986 年第 4 期；李佑华、耿建北：《河南登封市出土的铁犁镜与石磨》，《华夏考古》1997 年第 4 期。

[②]　河南省文物研究所、三门峡市文物工作队：《三门峡上村岭虢国墓地 M2001 发掘简报》，《华夏考古》1992 年第 3 期。

[③]　李京华：《河南长葛汉墓出土的铁器》，《考古》1982 年第 3 期。

[④]　栗玉西：《登封县雷村发现宋金时期犁镜》，《中原文物》1985 年第 1 期。

[⑤]　史国强：《河南南乐县发现一件铜铁合铸的东汉博山炉》，《考古》1986 年第 7 期。

[⑥]　张方等：《河南南阳出土一件汉代铁镜》，《文物》1997 年第 7 期。

[⑦]　河南省文物研究所：《南阳北关瓦房庄汉代冶铁遗址发掘报告》，《华夏考古》1991 年第 1 期。

[⑧]　河南省博物馆新郑工作站：《河南新郑韩故城的钻探和试掘》，《文物资料丛刊》第 3 期，1980 年；李德保：《河南新郑出土的韩国农具范与铁农具》，《农业考古》1994 年第 1 期；马俊才：《郑、韩两都平面布局初论》，《中国历史地理论丛》1999 年第 2 期。

[⑨]　赵青云等：《巩县铁生沟汉代冶铸遗址再探讨》，《考古学报》1985 年第 2 期。

[⑩]　王文强：《鹤壁市故县战国和汉代冶铁遗址出土的铁农具和农具范》，《农业考古》1991 年第 3 期；鹤壁市文物工作队：《鹤壁鹿楼冶铁遗址》，中州古籍出版社，1994 年。

[⑪]　河南省文物研究所：《舞阳钢区古冶铁遗址》，《中国考古学年鉴》（1989），文物出版社，1990 年，第 186—187 页；尚伟：《上蔡县境的楚文化遗存》，《中原文物》1993 年第 1 期；商水县文物管理委员会：《河南商水县战国城址调查记》，《考古》1983 年第 9 期；黄留春：《禹州营里冶铁遗址发现记》，《许昌文史资料》第 14 辑，第 42—45 页；河南省文物研究所、信阳地区文物科等：《信阳毛集古矿冶遗址调查简报》，《华夏考古》1988 年第 4 期；河南省文物研究所、中国冶金史研究室：《河南省五县古代铁矿冶遗址调查》，《华夏考古》1992 年第 1 期；河南省文物考古研究所等：《河南信阳县大庙畈与界河铁砂矿冶遗址调查及初步研究》，《华夏考古》1995 年第 3 期。

城战国坩埚窑址①、辉县古共城战国铸铁遗址②、西平酒店战国冶铁遗址③、新郑郑国祭祀战国铸造遗址④、温县汉代烘范窑遗址⑤、新安上孤灯汉代铸铁遗址⑥、古荥汉代冶铁遗址⑦、登封阳城战国至汉代铸铁遗址⑧、镇平安国城汉代铸铁遗址⑨、渑池窖藏汉魏铸铁遗址⑩、荥阳楚村元代铸造遗址⑪等，为我们提供了从战国至清代，从采矿、冶炼、铸造到铁器的加工成型，从综合性大规模作坊到专门性分工合作作坊模式等多方面的信息与资料。

这个阶段，河南的冶金考古工作进入新的发展时期，以考古材料为中心、多学科、多角度、多手段进行冶铁史研究，取得了诸多重要成果⑫。

20 世纪 80、90 年代，开展了专题类研究，如对铁农具⑬、铁兵器⑭的系统研究，包含了铁器的设计、材质分析、发展演变、生产工艺、管理和分配方

① 洛阳市文物工作队：《洛阳东周王城遗址发现烧造坩埚古窑址》，《文物》1995 年第 8 期。

② 新乡市文管会等：《河南辉县市古共城战国铸铁遗址发掘简报》，《华夏考古》1996 年第 1 期。

③ 河南省文物考古研究所等：《河南省西平县酒店冶铁遗址试掘简报》，《华夏考古》1998 年第 4 期。

④ 河南省文物考古研究所：《新郑郑国祭祀遗址》（中），大象出版社，2006 年，第 726—851 页。

⑤ 河南省博物馆等：《河南省温县汉代烘范窑发掘简报》，《文物》1976 年第 9 期；河南省博物馆、《中国冶金史》编写组：《汉代叠铸：温县烘范窑的发掘和研究》，文物出版社，1978 年。

⑥ 河南省文物研究所：《河南新安县上孤灯汉代铸铁遗址调查简报》，《华夏考古》1988 年第 2 期。

⑦ 郑州市博物馆：《郑州古荥镇发现大面积汉代冶铁遗址》，《中原文物》1977 年第 1 期；郑州市博物馆：《郑州古荥镇汉代冶铁遗址发掘简报》，《文物》1978 年第 2 期；谢遂莲：《郑州古荥汉代冶铁遗址开放》，《中原文物》1986 年第 4 期。

⑧ 中国历史博物馆考古调查组等：《河南登封阳城遗址的调查与铸铁遗址的试掘》，《文物》1977 年第 12 期；河南省博物馆登封工作站：《一九七七年下半年登封告成遗址的调查发掘》，《中原文物》1978 年第 1 期；河南省文物研究所等：《登封王城岗与阳城》，文物出版社，1992 年。

⑨ 河南省文物研究所、镇平县文化馆：《河南镇平出土的汉代窖藏铁范和铁器》，《考古》1982 年第 3 期。

⑩ 渑池县文化馆、河南省博物馆：《渑池县发现的古代窖藏铁器》，《文物》1976 年第 8 期。

⑪ 于晓兴：《郑州荥阳楚村元代铜模》，《文物》1982 年第 11 期；《中国冶金史》组、郑州市博物馆：《荥阳楚村元代铸造遗址的试掘与研究》，《中原文物》1984 年第 1 期。

⑫ 李京华等：《河南冶金考古主要收获》，《史学月刊》1980 年第 3 期；李京华：《河南冶金考古概述》，《华夏考古》1987 年第 1 期；李京华：《河南冶金考古略述》，《中原文物》1989 年第 3 期；李京华：《十年来河南冶金考古的新进展》，《华夏考古》1989 年第 3 期。

⑬ 雷从云：《战国铁农具的考古发现及其意义》，《考古》1980 年第 3 期；李京华：《河南古代铁农具》，《农业考古》1984 年第 2 期；李京华：《河南古代铁农具（续）》，《农业考古》1985 年第 1 期；刘新等：《河南省南阳宋代铁农具》，《农业考古》1996 年第 1 期；刘新等：《从"中耕图"看南阳汉代铁农具》，《江汉考古》1999 年第 1 期。

⑭ 曾少波：《汉画中的兵器初探》，《中原文物》1995 年第 3 期；钟少异：《汉式铁剑宗论》，《考古学报》1998 年第 1 期。

式、使用方式、社会生产水平等内容；带铭铁器的陆续出土，为铁官铭文考证①，铁官位置考证②，冶铁业的管理、生产与发展水平研究③提供了重要线索，铭文与古籍的结合研究④，为确定铁官、冶铁遗址与铭文的对应关系及冶铁遗址的时代提供了实证。

考古发掘工作和实验室分析的结合更为紧密。该阶段对铁生沟⑤、古荥⑥、渑池窖藏⑦、镇平窖藏⑧、永城梁国王陵⑨、长葛汉墓⑩、大庙畈和界河遗址⑪、登封阳城⑫、隋唐墓葬⑬、五县的铁矿冶遗址⑭、瓦房庄⑮、毛集古⑯、荥阳楚村⑰、

---

① 李京华：《汉代铁农器铭文试释》，《考古》1974 年第 1 期；李京华等：《试谈汉代陶釜上的铁官铭文》，李京华：《中原古代冶金技术研究》，中州古籍出版社，1994 年，第 166—173 页；李京华：《"王大"、"王小"与"大官釜"铭小考》，《华夏考古》1999 年第 3 期；李京华：《朝鲜平壤出土"大河五"铁斧》，《中原文物》2001 年第 2 期。

② 郭声波：《北齐白间、大邵二冶考》，《中国历史地理论丛》1987 年第 2 期。

③ 徐学书：《战国晚期官营冶铁手工业初探》，《文博》1990 年第 2 期；李京华：《从战国铜器铸范铭文探讨韩国冶铸业管理机构与职官》，见李京华：《中原古代冶金技术研究》，中州古籍出版社，1994 年，第 153—157 页。

④ （日）潮见浩等：《汉代铁官郡、铁器铭文与冶铁遗址》，《中原文物》1996 年第 2 期。

⑤ 丘亮辉：《关于"河三"遗址的铁器分析》，《中原文物》1980 年第 4 期；赵青云等：《巩县铁生沟汉代冶铸遗址再探讨》，《考古学报》1985 年第 2 期。

⑥ 丘亮辉：《郑州古荥镇冶铁遗址出土铁器的初步研究》，《中原文物》1983 年特刊，第 242—264 页。

⑦ 北京钢铁学院：《河南渑池窖藏铁器检验报告》，《文物》1976 年第 8 期；曾光廷：《中国古代可锻铸铁的研究——河南省渑池县南北朝铁镢的实验分析》，《成都科技大学学报》1993 年第 6 期。

⑧ 李仲达：《河南镇平出土的汉代铁器金相分析》，《考古》1982 年第 3 期。

⑨ 李京华：《永城梁孝王寝园及保安山二号墓出土铁器、铜器的制造技术》，河南省文物考古研究所：《永城西汉梁国王陵与寝园》，中州古籍出版社，1996 年，第 276—293 页。

⑩ 李京华：《河南长葛汉墓出土的铁器》，《考古》1982 年第 3 期。

⑪ 河南省文物考古研究所等：《河南信阳县大庙畈与界河铁砂矿冶遗址调查及初步研究》，《华夏考古》1995 年第 3 期。

⑫ 北京科技大学冶金史研究室：《阳城铸铁遗址铁器的金相鉴定》，河南省文物考古研究所、中国历史博物馆考古部：《登封王城岗与阳城》，文物出版社，1992 年，第 329—336 页。

⑬ 杜葆运：《一批隋唐墓出土铁器的金相鉴定》，《考古》1991 年第 3 期。

⑭ 河南省文物研究所、中国冶金史研究室：《河南省五县古代铁矿冶遗址调查》，《华夏考古》1992 年第 1 期。

⑮ 河南省文物研究所：《南阳北关瓦房庄汉代冶铁遗址发掘报告》，《华夏考古》1991 年第 1 期。

⑯ 河南省文物研究所、信阳地区文物科：《信阳毛集古矿冶遗址调查简报》，《华夏考古》1988 年第 4 期。

⑰ 吴坤仪等：《荥阳楚村元代铸造遗址的试掘与研究》，《中原文物》1984 年第 1 期。

郑国祭祀遗址器①、郑州东史马②等遗址发现的铁器进行了分析研究，这些工作明确了战国至南北朝时期的钢铁种类。1974 年首次在渑窖藏铁器中发现的球墨铸铁，引起众多学者研究③。冶铁工艺中制范④、烘范⑤技术的研究，冶铁燃料、尤是煤炭的使用历史研究⑥，古代竖炉的起源、演变与复原研究⑦，鼓风设备的演变⑧等方面研究工作，都有了新进展。

众多学者对冶铁技术起源的问题进行探讨⑨。冶铁文化的传播引起李京华、王巍、日本学者等的关注⑩。与此同时，此阶段开始注重冶金考古学科的建立，

---

① 李秀辉：《郑州祭祀遗址出土部分铁器的金相实验研究》，河南省文物考古研究所：《新郑郑国祭祀遗址》中，大象出版社，2006 年，第 1050—1057 页。

② 韩汝玢等：《郑州东史马东汉剪刀与铸铁脱碳钢》，见北京钢铁学院：《中国冶金史论文集》，1986 年，第 141 页。

③ 李京华：《河南汉魏时期球墨铸铁的重大发现》，《河南文博通讯》1979 年第 2 期；华觉明等：《两千年前有球状石墨的铸铁》，《广东机械》1980 年第 2 期；华觉明：《汉魏高强度铸铁的探讨》，《自然科学史研究》1982 年第 1 期；代晓玲等：《球墨可锻铸铁的试验研究》，《郑州工学院学报》1983 年第 2 期，丘亮辉：《古代展性铸铁中的球墨》，北京钢铁学院：《中国冶金史论文集》，1986 年，第 137—140 页；关洪野等：《汉魏铸铁中球状石墨形貌及结构的研究》，华觉明等：《中国冶铸史论集》，文物出版社，1986 年，第 310 页；李京华：《战国和汉代球墨可锻铸铁》，见李京华：《中原古代冶金技术研究》，中州古籍出版社，1994 年，第 178—180 页；代晓玲：《中国古代球墨可锻铸铁研究》，见李京华：《中原古代冶金技术研究》，中州古籍出版社，1994 年，第 186—189 页。

④ 李京华：《秦汉铁范铸造工艺探讨》，《史学月刊》1985 年第 5 期；李京华：《试论汉魏锤范铸造及相关问题》，李京华：《中原古代冶金技术研究》，中州古籍出版社，1994 年，第 120—121 页。

⑤ 李京华：《古代烘范工艺》，《科技史文集（十三）·金属史专辑》，上海科学技术出版社，1985 年，第 47—53 页；李京华：《南阳北关瓦房庄汉代冶铁遗址泥模泥范的可塑性实验》，《中原文物》1992 年第 4 期。

⑥ 李仲均：《中国古代用煤历史的几个问题考辨》，《地球科学》1987 年第 6 期。

⑦ 刘云彩：《中国古代高炉的起源和演变》，《文物》1978 年第 2 期；刘云彩：《古荥高炉复原的再研究》，《中原文物》1992 年第 3 期；李京华：《古代熔炉的起源和演变》，见李京华：《中原古代冶金技术研究》，中州古籍出版社，1994 年，第 144—152 页。

⑧ 李京华：《河南冶金考古概述》，《华夏考古》1987 年第 1 期。

⑨ 韩汝玢：《中国早期铁器（公元前 5 世纪以前）的金相学研究》，《文物》1998 年第 2 期；唐际根：《中国冶铁术的起源问题》，《考古》1993 年第 6 期；孔令平等：《铁器的起源问题》，《考古》1988 年第 6 期。

⑩ （日）桥口达也：《再谈关于早期铁制品的两、三个问题》，《中国制铁史论集》，1983 年；（日）潮见浩：《东亚早期铁文化》，吉川弘文馆刊行，1982 年；（日）佐佐木稔：《古代的铁》，《日本古代的铁生产》（1987 年度炼炉与鼓风研究会大会资料），1987 年；（日）桥口达也：《古代九州的冶铁生产》，《华夏考古》1992 年第 4 期；李京华：《试谈日本九州早期铁器的来源问题》，《华夏考古》1992 年第 4 期；李京华：《中国秦汉冶铁技术与周围地区的关系》，见李京华：《中原古代冶金技术研究》，中州古籍出版社，1994 年，第 190—202 页；王巍：《东亚地区古代铁器及冶铁术的传播与交流》，中国社会科学出版社，1999 年。

明确了冶金考古中研究对象、内容、任务及研究方法的基础理论[①]等等。

　　在众多发掘材料和丰富的研究成果基础上，产生了大量冶金技术研究专著和论述[②]。作为国内铁矿冶遗址发现数量最多的省份，李京华对河南冶金考古的发现与研究进行了综述[③]。研究方法上，区域性专题调查方法已经运用[④]，开展了冶铁遗址群的区域研究[⑤]。相比第一阶段，该时期尝试了更多的检测手段与研究方法，如偏振光观测、电子显微镜、能谱分析、碳十四测年、X光探伤仪、岩相分析、硫印试验、模拟试验、钢铁材料的机械性能分析等，进一步明晰出土铁器的成分、组织和性能。关于铁矿、助熔剂、耐火材料、炉渣的分析[⑥]研究在该阶段起步。

三、第三阶段：21 世纪以来

　　21 世纪以来，对一些重要遗址进行多次调查和发掘，如鲁山望城岗冶铁遗址，继 1976 年调查[⑦]以后，2000—2001 年再次抢救性发掘，出土了以 1 号竖炉为中心的遗迹、遗物[⑧]；2017—2018 年再次进行大面积发掘[⑨]。古荥汉代

　　① 李京华：《实验室考古促进金属考古学飞速发展》，《文物保护与考古学科学》1990 年第 2 期；李京华：《关于冶金考古在考古学中的地位问题》，见李京华：《中原古代冶金技术研究（第二集）》，中州古籍出版社，2003 年，第 13—16 页；丘亮辉：《试谈冶金史的研究方法》，北京钢铁学院：《中国冶金史论文集》，1986 年，第 208—211 页；李京华：《重视遗址中的烧土块的采集和研究》，见李京华：《中原古代冶金技术研究（第二集）》，中州古籍出版，2003 年，第 281—283 页。

　　② 北京钢铁学院《中国冶金简史》编写组：《中国古代冶金》，文物出版社，1978 年；李众：《从渑池铁器看我国古代冶金技术的成就》，《文物》1976 年第 8 期；《中国冶金史》编写组：《从古荥遗址看汉代生铁冶炼技术》，《文物》1978 年第 2 期；田长浒：《中国金属技术史》，四川科学出版社，1988 年；华觉明：《中国古代金属技术——铜和铁造就的文明》，大象出版社，1999 年；李众：《中国封建社会前期钢铁冶炼技术发展的探讨》，《考古学报》1975 年第 2 期；柯俊、吴坤仪等：《河南古代一批铁器的初步研究》，《中原文物》1993 年第 1 期；苗长兴、吴坤仪、李京华：《从铁器鉴定论河南古代钢铁技术的发展》，《中原文物》1993 年第 4 期。

　　③ 李京华：《河南冶金考古的发现与研究》，李京华：《中原古代冶金技术研究》，中州古籍出版社，1994 年，第 1—15 页。

　　④ 河南省文物研究所、中国冶金史研究室：《河南省五县古代铁矿冶遗址调查》，《华夏考古》1992 年第 1 期。

　　⑤ 李京华：《古代西平冶铁遗址再探讨》，《李京华考古文集》，科学出版社，2012 年。

　　⑥ 周双林等：《河南东周阳城熔铁炉玻璃样分析研究》，《考古》1999 年第 7 期。

　　⑦ 河南省文物研究所、中国冶金史研究室：《河南省五县古代铁矿冶遗址调查》，《华夏考古》1992 年第 1 期。

　　⑧ 刘海旺：《中国冶铁史上又一重大发现》，《中国文物报》2001 年 4 月 25 日；河南省文物考古研究所、鲁山县文物管理委员会：《河南鲁山望城岗汉代冶铁遗址一号炉发掘简报》，《华夏考古》2002 年第 1 期。

　　⑨ 河南省文物考古研究院等：《河南鲁山望城岗冶铁遗址 2018 年度调查发掘简报》，《华夏考古》2021 年第 1 期。

冶铁遗址的完整资料于 2009 年整理出版①。2016—2017 年，再次对渑池汉魏窖藏附近的铸铁作坊遗址进行调查②。此外，为配合工程建设，进行了大量抢救性发掘，一批新的冶铁或铁器遗存资料发表，如泌阳东高庄汉代冶铁遗址③、泌阳下河湾战国至汉代冶铁遗址④、荥阳官庄汉代铁器窖藏⑤、老君山明清时期铁铸文物⑥、新乡火电厂汉墓群出土 9 件铁制容器⑦等。

该时段铁器的专题研究中，包括对铁工具⑧、铁农具⑨、铁镜⑩、铁构件⑪、铁官史⑫，铁官铭文⑬、铁器与民间信仰⑭等进行的专题研究，其中尤以白云翔对先秦两汉铁器的研究⑮最为完整、系统，不仅对古代铁器的分类、形制、时代特征进行论述，并对铁器的生产管理、流通与历史发展等重要问题进行探讨，其中的研究方法和基本内容被学界不断借鉴和沿用。

围绕冶铁遗址进行的多学科合作研究模式已经初步建立，以鲁山望城岗冶

---

① 张振明：《古荥镇汉代冶铁遗址》，广陵书社，2009 年。

② 河南省文物考古研究院：《渑池火车站冶铁遗址 2016—2017 年调查简报》，《华夏考古》2017 年第 4 期。

③ 河南省文物考古研究院、驻马店市文物考古管理所：《河南泌阳东高庄遗址发掘简报》，《华夏考古》2021 年第 1 期。

④ 河南省文物考古研究所：《河南泌阳县下河湾冶铁遗址调查报告》，《华夏考古》2009 年第 4 期。

⑤ 郑州大学历史学院等：《河南荥阳官庄汉代窖藏》，《中国国家博物馆馆刊》2020 年第 4 期。

⑥ 林勃勃：《豫西老君山铁铸文物考察研究（上）》，《文物鉴定与鉴赏》2012 年第 3 期；林勃勃：《豫西老君山铁铸文物考察研究（下）》，《文物鉴定与鉴赏》2012 年第 4 期。

⑦ 张春媚：《新乡火电厂汉墓群出土九件铁制容器》，《中原文物》2005 年第 4 期。

⑧ 刘尊志：《论汉代诸侯王墓出土铁质生产工具的性质与用途》，《华夏考古》2020 年第 1 期。

⑨ 王良田：《商丘市出土的西汉梁国农具》，《农业考古》2002 年第 3 期；董守贤：《汉代铁质农具研究》，郑州大学硕士学位论文，2010 年；张凤：《黄河中下游地区汉代铁犁与土壤耕作类型》，《中原文物》2016 年第 3 期。

⑩ 程永建：《洛阳出土铁镜初步研究》，《华夏考古》2011 年第 4 期；陈灿平：《试论隋唐墓葬中出土的铁镜》，《中原文物》2021 年第 3 期。

⑪ 徐春燕：《古代铁旗杆考》，《中原文物》2010 年第 6 期。

⑫ 李京华：《李京华考古文集》，科学出版社，2012 年，第 209—224 页；张凤：《渑池窖藏铁器铭文相关问题研究》，《华夏考古》2022 年第 6 期。

⑬ 李京华：《应重视汉代陶灶陶釜"铁官铭"的考察》，《中国文物报》2002 年 7 月 5 日版；汤威：《介绍一件带铁官铭的陶灶》，《中原文物》2003 年第 3 期；张勇：《小议郑州"河一"铁官铭画像灰陶灶》，《华夏考古》2010 年第 1 期；陈文利：《试析汉代河南郡铁官作坊的陶灶》，《文物鉴定与鉴赏》2019 年第 3 期。

⑭ 孟原召：《唐至元代墓葬中出土的铁牛铁猪》，《中原文物》2007 年第 1 期；王蔚波：《河南古代镇河铁犀牛考略》，《文博》2009 年第 3 期。

⑮ 白云翔：《先秦两汉铁器的考古学研究》，科学出版社，2005 年。

铁遗址的综合研究为例，从炉子结构及附属设施[①]、冶炼工艺[②]、炉渣及积铁中的特殊组织[③]、工匠的饮食结构[④]、燃料，以及社会管理[⑤]、区域生产组织模式及冶炼技术特征[⑥]等不同角度，进行体系化研究，这种模式是当前冶铁史案例研究的典范，也为后来的研究工作提供参考和借鉴。另外，关于冶铁遗址或出土铁器的分析检测[⑦]数据继续积累，一些古代钢铁关键技术的研究具有突破性进展[⑧]，用煤炼铁的历史发展[⑨]、炉壁材料的发展[⑩]、坩埚的认识[⑪]等问题，都有了较系统的研究成果，冶铁史研究方法框架基本成型[⑫]，模拟试验成为重要研究方法。

　　虢国墓出土的铁刃铜器[⑬]，作为目前中原发现时代最早的人工冶铁制品，

---

①　河南省文物考古研究所、鲁山县文物管理委员会：《河南鲁山望城岗汉代冶铁遗址一号炉发掘简报》，《华夏考古》2002年第1期。

②　陈建立等：《鲁山望城岗冶铁遗址的冶炼技术初步研究》，《华夏考古》2011年第3期。

③　张周瑜等：《浅析中国古代生铁冶炼中的磷》，《南方文物》2018年第3期。

④　刘殷茗等：《鲁山望城岗冶铁遗址汉代植物大遗存浮选分析》，《华夏考古》2021年第1期。

⑤　王树芝、孙凯、焦延静：《鲁山望城岗冶铁遗址出土燃料鉴定与研究》，《华夏考古》2021年第1期。

⑥　张周瑜等：《河南鲁山冶铁遗址群的技术特征研究》，《华夏考古》2022年第2期。

⑦　戎岩：《申明铺遗址出土腐蚀铁器的微观分析》，《咸阳师范学院学报》2012年第4期；戎岩等：《申明铺遗址出土铁器的工艺考察》，《文物保护与考古科技》2013年第3期；王淡春：《郑韩故城战国冶铁遗物分析》，中国科学院大学硕士学位论文，2013年；王淡春等：《郑韩故城出土战国晚期铁器铸造工艺分析》，《华夏考古》2016年第4期；王淡春等：《郑韩故城出土战国晚期铁器腐蚀产物分析》，《文物保护与考古科学》2018年第6期；闫海涛等：《济源市王虎遗址出土唐代铁质文物分析检测研究》，《草原文物》2021年第2期。

⑧　陈建立等：《古代钢铁制品中的浮凸组织初步研究》，《文物保护与考古科技》2003年第4期；陈建立、张周瑜：《基于炉渣分析的古代炒钢技术判定问题》，《南方文物》2016年第1期；张周瑜：《炒钢工艺研究》，北京科技大学博士学位论文，2022年；乔尚孝：《灌钢工艺研究》，北京科技大学博士学位论文，2022年。

⑨　黄维：《从宋代铁钱探讨用煤炼铁》，北京科技大学硕士学位论文，2006年；刘培峰等：《煤炼铁的历史考察》，《自然辩证法研究》2019年第9期。

⑩　刘海峰：《中国古代制铁炉壁材料初步研究》，北京科技大学博士学位论文，2015年；刘海峰等：《中国古代生铁冶炼炉壁材料体系刍议》，《自然辩证法研究》2017年第4期；刘海峰等：《战国秦汉时期制铁耐火材料的矿物组织与含量分析》，《文物保护与考古科学》2022年第6期。

⑪　周文丽等：《中国古代冶金用坩埚的发现和研究》，《自然科学史研究》2016年第3期。

⑫　陈建立、韩汝玢：《汉晋中原及北方地区钢铁技术研究》，北京大学出版社，2007年；秦臻：《舞钢、西平地区战国秦汉冶铁遗址研究：从微观到宏观》，北京大学硕士学位论文，2011年；刘海峰等：《冶金实验考古研究初探》，《中国国家博物馆刊》2012年第9期；陈建立：《中国古代金属冶铸文明新探》，科学出版社，2014年。

⑬　王颖琛等：《三门峡虢国墓地M2009出土铁刃铜器的科学分析及其相关问题》，《光谱学与光谱分析》2019年第10期；魏强兵等：《虢国墓地出土铁刃铜器的科学分析及相关问题》，《文物》2022年第8期。

始终是研究冶铁起源及早期发展的重要切入点①，伴随起源问题的研究，多位学者②先后对生铁技术的传播与交流进行讨论。随着冶铁遗址的大量揭露，加强对其的保护与展示显得尤为重要，对古代矿冶遗址的阐释研究在 20 世纪起步并发展③。

总体而言，从 20 世纪 50 年代开始，到 21 世纪，河南地区不断出现的考古发现与新研究成果，不断刷新和完善我们对古代河南冶铁技术的认识，丰富了中国古代冶铁史的研究内容，为我们梳理出河南乃至中国古代冶铁与制钢技术的大致脉络。

第三节　研究内容与意义

陶器、青铜器、玉器作为手工业经济组成，不仅有助于提高当时社会生产力水平，部分手工业产品还是身份认同、社会秩序和思想观念的体现载体。铁器从一开始出现，其主要功能就是推动农业生产力，而铁器制造技术之所以能迅速提高，是因为有长期积累下来的青铜冶炼技术作为基础。中国古代文明，某种程度就是铜、铁造就的文明④，冶金技术发展史是古代文明发展史的一个缩影。

冶铁业的发展，不仅提供了先进的农业工具，同时也节省了劳动力，大大

---

① 孙危：《中国早期冶铁相关问题小考》，《考古与文物》2009 年第 1 期；韩汝玢等：《中国古代冶铁替代冶铜制品的探讨》，《广西民族大学学报（自然科学版）》2013 年第 3 期；张国硕等：《中原地区早期冶铁问题分析》，《中原文物》2017 年第 2 期；姚智辉、史杭：《对中国古代块炼铁技术的思考》，《洛阳考古》2020 年第 1 期。

② 韩汝玢、柯俊：《中国科学技术史·矿冶卷》，科学出版社，2007 年；何堂坤：《中国古代金属冶炼和加工工程技术史》，山西教育出版社，2009 年；杨宽：《中国古代冶铁技术发展史》，上海人民出版社，2014 年；陈建立：《中国古代金属冶铸文明新探》，科学出版社，2014 年。

③ 陈建立等：《古代矿冶遗址的研究与保护》，中国文物保护技术协会、故宫博物院文保科技部编：《中国文物保护技术协会第五次学术年会论文集》，科学出版社，2008 年；付娟娟等：《城郊型名镇大遗址展示体系建构——以郑州市古荥镇荥阳故城保护规划为例》，中国城市规划学会编：《多元与包容——2012 中国城市规划年会论文集》，云南科技出版社，2012 年；陈建立等：《再议矿冶遗址的研究、保护与展示》，《湖北理工学院学报（人文社会科学版）》2014 年第 2 期；阎广书：《古荥汉代冶铁遗址积铁块保护研究初探》，《黄河·黄土·黄种人》2017 年第 6 期；代莹莹：《传统铸剑文化的历史记忆与现代传承路径探析——基于河南西平"棠溪剑"的考察》，《自然与文化遗产研究》2019 年第 6 期；万蕊：《我国矿冶类遗址阐释与展示设计研究——以望城岗冶铁遗址为例》，北京建筑大学硕士学位论文，2020 年；李彦宗：《土遗址博物馆设计研究——以郑州市古荥汉代冶铁遗址博物馆扩建项目为例》，郑州大学硕士学位论文，2021 年。

④ 华觉明：《中国古代金属技术——铜和铁造就的文明》，大象出版社，1999 年。

促进了农业的发展和社会分工的加剧，极大促进了社会各个方面的发展。中原地区气候温暖湿润，农业发展水平较高，人口增长较快，有较多剩余劳动力可以脱离农业，转为手工业生产，为社会分工奠定基础。社会分工的加剧，进一步又为冶铁业提供充足的劳动力和消费市场。河南地区自古就是农耕文明的至高地和经济发展的兴盛地区，其中就有冶铁业的贡献。

结合考古材料，对河南地区古代冶铁技术发展史进行梳理，在与文献记载相印证的同时，因弥补了文献的不足。河南地区冶铁研究多集中于冶铁遗址的调研、发掘以及对出土材料的分析，尚缺乏对整个历史时期冶铁技术发展的论述，尤其是对隋唐以后的论述更少，本研究尝试对此部分给以关注。

主要研究内容：以历史时期为线索，结合考古材料以及多方面研究成果，从出土遗迹、遗物的分析入手，解析冶铸遗物的技术内涵，探讨技术发展演变规律，对河南地区的冶铁技术发展史作出较为系统的梳理；在此基础上对冶铁技术发展中的一些现象或问题进行探讨，如对早期块炼铁技术、先秦出现铜铁复合器现象反映出的不同冶金文化和技术的碰撞，汉代河南铁工业体系化雏形生产，从业态格局与模式、钢铁体系建立以及生铁技术的辐射等方面，对河南作为中国早期冶铁核心区的认识；对冶铁行业重心从中原资源基地向沿海贸易加工地的转移等问题进行思考和探讨；对铁矿冶遗址的保护和展示现状进行分析，结合个案对河南古代铁矿冶遗址的现代阐释提出思考和建议。

以李京华先生为代表的老一辈学者，对河南地区的冶铁研究作了大量工作和贡献，本书在分析甄别前人研究成果的基础上，力求用联系和综合的方法，对从西周到明清时期，河南地区古代铁器和冶铁业发展概况和脉络进行梳理以及相关问题进行探讨。

河南地区冶铁技术发展史的研究，不仅为地方手工业史研究提供资料，同时也为丰富、补充中国古代冶铁史提供资料和参考。

以技术为中心的冶铁发展史，一方面可以加强深化技术史的内史研究，另一方面也为更多外史研究提供参考，如为冶金技术思想史、技术与文明的发展、技术与生产力等研究提供借鉴。

河南作为战国—汉代冶铁业的核心区之一，结合考古材料尤其是近年新的研究成果，对其进行全面系统梳理，厘清河南地区冶铁技术发展基本脉络和贡献，以史为镜，以古鉴今，对于弘扬中原文化、提升地区工业文化形象，有着重要意义。

第一章

陨铁的利用和铁矿的分布

第一节　陨铁与陨铁器

一、陨铁的特征

陨星（meteorite），指降落于地球表面的大质量流星体，其在经地球大气圈时，与空气摩擦产生几千度高温而烧蚀。少数大的流星，在大气中没燃烧尽，当其降至离地面 20～30 千米处时，大气阻力使其逐渐失去宇宙速度，最终以匀速垂直陨落于地面。落于地球上的陨星体有时为整块状，有时为碎片，根据落到地面的残骸（陨星）中的 Fe-Ni 成分比例，可分为三大类：石陨星（Fe-Ni 含量小于 30％）、铁陨星（Fe-Ni 含量大于 95％）、石铁陨星（Fe-Ni 含量 30％～65％），它们分别占陨星总数的 92％、6％、2％[1]。

世界文明古国铁器出现的时间有先有后，但具有共同的特点，即先用陨铁，后出现人工冶铁，中国也不例外。陨铁不如自然铜、自然金那样从颜色上容易识别。陨铁主要由铁镍合金组成，镍占 4％～20％，并含有少量钴、锗、镓、铱、铜、铬等，其余为铁。

世界上目前已知最大的铁陨石是"戈巴陨铁"（Hoba），也被称为"霍巴陨铁"（图 1-1），位于非洲纳米比亚境内，是当地一个农场主在耕地时

图 1-1　世界第一陨石　霍巴陨铁

---

① 王道德：《中国陨石导论》，科学出版社，1993 年，第 17 页。

候发现的，挖出来后将这块陨石以自己的名字命名。Hoba 陨石的尺寸是 2.7×2.7×0.9 米，形状非常独特，看起来像一个巨大的铁砖块。该陨石由约 84% 的铁和 16% 的镍以及微量的钴组成。1920 年刚发现时质量约有 66 吨，后被不断地割取、破坏以及侵蚀，目前重约 60 吨，仍是世界上已知最大的一块陨石。

中国第一大铁陨石，于 1898 年在新疆阿勒泰地区青河县银牛沟内发现（图 1-2），由于它表面呈现出银色的光泽，被当地人们称之为"银骆驼"。长

约 2.4 米、宽 1.8 米、高 1.3 米，重达 28 吨，它不仅是中国境内最大的陨石，也是目前世界第五大陨石。其主要矿物为铁纹石（kamacite），约占 90%，其次为镍纹石及由细粒铁纹石和镍纹石组合的合纹石（plessile），还有少量陨磷铁矿、陨硫铁矿、陨碳铁镍矿等。

图 1-2　新疆陨铁

古埃及人认为陨铁是来自神明的馈赠，称其为 biz-n-pt，在苏美尔语中被称为 an-bar，即"来自天堂的金属"。已知世界范围最早的陨铁器物，是公元前第 4 千纪，尼罗河流域格泽（Gerzeh）的匕首（含镍 7.5%）和幼发拉底河乌尔地区（Ur）的匕首（含镍 10.9%）。考古材料显示，中国境内最早陨铁的使用，出现在公元前 14 世纪的兵器或工具的刃部上。

由于陨星在太空中形成时经历了从高温缓慢冷却的过程，冷却及转变过程长达 $4×10^9$ 年[①]，固态冷却速度为 0.5～100℃/百万年，大部分在 1～10℃/百万年，非常缓慢的冷却速度，形成了陨铁特殊的魏氏组织，其中镍、钴成分在极慢冷却速度下呈层状分布，这为我们判断是否为陨铁制品提供了科学依据。

铁陨石的化学组成，特别是铁陨石中镍、钴、铬，不仅是铁陨石分类的基础，也是区分空间降落的陨石物质、地球上的自然铁和古代人工冶炼铁的重要标志，一般自然铁和古代人工铁的铁含量高于铁陨石中的铁。我国新疆、内蒙古、湖北、广西等地都发现过陨石，铁陨石中的镍含量（6.98%～25.13%）

① Anders E，Origin，"Age and Composition of Meteorites." *Space Science Reviews*，Vol 3，1964，pp. 583 - 714.

大于自然铁中的镍含量（0.34％～2.55％）和古代人工铁中的镍含量（10^{-3}％～10^{-2}％）[1]。表1-1为检测过的部分铁陨石的化学组成。

表1-1　部分铁陨石的化学组成[2]

铁陨石地点	结构与类型		结晶形态	比重21.5℃	Fe	Ni	Co	Cr X10^{-3}	P	S
	锥纹石宽度毫米	类型								
广西南丹	2～3	粗-极粗粒	八面体	7.64	92.65	6.98	0.58	1.8	0.12	0.05
河北商都	1～1.2	中粒	八面体	8.18	91.37	7.75	0.56	3.35	0.20	0.04
内蒙古凉城	0.9～1.0	中粒	八面体	8.39	90.87	7.90	0.78	2.9	0.11	0.03
内蒙古丰镇	未测	中粒-细粒	八面体		91.5	8.28	0.49	3.48	0.12	0.03
新疆准格尔	0.3～0.4	细粒	八面体	7.32	88.67	9.29	0.65	2.17	0.17	0.08
内蒙古乌珠穆沁	0.15～0.17	极细粒	八面体	6.64	74.45	25.1	0.66	3.59	0.28	0.06

　　铁陨石中含镍高，硬度大，加工有一定难度，但在人工冶铁技术出现之前，人们已经能够利用铁陨石来锻造器物。可能由于陨铁来源珍贵且有限，故只用作器具的刃部或者小件工具。表1-2为国外发现的早期陨铁器。这种铁镍合金锻造后性能良好、强度高、有韧性且锋利。

表1-2　国外发现的早期陨铁器[3]

器　物	地　　点	使用年代	组　　成			
			Fe	Ni	Co	Cu
匕首	Ur	3000B. C	89.1	10.0	—	—
珠	Gerzeh	3500B. C	92.5	7.5	—	—

---

[1]　王道德：《中国陨石导论》，科学出版社，1993年，第416—431页。

[2]　侯瑛、李肇辉：《铁陨石化学粗成的研究》，《科学通报》1964年第8期。

[3]　R. F. Tylecote. *A History of Metallurgy*（*Second edition*），The Institute of Materials，Made and printed in Great Britain by the Bath Presss，Avon，1992：3.

续表

器　物	地　点	使用年代	组　　成			
			Fe	Ni	Co	Cu
刀	EsKimo	近代	91.47	7.78	0.53	0.016
刀	DeireBahavi	2000B.C	—	10.0	—	—
刀	Eskino	A.D1818	88.0	11.83	痕量	痕量
斧头	RasShamra	1450—1350B.C	84.9	3.25	0.41	无
匕首	Tutankhamun	1340B.C	—	存在	—	—
Headrest 头靠	Thebes	1340B.C	—	存在	—	—
Plague 牌饰	AlacaHüyük	2400—2200B.C	—	3.44（NiO）		
Maceh 权杖首	Troy	2400—2200B.C	—	3.91（NiO）		

由于铁刃含有一定的镍，分析铁刃中镍的分布以及含量变化，结合金相组织的观察，可以较准确地判断铁刃的原材料来源为陨铁。

二、河南地区最早的陨铁器

中国境内最早发现的陨铁器，是 1972 年在河北藁城台西村发现的一件铁刃铜钺（图 1-3），其所属年代为公元前 14 世纪，相当于商代中期[①]。铁刃铜钺的外刃大部分缺失，铜钺残长 11 厘米，阑宽 8.5 厘米，它的出现，表明当时的工匠已认识了陨铁，熟知陨铁的热加工性能以及其与青铜材质性能上的差别。由于铁刃缺失和氧化，给当时的鉴定工作带来较大困难。从 1974 年开始，夏鼐先生将该问题交于北京钢铁学院以柯俊先生为首的冶金史研究人员。经过细致的科学分析，柯俊先生亲自撰写了近两万字的文章《关于藁城商代铜钺铁刃的分析》，但没有署自己的名字，而是以"李众"的署名发表在《考古学报》1976 年第 2 期。藁城铜钺铁刃中没有人工冶铁所含的大量夹杂物，原材料镍含量估计在 6% 以上，钴含量在 0.4% 以上，断口观察到硅酸盐、石灰质、氯、钠等，镍、钴分层明显，估计原本镍含量在 12% 以上。最为关键的是，虽然

---

① 河北省博物馆、文物管理处：《河北藁城台西村的商代遗址》，《考古》1973 年第 5 期。

经过了锻造和长期风化，铁刃中仍保留有高低镍（图1-4）、钴的层状分布。高镍带风化前金属镍含量达到12%，甚至可能在30%以上。这种分层的高镍偏聚，只能发生在冷却极为缓慢的铁镍天体中。根据这些结果以及与陨铁、陨铁风化壳结构的对比，可以确定藁城铜钺的铁刃不是来自人工冶炼的铁，而是用陨铁原料锻成的[①]。藁城铜钺分析报告的发表引起了国内外关注，弗利尔艺术博物馆T. Chase要求将其译成英文，英文稿最终于1979年发表在美国《东方艺术》第11期上[②]。藁城铜钺刃部是由陨铁制成的研究成果，在当时国内外学术界引起了极大的反响[③]。

图1-3　河北藁城发现铁刃铜钺
（公元前14世纪）

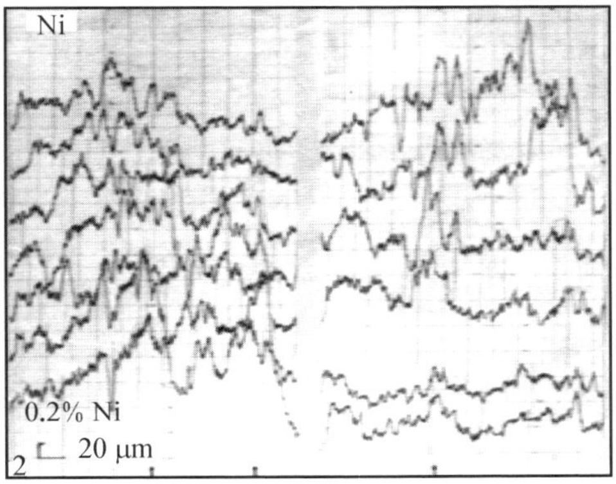

图1-4　铁刃铜钺镍层分布图

　　1974年，在北京平谷县发现一件商代的铁刃铜钺[④]，与藁城的铁刃铜钺形同，尺寸略小。其残长8.4厘米，阑宽5厘米，刃部已经锈蚀残损，经过光谱定性分析[⑤]，也为陨铁锻造。

　　2020年发表了叶家山M111出土的铁援铜戈材料，其青铜援的断面为青绿色至灰绿色，铁刃锈蚀断面为棕褐色。铜铁结合处的铁质部分，呈窄长菱形夹层，被包裹于铜援内。这是继藁城台西、平谷刘家河之后，经科学发掘出土的

① 李众：《关于藁城商代铜钺铁刃的分析》，《考古学报》1976年第2期。
② Li Chung, *Ars Orientalis*, 1979（11），pp. 259—289.
③ 夏鼐：《中国考古学和中国科技史》，《考古》1984年第5期；夏鼐著：《夏鼐文集》（中），社会科学文献出版社，2000年，第299—304页。
④ 北京文物管理处：《北京市平谷县发现商代墓葬》，《文物》1977年第11期。
⑤ 张先得、张先禄：《北京平谷刘家河商代铜钺铁刃的分析鉴定》，《文物》1990年第7期。

第三件商代铁质器物，也是目前中国南方地区发现时代最早的铁质器物。经检验分析①，证实戈的刃部为陨铁。

目前经过分析，证实为陨铁制成的兵器和工具（公元前 14 世纪—前 9 世纪），共 8 件，详见表 1-3。

表 1-3　中国出土陨铁制品（公元前十四世纪—前九世纪）②

	器物名称	出土地点	年代	镍的百分含量
1	铁刃铜钺	河北藁城	商中期，公元前 14 世纪	锈层 0.8%～2.8%Ni
2	铁刃铜钺	北京平谷	商中期，公元前 14 世纪	1.9%～18.4%Ni
3	铁援铜戈	湖北随州叶家山 M111	商中期，公元前 14 世纪	基体中 Ni 呈层状分布，含量为 4%～5%
4	铁刃铜钺	河南浚县	商末周初，公元前 11 世纪	6.7%～6.8%Ni 22.6%～29.3%Ni
5	铁援铜戈	河南浚县	商末周初，公元前 11 世纪	5.2%Ni
6	铜内铁援戈（M2009：703）	三门峡虢国墓地	西周晚，公元前 9 世纪	6.0%Ni 2.68%～27.4%Ni
7	铜銎铁锛（M2009：720）	三门峡虢国墓地	西周晚，公元前 9 世纪	5.8%～9.1%Ni 12.5%～14.8%Ni 36.9%～47.7%
8	铜柄铁削（M2009：732）	三门峡虢国墓地	西周末，公元前 9 世纪	5.8%～13.4%Ni 31.4%～35.6%Ni

其中，河南地区出土的陨铁制品就有 5 件：河南浚县辛村的铁刃铜钺和铁刃铜戈③，河南三门峡虢国墓地出土的铜内铁援戈、铜銎铁锛、铜柄铁削刀等④。

---

①　张天宇、张吉等：《叶家山 M111 出土的商代铁援铜戈》，《江汉考古》2020 年第 2 期。

②　表中资料来源于李众：《关于藁城商代铜钺铁刃的分析》，《考古学报》1976 年第 2 期；张先得、张先禄：《北京平谷刘家河商代铜钺铁刃的分析鉴定》，《文物》1990 年第 7 期；Gettens R J et al.，"Two Early Chinese Bronze Weapons with Meteoritics Iron Blades."Occasional Papers，Vol. 4. No. 1. *Freer Gallery of Art*，Washington D. C. 1971.

③　韩汝玢、柯俊：《中国科学技术史·矿冶卷》，科学出版社，2007 年，第 357—358 页。

④　河南省文物考古研究所：《三门峡虢国墓》，文物出版社，1999 年，第 599 页。

1931 年，河南浚县出土商末周初的铁刃铜钺（图 1-5）和铁援铜戈（图 1-6），后被盗卖，流入美国，现藏弗里尔美术馆，其铜钺的铁刃中残留高镍和低镍的铁粒，铜戈的铁援中只残存含镍较少的铁粒，分析表明均系陨铁锻打而成[①]。

图 1-5　河南浚县出土的铁刃铜钺　　　图 1-6　河南浚县出土的铁刃铜戈

20 世纪 50 年代开始，三门峡虢国墓地先后经过了四次钻探和两次大规模的发掘，根据出土青铜器上的铭文，推测 M2001 为虢季墓、M2009 为虢仲墓，时代在公元前 9—前 8 世纪，M2001 和 M2009 出土多件铁刃铜器（图 1-7），是中原地区使用铁器最早的实物例证之一，在中国冶金技术发展史上具有重要意义。

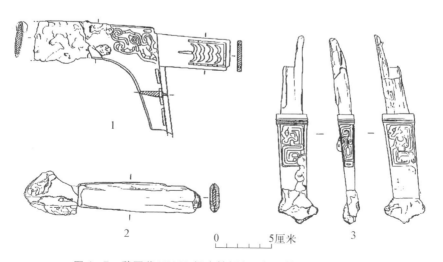

图 1-7　虢国墓 M2009 铜内铁援戈、铜銎铁锛、铜柄铁削

---

①　Gettens R J et al.，"Two Early Chinese Bronze Weapons with Meteoritics Iron Blades." Occasional Papers Vol. 4. No. 1. *Freer Gallery of Art*，Washington D. C. 1971.

  《三门峡虢国墓》第一卷中，公布了三门峡虢国墓地出土的 6 件铁刃兵器和工具的鉴定结果，确认了陨铁和人工冶铁制品共存的现象，指出晋东南、豫西一带很可能是中国早期冶铁技术的中心地区[①]。初步分析的 6 件铁刃器物中，有 3 件为人工冶铁制品，3 件为陨铁，M2001 的玉柄铁剑、铜内铁援戈、M2009 的铜骹铁叶矛是人工冶铁制品；M2009 的铜内铁援戈、铜銎铁锛和铁刃铜削的刃部是陨铁。表明中国古代用陨铁制作器物，至迟从公元前 14 世纪商代中期开始，到公元前 9 世纪西周时期仍在使用，延续使用起码在 500 年以上。陨铁与人工冶铁同时使用，是世界不同文明流域都有的共性，虢国墓 6 件铁刃铜器的出土，为我们提供了有说服力的实物证据。

  2019 年，王颖琛等借助更多分析手段，对三门峡虢国墓地 M2009 出土的 3 件铁刃铜器样品重新进行了更详细的科学分析与探讨[②]。样品 STG001 取自铜骹铁叶矛（M2009：730），样品 STG002 取自铁刃铜削（M2009：710－2），样品 STG003 取自铜内铁援戈（M2009：703）（图 1－8）。样品铜质部分均保留较为典型的锡青铜铸造组织形态，基体为已腐蚀的 α 固溶体，残余（α＋δ）固

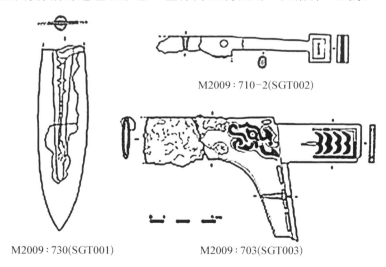

M2009：710-2(SGT002)

M2009：730(SGT001)   M2009：703(SGT003)

图 1-8 三门峡虢国墓地 M2009 出土铁刃铜器分析样本（2019 年）

---

  ① 韩汝玢、姜涛、王保林：《虢国墓出土铁刃铜器的鉴定与研究》，见河南省文物考古研究所：《三门峡虢国墓》，文物出版社，1999 年。

  ② 王颖琛、刘亚雄等：《三门峡虢国墓地 M2009 出土铁刃铜器的科学分析及其相关问题》，《光谱学与光谱分析》2019 年第 10 期。

溶体均匀分布，铜铁结合处无明显的晶粒变形和再结晶现象，显示该区域未经历铸后的冷热加工。由此推断，铁刃部分应是先锻打加工成形后，嵌入铸造铜质部分的组合陶范，通过铸接的方式与铜质部分紧密结合而形成铜铁复合器物。

3 件铜铁复合器中，铜骹铁叶矛（STG001）铁质部分为人工冶铁制品，其铁质部分可见硅酸盐与氧化亚铁共生夹杂，且沿着加工方向拉长，其材质为块炼铁。铁刃铜削（STG002）和铜内铁援戈（STG003）的铁质部分为陨铁制成[1]。铁刃铜削和铜内铁援戈残留的铁金属颗粒中，均检测出较为显著的 Ni。通过 EMPA 分析，在残余的金属颗粒中发现了少量 Co 元素。通过 SEM – EDS 线扫描分析，发现 SGT002 和 STG003 样品中存在镍和钴元素在各相之间高低交错的分布现象，宽度接近 0.1 mm，这种现象只有在冷却极为缓慢的铁陨石形成过程中出现。由于低温区固相中 Ni 的扩散速度极低，所以虽经历人工锻造（极有可能伴随有加热过程）和长期埋藏腐蚀，这种特殊组织结构和元素分布规律仍得以保存。Ni 和 Co 在各相之间存在高低交错的分布特征，判断其材质为陨铁，其 Ni 含量处于铁陨石ⅢC 和ⅢD 之间，原始结构属于极细粒八面体铁陨石（Off）或无纹铁陨石（Ataxite）类型[2]。

陨铁和人工块炼铁在虢国墓同时发现，不同材质铁均作为器物刃部。铜铁复合器的制作，是将铁刃锻打成型后固定于铸范，然后浇铸铜质部分，铜液冷却后与铁刃紧密包裹结合。虢国所处的两周之际，正是中原地区青铜冶炼技术的成熟期，商周时期发达成熟的青铜铸造技术，与外来的锻打技术生成的铁刃结合，产生铜铁复合器，这或许也有意无意地促生了人工冶铁的萌芽，为之后本土生铁技术的发明和冶铁业的快速发展起到促进作用。

第二节　河南地区的铁矿分布

矿产资源是指可供人类利用的矿物资源，是人类社会赖以生存和发展的物质基础之一。石器时代，人类制作石质或陶质工具，所用的石头和粘土原料，

---

①　王颖琛、刘亚雄等：《三门峡虢国墓地 M2009 出土铁刃铜器的科学分析及其相关问题》，《光谱学与光谱分析》2019 年第 10 期。

②　Scott E, Wasson J. "Classification and Properties of Iron Meteorites." *Reviews of Geophysics*，1975，13（4）：527.

都是就地取材，尚没有矿山、矿床或矿产地的概念。对于矿产的更多认识，应是来自人类对金属材料利用之后。

古代的矿业劳作者，在采矿过程中累积了丰富的经验。《管子·地数篇》中的诸多记载，即是古人探矿经验的表达，如"上有赭者下有铁；上有慈石，下有铜金；上有铅者下有银；上有丹砂下有金；上有陵石下有铅、锡、赤铜；上有银者下有铅"。夏湘蓉等老一辈矿产地质学家，将上述找矿经验总结为六条口诀，称为"管子六条"，其中"慈石"是指磁铁矿，"铜金"是指黄铁矿或黄铜矿，常与磁铁矿共生。古代的这些找矿方法，即使以今天现代科学知识来看，也都还有一定程度的正确性。

以"上有赭者下有铁"为例，赭石指的是赤铁矿（Fe_2O_3），古人发现红褐色的赤铁矿，下面往往会出现大型铁矿（通常指矽卡岩型铁矿）。我国著名的大冶铁矿就是这一类型的铁矿。在成矿时，炽热而富含铁元素的矿浆侵入碳酸盐岩中而生成铁矿石。在主要成矿期可以出现大量磁铁矿矿石，而在后期过程中形成黄铁矿和菱铁矿等矿石。赭石也就是赤铁矿，可能是在成矿期伴生的，更有可能是各种铁矿石由于后期的风化作用而形成赤红色铁矿石。在大型的铁矿中，高品位的铁矿石暴露于地表后被风化形成赤铁矿，而古人在找矿时，就根据这些出露的赭石寻找下面富集的铁矿石。古人的探矿经验，也为我国近现代的矿产勘探提供了诸多参考。

一、古代铁冶矿产资源概况

司马迁的《史记·货殖列传》有关于战国时期矿产地的相关记载：

> 巴蜀饶丹砂、石、铜、铁。
> 山西（崤山或华山以西地区即今西北地区）饶玉石，江南出金、锡、连、丹砂，铜、铁则千里往往山出棋置，此其大较也。

根据考古资料[1]，战国时期的铁矿，北到内蒙古赤峰等地，东北到鞍山（羊草庄战国村落遗址），南到长沙，东到吴、越，都有所开发，尤以赵国的武

---

[1]　章鸿钊：《古矿录》，地质出版社，1954年；夏湘蓉、李仲均、王根元编著：《中国古代矿业开发史》，地质出版社，1980年。

安（隶属邯郸市）、河南的南阳（宛）、西平（古称棠溪）最为重要。

秦统一中国后，就把赵国的一些矿冶家迁到蜀和宛（今南阳），对当地的矿产开发起到巨大促进作用。

汉代是古代矿产开发的重要发展期。汉武帝时期，实行盐铁官营政策，对全国统一管理和开发冶铁业起了重要作用。东汉时期共 40 个郡国，就有 48 个铁官。铁官所在地覆盖了长江以北，四川西部到陇西以东、长城以南，辽东以西的广大地区。战国时期的铁矿区如武安、棠溪、宛、临邛也都包含在内。

石炭，作为矿产资源中的一类，此时段已经出现开发迹象，如宜阳（今宜阳西）、山阳（今焦作东）、巩义，安阳都发现有石炭。

东汉后期到魏晋、南北朝期间，长期的战乱导致矿产开发停滞荒废。《晋书·食货志》记载："及黄初二年（221 年），魏文帝罢五铢钱，使百姓以谷帛为市。"此后很长一段时间，以物易物成为魏晋时期主要的交换手段。一方面跟当时"恶钱"长时间泛滥，稳定的钱币系统始终难以建立有关；另一方面与当时国家力量不足，对铜矿的发掘跟不上钱币需求的增长，铸钱原料极为匮乏的状况有关。

隋唐时期（589—907 年）的矿产开发，达到了一个新的阶段。隋初，为了结束货币长期缺乏的局面，政府大力开采铜、铁、锡、铅等矿产，《隋书·地理志》载有冶官 4 处，即：延安郡的金明（今安塞北）、河南郡的新安（今新安县）、隆山郡隆山（今四川彭山）、蜀郡的绵竹（今绵竹县），其中四川占了一半。据《新唐书》载，唐代开发的铁矿产地，其中山西 15 处、四川 22 处、陕西 10 处、河北 9 处。长江以南达 32 处，岭南的福建、广东、广西的铁矿也得到了开发。

宋代矿产开发远远超过隋唐，进入鼎盛期。北宋时期南北方全面发展，据《宋史·食货志》记载，北宋英宗赵曙治平年间（1064—1067 年），全国"坑冶（即矿冶）总二百七十一"，其中"金之冶十一，银之冶八十四，铜之冶四十六，铁之冶七十七，铅之冶三十，锡之冶十六"。

北宋时期，铁矿分布于 36 个州内，多居北方，治平年间，邢州（河北邢台）、磁州（河北磁县）是主要铁冶地，产量占全国 74％。北宋元丰元年（1078 年），邢州綦村、磁州固镇、徐州（今江苏徐州市）、兖州（今山东兖州区）和威胜军（今山西沁县）等五处北方铁产地，产量占全国的 89.4％。沈括《梦溪笔谈》所说的"百炼钢"，即产于磁州。

石炭（煤）在隋以前，民间已用作燃料。至北宋时期，河东（今山西）最为盛产。据《文献通考·征榷》载，"熙宁元年（1068 年）诏'石炭自怀至京不征'"，怀州为今河南沁阳煤矿，即是说从怀州到开封的煤炭，不准中途征税。元丰元年（1078 年）苏东坡在徐州太守任内，"彭城旧无石炭，元丰元年十二月，始遣人访获于州之西南白土镇之北，冶铁作兵"，石炭出自今日淮北煤田。

南宋时期，北方领土已失，邢、磁、徐、兖州和威胜军的大型铁矿已划入金朝版图。江淮以北各冶全弃，只能发展江淮以南的矿业。南宋国土狭窄，铁矿开采限于江南，其中矿场较多地区在今江西、湖南、广东等省境内[①]，如江西饶州铁矿，有相当规模。

关于辽、金的铁矿生产，文献记载不详。辽、金在北方的矿产开发，较宋朝逊色。据《辽史·卷六十食货志下》记载："自太祖始并室韦，其地产铜、铁、金、银，其人善作铜、铁器。又有曷术部者多铁，'曷术'，国语铁也。部置三冶，曰柳湿河、曰三黜古斯、曰手山。"设置的 3 个冶炼机构，柳湿河为今营口大石桥市流经汤池村附近的大清河；三黜古斯为今鞍山市旧堡；手山即今鞍山的首山，又在襄平（今辽阳）置采炼铁民 300 户，兴冶采炼。

考古工作者于 1961—1962 年期间在黑龙江阿城县五道岭地方，发现了金代中期的铁矿井 10 余处，炼铁遗址 50 余处，是以五道岭为中心，从开采、选矿到冶炼的基地[②]。金代铁器在黑龙江省也有广泛的分布。

元代矿业有所衰落。元代将铁分成生黄铁、生青铁、青瓜铁和简铁四等，产地以腹里为主。根据《元史·地理志》所载，"中书省统山东西、河北之地，谓之腹里"，也就是指黄河以北、太行山以东和以西的地区，即今天的河北、山西、河南、山东和内蒙古的一部分。腹里其实有心腹之地的意思，因为这些地区都在元大都周边，故而极为重要，元大都是腹里的核心城市。从元太宗八年（1236 年）到仁宗延祐六年（1319 年）的 80 多年间，腹里境内先后共设铁冶 26 所，其中在今山西境内的有大通、兴国、惠民、利国、益国、闰富、丰宁 8 所，在今河北东部的有双峰、暗略、银筐、大峪、五峪、利贞、锥山 7 所，在今河南北部、河北南部太行山麓地区有神德、左村、丰阳、临水、沙

①　唐际根：《矿冶史话》，社会科学文献出版社，2011 年，第 106 页。
②　李延祥、佟路明等：《哈尔滨阿城东川冶铁遗址初步考察研究》，《边疆考古研究》2018 年第 1 期。

窝、固镇 6 所，在今山东境内的有宝成、通和、昆吾、元国、富国 5 所。这些铁矿产地，有的是继承宋代的，有的是新发现的。虽然这些铁冶的年产量不详，但各地冶户多至 760～6000 户，其规模是相当庞大的。宋末元初开始，民间已将石炭称为煤炭或煤，煤在元代已大量开发，以大都（今北京）、大同为盛。

明代矿产较元代有所发展。据不完全统计，明代铜、铁、铅、锡、银、金、锌等金属矿产，产地有 401 处，其中铁产地 124 处[①]。明初全国铁冶业的重点已明显地南移。明初铁的产量很大，洪武初年全国官铁总年产量为 1800 余万斤，其中湖广地区 600 余万斤，占全国总额三分之一强，达到了当时的历史最高水平。因铁已过剩，洪武十八年（1385 年）"罢各布政司铁冶"，八年后再开官冶。到洪武二十八年（1395 年），内库库存铁多达 3743 万斤，因此太祖"诏罢各处铁冶，令民得自采炼"。明朝中、后期，铁冶生产的地理格局稍有改变，在北直隶，出现了著名的"遵化铁冶"。遵化（今河北遵化市）是明代中后期最大的铁矿生产基地，铁冶的工人最多时达 2500 多人，最少时也有 1500 多人。

明代，煤已成为重要燃料，南方各省的煤也逐渐开发。《本草纲目》记载"石炭，南北诸山，产处亦多"。明代采煤以北京、山西、河南最盛。

清代基本上是继续明代矿业的发展趋势。清初期矿产以民间私采为主，产地史料记载甚少。清中后期，铁矿产地有 135 处，内地十八省中除河南、安徽、江苏三省之外，均有出产。著名的铁厂，北有汉中（陕西）、南有佛山（广东）。张之洞在湖北创办汉阳炼铁厂，铁矿石即来源于大冶铁矿。

地质学自清末民初传入中国以后，很快成为自然科学各科中发展迅速、成果显著的一门。民国年间，少数地质工作者曾对辽宁鞍山、湖北大冶、海南岛石碌、四川攀枝花、内蒙古白云鄂博等地的铁矿，做过一些调查研究，初步估算全国的铁矿储量约有 1 亿多吨。到抗战爆发前，中国地质学界已经在众多领域取得了令国际同行钦佩的成就，也备受国人关注。由于它与抗战必需的各种能源矿业开发密切相关，地质学家也成为中国抗战科技力量中一支特别重要的队伍。其中中国地质工作者在云南、四川、贵州、西康等地进行了铁、铜矿资

---

① 章鸿钊：《古矿录》，地质出版社，1954 年；夏湘蓉、李仲均等：《中国古代矿业开发史》，地质出版社，1980 年。

源调查工作，发现了大批铁、铜矿，为内迁工厂提供了大量原料。除找矿以外，地质工作者还参与了一批矿山、钢铁厂的迁建与新建工作[①]。

纵观历代冶铁生产的地域分布，基本上是以北方黄河流域为生产重心，从秦汉时期到清代（明初除外），黄河流域铁冶点一直占全国总数的 80％ 以上。历代黄河流域铁冶点的地理布局，大多数位于山地或丘陵的边缘、沟谷地带，多集中于五大区域，即燕山—太行山—崤山山脉、山西山地、豫西山地、鲁中山地和关中盆地。其中又以燕山—太行山—崤山地区为铁冶生产最为集中的区域，该区域一直保持了约占总数 30％ 的铁冶点[②]。只是到了近代，铁矿勘探技术的进步，才逐渐改变了这一区域独占鳌头的局面。

二、文献和地质勘探中的河南铁矿

河南处于中原之中，北、南、西三面环山，东为平原，黄河、淮河贯穿其中，内部河流密布，气候温暖湿润、土壤肥沃，优越的地理位置和得天独厚的自然条件，使河南成为中华民族和中华文明重要的发祥地。

河南地区拥有丰富的矿产资源，今天较为有名的有焦作、鹤壁等地的煤，洛宁、灵宝等地的黄金；嵩县、新安等地的铁，新安的铝土矿，等等。而有些矿产资源的开采，则从数千年前就已开始[③]。

《周礼·地官》中说："卝人掌金玉锡石之地而为之，厉禁以守之。若以时取之，则物其地图而授之，巡其禁令。"设"卝人中士二人，下士四人，府二人，史二人，胥四人，徒四十人"，这是关于我国最早的矿业管理制度的描述，政府设有专职官员掌管矿业，明确了卝人（官名）的职责，已有从上而下较为完备的管理机构，也映射出当时矿业的规模与发达。河南地区发现的早期铸铜遗址，如洛阳北窑西周铸铜遗址、郑州商城铸铜遗址、安阳殷墟铸铜遗址等，无疑印证着商周时期河南地区已有发达的冶铸业。

（一）文献和考古调研中的河南铁矿

《汉书·地理志》所记载铁官四十四处，其中，属于今河南境内的有六处之多：弘农郡黾池有铁官、河内郡隆虑有铁官、河南郡有铁官、颍川阳城有铁官、汝南西平有铁官、南阳宛有铁官，这六处规模也都比较大，极大可能是附

① 资料来源：全国地质资料馆。
② 薛亚玲：《中国历代冶铁生产的分布及其变迁述论》，《殷都学刊》2001 年第 2 期。
③ 雪瑞泽：《先秦秦汉河洛地区的冶铸业》，《四川文物》2001 年第 3 期。

近有铁矿山存在。其中弘农郡黾池，在今河南渑池县西；河内郡隆虑，今河南林县；河南郡，今洛阳东北二十里；颍川郡阳城，今登封东南三十五里；汝南郡西平，今西平西四十五里；南阳郡宛，在今南阳市。

《新唐书·食货志》载唐前期有坑冶 168 处，银冶 58 处，铜冶 96 处，铁山 5 处，锡山 2 处，铅山 4 处。实际民间采铁不仅限于五山，零星记载产铁地点不下百余处。唐代中期坑冶增至 271 处，主要分布于河南、安徽、江苏、江西、山东、山西和福建等地。《宋史》《太平寰宇记》和有关县志记载，河南南召县草店、下村、庙后村、朱砂铺遗址等有铁矿[①]。

考古调查和发现的河南境内铁矿山有：河南巩义铁生沟矿址、南阳地区的南召县杨树沟、桐柏县毛集铁矿址。

巩义铁生沟村位于城南 20 千米，自县城顺洛水可达洛阳，往东陆路可到荥阳城。铁生沟附近 3 千米的罗汉寺、金牛山、青山都是铁矿山[②]。《山海经·五藏山经》有"少室之山，其下多铁"的记载，北边青龙山属于嵩山余脉，盛产褐铁矿，西南为少室山西，盛产赤铁矿。青龙山南麓两处汉代采矿场，发现竖井和巷道，竖井有圆形和方形两种，方形井口长 1 米，宽 0.9 米；圆形井口直径 1.03 米，巷道内填有废石。还发现有采矿人居住的窑洞，窑洞和巷道内均留有开凿的痕迹。出土采矿工具有铁镬、铁锤、铁楔、锥形器、铁剪等，铁矿石以赤铁矿和褐铁矿为主，赤铁矿含 Fe_2O_3 76%，褐铁矿含 Fe_2O_3 64.5%～65.9%。

南阳盆地位于秦岭东西复合地质构造带，金属矿产丰富，有铜、铁、锡、铅等。经考古调查[③]，南阳地区的南召县杨树沟、桐柏县毛集等地，都发现汉代采铁矿山遗址。

南召杨树沟铁矿含铁量高达 50% 以上，富矿分布区也是古采区的部位，采区规模都很大。424 号古矿洞一般宽 4 米，高约 8 米，长短不等，最长部分达 25 米。矿洞顶板开采是利用矿体的节理面，使其呈人字形顶面，可防止采空区塌陷。采场四壁较为平整。416 号古矿洞顶部可见铁钻的凿痕和烟熏的痕

① 李仲均：《中国古代铁矿床地质史料初探》，见《李仲均文集——中国古代地质科学史研究》，西安地图出版社，1999 年。

② 赵青云等：《巩县铁生沟汉代冶铸遗址再探讨》，《文物》1985 年第 2 期。

③ 河南省文物研究所：《南阳北关瓦房庄汉代冶铁遗址发掘报告》，《华夏考古》1991 年第 1 期；董全生等，《南阳地区古代采冶遗址调查》，见《第四届全国金属史学术会议论文》，1993 年 10 月。

迹。采场内陆续发现有石台、铁楔、竖井，井筒壁有脚窝的凿痕，斜井内出土有铁镐、铁楔等。

桐柏毛集铁矿遗址位于毛集西铁山，海拔 150 米，分铁山庙矿第二、第三采场，为夕卡岩型铁矿床，主要矿物为磁铁矿、赤铁矿。两采场均属于鸡窝矿。第二采场铁矿分布在东西宽 55 米，南北长 120 米范围内；第三采场位于第二采场西北 300 米处，隔栗河相望，铁矿分布在东西宽 60 米，南北长 150 米范围内。地质钻探古采区的深度，距离地表以下 100 米。地下采场洞壁被熏成黑色，发现有残存木炭残块，可能使用了火爆法。第三采场发现很深的矿洞、斜巷、竖井。竖井口口径 2.5 米，出土有装有直柄的铁斧等采矿工具。铁斧木柄^{14}C 测年数据为距今 2215±110 年（公元前 265±110 年）。

（二）现代勘探中的河南铁矿

我国铁矿有十种类型[①]，其中富铁矿最常见类型有：沉积变质铁矿床、接触交代型富铁矿床和热液型铁矿床等。沉积变质铁矿床又是我国古代开采铁矿石最为主要类型之一，尤其是受古风化淋滤等作用形成的富矿，有的呈现出较为疏松的粉末状赤铁矿，有的是蜂窝状褐铁矿，含铁量高达 50%～60%，磷、硫杂质含量低。

现代地矿勘探，使得我们对黄河流域铁矿分布有了进一步的了解。黄河流域铁矿，主要分布在中朝地台——河淮凹陷、山西褶皱带、鲁中突起和渭南古陆等地质构造带上[②]。从地形上看，大致区域范围为燕太崤山、山西山地、豫西山地、鲁中山地以及关中盆地，这些区域恰好是古代冶铁的主要分布区。铁铜共生矿带如秦岭北缘、中条山、太行山、桐柏山、鲁山，都是先秦铁冶发轫地，这或许跟铁冶脱胎于铜冶[③]有关。

河南北临河北、山西，东临山东、安徽，西接陕西省，南边与湖北省接壤，总面积约 16.7 万平方千米。受历史文化和地理因素的影响，常将河南分为豫东、豫西、豫南、豫北和豫中地区。豫东地区包括开封、商丘和周口，豫西地区包括三门峡和洛阳，豫南地区由南阳、信阳和驻马店组成，豫北地区涵盖焦作、新乡、安阳、鹤壁、濮阳和济源等地，豫中地区指郑州、

①　程裕淇：《我国主要铁矿类型的基本特征和对寻找富铁矿的初步意见》，《地质矿产研究院》1976 年第 3 期。

②　张鉴模：《从中国古代矿业看金属矿产分布》，《科学通报》1955 年第 9 期。

③　刘云彩：《中国古代高炉的起源和演变》，《文物》1978 年第 2 期。

许昌、平顶山和漯河四个地区。我们参照现代地质勘探，对河南地区铁矿资源予以梳理。

豫北：有河南安林安河东铁矿①、济源市金斗山铁矿②、济源莲东铁矿③（位于济源—沁阳—武陟铁矿成矿带上）、济源市三佛官铁矿④、济源铁山河铁矿⑤等。

鹤壁矿产，主要分布在西部山区和丘陵的衔接地带，赋存于中石炭系本溪组底部，属于沉积成因的山西式铁矿。经河南地质局、新乡专署综合地质队等普查，勘探有姬家山、石碑头、砂锅窑、大峪4处，矿体形态变化大，多呈透镜状、鸡窝状、似层状。矿石类型以赤铁矿为主，其次为褐铁矿以及菱铁矿，含铁量多为20%～40%，也有的达50%⑥，地表露头品位高于深部矿层品位，这些铁矿点距离故县村较近，应是战国、汉代冶铁作坊所用铁矿产地。

豫中：平顶山舞钢市依铁而立、因钢而兴，是全国十大铁矿区之一，自古为冶铁重地。舞钢市铁矿分布在舞钢市的中北部。自1956—1981年的25年间，在该区开展了规模宏大的地质找矿工作，经过勘探的主要矿区有6个，约占河南省铁矿总资源储量的70%。舞钢矿区内存在赵案庄群和铁山庙组2个含矿层位，并构成"赵案庄型"和"铁山庙型"两种铁矿类型，属于沉积变质铁矿⑦。根据矿床成因特点，研究指出舞阳铁矿成为特大型矿床的成矿偏在性，认为该区带在深部有较大的找矿潜力。距离舞钢一百千米外的平顶山鲁山地区有窑场铁矿，也属于火山-沉积变质型铁矿床⑧。

许昌铁矿区位于许昌、禹州、长葛三市、县交界部位，面积约1000平方千米，由武庄、磨河、翟庄、岗河、校尉张等矿床组成。其中武庄铁矿探明远

①　周迪：《河南安林地区邯邢式铁矿地质特征及找矿方向探讨》，《矿产勘查》2013年第4期。

②　李振华、陈浩等：《河南济源金斗山鞍山式铁矿的发现及地质意义》，《四川有色金属》2017年第9期。

③　刘中杰、雷慈坤：《济源市莲东铁矿地质特征及物探方法应用》，《矿产与地质》2013年第8期。

④　祝朝辉、刘淑霞：《河南三佛宫铁矿床地球化学特征及其地质意义》，《矿物岩石地球化学通报》2017年第11期。

⑤　张军营、祝朝辉：《河南铁山河铁矿地质特征及矿床成因探讨》，《矿产与地质》2017年第6期。

⑥　鹤壁市文物工作队：《鹤壁鹿楼冶铁遗址》，中州古籍出版社，1994年。

⑦　贾兴杰、李怀乾等：《河南舞钢铁矿地质特征及深部找矿研究》，《黄金科学技术》2012年第4期。

⑧　张东阳、苏慧敏等：《河南窑场铁矿床地球化学特征及其地质意义》，《矿床地质》2009年第6期。

景储量和工业储量较突出。近年来还探明有许昌泉店—灵井铁矿床[1]，这是河南省地质勘查在许昌铁矿成矿区发现的又一大型火山-沉积变质型铁矿床。

豫南：驻马店新蔡练村铁矿[2]，该矿床为豫东南探明的第一个隐伏大型沉积变质型铁矿，另有河南新县黄岗矿区胡楼铁矿[3]、河南泌阳条山富铁矿床[4]等。

豫东：豫东平原的西南部有师灵地区铁矿[5]、商丘永城大王庄铁矿[6]。

豫西：有灵宝市东南部的银家沟多金属硫铁矿床[7]、新安县石井乡金泉铁矿、石峡沟铁矿[8]、洛阳栾川县大清沟乡铁铜矿床[9]、河南偃龙煤田深部硫铁矿[10]等。其中栾川县都督尖铁矿及共生铜矿位于华北陆块南缘，铜矿脉赋存于矿区主铁矿脉旁侧次级断裂带内，多金属硫化物矿化明显[11]，矿体向深部和水平有较大的延伸空间，资源潜力较大。

河南地区丰富的铁矿资源和分布，无疑为古代河南冶铁业发展提供了前提和基础。越来越多的考古发掘材料，证实河南古代冶铁业尤其战国至两汉时期，在全国占有重要的地位。研究河南古代冶铁技术的发展，对地方史、中国古代冶金史、古代科技史的研究，都具有重要意义。

第三节　铁矿石类型与品位

除了找矿技术外，中国古代也有着发达的采矿技术，往往选择品位高、价

---

① 《河南许昌探明亿吨大型铁矿》，《现代矿业》2010 年第 3 期。

② 杨崇科、卢欣祥：《河南新蔡练村铁矿床地质特征与成矿构造背景》，《矿产与地质》2018 年第 12 期。

③ 张渐渐、薛梦菲等：《河南新县黄岗矿区胡楼铁矿的地质特征及控矿因素分析》，《河南科学》2016 年第 1 期。

④ 陈冲、魏俊浩：《河南泌阳条山富铁矿床交代成矿作用浅析》，《西北地质》2014 年第 3 期。

⑤ 刘家橘、刘家橙：《重磁技术在河南师灵地区铁矿调查中的应用》，《地理空间信息》2012 年第 3 期。

⑥ 画玉省：《河南大王庄铁矿床成矿规律及成矿预测》，中国地质大学硕士学位论文，2016 年。

⑦ 张孝民、乔翠杰：《河南银家沟岩浆脉动侵位多金属硫铁矿矿床特征》，《世界地质》2008 年第 2 期。

⑧ 刘美华：《河南石峡沟铁矿成因分析》，《山东工业技术》2015 年第 16 期。

⑨ 刘燕青、梁新辉等：《栾川县大清沟乡铁铜矿床地质特征及成矿模式探讨》，《有色金属》2019 年第 3 期。

⑩ 尹高科、周红春等：《河南偃龙煤田深部硫铁矿地质特征》，《矿产与地质》2020 年第 10 期。

⑪ 王克温：《栾川县都督尖铁矿区共生铜矿的地质特征及找矿方向》，《河南地球科学通报》2012 年第 4 期。

值大的矿石作为开采对象。

　　铁在自然界分布很广，但由于铁很容易与其他元素化合而生成各种铁矿物存在，所以地壳层很少有天然纯铁存在。铁矿石往往由一种或几种含铁矿物和脉石组成，其中还夹带一些杂质。脉石指的是矿石中有用矿物伴生的无用的固体物质，通常是由一种或几种矿物组成，脉石矿物主要是非金属矿物，也包括一些金属矿物。含铁矿物和脉石都是具有一定化学组成和晶体结构的化合物。铁矿石的品位指的是铁矿石中铁元素的质量百分数，即含铁量。实际品位通常低于理论品位，其原因就是矿石中含有相当数量的脉石矿物。

　　自然界含铁矿物很多，已被人们认识的就有 300 多种，但可用作炼铁原料的只有二十几种，其中最主要的是磁铁矿、赤铁矿、褐铁矿和菱铁矿这四种类型。

　　赤铁矿是指不含结晶水的三氧化二铁，主要成分为 Fe_2O_3，纯赤铁矿的理论含铁量为 70%。赤铁矿比重在 4.8～5.3 g/cm^3 之间，其外表颜色从红到浅灰，有时为黑色，条痕（在表面不平的白瓷板上划道时，板上出现的颜色）暗红色，俗称"红矿"。赤铁矿结晶组织不一，从非常致密结晶组织到很分散、松软的粉状，因而硬度也不一，前者莫氏硬度一般为 5.5～6.5 之间，后者则很低。赤铁矿在自然界中贮量丰富，但纯净的赤铁矿较少，常与磁铁矿、褐铁矿等共生。

　　磁铁矿主要成分为四氧化三铁，即 Fe_3O_4，理论含铁量为 72.4%，是 Fe_2O_3 和 FeO 的混合物，外表颜色通常为炭黑色或略带有浅蓝的黑色，有金属光泽，条痕黑色，俗称"青矿"，最突出的特点是具有磁性。磁铁矿实际含铁一般在 45%～70%，S、P 高，坚硬，致密难还原。很少直接入炉，大多需要进行选矿。一般磁铁矿的莫氏硬度在 5.5～6.5 之间，比重在 4.6～5.2 g/cm^3 之间。自然界这种矿石分布很广，贮量丰富。然而，地壳表层纯磁铁矿却很少见，因为磁铁矿是铁的非高价氧化物，所以遇氧或水要继续氧化。由于氧化作用使部分磁铁矿被氧化成赤铁矿，但仍保持磁铁矿的形态，这种矿石我们称为假象赤铁矿和半假象赤铁矿。通常根据铁矿石中的全铁与氧化亚铁的比值（T）来划分，纯磁铁矿其理论值为 2.34。比值越大，说明铁矿石氧化程度越高，矿物的磁性越弱：

　　　　T Fe/FeO＜3.5 为磁铁矿

T Fe/FeO＝3.5～7 为半假象赤铁矿

T Fe/FeO＞7 为假象赤铁矿

这种划分只适用于由单一的磁铁矿和赤铁矿组成的铁矿石，如果矿石中含有硅酸铁（$FeO \cdot SiO_2$）、硫化铁（FeS）和碳酸铁（$FeCO_3$）等，由于其中的 FeO（或 Fe^{2+}）不具磁性，如比较时把它们也计算在，FeO 内就会出现假象。

褐铁矿是含结晶水的三氧化二铁，化学式可用 $mFe_2O_3 \cdot nH_2O$ 表示。它是由针铁矿（$Fe_2O_3 \cdot H_2O$）、水针铁矿（$2Fe_2O_3 \cdot H_2O$）、氢氧化铁和泥质物的混合物所组成。自然界中褐铁矿多以 $2Fe_2O_3 \cdot 3H_2O$ 形式存在。褐铁矿是由其他铁矿石风化而成，因此其结构比较松软，比重小，含水量大。褐铁矿由于含结晶水量不同而有不同颜色，由黄褐色至深褐色或黑灰色，条痕黄褐色。褐铁矿的结晶水干燥时很容易除掉，脱水后的褐铁矿气孔多，容易还原。但由于褐铁矿硬度小，多在 1～4，结构疏松，粉末多，一般都得经过造块后才适合高炉冶炼。

菱铁矿，主要成分为碳酸铁 $FeCO_3$，理论含铁量为 48.2％，比重 3.8 g/cm^3，莫氏硬度 3.5～4，无磁性。菱铁矿在氧和水的作用下易风化成褐铁矿，覆盖在其表层。自然界中常见的菱铁矿，坚硬致密，外表颜色为灰色和黄褐色，常夹杂有镁、锰和钙等碳酸盐，实际含铁量不高，多30％～40％，但经焙烧后，因分解放出 CO_2，含铁量显著增加，矿石也变得多孔，成为还原性良好的矿石。

铁矿石有很多杂质，会对冶炼过程及产品质量产生影响。有害杂质主要有硫、磷、砷、钾、钠等。磷在矿石中一般以磷灰石或蓝铁矿状态存在，蓝铁矿是一种含水的铁磷酸盐类矿物，是在许多地质环境中普遍出现的次生矿物。磷在高炉中全部被还原并大部分进入生铁。含磷多的钢铁在低温加工时易破裂，即所谓"冷脆"。

硫在矿石中主要以黄铁矿、黄铜矿或硫酸盐状态存在。冶炼时硫部分被还原进入生铁，钢铁中含硫，在热加工时易产生"热脆"。高炉冶炼时虽然可以脱硫，但为了提高炉温和提高炉渣碱度，需要多消耗焦炭和石灰石，生产成本大大提高，因此入炉铁矿石往往对含硫量有一定要求。

杂质钾、钠常存于霓石、钠闪石、云石之中，它们的最大危害性是降低铁矿石的软化点，因此常造成高炉结瘤，影响高炉冶炼的顺行。砷一般在铁矿石中很少，但在褐铁矿中比较常见，砷在冶炼时大部分进入生铁，当钢中砷含量超过 0.1％时，会使钢变得冷脆，并影响钢的焊接性能。

古代冶铁所用矿石多为品位较高且纯净的磁铁矿或赤铁矿。古代矿石入炉前需要经过选矿和破碎。选矿，即通过重力、磁力、浮选等方式，将铁矿石和其他金属矿石分开。选矿之后，用锤子和石头将矿石破碎成小块，然后将其入炉冶炼。

古代冶铁，受技术条件所限，用于入炉的矿石品位未必很高。古荥冶铁遗址发现的赤铁矿，经分析含铁 48％[1]。

对古代铁器检测分析可知，战国到汉魏时期生铁中杂质含量较低，生铁中磷含量仅在 0.1％左右，器物中更低。如果所用矿石不是高磷铁矿砂，木炭炼铁得到的生铁含磷通常不会超过 0.1％[2]。古代生铁中含硫更低，仅 0.01％～0.03％，甚至达到和超过现代生铁件含硫量的要求[3]。各种炉料带入的硫，一部分随着煤气逸出，一部分进入生铁中，大部分进入炉渣中，煤气带走的硫量，受温度控制，故而增加炉渣带走硫量是降低生铁含硫的路径之一，而古代造渣剂使用碱性熔剂（石灰岩）造渣，很大可能与此也有关。

---

①　郑州市博物馆：《郑州古荥镇汉代冶铁遗址发掘简报》，《文物》1978 年第 2 期。

②　赵青云：《巩县铁生沟汉代冶铸遗址再探讨》，《考古学报》1985 年第 2 期；《中国古代煤炭开发史》编写组：《中国古代煤炭开发史》，煤炭工业出版社，1986 年，第 31 页。

③　程裕淇：《我国主要铁矿类型的基本特征和对寻找富铁矿的初步意见》，《地质矿产研究院》1976 年第 3 期。

第二章

人工冶铁的兴起与初期发展

钢铁，在现代被称作黑色金属，这是因为其在自然条件下，表面就能形成一层黑色的 Fe_3O_4（四氧化三铁）和棕褐色的 Fe_2O_3（氧化铁）等氧化产物。钢、铁，本质均为铁碳合金，是以铁和碳为组元的二元合金。

相较于铜，铁的化学性质更为活泼，埋藏和保存环境都容易引起铁发生各种化学和电化学反应。在铁碳合金中，碳可以与铁组成化合物，也可以形成固溶体，或者形成混合物，碳铁合金内部不同组织或不同相之间的电极电位不同，存在的电位差会造成原电池反应发生。铁器文物不论埋藏于地下、水中还是置于空气中，都较易发生化学、电化学腐蚀，这也是我们看到铁器较少有保存良好的原因。

第一节 古代文献中的铁

从 20 世纪 20 年代开始，学界对我国冶铁起源问题就格外关注，早期学者依据古代文献典籍的记载，对此进行了深入的探讨。

由于文献典籍的相关记载多是只言片语且语焉不详，关于我国中原地区冶铁技术起源问题存在诸多争议和分歧，对冶铁技术发源时代的观点就有夏代及夏代以前说[①]、商代说[②]、西周说[③]、春秋说[④]等。张国硕对前人的工作进行了

① 章炳麟：《铜器铁器变迁考》，《华国月刊》1925 年第 2 期；周则岳：《试论中国古代冶金史的几个问题》，《中南矿冶学院学报》1956 年第 7 期；骆宾基：《关于铁在中国出现的年代》，《上海科学院学术季刊》1988 年第 3 期。

② 童书业：《从中国开始用铁的时代问题评胡适派的史学方法》，《文史哲》1955 年第 2 期；阮鸿仪：《从冶金的观点试论中国用铁的时代问题》，《文史哲》1955 年第 6 期；胡澱咸：《试论殷代用铁》，《安徽师范大学学报》1979 年第 4 期。

③ 杨宽：《论中国古代冶铁技术的发明和发展》，《文史哲》1955 年第 2 期；张宏明：《中国铁器时代应源于西周晚期》，《安徽史学》1989 年第 2 期；唐际根：《中国冶铁术的起源问题》，《考古》1993 年第 6 期；白云翔：《先秦两汉铁器的考古学研究》，科学出版社，2005 年，第 22 页。

④ 李剑农：《先秦两汉经济史稿》，中华书局，1962 年，第 42 页；鱼易：《东周考古上的一个问题》，《文物》1959 年第 8 期；黄展岳：《关于中国开始冶铁和使用铁器的问题》，《文物》1976 年第 8 期。

梳理总结，认为先秦史料中反映古代冶铁的较为可信的资料有以下五处[①]：

> 《逸周书·克殷》："……乃右击之以轻吕，斩之以玄钺，悬诸小白。"
>
> 《礼记·月令》："天子居玄堂左个，乘玄路，驾铁骊，载玄旂……"
>
> 《诗·秦风·驷驖》："驷驖孔阜。"
>
> 《左传·昭公二十九年》："晋赵鞅、荀寅帅师城汝滨，遂赋晋国一鼓铁，以铸刑鼎，著范宣子所为刑书焉。"
>
> 《史记·周本纪》："斩以玄钺。"集解："《司马法》曰：'夏执玄钺。'宋均曰：'玄钺用铁，不磨砺。'"

其中《逸周书·克殷》《史记·周本纪》等文献中"玄钺"应是一种陨铁制品。

《礼记·月令》和《诗·秦风·驷驖》，郑玄注："铁骊，马色黑如铁者也。""驖"字的注释，郑玄、孔颖达说其是深黑色，驖即骊（纯黑色的马），也有学者认为"驖"是最早的"鐵"字[②]，马色如铁的意思。

杨宽、童书业也认为《左传·昭公二十九年》中关于晋国以铁"铸刑鼎"的记载是可信的[③]。当然也有学者认为以当时的技术条件铸不出铁鼎，此处应为铜鼎。

古代早期文献不排除记载混淆甚至错误的可能，只言片语也缺少更多支撑信息。学者们通过对有关铁的早期文献的解读，推测先秦时期可能已经有了生铁冶炼铸造技术，但没有证据能说明冶铁起源的具体时间。对这问题的认识显然更需要实物材料，即从考古遗址和遗物的分析研究得来。近年来，考古发掘工作的大规模展开和考古发现铁制品及冶铁遗址数量的不断增多，为我们研究和探讨此问题提供了可能和路径。

---

① 张国硕、汤洁娟：《中原地区早期冶铁问题分析》，《中原文物》2017 年第 2 期。

② 郭沫若：《中国史稿》（第一版），北京人民出版社，1976 年，第 313—314 页。

③ 杨宽：《中国古代冶铁技术史》，上海人民出版社，1982 年，第 22 页。童书业：《中国手工业商业发展史》，齐鲁书社，1981 年，第 13 页。

第二节　人工冶铁的发轫

一、冶铁起源标准的界定

能够人工冶铁和制造铁器是步入铁器时代的标志。探讨中国冶铁技术起源，首先需要对冶铁起源的标准这一问题进行思考和界定。

铁的冶炼过程，是将金属铁从含铁矿物，主要为铁的氧化物中提炼出来的过程，本质是将单质铁从铁的化合物中还原出来的过程，这过程离不开选矿、破碎、燃料选取、炉子制作和冶炼等步骤，每一步都离不开人的操作实施。这和天上降落陨铁直接拿来锻打，再与青铜合铸有着本质不同。

从世界范围来看，各文明古国在进入铁器时代前，都有使用天然陨铁的过程，从考古发现来看，出土的陨铁制品均是经过锻打成型为刃，再与铜器合铸成器。天然陨铁的使用无疑会加深古人对铁材质属性以及锻打技术的认识，但这与将金属铁从含铁矿物中提炼出来的活动没有直接关联。陨铁锻打成型不存在、也不需要更多对选矿、冶炼、炉型、鼓风等诸多方面的技术认识。陨铁是珍稀之物，陨铁作刃更是带有偶然性的行为，不是人类有意识从事并发展成普遍存在的一种技术，故而我们在探讨冶铁起源问题时，不应将陨铁制件包括在内。

块炼法是世界上最早出现的冶铁技术。所谓块炼铁，是指铁矿石在较低温度（1000℃左右）下，用木炭还原而得到的含有较多夹杂物的铁。与在较高温度下冶炼得到的含碳较多、适于浇铸的液态生铁不同，块炼铁含碳极低，质地柔软，适于锻造成型。恩格斯在其《家庭、私有制和国家起源》中说到："最初的铁往往比青铜软。"[1] 即指的块炼铁。块炼铁在锻打前由于疏松多孔，也被称为海绵铁。块炼铁在反复锻打的加热过程中，同炭火接触，有可能渗碳变硬，成为块炼钢。块炼铁生产时间长，燃料耗量大，效率不高，但却以其冶炼工艺条件低、产品锻造性能好而在古代冶铁业中占有一定地位。

综上，我们认同张国硕先生的观点[2]，将块炼铁技术的出现，作为冶铁起源的基本标志和评判依据。

---

[1] （德）恩格斯：《家庭、私有制和国家起源》，见《马克思恩格斯选集》第四卷，人民出版社，1972 年，第 159 页。

[2] 张国硕、汤洁娟：《中原地区早期冶铁问题分析》，《中原文物》2017 年第 2 期。

二、人工冶铁技术

恩格斯指出：“铁是在历史上起过革命作用的各类原料中最后的最重要的原料。”[①] 冶铁技术的发明，在人类历史上曾产生过划时代的作用。

在以色列的 Timna 的冶铜遗址中，就发现早期的冶铁制品，为探讨人工冶铁技术的发明提供了重要证据[②]。青铜时代由铜矿来冶炼铜的时候，多用铁矿石作助熔剂，故而在冶铜的同时，不排除可能会有金属铁也一块被还原，留在炉中与渣混合，这或许促进了冶铁术的发明。

早期人工冶铁使用的是较富的铁矿石，即在地上或在石头上挖一凹坑，作成碗状，深不足 30 厘米，上面用砖或粘土垒高，敞口，铁矿石和木炭作为原料，混合或分层装入炉中，用鼓风管向炉中鼓风。这种炼炉没有设计排渣口，木炭燃烧形成高温，最高温度可达 $1150℃$，并生成具有还原性的一氧化碳，铁矿石中的三氧化二铁与一氧化碳作用，被还原成金属铁。

木炭燃烧的化学反应：

$$C + O_2 \rightarrow CO_2 \quad (1)$$
$$C + \frac{1}{2}O_2 \rightarrow CO \quad (2)$$

反应（1）放热大，反应（2）放热较少，但（2）可生成还原气体 CO，铁矿石与 CO 接触，发生如下化学反应：

$$3Fe_2O_3 + CO \rightarrow 2Fe_3O_4 + CO_2$$
$$Fe_3O_4 + CO \rightarrow 3FeO + CO_2$$
$$FeO + CO \rightarrow Fe + CO_2$$

---

① （德）恩格斯：《家庭、私有制和国家的起源》，见《马克思恩格斯》第四卷，人民出版社，1972年，第 159 页。

② N. H. Gale, etc. “The Adventitious Production of Iron in the Smelting of Copper.” *The Ancient Metallurgy of Copper*. Edited by Beno Rothenberg, University College London, Printed in Great Britain by Pardy & Son (Printers) Limited, Ringwood, Hampshire, 1990, 182.

（一）块炼铁和块炼渗碳钢

一氧化碳还原铁矿石，热力学要求温度在 $500\sim600℃$，但要达到一定反应速度，使还原得到的金属铁聚结，实际上要求温度为 $1000℃$ 或更高，早期鼓风只能靠自然通风，或者皮囊鼓风，因为鼓风条件的限制，温度达不到铁完全熔化的高温（$1540℃$），所以得不到液态铁，而只能是半熔融海绵状的团块，即铁渣混合物，只有趁热经过锤锻，挤出一部分或大部分的夹杂物，才能制成所需要的形状。美国宾夕法尼亚大学曾进行过模拟实验，甚至在 $750℃$ 即可还原得到块炼铁，并可锻打成形。这种方法得到的是含碳很低的熟铁，即块炼铁，这种技术被称为低温固体还原法，或块炼法。块炼铁质地疏松，孔隙中还夹杂有许多来自矿石的氧化物如氧化亚铁和硅酸盐等，因为冶炼温度不高，反应较慢，取出固体产品尚需要扒炉，故而此方法产量低、费工多、劳动强度大。

早期块炼铁技术，包括冶炼和热锻两个工艺，希腊出土的一件公元前 600 年的花瓶上描绘的纹饰（图 2-1），就有对块炼技术的表达[1]。

图 2-1　希腊竖炉（公元前 6 世纪）上反映的块炼铁场景

判定是否为块炼制品，主要根据金相组织反映出的冶金学特征：块炼产品含碳极低，显示是纯的铁素体组织。块炼铁是较低温度下固态条件下还原得到

---

① R. F. Tylecote. "The Institute of Materials." *A History of Metallurgy（Second Edition）*，Printed in Great Britain by the Bath Press，Avon，1992，53.

的，铁矿石中杂质元素的不均匀性会被带入块炼产品中，造成组织中含有较多氧化亚铁—铁橄榄石共晶杂质。夹杂物中 P、S、Si 等元素含量波动较大，有的还含有少量铜的氧化物等。

块炼铁在加热锻造过程中，与炭火的接触，造成碳渗入熟铁中，增碳硬化成为块炼渗碳钢，块炼渗碳钢的机械性能与兵器、工具的使用性能更为匹配。

（二）铸铁与脱碳铸铁

生铁、钢和熟铁在性能上的区别，归因于碳含量的不同。通常含碳量小于 0.02％ 的铁碳合金被称熟铁（或纯铁），含碳量在 0.02％～2.1％ 之间的铁碳合金称钢，而含碳量介于 2.1％～6.6％ 之间的则称生铁（或铸铁）。

熟铁，又叫软铁、锻铁。含有较多的杂质和渣，熟铁比生铁和钢要软得多，有延展性，烧红后可锻打成各种器物。熟铁熔点高，大约近于 1500℃。块炼铁属于熟铁。熟铁软，机械强度低。

生铁，也称铸铁，含碳量在 2％～5％，熔点比熟铁低，最低达 1140℃。生铁硬度比熟铁高，但比较脆，韧性和可加工性差。

钢的熔点约为 1400～1500℃，杂质较少，坚韧而锋利，有良好的可塑性，强度高、韧性好，适用于锻造工具、兵器及各种机械，根据含碳量可细分为低碳钢、中碳钢和高碳钢。

无论块炼铁，还是生铁，它们冶炼所用原料相同、燃料相同，主要差别在于冶炼温度。块炼法的炉温在 1000℃，离铁的熔点 1537℃ 相距较远，只能得到含碳较低的固态熟铁。在中国古代冶铜竖炉基础上发展起来的冶铁竖炉，炉温可达 1200℃ 以上，在此温度下被木炭还原生成的固态铁迅速吸收碳，使铁开始熔化的温度逐渐下降。在含碳 2％ 时，开始熔化的温度为 1380℃，而全部熔化的温度可下降到 1146℃，当含碳在 4.3％ 时，熔化温度最低为 1146℃，炉温达到 1100～1200℃ 时，能得到液态生铁。生铁冶炼是指在 1146℃ 以上的高温下用木炭还原铁矿石，得到高温液态的铁水，直接浇铸成器，便是生铁铸件。故而生铁也叫铸铁。

按碳存在的形式分类，铸铁可分为灰口铸铁、白口铸铁和麻口铸铁三大类。

白口铸铁中的碳，完全以渗碳体 Fe_3C 的形式存在，断口呈亮白色。白口铸铁性硬而脆，很难切削加工，主要作炼钢原料使用，但硬度和耐磨性高，适合制造犁铧一类农具，不适合制作兵器等。

灰口铸铁中的碳除微量溶入铁素体外，全部或大部以石墨形式存在，断口呈灰色，故名灰口铸铁，其硬度较白口铁低，脆性较小，润滑性和耐磨性皆佳，其耐磨性甚至高于一般的钢，此外，尚具有消振能力。适合铸造各种铁器。按照石墨的形状特征，灰口铸铁可分为普通灰铸铁（石墨呈片状）、蠕墨铸铁（石墨呈蠕虫状）、可锻铸铁（石墨呈团絮状）和球墨铸铁（石墨呈球状）四大类。

麻口铸铁中的碳，以石墨和渗碳体的混合形式存在，断口呈灰白色。

对应块炼铁和生铁两种技术，以铁矿石为主要原料生产钢的工艺也分为两种：一种是在固体状态下完成的块炼渗碳钢，另一种是铁矿石先在冶铁竖炉中炼出生铁，再以生铁为原料，用不同方法炼成钢。

块炼铁在反复加热锻打过程中，因与炭火接触，碳渗入铁中，使之增碳变硬，形成渗碳钢。可用以制作兵器或工具，其性能可接近甚至超过青铜。块炼渗碳钢的使用，对冶铁技术的传播和发展起了重要作用。

铸铁固态脱碳钢，则是中国古代一种独特的生铁炼钢方法，先将含碳 $3\%\sim4\%$ 的低硅白口铁铸成板材、条材，或锛、镢等较小型的工具，然后放入氧化气氛的退火炉中进行脱碳处理，使铸件成为低碳钢材、熟铁材或含碳 1% 以下的钢制品；板材、条材可重新加热锻打成所需器具。

除了中国及受中国影响的周边地区外，其他地区，直至 14 世纪后期，冶铁技术上没有本质的变化，一直沿用块炼技术制造铁制品，只是冶炉的炉身尺寸不断加高，风嘴数量增多，鼓风条件改进，但产品仍是团块的金属铁，冶炼得到的坯料，可以重新加热锻制，或运往各地锻制成大件的铁制品。如已发现的公元 1 世纪罗马时代的 50 千克的铁砧、由四根铁棒锻制而成的 414 千克的铁锚、重达 500 千克的结构件等。如果矿石/燃料比值较大，或者矿石中含有某种元素时，在早期的块炼铁炉中也会偶然得到生铁铸件[①]。在伊朗 Geoy Tepe 2000B. C 的地层中，发现了一块白口铁，其中 3.51% 碳、0.45% 磷、0.61% 硫；德国柏林马克博物馆藏有一根重 77 kg、长 76 cm 生铁棒。经化验，其中含磷高达 6.2%，其熔点测定为 952℃，这些较大可能是偶然原因得到的废品

① R. F. Tylecote. " The Institute of Materials. " *A History of Metallurgy* (*Second Edition*). Printed in Great Britain by the Bath Press，Avon，1992，51.

铸件而被遗弃。欧洲一直到 14 世纪才出现生铁冶炼技术，直到 16 世纪后，生铁冶炼技术才开始普及。

中国尽管人工冶铁出现相对较晚，但块炼铁和生铁冶炼几乎同步出现。生铁冶炼技术的出现，改变了块炼铁的冶炼与加工较费工、费时的状况，炼炉可连续使用，生产效率和生产量得以大幅度提高，成本降低，使得大量铁矿石冶炼、器形较复杂的铁器铸造成为可能，这为我国古代炼铁技术的发展开拓了自己独特的道路。

第三节   早期人工冶铁制品

一、早期（公元前 5 世纪前）人工冶铁制品

甘肃省临潭县陈旗磨沟遗址出土 1 铁锈块（M633）和 1 铁条（M444）（图 2-2）。为判定墓葬和铁件的年代，陈建立对两墓墓主人骨等进行 AMS-C^{14} 测年，结果表明 M633 年代较 M444 早，均为寺洼文化早期，这两件铁件的墓葬年代为公元前 14 世纪左右。对两件铁件样品的金相观察和成分分析，

1. M444头盔及铁条出土位置

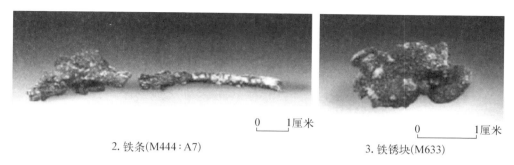

2. 铁条(M444：A7)　　　　　3. 铁锈块(M633)

图 2-2　临潭县陈旗磨沟遗址出土的铁制品

显示这两件铁件系块炼渗碳钢，是人工冶铁制品[①]。

　　这是国内目前检测到的最早的人工冶铁制品，对于研究冶铁技术起源具有重要意义。但铁块和铁条，不同于完整器形的铁器，我们无法从器类、器型上有更多的认识，其究竟为本土独立生产的铁制件还是输入过程带入的？是偶发还是成熟产品？还有很多问题值得探讨。

　　20 世纪 20 年代以来，尤其是近些年考古工作的长足发展，越来越多的考古发现，为我们认识和了解中国早期冶铁技术提供了重要的依据。图 2-3 是公元前 5 世纪前人工冶铁制品的分布。迄今尚未发现公元前 5 世纪前的冶铁遗址。

　　三门峡虢国墓出土大量复合材料铁器，6 件经过分析，其中 3 件为陨铁制品，不列入人工冶铁范畴。另 3 件兵器为块炼铁或块炼渗碳钢，属于人工冶铁[②]，也是目前发现时代最早（西周晚期）的人工冶铁器（完整器物）。

　　对山西天马-曲村出土春秋时期（约公元前 8 世纪）3 件铁器分析，其中 2 件为过共晶白口铁，1 件为块炼铁。

　　陕西韩城梁带村遗址是继河南三门峡虢国墓、山西天马-曲村出土早期铁器后，整个中原地区又一出土年代较早铁器的遗址。韩城梁带村墓葬 M27 保存完好，出土器物种类丰富、位置准确，部分铜器带有铭文，为判别墓葬年代

---

　　①　陈建立、毛瑞林等：《甘肃临潭磨沟寺洼文化墓葬出土铁器与中国冶铁技术起源》，《文物》2012 年第 8 期。

　　②　韩汝玢等：《虢国墓出土铁刃铜器的鉴定与研究》，河南省文物考古研究所：《三门峡虢国墓》，文物出版社，1999 年；Kunlong Chen, Yingchen Wang, Yaxiong Liu, et al. "Meteoritic origin and manufacturing process of iron blades in two Bronze Age bimetallic objects from China." *Journal of Cultural Heritage*, 2018（30）：45-50；王颖琛等：《三门峡虢国墓地 M2009 出土铁刃铜器的科学分析及其相关问题》，《光谱学与光谱分析》2019 年第 10 期。

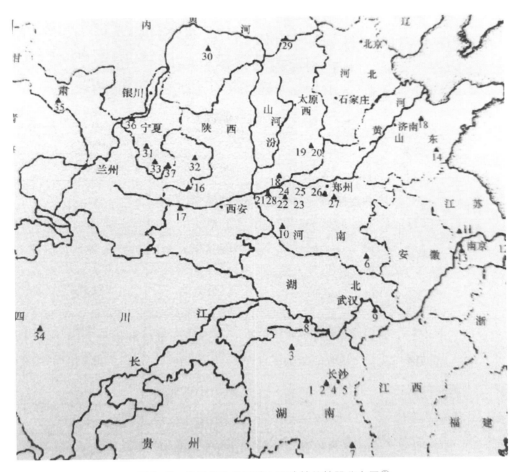

图 2-3　公元前 5 世纪前人工冶铁的铁器分布图①

1、2、4、5. 长沙　3. 常德　6. 信阳　7. 资兴　8. 大冶　9. 江陵　10. 淅川　11. 六合
12. 苏州　13. 南京　14. 沂水　15. 临淄　16. 灵台　17. 宝鸡　18. 垣曲　19、20. 长治
21. 陕县　22、23. 洛阳　24—26. 登封　27. 新郑　28. 三门峡　29. 凉城　30. 杭锦旗
31. 西吉　32. 庆阳　33. 固原　34. 荥经　35. 永昌　36. 中卫　37. 彭阳

为春秋早期提供依据。陈建立对 M27 进行 AMS-^{14}C 测年②，年代测定结合树
木年轮校正，确定 M27 年代为春秋早期。M27 出土铁刃铜削（M27：391）和

---

①　韩汝玢、柯俊主编：《中国科学技术史·矿冶卷》，科学出版社，2007 年，第 363 页。

②　Chen J L，Yang J C，Sun B J，et al. "Manufacture Technique of broze-iron Bimetallic Objects Fourd in M27 of Liangdaicun Site，Hancheng，Shanxi." *Science China Serial E-Technology Science*，Vol. 39，2012，pp. 908-921.

铁刃铜戈（M27：970）两件铁器，经金相观察和电子探针的分析，判断两件器物铁质部分均为块炼渗碳钢，制作工艺相同，即将削的刃、戈的援部用块炼渗碳钢锻打成型，再嵌入范中，然后浇注铜水，铜包裹铁刃，形成铜铁复合器物。

早期铁器出土整体数量不多，锈蚀较严重，给技术鉴定工作带来困难。能够进行金相观察的数量更为有限，虽然不能反映公元前5世纪前冶铁技术的全貌，但即使为数不多的研究，仍为我们了解早期中国人工冶铁技术提供参考。

公元前5世纪前的铁器主要集中在属于晋、韩的山西、河南，属于楚的湖北、湖南，属于秦的山西以及甘青陇山地区。多出土于贵族墓，每处出土数量不多（陕西宝鸡益门村是例外，出土铁器数量多），分布也较分散。

由于新疆早期遗址考古材料缺失或未发布，或出土铁器对应遗址墓葬年代还多有争议，图2-3未将新疆地区列入，近些年对新疆早期铁器的关注度越来越高，未来会带给我们更多的认识。目前新疆发现公元前5世纪前的铁器，均为块炼铁和块炼渗碳钢材质的小件锻制器。

二、早期人工冶铁制品规律与特点

人工冶铁技术，包括块炼铁和块炼渗碳钢、生铁和生铁衍生技术。下文将已经进行过组织分析，分属于两类不同技术的铁器列表，表2-1是块炼技术得到的铁制品，表2-2是生铁技术得到的铁制品。

表 2-1 早期块炼铁制件（公元前5世纪前）

出 土 地 点	铁 器 名 称	铁 质 部 分	年 代
甘肃临潭陈旗磨沟	铁条	块炼渗碳钢	商代中期
三门峡虢国墓	铜内铁援戈	块炼铁、块炼渗碳钢	西周晚期—春秋早
三门峡虢国墓	玉柄铁剑	块炼渗碳钢	西周晚期—春秋早
三门峡虢国墓	铜柄铁矛	块炼渗碳钢	西周晚期—春秋早
甘肃灵台景家庄	铜柄铁剑	块炼渗碳钢	春秋早期
山西天马曲村	条形铁	块炼铁	春秋中期
陕西韩城梁带村	铁刃铜刀	块炼渗碳钢	春秋早期

续表

出 土 地 点	铁 器 名 称	铁 质 部 分	年 代
陕西韩城梁带村	铁援铜戈	块炼渗碳钢	春秋早期
湖南长沙杨家山	钢剑	块炼渗碳钢	春秋晚期
江苏六合程桥	铁条	块炼铁	春秋晚期
江苏苏州吴县僭尼山	铁铲	块炼渗碳钢	春秋晚期
陕西宝鸡益门	铁剑残块	块炼铁	春秋晚期
山东临淄	铁削	块炼铁	春秋战国之交
宁夏固原马庄和余家庄	铜柄铁剑	块炼渗碳钢	春秋战国之交
宁夏西吉	铜柄铁剑	块炼渗碳钢	春秋战国之交
宁夏彭阳官台村	铜柄铁剑	块炼渗碳钢	春秋战国之交

表 2 - 2　早期生铁器件（公元前 5 世纪前）

出 土 地 点	出土铁器	材　质	年　代
湖南长沙杨家山墓 M65	鼎形器	白口铁	春秋晚期
长沙窑岭 15 号墓	铁鼎	白口铁	春秋战国之交
山西天马曲村	残铁器 2	白口铁	春秋早中
新郑唐户南岗（M7）	残铁器 1	白口铁	春秋晚期
江苏六合	铁丸 1	白口铁	春秋晚期
河南洛阳水泥厂	锛 1	脱碳铸铁	战国早期
河南洛阳水泥厂	铲 1	韧性铸铁	战国早期
湖北江陵	斧 1	心部白口铁，表层脱碳成钢	战国
湖北大冶	斧 1	脱碳铸铁	战国
登封阳城	镢 5，锄 1	心部白口铁，表层脱碳成钢	战国
山西长治	斧 1	心部白口铁，表层脱碳成钢	战国

　　块炼铁冶炼技术，是在较低的温度下将矿石还原为固态铁（或称海绵铁、熟铁），铁矿石中杂质元素的不均匀性带入块炼产品中且分布不均匀；原矿石成分不均匀带来夹杂物中 P、S、Mn、Si 等含量波动较大；有的还含有 1%～3% 的铜，这些可作为块炼铁制品冶金学特征的判别依据和参考。块炼铁在加热锻打过程中与炭火接触，碳渗入铁中导致增碳硬化，成为块炼渗碳钢，这也是我们看到较多块炼制品组织为块炼渗碳钢的原因。块炼渗碳钢大大提高了器物性能，其多见于制作兵器和工具。

　　从表 2-1 看出，块炼铁器件为兵器、工具或者铁条，绝大多数为复合器物，铁或锻焊于器件刃部，或采用铸接方法将铜铁结合。块炼技术主要出现在两个区域，一个是黄河中游的豫、陕、晋交界地区，另一个是关中和陇西地区，前者是中原文化核心区，后者是北方草原和游牧民族文化特征明显的地区。

　　生铁冶炼技术，至迟公元前 5 世纪就出现了，生铁冶炼是指在较高的温度下将矿石还原为高碳液态铁，再浇铸成铁器的过程。如天马-曲村铁器残片（图 2-4）的金相组织显示其为白口铁，白口铁是生铁的一种，碳是以游离炭化物形式析出，含碳量约 2.5%，硅在 1% 以下，因断截面呈现白色而得名。

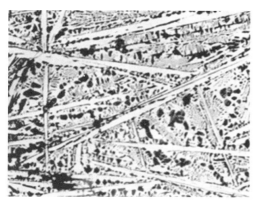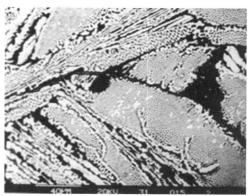

图 2-4　天马-曲村铁片残片金相组织　过共晶白口铁

　　表 2-2 中生铁器件有工具和农具等实用器，部分器物心部为白口铁，器表已成为脱碳钢。不同于表 2-1，生铁器中不见复合器，不见兵器。

　　公元前 5 世纪前，人工冶炼铁器出土较为集中区域有两个：一个是以中条山为中心的河南、山西和陕西的地区，春秋晚期以后，这一地区的冶铁业也是发展最为迅速的。黄河中游的豫、陕、晋交界地区，可能是我国中原冶铁技术起源地。该区域人工冶铁器件有块炼技术也有生铁技术。人工冶炼铁器出土较为集中的另一个区域在关中、陇西地区，该区域出土的公元前 5 世纪前的铁器已有 50 多件。其中时代为春秋早期的，有甘肃永昌三角城和蛤蟆墩出土铁器 4 件[①]、灵台景家庄出土铜柄铁剑 1 件[②]、礼县秦公墓地赵坪墓区 2 号贵族墓出土鎏金镂空铜柄铁剑 1 件[③]、陇县边家庄铜柄铁剑 1 件[④]和长武出土铁短剑 1 件[⑤]等共 9 件，其余 40 余件为春秋战国之际[⑥]，种类有剑、刀、矛、锛、戈、锥、马衔、马镳、带饰、镯、环等。经过金相鉴定的有出土于宁夏的 4 件铜柄铁剑[⑦]和宝鸡益门村 2 号墓的金柄铁剑 1 件[⑧]，材质均为块炼渗碳钢。

中国早期铁器有块炼铁、块炼渗碳钢，也有生铁及脱碳铸铁，两种冶铁技术几乎同时出现。春秋战国之交，铁器种类日渐丰富，数量日益增多。中国开始冶铁和使用铁器时代可以推至公元前六、七世纪。

早期铁器多出土于高等级墓葬中，铁器形体薄小，器形简单，多见与金、玉、青铜搭配制作，有的铁器还错金嵌玉，如三门峡虢国墓玉柄铁剑，剑身长 22 厘米，叶宽 3.8 厘米，戈、矛铜质柄部镶嵌绿松石，纹样华丽，同墓葬还有大量珍贵的金器、玉器同作为随葬品。陕西宝鸡益门出土金柄铁剑[⑨]（图 2-5）、梁带村 M27 出土的铁刃铜削、铁刃铜戈和虢国墓地的兵器都属于多种材料复合制作，这些都说明当时人们将铁视为贵重之物，从一个侧面反映出这是人工冶铁出现不久，铁器在社会应用尚未普及时才会有的现象。

有学者将陇山地区发现的近 40 件（公元前 8 世纪—前 5 世纪）铜柄铁剑分 4 式，认为其中 I 式、II 式都是按同时期北方草原文化特色的青铜剑仿制的[⑩]。而中原地区西周到春秋的剑、矛、削刀、锛等铁器，它们的形制、结构

---

① 甘肃文物考古研究所：《永昌三角城与蛤蟆墩沙井文化遗存》，《考古学报》1990 年第 2 期。

② 刘得祯、朱建唐：《甘肃灵台县景家庄春秋墓》，《考古》1981 年第 4 期。

③ 礼县博物馆：《秦西垂陵区》，文物出版社，2004 年，第 23 页。

④ 张天恩：《秦器三论——益门春秋墓几个问题浅谈》，《文物》1993 年第 10 期。

⑤ 袁仲一：《从考古资料看秦文化的发展和主要成就》，《文博》1990 年第 5 期。

⑥ 周兴华：《宁夏中卫县狼窝坑子的青铜短剑墓群》，《考古》1989 年第 11 期；宝鸡市考古工作队：《宝鸡市益门村二号春秋墓发掘简报》，《文物》1993 年第 10 期。

⑦ 韩汝玢：《中国早期铁器（公元前 5 世纪以前）的金相学研究》，《文物》1998 年第 2 期。

⑧ 白崇斌：《宝鸡市益门村 M2 出土春秋铁剑残块分析鉴定报告》，《文物》1994 年第 9 期。

⑨ 宝鸡市考古工作队：《宝鸡市益门村二号春秋墓发掘简报》，《文物》1993 年第 10 期。

⑩ 罗丰：《以陇山为中心甘宁地区春秋战国时期北方青铜文化的发现与研究》，《内蒙古文物与考古》1993 年第 1、2 期。

图 2-5　陕西宝鸡益门出土珍贵的春秋金柄铁剑

都与同时期中原的同类青铜制品相似，显然该阶段中原地区的铁器制品，是内生性产品。也说明中原的冶铁技术是独立发展，自成体系。

三、河南地区早期的人工冶铁器

至今尚未发现属于公元前 5 世纪的冶铁遗址，早期的铁器资料，有的断代不清，有的出土时已经腐蚀严重，能够确定和利用的资料较为有限，经过检测分析的铁器数量也极为有限，河南地区贡献了目前最早的块炼技术的器物（非条材）和最早生铁技术铁器件。具体来说，经过金相学分析及鉴定的，最早的块炼技术的器物是三门峡虢国墓（虢季墓）出土的西周晚期到春秋时期的复合铁器矛[①]。最早的生铁制件为新郑唐户南岗春秋晚期墓出土的一件残铁器。

根据前后多次对河南三门峡虢国墓出土的铁器的分析[②]，分析过的 8 件复合器中，四件铁质为陨铁，另外四件中，铜内铁援戈（M2001：526）（图 2-6）铁质为块炼铁，玉柄铁剑（M2001：393）（图 2-7）、铁刃铜矛（M2009：733）、铜骹铁叶矛（M2009：730）的铁质为块炼渗碳钢，这是目前我国发现人工冶铁的最早的遗址和实物。

---

① 河南省文物考古研究所：《三门峡虢国墓》，文物出版社，1999 年，第 126、530 页。

② 河韩汝玢：《虢国墓出土铁刃铜器的鉴定与研究》，见河南省文物考古研究所：《三门峡虢国墓》，文物出版社，1999 年，第 559—573 页；Kunlong Chen, Yingchen Wang, Yaxiong Liu, et al. "Meteoritic origin and manufacturing process of ironblades in two Bronze Age bimetallic objects from China." *Journal of Cultural Heritage*, 2018（30）: pp. 45-50；王颖琛：《三门峡虢国墓地 M2009 出土铁刃铜器的科学分析及其相关问题》，《光谱学与光谱分析》2019 年第 10 期；魏强兵、李秀辉等：《虢国墓地出土铁刃铜器科学分析及相关问题》，《文物》2022 年第 8 期。

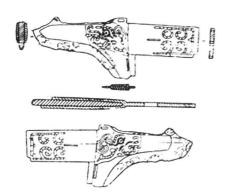

图 2-6　铜内铁援戈（M2001:526）

图 2-7　玉柄铜芯铁剑（M2001:393）

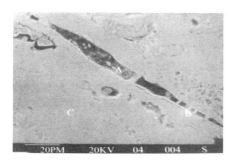

图 2-8　铜骹铁叶矛夹杂物二次电子像

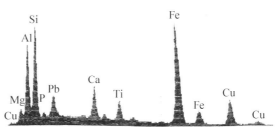

图 2-9　铜骹铁叶矛夹杂物对应 X 射线能谱图

图 2-8 为铜骹铁叶矛在扫描电镜下二次电子像，可见长条形夹杂物沿加工方向变形拉长，在同一夹杂物中，还可观察到有断裂部分，夹杂物对应能谱见图 2-9，其中多点分析，均未检测到钴、镍的存在，除了大量铁，还有微量铜、磷、铅等元素。夹杂物不同位置，有的部位铁高磷低，有的部位钙高或镁高，另有铝、钾、锰，或少量铜、铅。这些杂质元素，应是冶铁过程中，由矿石或炉壁带入的，这是明显的人工冶铁的证据，而检测到的铜和铅，是器物铜骹部分发生腐蚀所致。

1976 年，河南新郑唐户南岗春秋晚期 M7 出土一件残铁器（编号 4100）[1]，呈板状，包括锈层在内厚约 3 毫米。其金相组织为共晶莱氏体，边部有薄的脱碳层，脱碳层厚约 0.2～0.3 毫米，组织为铁素体＋珠光体，珠光体片层间距较宽，约 2～6 微米，其脱碳退火处理是否有意识进行，尚不能确的

----

[1]　开封地区文管会等：《河南省新郑县唐户两周墓葬发掘简报》，《文物资料丛刊》1978 年第 2 期。

定①。这件铁器是河南地区到目前为止，发现最早的生铁制品，也是我国目前已知最早的生铁制品之一。

同时期河南地区以外，经过分析属于铸铁件的有山西天马-曲村遗址出土的春秋早期（偏晚）的铁器残片，为白口铁；春秋中期（偏晚）的铁片残片，为白口铁②；春秋晚期的铸铁有江苏六合程桥 1 号墓出土的铁丸，组织中有共晶莱氏体的痕迹③；长沙杨家山 65 号墓出土的铁鼎，为共晶白口铁；长沙窑岭 15 号墓（春秋战国之交）出土的铁鼎金相组织为亚共晶白口铁，并析出有条状菊花形石墨，石墨条很细④，其组织反映出铁器是经过脱碳退火处理的。新郑唐户南岗和长沙窑岭 15 号墓出土的铁器，是我国目前已知发现最早的脱碳铸铁件，但退火处理是否有意识进行，尚不能确定。

河南地区不仅有国内最早的西周晚期的块炼铁器物，还有最早的春秋时期的生铁件（之一），这些是人工冶铁技术在河南地区发轫的物证。

第四节　对块炼铁技术的初步思考

中国最早的青铜冶铸技术很可能与中亚和西亚有一定联系，但青铜冶铸技术在中原地区完成了从简单铸造技术向块范法铸造技术的创造性转变，形成了独具特色的陶范铸造技术体系。中国古代冶铁技术何时何地最早出现，如何发展等问题，至今还没有明确而令人满意的回答。我们知道，单质铜和单质铁的冶炼，有共同特点：都是将木炭燃烧生成的一氧化碳作为还原剂，通过加热发生化学反应，将金属矿物中的金属单质置换出来。不容置疑的是，冶铜技术为冶铁技术提供了借鉴。东周时期，中原地区就可以提高冶炼温度，创造性地冶炼出液态生铁并进行浇铸，并利用生铁进行炼钢，大大提高了生产效率，某种程度这也是陶范铸造技术思想发展和长期实践的必然结果⑤。

---

① 柯俊、吴坤仪等：《河南古代一批铁器的初步研究》，《中原文物》1993 年第 1 期。

② 北京大学考古系商周组、山西省考古研究所：《天马-曲村（1980—1989）》，科学出版社，2000 年，第 1178—1180 页。

③ 江苏省文物管理委员会、南京博物院：《江苏六合程桥东周墓》，《考古》1965 年第 3 期。

④ 长沙铁路车站建设工程文物发掘队：《长沙新发现春秋晚期钢剑和铁器》，《文物》1978 年第 10 期。

⑤ 韩汝玢、陈建立：《中国古代冶铁替代冶铜制品的探讨》，《广西民族大学学报（自然科学版）》2013 年第 8 期。

　　古代文献关于中国古代冶铁技术的记载少，文字含意不清，学者解释各异，更多问题需要依赖考古发掘出土的实物来提供线索。R. F. Tylecotee 曾经指出，冶铁技术自公元前 800 年—前 500 年或更晚时候，由伊朗传播到印度和中国[①]，这一观点准确与否还需要更多材料验证。下面是对中国古代早期块炼铁技术的一点初步思考

一、锻打技术与陨铁、块炼铁

　　商代、西周时期复合材质的铁刃铜兵或工具，发现有陨铁应用于刃部，反映出当时人们对陨铁性能有所认识。不过因为陨铁含有较高的镍和钴，质地松脆易折，制器的物理性能并不佳，加上陨铁矿石获取带有偶然性，难度大，所以其应用受限，铁刃铜器显然属于高等级贵族的专享。

　　埃及、两河流域和伊朗等古代文明发源地的陨铁制品，多是念珠、饰物，作为刃具则多单独成器，而我国则是陨铁和青铜两种材质，锻、铸两种工艺结合而成的复合兵器和工具。陨铁复合器的制作，是将陨铁烧红后锻打成刃部形状，再将它嵌入陶范之中，和青铜本体合铸在一起。河北藁城商代的铜钺铁刃，刃部规整而厚仅 1 毫米，表明当时锻造技术已有相当水平。河南浚县出土的西周铁刃铜钺，特意在刃面锻出凹孔，浇注后卡住，加强了铸接的牢靠性，说明这是一种机械的铸接。

　　陨铁使用与人工冶铁的关系尚无明确证据，但上述实物也反映出陨铁的使用延续了一定时段，技术上也有所改进。陨铁复合器的制作，应是在铸铜作坊中完成的，这一过程（液态金属往模具中浇铸的思维）可能会对古人从铸铜到铸铁（生铁）的历史性转变中起到某种促进作用。

　　陨铁的使用至少能说明一个事实，人们已经认识到天然铁这种物质使用的特性，并开始有意识地利用它来作为实用器如工具和兵器的刃。锻打不是中国的传统技术，而陨铁和青铜搭配制作的铜铁复合器，离不开热锻，块炼铁技术也离不开热锻，三门峡上岭村虢国墓地铁制品中块炼铁和陨铁制品并存的事实，一定程度上反映二者可能有某种联系或者说借鉴。这方面还需要更多实物研究和探讨。

---

① R. F. Tylecote. "The Institute of materials." *A History of Metallurgy*（*Second Edition*），London：Maney Publishing. 1992.

二、新疆地区早期铁件

中原地区最早人工冶铁技术的萌芽大概开始于西周晚期到春秋早期。相较中原，新疆地区发现更多早期的铁器。新疆哈密焉不拉克墓地 31 号墓出土一件残铁刀，这座墓的碳十四测年结果为 3240±135 年。轮台群巴克出土铁器较多，一座墓中常常数件铁剑、镰刀和锥，这一墓地的年代上限在前 10 世纪。和静县察吾呼沟文化第一期墓葬 M98 出土一件铁刀，年代在公元前 10 世纪前后。吐鲁番洋海墓地一早期墓葬出土一件铜铁复合器，年代不晚公元前 10 世纪。近年来，新疆伊犁河流域发掘上千座早期铁器时代的墓葬，多随葬彩陶，铁器多为小铁刀、铁锥等日用器。穷科克墓地 3 号墓葬出土彩陶与铁刀，碳十四测定其年代在公元前 12 世纪。

新疆地区近些年来发现的大量铁器，为探讨新疆地区早期铁器和冶铁术的起源提供了条件。陈戈认为新疆地区自公元前 1000 年左右进入到早期铁器时代[1]。唐际根认为中国境内人工冶铁最初始于新疆地区，时间约在公元前 1000 年以前，即中原地区的商末周初时期，而后经河西走廊传入中原。其认为公元前 8—前 6 世纪，新疆地区铁器的使用已经较为普及，尽管均为小件铁制品，但不影响新疆地区是中国人工冶铁的始发地[2]。韩建业认为，新疆在青铜时代和早期铁器时代，文化格局不同，前时期考古学文化表现为西强东弱，后时期文化格局则东强西弱，这种文化现象可能与铁器的传播与交流有一定联系[3]。郭物认为新疆早期铁器可能来自伊朗的西北部，其时间在公元前 10 至前 9 世纪[4]。赵化成也持类似的看法[5]，认为西亚、中亚的冶铁技术经古丝绸之路传入新疆和甘肃，而后再向东扩散，进入中原，其认为，中国公元前 5 世纪人工冶铁主要集中于包括新疆在内的中原偏西地区。白云翔认为中国的冶铁术分别

① 陈戈：《新疆察吾乎沟口文化略论》，《考古与文物》1993 年第 5 期，第 42—50 页。

② 唐际根：《中国冶铁术的起源问题》，《考古》1993 年第 6 期，第 556—565 页。

③ 韩建业：《新疆的青铜时代和早期铁器时代文化》，文物出版社，2007 年。

④ Guo Wu. "From western Asia to the Tianshan Moun tains: On the early iron artefacts found in Xinjiang." in Jianjun Mei and Thilo Rehren eds. Metallurgy and Civilisation: Eurasia and Beyond. *Proceedings of the 6th International Conference on the Beginnings of the Use of Metals and Alloys*（*BUMA Ⅵ*），London: Archetype Publications, 2009: 107 - 115.

⑤ 赵化成：《公元前 5 世纪中叶以前中国人工铁器的发现及其相关问题》，西北大学文博学院：《考古文物研究——纪念西北大学考古专业成立四十周年文集（1956～1996）》，三秦出版社，1996 年，第 280—300 页。

独立起源于我国的新疆地区（公元前 10 世纪）和中原地区（公元前 8 世纪）①。

西方起源的块炼铁技术，经由新疆传入中原，成为中国学术界的主流观点，但铁器究竟什么时代传入新疆并继而东传，仍是一个问题。

结合铁器样品进行技术分析，是探讨冶铁技术传向的主要路径之一。潜伟通过对新疆蔫不拉克墓地和克里雅河流域出土的部分铁器研究，发现块炼铁和块炼渗碳钢是新疆早期铁器主要工艺②。陈建立对新疆伊犁地区尼勒克穷克科一号墓地、尼勒克穷克科二号墓地、萨尔布拉克沟口墓地、吉仁托海墓地、别特巴斯陶墓地、乌图兰墓地、特克斯恰普其海墓地和哈密东黑沟遗址出土的 42 件铁器进行金相组织分析和年代学研究，结果表明新疆出土汉代以前铁器均为块炼铁和块炼渗碳钢③。

2015 至 2016 年，勒克吉仁台沟口发现一处与青铜冶炼有关的大型聚落遗址④，新疆文物考古研究所阮秋荣研究员认为，吉仁台沟口大型聚落遗址显然与冶炼有关，是一处重要的冶铜聚落遗址。煤块、煤堆、煤渣和未燃尽的原煤和煤的堆放点等的发现，证明已经使用煤为冶炼的燃料。遗址中出土的陶器为夹砂灰陶，少量夹砂红陶。器物有筒型罐、鼓腹罐、折肩罐、小陶杯等平底器，有带管流和錾耳的圜底罐。陶器以素面陶为主，鼓腹罐口颈部多附加泥条，泥条上饰指甲纹或压印纹，形成花边口沿。遗址的整体文化面貌，依旧反映安德罗诺沃文化系统特征，只是其中的鼓腹陶器，可能受到了中国西北、天山地区史前文化的影响。那些刻划纹、戳印纹、弦纹、珍珠纹、由内向外戳刺形成的乳丁纹、指甲纹、几何状斜线纹等，则是传统的欧亚草原陶器装饰风格。经北京大学和美国 Beta 放射性实验室碳十四测定，经树轮校正后的遗址上限绝对年代在公元前 16 世纪左右。遗址中出土 3 件铁块。这是目前中国境内有准确层位关系和科学测年铁器中最早的 3 件，更多分析研究尚未见报道。

---

① 白云翔：《先秦两汉铁器的考古学研究》，山东大学博士学位论文，2004 年。

② Qian Wei, Chen Ge. "The iron artifact from unearthed from Yanbulake Cemetery and the beginning use of iron in China." *Proceeding of BUMA - V*, Gyeongju in Korea, 2002: 189 - 194.

③ 陈建立：《先秦两汉钢铁技术发展与传播研究新进展》，《南方民族考古》第 10 辑，科学出版社，2015 年。

④ 王永强、阮秋荣：《2015 年新疆尼勒克县吉仁台沟口考古工作的新收获》，《西域研究》2016 年第 1 期，第 132—134 页；王永强、袁晓、阮秋荣：《新疆尼勒克县吉仁台沟口遗址 2015—2018 年考古收获及初步认识》，《西域研究》2019 年第 1 期，第 133—138 页。

三、中国境内块炼铁技术制品

人工冶铁是从块炼铁开始的。块炼铁与生铁冶炼技术的最大区别，是能否炼出液态的铁，块炼铁技术是低温冶炼，锻打成型，效率很低，出现较早。古人积累丰富的烧陶和炼铜实践，最初可能在偶然中，铁矿石与炉中木炭接触得到铁，后来长期实践，探索出块炼铁的生产技术。铁矿石与木炭发生化学反应后生成海绵状铁，每次炉子冷却后取出铁块进行锻打，排挤出大部分杂质制成所需要的器物。这种块炼铁得到的器物因为在冶炼过程中没有经过液态熔炼排渣，锻打也不能将杂质完全排除，故而在器物的组织中会表现出一些共性：纯铁素体组织；铁矿石中杂质元素常常会带入到块炼铁产品中，含有大量孔洞；因矿石成分分布不均匀造成夹杂磷、硫、硅等含量起伏较大等。由于其质软、夹杂多，使用性能不高，块炼铁出现不久就有了使其表面钢化而提高强度的技术。块炼铁在加热锻造过程中与炭火接触，碳渗入铁内使得其含碳量增加成为块炼渗碳钢。块炼渗碳钢性能可以媲美青铜，用来制作兵器、工具。

甘肃临潭磨沟遗址的 M444 和 M633 出土铁条和铁锈块 2 件铁器。为判定墓葬和铁器的绝对年代，对两墓的墓主人骨和 M444 墓内出土铜斧銎内木炭等多件样品进行 AMS-^{14}C 测年，根据铁条的组织特征以及墓葬年代的综合分析，可以判定铁条（M444：A7）为块炼渗碳钢锻打而成，系公元前 14 世纪左右人工冶铁制品[①]。

早期铁器作过分析的数量有限，但从已有的分析来看，公元前 5 世纪前的块炼铁制品中复合兵器数量最多，复合材质器物似乎可以作为块炼铁出现初期的一种标志，物以稀为贵，只有最初极为珍贵时才会将其仅作为兵器和工具的刃部加以利用。

中原地区伴随块炼铁发现的墓葬，往往还有其他铁材，如三门峡虢国墓同时还发现有陨铁制品；天马-曲村、长沙杨家山、临淄郎家庄等，同时发现有生铁制品。尚没有充分证据说明生铁与块炼铁是同时出现的，但中原地区，生铁冶炼技术和块炼铁技术出现的时间应无太大差距。

战国和汉代，块炼铁仍有发现。河南辉县固围村战国中期魏国墓出土 65

[①] 陈建立、毛瑞林等：《甘肃临潭磨沟寺洼文化墓葬出土铁器与中国冶铁技术起源》，《文物》2012年第 8 期。

件铁器，6 件铁工具经过分析为块炼铁，组织中有脱碳层表明锻打前加热，是在氧化气氛下进行的，金相组织分布不均匀，锻打加工只是为了成形，未能达到改善组织提高性能的功效[1]。湖北大冶铜绿山战国中期古井矿出土 5 件铁器，经分析，铁砧和铁耙为块炼铁锻打而成，耙头和耙柄部是一体锻打的，组织不均匀，含有 0.15%～0.2% 的碳[2]。河北易县燕下都战国晚期墓出土 79 件铁器[3]，经过分析的有 9 件，其中 6 件为块炼铁和块炼渗碳钢，3 件为生铁制品，且当时已经掌握了淬火和铸铁可锻化热处理的技术[4]。这些铁器是士兵随身兵器，在丛葬时未收回，说明当时燕国铁兵器、铁农具并不属于珍稀之物，在社会应用已经较为广泛。燕国铁器的制造技术和普及程度都位于诸侯国前列，甚至影响到东北地区[5]。

郭美玲、陈坤龙等对陕西黄陵寨头河战国墓出土的 4 件铁带钩、4 件铁环和 1 件不明残块，共计 9 件铁器进行了分析，铁带钩均为铸铁，铁环均为块炼铁或块炼渗碳钢锻打。寨头河墓地为西戎、三晋文化因素共存的戎人墓葬，墓地的戎族属性和块炼铁工艺，反映出该墓地与西北地区早期冶铁术的某种关联[6]。铁环为与西北地区颇有渊源的块炼铁，而与中原关系密切的铁带钩则为铸铁。同时期河南登封阳城铸铁遗址出土大量铁器，其中 10 件铁器的金相分析结果，却不见块炼法踪影[7]。

西汉时期铁制农具、兵器数量激增。北京科技大学冶金与材料史研究所曾对 6 座王陵墓出土的 80 余件铁器进行鉴定，发现汉王陵出土的铁器中，块炼铁和块炼渗碳钢还普遍存在，如满城汉墓刘胜佩刀、钢剑、错金书刀，均为块炼渗碳钢，铠甲片也是块炼铁锻打的[8]。苗长兴对河南地区出土的古代 136 件钢铁制品的研究表明，由于炒钢技术发展，东汉以后铁器中不见块炼铁

①　孙廷烈：《辉县出土的几件铁器的金相学考察》，《考古学报》1956 年第 2 期。
②　冶军：《铜绿山古井矿遗址出土铁制以及铜制工具的初步鉴定》，《文物》1975 年第 2 期。
③　河北省文物管理处：《河北燕下都 44 号墓发掘报告》，《考古》1975 年第 4 期。
④　北京钢铁学院压力加工专业：《易县燕下都 44 号墓葬铁器金相考察初步报告》，《考古》1975 年第 4 期。
⑤　敖汉旗文化馆：《敖汉旗老虎山遗址出土秦汉铁权和战国铁器》，《考古》1976 年第 5 期；王增新：《辽宁抚顺莲花堡遗址发掘简报》，《考古》1964 年第 6 期。
⑥　郭美玲、陈坤龙等：《陕西黄陵寨头河战国墓地出土铁器的初步科学分析》，《考古与文物》2014 年第 2 期。
⑦　韩汝玢：《阳城铸铁遗址铁器的金相鉴定》，见河南省文物考古研究所、中国历史博物馆考古部《登封王城岗与阳城》，文物出版社，1992 年，第 329—336 页。
⑧　韩汝玢、柯俊主编：《中国科学技术史·矿冶卷》，科学出版社，2007 年，第 475 页。

制品①。

中国古代出现的块炼铁技术，从甘肃临潭磨沟商代中期的铁条到汉代铁质兵器、农具，延续了千余年，经历了春秋起步、战国发展到汉代达到顶峰的变化。古代块炼铁技术在社会进步中被淘汰。有观点认为其对现代金属材料制作技术产生影响，现代粉末冶金技术中固态下成形并致密化，即是继承了古代块炼铁基本技术思想②。

四、新疆、甘肃在块炼铁技术传播中的通道作用

中原地区发现块炼铁的墓葬有三门峡虢国墓、陕西韩城梁带村、山西天马-曲村，墓葬的等级均比较高，出土器物多为金、玉、铜与铁搭配的复合器，这都是冶铁术刚出现不久的现象，故即使日后有考古新材料出现，应该也不会将古代中原人工冶铁开始的年代提早很多。

甘肃临潭磨沟出土铁条是目前经过分析的，时代最早的块炼铁。豫西、晋南和关中地区人口稠密，农耕文明发达，金属工具的需求突出，能为冶炼技术进步提供足够动力，而冶铜技术的发达也无疑为冶铁技术的发展提供技术积累。假设我国块炼铁技术从商代中期就开始有的话，商代中期至其后块炼技术出现的西周晚期、春秋早期，中间几百年的停滞空白期难以解释。

临潭磨沟遗址出土块炼铁的铁条，无外乎两种可能，一种是西方传来的，一种即该区域块炼铁技术是独立起源的，如果是后者，它应该有自己产生、发展和流传甚至消亡的路径，即拥有独立起源的技术和社会基础。

目前认为铁器最早发源于公元前2700—前2500年西亚的两河流域北部和小亚细亚地区。学界对西亚地区冶铁技术起源研究相对较多，公元前2500年左右两河流域赫悌人墓葬出土铜柄铁刃匕首已经是人工冶铁产物，当然这可能是偶然性的产物。公元前1500年之后美索不达米亚、安纳托利亚和埃及出土的人工冶铁数量逐渐增多。通常认为始于公元前15—前14世纪的西亚的赫梯王国③。也有根据土耳其阿拉卡（Alaca）遗址（与特洛伊Tory同时代）发现的铁匕首（前2500—前2300年），认为是小亚细亚土著人创造的。这些铁器

---

① 苗长兴：《从河南铁器鉴定论封建社会后期钢铁技术的发展及灌钢技术的初步研究》，北京科技大学科学技术史专业硕士学位论文，1991年。

② 李飏、李祖德：《中国古代块炼铁技》，《粉末冶金材料科学与工程》1999年第2期。

③ *Encyclopedia Britannica*，vol. 9，Encyclopedia Britannica Inc. 1977.

的时代等还存有争议①。希腊的铁器是从小亚细亚传入，公元前 11 世纪，雅典就已经成为新的早期铁器时代的中心，赫梯的铁器在前 12 世纪传入高加索，再传入南俄库班草原，再沿着里海北岸传入中欧。Charles S. A. 对公元前 11—前 10 世纪塞浦路斯等地出土的工具刀、匕首等 14 件器物的尖部和刃部鉴定，均为块炼渗碳钢②。在欧洲人到非洲之前很久，非洲人就已经使用块炼铁法锻打的铁工具③，许多地区在公元前就开始开采铁矿，掌握了冶铁知识。

不受中国文化影响的地区一直到公元 14 世纪都是用块炼渗碳钢。以 R. F. Tylecote 为代表的西方学者，认为冶铁技术是从公元前 8—前 5 世纪或者更晚时候从伊朗传播到印度和中国的④。有迹象表明，中原地区的块炼铁技术源自中亚和西亚地区的可能性是存在的，而新疆和甘青地区可能是一通道。卫斯结合体质人类学分析，以及同类文化墓葬比较研究，认为新疆哈密焉布拉克墓地、阿勒泰塑柯尔特墓地发现的公元前 12 世纪左右的铁器，并不是本土所产，是由来自欧洲的高加索人带入，并随主人埋葬的⑤。匈奴和戎狄等游牧民族的流动性，对于早期铁材和铁器的传播，显然可以起到桥梁和传输作用。尽管未来考古材料不可预知，但个人认为，甘肃临潭磨沟出土块炼铁条西传来的概率，比本土制作概率要高得多。

新疆地区汉代以前的铁器，除了数量随着年代推移有所增加，其品种、工艺等无太大差异。这和中原地区有明显不同，中原地区最晚在春秋晚期，已经有了白口铁产品。有研究表明，春秋中晚期以后，陕、豫、晋交界地区的冶铁业发展迅速，成为中国古代冶铁中心；生铁技术存在从该中心区域向周边传播的现象；新疆等地发现战国两汉铸铁脱碳钢也证实中原冶铁技术向西的传播。中原地区在高度发达的炼铜技术上，应该较为容易地将炼铜工艺与经验应用到炼铁技术上。

考古发现证实新疆真正使用铸铁技术是在汉代。如在克里雅河流域的圆沙

---

① B. Fagan, *People of the Earth*. Little, Brown and Company, 1979. p. 289.

② Maddin R, "The Beginning of the use of iron." *Proceeding of BUMA - V*, Gyeongju in Korea, 2002：1 - 9.

③ （美）斯塔夫里阿诺斯著，吴象婴、梁赤民等译：《全球通史——从史前史到 21 世纪》，北京大学出版社，2006 年，第 302—303 页。

④ Tylecote R. F. , *A History of Metallurgy*. London：The Metals Society. 1992.

⑤ 卫斯：《新疆早铁器时代铁器考古发现概述——兼论新疆的铁器来源与冶铁术的传播问题》，《西部考古》2017 年第 3 期，第 3—20 页。

遗址发现公元前 2 世纪的铸铁锅、在巴里坤发现铸铁脱碳钢制品。反映出中原地区的铸铁技术，最迟在公元前 2 世纪已经传入新疆①。新疆地区的铁器种类明显体现出牧业社会和半农半牧业经济类型的特点。保留草原游牧民族使用的铁刀，也出现少量铁质农具，这与其当时人类社会经济类型特点相吻合。

我们可以对该区域追溯得更早些，砷铜的出现和使用是新疆东部青铜时代冶金发展的一个重要特征，而砷铜在河西走廊四坝文化遗址中也是屡有发现。公元前 4 千纪在西亚出现砷铜，随后得到广泛应用，在中亚许多地方，砷铜使用占据主导并有东传的迹象。梅建军对新疆东部出土早期铜器进行研究，在肯定了新疆东部与甘肃地区早期青铜文化联系的同时，还推测砷铜与北方草原存在一定的关联②。大量考古发掘资料和研究表明，大约四千年前，新疆部分地区已进入青铜时代③，且与中亚、西亚、中原均有联系④。安德罗诺沃文化（Andronovo Culture）是公元前 2 千纪至前 1 千纪初中亚地区著名的一支青铜时代考古文化，新疆地区近些年陆续发现多处该文化遗存，主要分布在伊犁河流域、塔城、帕米尔地区。梅建军等认为安德罗诺沃文化在欧亚大陆青铜文化传播过程中起了关键作用，对新疆青铜文化的影响是明显的⑤。库兹美娜认为是欧亚大草原的游牧民族创造和传播了安德罗诺沃和塔里木盆地的青铜文化⑥。公元前 2000 年左右，西亚、中亚、东亚之间存在一条西东文化交流的"青铜之路"（图 2 - 10）。青铜之路上传播的不只是青铜技术和青铜器，还包括技术理念。青铜之路创造了欧亚大陆文化的同一性，形成了古代世界体系。

青铜冶炼需要跨地区的合作，西亚及其附近地区 5000 年前就形成了以红铜、锡、铅、青铜和粮食为主要商品的长距离贸易网，构成了一个具有中心—边缘关系的古代世界体系⑦。这种长距离贸易网，显然容易在后来的块炼铁技术中延续

---

① 陈建立、梅建军等：《新疆巴里坤东黑沟遗址出土铁器研究》，《文物》2013 年第 10 期。

② 梅建军、刘国瑞等：《新疆东部出土早期铜器的初步分析和研究》，《西域研究》2002 年第 2 期。

③ 陈光祖著，张川译：《新疆金属器时代》，《新疆文物》1995 年第 1 期。

④ 李水城：《从考古发现看公元前二千纪东西文化的碰撞与交流》，《新疆文物》1999 年第 1 期。

⑤ Mei Jianjun. *Copper and Bronze Metallurgy in Late Prehistoric Xinjiang*：Its Cultural Context and Relationship with Neighbouring Regions. BAR International Series 865，Oxford：Archaeopress. 2000.

⑥ Kuzmina, E. E. "Cultural Connections of the Tarim Basin People and Pastoralists of the Asian Steppes in the Bronze Age." *The Bronze Age and Early Iron Age Peoples of Eastern Central Asia*，Pennsylvania：University of Pennsylvania Museum Publications，1998，pp. 63 - 93.

⑦ 同上注。

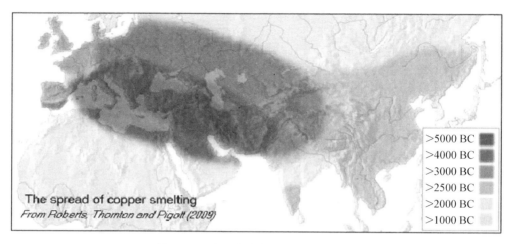

图 2 - 10　欧亚大陆冶铜技术的传播趋势

和利用。

王欣提出自公元前 3 千纪上半期开始，历史上吐火罗人从其原居地波兰一带开始东迁，先后经过南俄草原、中亚草原、塔里木盆地和河西走廊，最后到达中国北部[1]。孙危认为是吐火罗人把铁器，从西亚经欧亚草原带到新疆，然后随着吐火罗人向东迁徙，传播到中原地区[2]。

越来越多的证据表明，游牧民族帮助建立了一个横跨欧亚大陆大部分地区的庞大贸易网络，在这个网络中，货物和信息得以传递。中原地区的块炼铁技术源自中亚和西亚地区的可能性是存在的，而新疆和甘青地区可能是其通道。

中国古代早期块炼铁技术是作为早期东西方贸易内容之一由西亚传来，从某种程度上传入中原后，应该加快了人们对铁属性的认识从而也推动了中国特有生铁技术的发展。当然具体技术传播路径等细节有待于更多的发掘与研究。有明显西方技术特征的块炼铁产品出现在古代中原到中西亚、欧洲的主要陆上通道——河西走廊一带，或是战争无意的遗留，更可能是早期东西方贸易的痕迹。磨沟出土块炼铁条是个案还是普遍现象，复合器物制作与传播，块炼铁技术如何由西亚向新疆、甘肃传播，后者如何与内陆中心区域早期铁器交流等，都是需要进一步探讨的问题。

---

① 王欣：《吐火罗史研究》，中国社会科学出版社，2002 年，第 32 页。
② 孙危：《中国早期冶铁相关问题小考》，《考古与文物》2009 年第 1 期。

　　从传播通道得来的成品、半成品，到掌握冶铁技术，生产出本土的块炼铁产品，这也是符合人们对技术的认识、接受过程。但两者的时间界限等，还需要更多考古材料和冶炼遗址的发掘和研究。一些早期做过分析鉴定的铁器其年代可能需要结合墓葬年代重新分析。除了铁器的分析研究，对早期冶铁技术发展传播的研究还需要结合墓葬遗址的生业研究、体质人类学等多方面进行共同探讨。

　　当然，发掘和取样的无法主动选择，以前作过的分析受时代局限需要加强或者补作，有的墓葬陶器少，年代分期不好定，还有墓葬有二次葬现象，国外铁器分析数据缺乏，等等，都为上述问题解决带来一定难度。

第三章

战国时期河南冶铁技术的快速发展

第一节　铁　冶　政　策

商周是青铜时代的鼎盛时期，青铜冶铸业的中心主要是在中原地区，而冶炼的部分原料，很大可能来自南方。

《诗经·鲁颂》载："憬彼淮夷，来献其琛。元龟象齿，大赂南金。"即言淮夷贡献的除海龟和象牙外，还有南方出产的金属，反映当时南方有相对发达的矿冶业。《周礼·地官》中说："丱人掌金玉锡石之地，而为之厉禁以守之。若以时取之，则物其地，图而授之，巡其禁令"。并设"丱人中士二人，下士四人，府二人，史二人，胥四人，徒四十人"。这里记载的是最早的矿业管理制度，明确了丱人（官名）的职责，人员配置显示出其管理机构已较为完备。一方面反映出西周时期国家对矿业的重视，设有专职官员掌管矿业，另一方面也映射出当时的矿业规模和发达程度。

"普天之下，莫非王土"，山海之藏不仅属于天子或诸侯所有，而且也是他们重要的经济收入来源。中国历史上主张由国家专营盐业、矿产，并采取各种方式控制山林川泽。"官山海"理论的最早倡导者，是春秋时期齐国的宰相管仲。其在执政期间，对经济政策和制度进行尤为出色的创新实践，为齐桓公的霸业奠定了坚实的物质基础。其创行的"官山海"政策，就是当时国家重要的工商业政策。"山海"，即"山海之藏"，主要指来自山海的矿产和食盐这两项最为重要的自然资源。"官山海"意味由官府垄断山川海泽等自然资源，煮海为盐、开山为铁，盐铁正是来自"山海之利"。国家掌管和经营盐业和冶铁业，这也就是汉代盐铁官营的前身。

由政府官营和专卖的盐业，是从春秋时代的齐国开始的，齐国的海盐，资源丰富，为了避免生产过剩、造成积压，同时也为了防止影响农业生产，管仲根据农忙和农闲时间，安排农事和煮盐活动。齐国冶铁业的快速发展，铁制工具开始应用于各生产部门，在这种前提下，管仲对铁也实行了专卖，具体做法与盐的专卖相仿①。按照《管子·轻重乙篇》的记载，管仲虽主张铁矿国有，但不主张国营，原因是国营"发徒隶而作之，则逃亡而不守。发民，则下疾怨上，边境有兵，则怀宿怨而不战。未见山铁之利而内败矣"。允许私人开矿冶炼，官私分成，"与民量其重，计其赢，民得其七，君得其三"，即铁作为原材料，按重量给官府白拿三成，抵作赋税；铁的制成品由官府统一收购，所得利润三成归政府。铁器全部由官营机构销售，按户籍编制，供应给农户。此政策促进了铁器生产的发展，使铁制农具的使用日渐普及。

管仲推出"官山海"政策的一个重要目的就是打击垄断、促进自由竞争，当时"官"的含义有两点：一是所有权和经营权分离，所有权由国家或政府所有，而生产经营权对市场开放，从而打击垄断，促进了竞争，进而提高了生产水平。二是"官"意味着公平自由竞争的市场环境，盐铁收归中央之后采取轻徭薄赋的主张，对民间减税。这与后来汉武帝时实行的国家垄断经营的官营盐铁业是有区别的。管仲推行的以民制为主、官制为辅的"官山海"政策，也被后人称为"部分专卖制"，即民制、官收、官运、官销②。《管子·轻重篇》阐发的是以轻重理论治国的方略，主张通过经济手段调控国家经济。这种专卖制，在增加国家财政收入同时，减轻农民负担，促进民间盐、铁的生产发展，保障了人们在生产、生活上的需要，同时还抑制富商大贾谋取暴利，减少了对民人兼并之资③，对两汉乃至后世都产生了深远的影响。

从春秋后期到战国，由于商品经济的发展，商人数量不断增加，盐铁矿散布全国各地，为盐铁商人就地加工、生产、销售提供了便利。一方面，各诸侯国继续采取鼓励商人从事商业活动的政策；另一方面，各国对各种资源控制的放松，包括陆续解除了对山林菽泽等林木、矿产开采的限制，对盐铁的经营实行了相应的特许制度，正是这种特许制度的建立，使得盐铁经营中逐渐形成了某种排他性的规模效益，造就了一些富商大贾。如《史记·货殖列传》记载"邯郸郭纵以铁冶成业，与王者埒富"，赵国邯郸人郭纵既是冶铁主，也是经营主。他通过役使大量劳动力，进行较大规模的铁业生产和经营，最终与王者埒

---

①　于孔宝：《中国历史上最早的盐铁专卖制度——"官山海"》，《盐业史研究》1992年第1期。

②　罗庆庚：《汉代专卖制度研究》，中国文史出版社，1991年。

③　杨生民：《〈管子·轻重篇〉经济管理思想新探》，《首都师范大学学报》1994年第2期。

富而闻名天下。

秦国商鞅实行变法，实行重农抑商的政策，为了使人民安心于农，商鞅主张"壹山泽"，即国家垄断山泽资源，普通百姓除努力耕织外，再无其他生活门路。具体措施包括：制止弃农经商行为，未经允许从商者罚作奴隶；实行的是比齐国更严厉的食盐专卖政策，不允许私煮和商人自由运销，而是统一为官产官销。盐铁业，从生产到流通，全都由国家严格控制，限制商人的经营范围。该政策为秦国开辟了新的财政来源，使秦的经济日益强大，为日后统一中国奠定了基础。

第二节　战国时期河南地区的冶铁遗址

韩汝玢等对约 4000 件公元前 3 世纪以前的铁器进行了研究[①]，发现包括晋南地区、豫西地区在内的中原地区，是公元前 5 世纪—前 3 世纪铁器出土最为集中的区域。

以河南、山西和陕西为代表的黄河中游地区，不仅是商周时期的中国青铜冶铸技术的核心区，也是生铁技术的发源区。不排除未来这一区域可能有更多的早期铁器出土，但到目前为止，尚未发现春秋时期的冶铁作坊遗址。

战国时期的冶铸铁遗址，主要发现于河南、河北和山东，如河北的易县燕下都[②]、兴隆寿王坟、邯郸市区赵王城[③]、平山三汲中山国灵寿城遗址[④]都发现有冶铁遗址，山东的冶铸铁遗址见于临淄齐故城[⑤]、滕县古薛城[⑥]和曲阜鲁国故城[⑦]。

河南地区发现的战国冶铁遗址，主要有新郑仓城铸铁遗址（新郑后端湾铸铁遗址）、郑国祭祀坑战国铸造遗址、登封（告成）阳城铸铁遗址、洛阳东周王城冶铁遗址、鹤壁鹿楼战国冶铁遗址、商水扶苏故城冶铁遗址、辉县古共城

①　Han R B, Duan H M. "One of the centers of the early use of iron artifacts in the ancient State of Jin, 9th–3rd century BC." In: 6th *Int Conf Beginnings Use Metal Alloy*（*BUMA–Ⅵ*）. Beijing: Hi storical Metallurgy Society, 2006.

②　河北省文物研究所：《燕下都》，文物出版社，1996 年。

③　邯郸市文物保管所：《河北邯郸市区古遗址调查简报》，《考古》1980 年第 2 期；河北省文管处等：《赵都邯郸故城调查报告》，《考古学集刊》第 4 集。

④　河北省文物管理处：《河北省平山县战国时期中山国墓葬发掘简报》，《文物》1979 年第 1 期。

⑤　郡力：《临淄齐国故城勘探纪要》，《文物》1972 年第 5 期。

⑥　庄冬明：《滕县古薛城发现战国时代冶铁遗址》，《文物参考资料》1957 年第 5 期。

⑦　山东省文物考古研究所、山东省博物馆等：《曲阜鲁国故城》，齐鲁书社，1982 年。

铸铁遗址、西平酒店冶铁遗址等。

有的遗址，战国、汉代都有进行冶铸活动，留下不同时期的遗迹、遗物，对此，我们选择将其放在冶铸活动兴盛、铁产品丰富的时代来介绍。如登封（告成）阳城铸铁作坊，兴起于战国早期，盛行于战国晚期，并延续到汉代，我们放在本章介绍；泌阳下河湾冶铁作坊也有战国时期冶铸痕迹，但其主体反映的是两汉时期的冶铸活动，故而放在下一章。

一、郑韩故城内的冶铁遗址

郑韩故城，位于河南省新郑市双泊河与黄水河交汇处，为春秋战国时期郑韩两国的都城。历史上最早的郑国在陕西，开国君主是郑桓公。犬戎之乱中，郑桓公死于国难，郑武公等人辅佐周平王东迁洛邑，并于公元前 769 年前后，在溱水和洧水之间（今新郑市）建立新都，为区别西周王都镐京附近的旧郑，将新都称为新郑。公元前 375 年，韩国灭郑，将国都从阳翟（今河南禹州）迁到新郑。

郑韩故城内一南北向的城墙，将故城分为两部分，西城为内城，东城为郭城。西城区是郑国、韩国的宫城和贵族居住区，东城区是郑国和韩国平民居住区和手工业作坊区，分布有制骨、制玉、制陶、铸铜、冶铁遗址等。郑韩故城的布局体现了当时东周列国都城的典型模式，是目前世界上同一时期保存最完整、城墙最高、面积最大的古城。

郑韩故城内的战国冶铁遗址不止一处，如新郑郑国祭祀坑战国铸造遗址、新郑仓城铸铁遗址（新郑后端湾铸铁遗址）。

（一）新郑（中行）郑国祭祀坑战国铸造遗址

新郑（中行）郑国祭祀遗址，从 1996 年 9 月至 1998 年 12 月，历时两年多发掘，共发掘 8000 余平方米，郑国祭祀遗址以南是新郑市实验中学，受地理条件的限制，无法外扩发掘。已知不完全面积约近 3 万平方米[①]。其范围，东到距祭祀遗址以东百米以外的新华路办事处西墙外，北达新华路，西至中华路，南面进入市实验中学。遗存跨度大，包括了从商代二里岗文化到战国晚期后段，共计六期七段文化遗存[②]。在中行遗址还发现战国时期的铸造手工业作坊遗存。

中行祭祀遗址周边的铸造遗存（图 3−1），迄于战国中期，止于战国晚期。

---

① 河南省文物考古研究所编著：《新郑郑国祭祀遗址》，大象出版社，2006 年。
② 马世之：《华夏考古的新篇章——读〈新郑郑国祭祀遗址〉》，《华夏考古》2008 年第 2 期。

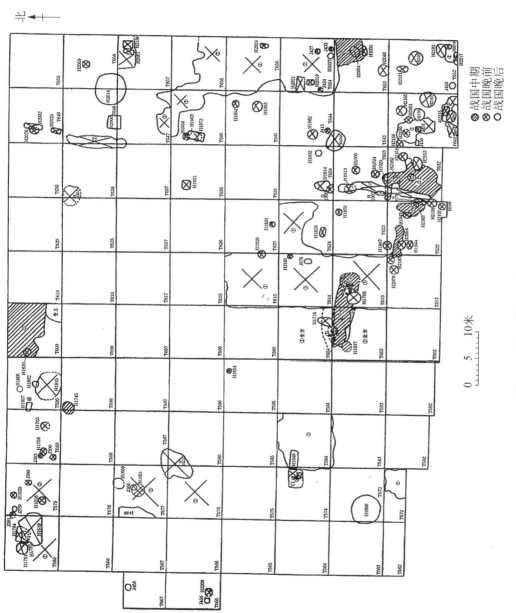

图 3-1　战国时期铸造遗迹分布图

韩灭郑在公元前 375 年，所以战国中期及其以后的铸造遗存当属韩国所有，但其基本是在郑国铸铜手工业作坊的基础上发展起来的。

战国中期

中行祭祀遗址发现的战国中期的铸造作坊，规模并不大，主要分布在郑国祭祀遗址的东南部，有灰坑 4 座和烘范窑 1 座，有熔炉残块，鼓风管残块和大量建筑材料，另有各种铸范、大量的生活用具等。

主要遗迹

烘范窑 T613Y2，是由窑室、活动面、火膛灰洞、同期堆积、晚期堆积五部分组成的一处大型的烘范窑址（图 3‐2 和图 3‐3）。窑室为一西北—东南向的大型近长方形竖穴坑状结构。窑室东部为西北—东南向的近长方形坑，窑室口各边线近直略弧，坑底小于坑口，坑壁较光滑，转角圆滑等。根据烘范窑填土中陶片和膛洞中的陶片的形制，结合窑床面破坏的现象分析，该烘范窑构筑、使用均在战国中期，战国晚期前段时被毁弃。考古工作者根据烘范窑结构以及文化层的遗物、遗迹分析，T613Y2 是用于烘烤铸造青铜器合范、芯、模等的烘范窑。与铜器相关的铸造活动一直延续到战国晚期。

图 3‐2　烘范窑（T613Y2）　　　　　图 3‐3　烘范窑（T613Y2）之局部

熔炉由炉口、炉腹、炉缸、炉基四个部分组成。炉基是承托炉体的基础；炉口是装料、预热炉料、架设鼓风管的部位；炉腹是进行熔化还原铁料的部位，炉缸是贮存铁水和液体渣的部位。熔炉既可以熔铜，也可以熔铁。

熔炉残块反映出有单一材料熔炉和复合材料熔炉。单一材料熔炉是只以草拌泥一种材料盘筑而成。复合材料熔炉，则是以多种材料，经多次构筑而成。

发掘出土熔炉的各部位残块中，炉口 10 件，炉腹壁 71 件，鼓风管嘴 1

件，残块。鼓风管用草拌泥塑制而成，上薄下厚，内面呈红色，外面是黑灰色熔层。

遗址发现大量建筑材料，如板瓦、筒瓦、瓦当、瓦钉、井圈等 1266 件（块），均为泥质灰陶。

主要遗物

铸范：有礼器范、锄范、镢范等，还有范芯、范外加固泥等。礼器范为 8 件（块），锄范 9 件（块），另外还有 26 块形制辨认不清、破碎的范块。铸范分泥质与细砂质两种。工具范中锄范腔范 4 件，均残，皆细砂质灰陶。平面范 3 件。范外加固泥 61 件，原都是糊在范外面的，现已脱落呈块状，均为草泥质，皆残。范内填充材料 1 件，草泥质。长条状半圆形，草拌泥堆成，橙红色。长方形范芯 9 件，均为泥质红陶或黄陶，素面。

陶器有陶纺轮 1 件，陶片 1192 片，其中 981 片为泥质灰陶，132 片为泥质红陶，65 片为夹砂红陶，仅有 14 片为夹砂灰陶。此时期陶器主要是生活用器，另发现一些可能直接用于生产活动的陶制水槽、器座等。

铁器仅发现 1 件，铁镢（T666H2204：1），长方体，顶端长方形銎，銎口略有残失，镢体不平，薄刃，锈蚀严重。

因战国晚期对前期遗存的改建和破坏，该时段能保留下来的不多，但锄范和铁镢等发掘信息，印证战国中期此地已经有冶铁活动的存在。

战国晚期前段

中行遗址战国晚期前段的铸造作坊，是在战国中期铸造作坊的基础上发展起来的。遗址面积不仅涵盖了整个中期遗存的范围，而且扩大到郑国祭祀遗址的大多数区域，尤其遗址的东南部，铸造遗址分布最为密集。这一时段的遗迹数量大增，发现灰坑、水井、灰沟以及大量的建筑材料，出土有各种熔炉残件（块）、各种铸范尤其钱币范等。

遗迹有灰坑、水井和灰沟、烘范窑四种。

灰坑 69 座，分圆形、椭圆形、不规则圆形、方形、长方形、不规则形六种。灰坑里堆积大量陶器残片，以及少数陶范、条范、炉壁、鼓风管残块、烧土块等。灰沟 1 条。水井 7 眼，其中圆形直壁井 6 眼，椭圆形直壁井 1 眼。灰沟和水井内填陶器残片、建筑材料、各类范、鼓风管及残铁器等。

大型烘范窑 1 座，编号 Y1。烘范窑的窑室平面近方形，半地穴式，口大底小，转角圆滑，底部较平。Y1 填土中和膛门洞中包含有陶器碎片、炉壁块、烧土块、烧土泥条等。陶器种类中有浅直盘豆、宽微卷沿盆等战国晚期典型陶器，没有早中期的陶器碎片混入，Y1 建造、使用及废弃的时间均在战国晚期前段。在其填土中和窑床上，发现有铜渣，Y1 当是用来对青铜器的铸范的烘烤。战国中期青铜铸范中钱币范、削范、剑范等多平面范，扣合后即可进行浇铸，一般不需要外糊草泥形成范包，即便做成范包，其形体也较小，无须在 Y1 这样大的膛洞区进行烘烤。故而 Y1 很可能是专门用来烘烤需要多块范组合成复杂、形体较大的范包。

熔炉发掘中仅收集到有炉腹、炉底、炉底座等残块（图 3 - 4）。其中绝大部分炉壁残块是单一材料，较少熔炉残块是复合材料的，因残碎厉害，无法复原。单一材料用来筑炉，炉壁较薄。复合材料是经过多次改良，由多种材料组合的新型熔铁炉材料。发现泥质炉壁 35 件，用背料泥加少量草茎堆筑而成，

1. 泥质炉壁(T603④：45)

2. 泥质炉壁(T633G7：112)

3. 砂质炉壁(T579H1620：80)

4. 砂质炉壁(T633G7：113)

图 3 - 4　熔炉部分残块

内表糊一层含有夹砂的炉衬层，表面有一层灰绿色琉璃熔层。发现砂质厚壁炉腹残块 10 块，夹大量砂粒的厚壁熔炉，由于厚壁熔炉夹石英砂粒过多，可塑性降低，只能通过制成简单的条状形来构筑炉体。

发现鼓风管 34 块，4 块为陶质鼓风管，27 块为草泥质鼓风管，3 块为夹砂鼓风管，可能均为直角顶吹式鼓风管。观察绝大多数鼓风管表面，有黑色熔融情况，并有下流趋势，向下逐渐熔成黑红色的琉璃体。观察到两层熔层，说明鼓风管使用过程中，烧熔到厚度变薄时，会再糊上一层草泥继续鼓风。

发现有大量建筑材料遗迹如板瓦、简瓦。瓦当、瓦钉、管道、井圈、空心砖、凹槽砖等，共 9312 件（块），种类较战国中期增加了许多，大多数为泥质灰陶，少量为泥质红陶。纹饰以绳纹为主，绳纹又分粗、中、细三种，其中中绳纹占比例较大。另有米格纹、条纹、方格纹、树枝纹、环纹、附加堆纹等。

发现与铜器对应的铸范与铸模多件，其中铜泡范模 1 件，属泥质红陶；鼎足范模 3 件，残，均为泥质素面红陶；礼器范模 8 件，均残，皆为泥质红陶。另还有相当数量的钱范，共 226 块，有圆首圆足布范、方首圆肩币范、异形币范、方首方足币范、刀币范等。铸币范大多是泥质，个别为夹砂，仅 1 件为石质。另发现有环、锥状芯、长条形芯等芯范，以及外范、芯及芯座扣合后外糊草泥形成的范包，范包晾干烘烤后强度增大，能起到紧固铸范的作用。Y1 类的烘范窑很可能是专门用来烘烤这些较大型范包的。

除有战国中期相同的铸范出土，还出土了镰范、铃范、铲范、刀范、矛范、剑范、削范、凿范、条材范、管形范、箭杆范、锥范、筒形范、五棱形范等，其中仅锄范就有 1048 件，镢范 229 件，镰范 8 件，削范 6 件，凿范 5 件，刀范 5 件，条材范 6 件，筒形范 3 件，箭杆范 2 件，锥范 1 件等，还有不明用途范 338 件，各种范芯 502 件，形制辨认不清的碎范块 70 件等。数量最多的锄、镢、镰、削等铁器的铸范，均是小型平面类范，均是正、背范扣合，入窑烘热，再行浇铸。

骨器主要器形有簪、棒、匕、珠、加工骨、料珠。

石质有石饼 1、砺石 2、石塞 1 件、石圭 1 件。其中砺石皆为黄绿色砂石。

陶器主要器形有纺轮、圆饼二种。出土陶片总数 11592 件（块），按陶质陶色统计，泥质灰陶最多，泥质红陶次之，夹砂红陶再次之，最少量的是夹砂灰陶。陶器纹饰以素面为主，绳纹次之，绳纹又分粗、中、细三种，其中粗绳纹最多，中绳纹次之，细绳纹较少。陶器种类丰富，有罐、盆、釜、鬲、盂、豆、量、甑、瓮、壶、碗、钵、盘、器盖、器座、水槽、算等。

　　铜器有铁铤铜镞 3 件；铜铃 1 件，上窄下宽，平口平沿，顶上有半圆形钮，钮间有一芯撑孔；铜饰件 1 件，为弯曲的长条形薄片。

　　与战国中期不同，该时段铁器种类、数量大增，器类有镢、锄、刀、斧、锛、铲、削、锥、板材等（图 3 - 5）。其中工具铁削数量最多，共 80 件，多环首，背隆起，尖微弧，脊厚刃薄，短柄。铁镢 4 件、铁锄 1 件、铁斧 1 件、铁

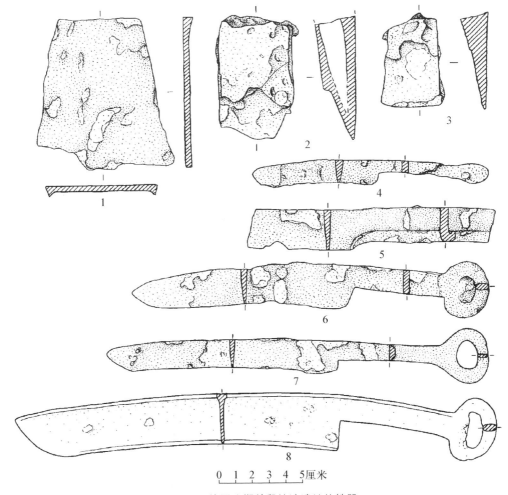

0 1 2 3 4 5厘米

图 3 - 5　战国晚期前段铸造遗址的铁器

1. 锄（T612H2070：8）　2. 斧（T653H2035：15）　3. 锛（T646H1973：2）　4. B 型 Ⅱ
式削（T632G7：1）　5. 刀（T652H2216：5）　6. A 型 Ⅱ式削（T642H2165：2）　7. B 型
Ⅰ式削（T599②：4）　8. A 型 Ⅰ式削（T569②：11）

铲 1 件、铁锛 1 件、铁刀 1 件、铁锥 2 件，多数已残，锈蚀严重。另有铁板材 1 件，长条状，横断面呈弧形，锈蚀较重。

战国晚期后段

战国晚期后段较战国晚期前段铸造规模缩小，产品减少，韩国铸造业进入衰亡阶段。

遗迹：能够连成片的遗存已见不到，分布零散。灰坑 11 座，分圆形、椭圆形、长方形三种，分散于遗址的东南部、东北部、西部和西北部。除 2 灰坑面积较大之外，其余各坑面积较小。水井 6 眼，形制较小，井口径没有超过 1.50 米的，多 0.80～1.42 米。

熔炉残块，共 97 件。结构与材料与战国晚期前段无大的变化。炉口部残块仅发现 1 件，为粘土堆筑，加草极少，所以炉壁烧结裂纹较多，外壁为深灰色。炉腹上部残块 6 件，均为草泥质，条筑式结构。炉腹下部 5 件，用草拌泥堆筑而成。炉壁内表糊一层含有大量砂粒的炉衬层，表面与铜渣熔结，有一层灰绿色琉璃熔层，炉壁颜色，从中层向外层渐次变为灰色和红色。炉壁砖 7 件，残，均泥质红陶。

鼓风管 2 件，均为泥管，与战国晚期前段直角顶吹式鼓风管无大变化。

建筑材料除与战国晚期前段相同者，新增有长方砖、五面棱角砖，不见凹槽砖。可见大量板瓦、筒瓦、瓦当、瓦钉、井圈，大多数为泥质灰陶，仅有极少量泥质红陶，这些建筑材料上的纹饰以绳纹为主，绳纹以中绳纹居多。

遗物：出土的铸范均为陶范，分细砂质和泥质两种，铸范的品种大多数与战国晚期前段相同。其中铁器范有锄范 90 件、镢范 431 件、削范 1 件、凿范 3 件、条材范 3 件、镰范 2 件、箭杆范 2 件、楔形范 1 件、不明平面范 4 件、形制辨认不清的碎范块 1188 件、各种范芯 223 件（块）、铸范内填充材料 11 件（块），另有铜钱范 8 件、铜璜范 17 件。战国晚期后段与前段相比，唯镢范数量有所增加，其他器范数量锐减。

石器主要有石斧 1 件、纺轮 1 件、砺石 6 件。陶片出土 10409 片，从陶色上看，以泥质灰陶为主，泥质红陶次之，夹砂红陶再次之，夹砂灰陶较少，极少量夹砂黑陶。纹饰是以素面为主，绳纹次之，绳纹又分为粗、中、细三种，另有弦纹、云纹、极少数的附加堆纹等。陶器的种类与战国晚期前段基本类同，有罐、盆、瓮、豆、钵、碗、鬲、量、盂、壶、甗、釜、器盖、盘、器座、水槽等。

出土铜器有铜镞 1 件、铜带钩 1 件，铜带钩器形较小，钩体琵琶形。

铁器以农具为主，主要器形有镢、锄、臿、削、刀、耙、锥等七种。另有铁环 1 件、铁带钩 1 件，铁带钩钩体细长，钩头残失，圆尾，横断面呈凹弧形，器身弯曲，锈蚀严重。

由于该处发掘是以郑祭祀遗址为重点，对战国铸造遗存没有刻意寻找和发掘，加上该祭祀遗址南边是新郑市实验中学，受条件的限制，无法外扩。但上述战国铸造遗存，仍能说明自战国中期以来，这里便成为一处颇具规模的铸造基地。

中行战国中期铸造遗址的规模小，但通过熔炉残块我们了解到熔炉构筑材料（单一材料熔炉和复合材料熔炉）和熔炉结构。出土的铸范有铜器范、铁器工具范等。工具范中主要是镢范和锄范两种，说明战国中期已能够铸造生产铁器，并应用在农业生产中。经过战国中期的发展，到战国晚期，铸造业有了较快的发展，这也是韩国铸造业的兴盛阶段。较多战国晚期的熔炉残块为研究该时期熔炉工艺提供了重要依据。大量铸范出现，除了兵器范、工具范，钱币类的范更多，基本涵盖了三晋大多数货币铸范。该时段钱币范，数量多，品类全，遗址中不仅有韩国自有的异形布、平首平肩布和圜钱，还有三晋货币，说明到战国时代，春秋时期货币仅能在本国流通的局面，已被打破。韩、赵、魏三国的货币在三国之间都可顺畅流通，其经济交往更为频繁，经济关系更加密切，这批钱范不但对战国的货币体制研究，对铸钱工艺的研究也具有重要的价值。数量最大的是农具范中的锄范和镢范，说明到战国晚期，铁农具在韩国已普及。与战国晚期前段相比，战国晚期后段的铸造遗址所见遗物减少，有熔炉残体（块）、炉壁砖，以及镢范、锄范、削范、凿范等工具范和部分条材范、筒形材范等，这一情况与韩国抗秦战争屡战屡败、国力削弱的背景吻合，说明韩国铸造业到战国晚期后段已步入衰亡期。

（二）新郑后端湾铸铁遗址（新郑仓城铸铁遗址）

新郑仓城铸铁遗址和新郑后端湾铸铁遗址，是不同时期对同一区域发掘时的不同称谓。

1960 年，河南省文化局文物工作队在勘察郑韩故城时，对 1958 年前发现的仓城村的冶铁遗址，进行小规模试掘[①]，发现了大量与铸铁相关的遗存。根

[①]   河南省博物馆新郑工作站：《河南新郑郑韩故城的钻探和试掘》，见《文物资料丛刊》第 3 辑，文物出版社，1980 年。王巍主编：《中国考古学大辞典》，上海辞书出版社，2014 年，第 696 页。

据勘探结果，铸铁遗址东西长约 648 米，南北宽约 210 米，面积近 10 万平方米。中部和北部文化层较厚，勘探发现有窑址和陶范，是当时冶铸活动的核心区域。试掘发现部分遗迹、遗物，有退火脱碳炉基、烘范窑、抽风井、熔炉炉壁残块及筑炉构件、鼓风管和大量铸范，包括工具、农具和少量兵器的陶铸范与石质铸范和铁板材、条材的铸范等，以及铁刀、铁铲、铁锛 3 件铁器实物。

2020 年起，为促进郑韩故城国家考古遗址公园后端湾项目建设规划的实施和展示利用，同时为更好地揭示（仓城）后端湾铸铁遗址的文化内涵和价值，2020 年 6 月，新郑市文物保管所对后端湾遗址之前未勘探调查的区域进行了勘探，2020 年 8 月—2021 年 2 月，河南省文物考古研究院再次对后端湾战国铸铁遗址进行发掘[①]。后端湾铸铁遗址位于新郑市郑韩故城东城区西南部，今仓城村南、后端湾中部及北部一带。目前发掘面积 800 平方米，共清理灰坑 70 多座，水沟 4 条，铺地砖遗迹 2 处，柱础石 4 个，红烧土层 2 处，灶 1 座，窑 4 座，以及水管道 2 条，其中重要遗迹有 Y1、Y2 和 2 号水管道，出土陶、铜、铁、石等各类材质的遗物 200 多件。根据出土器物判断，遗址的年代为战国中晚期。陶范根据功能可分为农具范、工具范和兵器范。铁器出土种类与陶范基本一致，主要有工具、农具和兵器。

后端湾是一个综合性遗址，遗存类型主要有铸铁遗址、郑国贵族墓葬遗址和城墙遗址（图 3-6）。与铸铁手工业相关的重要遗迹有 20 余处[②]，与铸铁直接相关的窑址有烘范窑和脱碳窑；有与窑组合使用的排水沟和工作面；有制造和储存生产原料和产品的区域，如柱础石、陶范储存面和储存坑等。其中脱碳窑 Y1 距地表深 1.50 米，残长 3.05 米，宽 1.50 米。平面呈长方形，由火门、火道和窑床组成（图 3-7）。火门位于火道南部，有东西两处，西部火门对应单火道，东部火门对应双火道。火门底部和两壁均由砖垒砌而成。火道位于火门北部，自西向东共有 3 条，东部两条火道位于东部火门北部，底部呈斜坡状，南高北低，有青灰色砖铺底，东西两壁垒砌有红色砖；西部为单火道，形制与东部火道相同。窑床位于火道北部，上部被破坏，残存底部，高于火道。该窑布局规整，平面呈方形，有多火道设置，体现了加热过程中的温度控制技

① 《2020 年度新郑市郑韩故城后端湾战国铸铁遗址发掘》，河南省文物考古研究院官网，2021 年 6 月 12 日（hnswwkgyjy. cn）。

② 《河南后端湾铸铁遗址首次发现脱碳窑》，中国考古网，2022 年 6 月 1 日。

术和能力。根据其形制和出土遗物判断，该窑是具有脱碳功能的热处理炉。当然也可用于烘范。从目前发表的资料看，本次发掘所见的脱碳窑当属战国铸铁遗址首次发现。

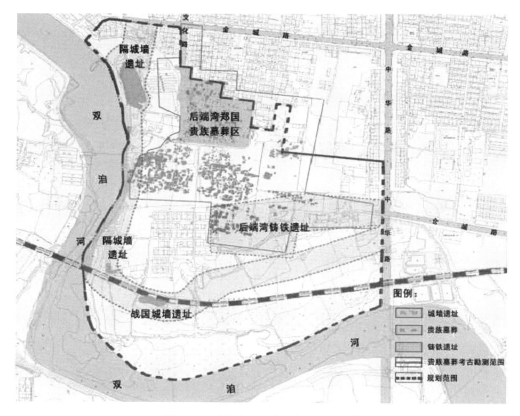

图 3-6　后端湾遗址遗存类型分布图①

后端湾铸铁遗址是战国中晚期韩国都城的一处官营手工业作坊，主要铸造工具和农具，同时承担一部分兵器的铸造。该作坊的主要功能是铸造铁器，利用铁矿石冶铁的场所应另有他处。后端湾铸铁遗址位于战国时期韩国都城的核心区域，作为都城的官营手工业工场，其铸铁技术在韩国必属于先进水平。发掘材料的整理与研究尚在进行中。

---

① 潘青：《手工业遗址公园设计策略研究》，郑州大学硕士学位论文，2018 年，第 78 页。

图 3-7　后端湾冶铁遗址 Y1

二、登封（告成）阳城铸铁遗址

《史记·韩世家》"十年，文侯卒，子哀侯立。哀侯元年，与赵、魏分晋国。二年，灭郑，因徙都郑。"记载了第四世韩哀侯，于公元前 376 年，与赵、魏三分晋国，扩大领土，以及公元前 377 年，灭郑后迁都新郑的这段历史。据《竹书纪年》载，周安王五十七年，韩伐郑，占领阳城及负黍。负黍城位于登封市大金店镇；古阳城，原是周之阳城邑。东周阳城在春秋时期属于郑国范围，战国属于韩国，是郑韩的军事重地[①]。阳城及负黍早在春秋战国时期已是郑韩两国的西部边防重镇。云梦秦简《大事记》载"昭王五十年攻阳城"[②]，秦始皇统一全国，在全国推行郡县制，初设三十六郡，其中颍川郡辖境相当于今河南登封、宝丰以东，尉氏、郾城以西，新密以南，叶县、舞阳以北地带。阳城县，秦代属于颍川郡，两汉沿袭未改，武周时期改名告成县，后又反复，五代周显德年间并入登封县，并延续下来。

---

① 中国科学院考古研究所编著：《中国考古学·两周卷》，中国社会科学出版社，2004 年。
② 云梦秦墓竹简整理小组：《云梦秦简释文（一）》，《文物》1976 年第 6 期。

　　1971 年在郑韩故城出土的铜兵器群中，发现一件阳城令督造的铜戈[①]（图
3－8）。铜戈的内部铸有铭文"八年，阳城令□□，工师□□，冶□"。铭文格
式，按照当时三级监造制度来表述，"令"是监造者，"工师"是主办者，"冶"
是铸造者。当时县令由国君直接管理，是地方地位最高的官员之一，阳城设有
县令，与其作为韩国重镇的规格吻合，三级监造制度的铭文也反映出阳城有着
铸造的传统和基础。

图 3－8　阳城令戈　战国　河南新郑白庙范村出土

　　登封阳城铸铁遗址[②]，位于登封县城东南约 11 千米外告成镇东关外，即东
周阳城城南关外（图 3－9）。1977 年至 1980 年，河南省文物研究所对阳城进
行调查和发掘，阳城城垣依据自然地势修筑而成，面积 2.3 万平方米，发掘面
积 400 平方米。

　　下文按照战国早期、战国晚期和汉代划分，分别介绍登封阳城铸铁遗址
情况。

战国早期

　　遗迹与遗物较少，遗迹有灰坑 22 个，水井 2 眼、部分熔炉与鼓风管残块。
遗物有铸模、铸范、生产工具、生活用器、建筑材料等。

---

　　①　黄茂琳：《新郑出土战国兵器中的一些问题》，《考古》1973 年第 6 期。
　　②　中国历史博物馆考古调查组等：《河南登封阳城遗址的调查与铸铁遗址的试掘》，《文物》1977
年第 12 期；河南省文物研究所、中国历史博物馆考古部：《登封王城岗与阳城》，文物出版社，1992 年。

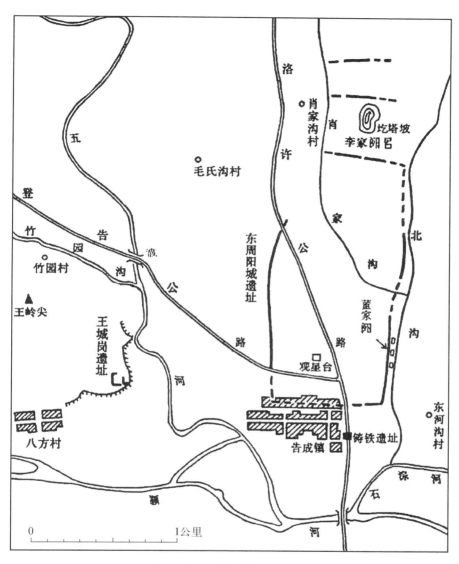

图 3-9　告成（古阳城）位置示意图

熔铁炉是建于地面上的一种竖炉，从上至下，分别由炉口、炉腹、炉缸、炉基四个部分组成。由于种种原因，发掘的只是熔炉的各部位的残块。熔化铁水的熔炉需要能够耐高温，单一材料的熔炉通常只以草拌泥一种材料，用条筑法构造而成。遗址发现熔炉残块则明显用多种材料、多层次构筑而成，换言之，熔炉由复合材料筑建，由里及外分别为细砂质炉衬层、粗砂质炉圈层、草泥质层、泥质或砂质炉砖层、草泥炉表层。

对 5 件炉基耐火砖和砂质炉口残块的成分进行分析，其中砂质炉口残块（YZHT2H17：13），含硅 85.7%、铝 6.9%、钾 2.55%、铁 1.82%、钠 1.13% 以及少量钙、镁等，耐火度为 1380℃。发现鼓风管残块 13 块，其中 8 块为陶质，5 块为草泥质，均为直角顶吹式鼓风管。

遗物：发现的铸范全是用铸模翻制而成的范具，分泥质与细砂质。模有镢芯模、锛芯模，铸范有锄范、镰范、镢范、带钩范、戈范、削范、匕首范、板材范、条材范等。

出土的战国早期陶器，以生活用器为主。陶器的器形、陶色和纹饰，基本都和阳城出土的同期陶器相似，在不少陶片上还发现有刻划的文字或刻划符号。

出土的铜器有铜削 1 件、铜镞 3 件、铜带钩 1 件、铜空首布 1 件、铜针 1件、铜车饰 1 件。

铁器有铁镢 6 件、铁锄 6 件、铁削 1 件，另发现大量板材和条材。铁镢（YZHT2H17：33）和铁锄（YZHT3H20：3）残片，经分析，含碳量小于0.1%，金相组织中都观察到铁素体晶粒粗大，晶内有析出物，均属于铸铁脱碳钢。

同时期的赵国、燕国已经出现使用金属型（铁范），韩国仍用泥范铸造。发现的大量板材和条材，整体脱碳后成为可锻铸铁，比脆性大的铸铁件更便于运输到不能冶炼铸造的地方，后者能直接将条、板材料按需加工成铁器。

战国晚期

战国晚期是阳城铸铁作坊的兴盛时期，因而相关的遗迹与遗物也比较丰富。

遗迹：有烘范窑、退火脱炭炉、盆池、水井、灰坑和路沟等。遗址的中西部，分布着一座东西走向的烘范窑 YZHT1Y1（图 3-10），窑的工作坑东边被汉代熔炉所叠压，上部被平整土地破坏。烘范窑是烘烤铸模或铸范的窑，将冷范烘热并趁热浇铸，其由工作坑、窑门、火池、窑室和烟囱五个部分组成。

在烘范窑西边，有一个灰坑（堆积坑），内含有大量红烧土块、草拌加固泥块、炉壁残块、鼓风管残块、范碎块、一些陶片以及黑色碳末。其中大量的草拌加固泥块和未曾浇铸过的范芯、范块等，应与烘范窑有着直接关系。坑内发现部分未经浇注且已变形的范芯，多是处理下来的烘烤废品。

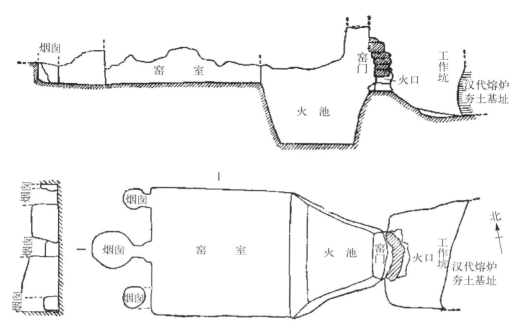

图 3-10　阳城铸铁遗址战国晚期烘范窑 YZHT1Y1 平、剖面图①

　　发现脱碳炉 3 座（YZHT7L1、YZHT4L2 和 YZHT6L3），脱碳炉的作用是将铸造好的白口铁铸件放在炉内，用氧化焰退火脱碳，从而减少铸件的脆性、增强其韧性。这 3 座脱碳炉都已严重损毁，只残存炉基底和下面的抽风井。在风道和抽风井内的填土中，出土大量残陶范和 90 多块耐火砖。

　　发现盆池 2 个，盆池池口大部分已经被毁。盆池是贮备水用的，可能是为了保证铸造中或铁器锻打过程中的用水。通常先在地面下挖一个圆形坑，将泥质灰陶盆放于坑内，然后在盆口砌成圆形池口，在盆池口的外围，再用范块铺砌，以增强池口的坚固性。

　　熔炉残块、鼓风管残块、铸模和铸范残块、耐火砖块和残铁器多在几处灰坑中发现。熔炉残块中复合材料熔炉残块较多。炉壁从里到外依次是炉衬层、砂质炉圈层、泥质或加砂的砖层、薄弧形砖和草泥壳层，炉内径估计在 0.89～1.44 米，在炉口和炉基处两层材料间，还夹以铁板，似起加固作用。

　　①　河南省文物研究所、中国历史博物馆考古部：《登封王城岗与阳城》，文物出版社，1992 年，第 282 页。

　　鼓风管残块，形制与材料均与战国早期直角顶吹式鼓风管相近。另发现板瓦、筒瓦、泥质灰陶和陶质水槽等建筑材料。

　　遗物：芯模的种类比战国早期增多，铸范有陶范和石范两种材质，多为夹砂陶范。铸范的器类，除了战国早期出现的类型，还有削、剑、刀、凿、锛、权等兵器、工具范。战国早期锄范少且多残破，战国晚期出土的锄范不仅数量多，形制比较全，有梯形锄范和半圆锄范两类，皆为单合范。除了锄范、战国晚期斧范、镰范的数量、规格大小，都较战国早期有变化。

　　从造型技术和材料看，粗砂质范的数量增多，条材与板材范数量、规格增多，表明通过退火脱碳形成多种规格材料，为后期多种锻造产品提供基础，反映出铸铁脱碳技术的发展。

　　包括釜、碗、豆、盘、盆等陶器的残片，出土数量很多。陶器的质料、陶色、纹饰和器形，和阳城内战国晚期的陶器基本相同。

　　铜器有残铜布币 2 件、铜铃 1 件、铁锃铜镞 2 件，铜镞断面均呈三棱形。

　　铁器均为工具和农具类：铁铲 1 件、铁凿 1 件、铁镬 3 件，多残。对铁镬的残片作金相观察，均为铸铁脱碳材质，个别为铸铁脱碳钢；铁锄 5 件，残。铁锄的残块金相观察为韧性铸铁和铸铁脱碳材质；铁锛 1 件，金相分析是铸铁脱碳材质；铁削 2 件，残，金相分析是铸铁脱碳材质；铁刀 1 件，仅残存中段，金相分析是铸铁脱碳钢。

　　铁材有条形铁材与板形铁材两种，其中条形铁材 4 件、板状铁材 8 件。板材根据宽窄不同，分为宽板材、中宽板材、窄板材三类。对板材 YZHT2②:21 和 YZHT2②:23 金相分析，前者为铸铁脱碳钢，后者为脱碳铸铁。

　　北京科技大学冶金史研究室对阳城遗址 34 件铁器进行考察和硫印实验[①]，硫印实验均呈阴性，含硫极少，说明当时冶铁所用燃料是木炭。10 件铁器金相分析，1 件铁锄为脱碳铸铁，1 件铁锄为韧性铸铁并具有球状石墨，8 件为铸铁脱碳钢或熟铁。脱碳铸铁是指铸件心部仍保留白口铁组织，仅仅是表层脱碳成钢，可以提高铸件韧性。按照国外学者研究[②]，推算这件铁锄在 800℃ 退火，可能需要 20 天方能得到现在观察到的组织。韧性铸铁，指当退火温度为

---

　　① 北京科技大学冶金史研究所：《阳城铸铁遗址铁器的金相鉴定》，见河南省文物研究所等：《登封王城岗与阳城》，文物出版社，1992 年，第 335 页。

　　② D. B. Wagner. "Toward the Reconstruction of Ancient Chinese Techniques for the Production of Malleable Cast Iron. " East Asia Institute Occasional Papers 4，University of Copenhagen，1989，pp. 15 – 18.

900℃或稍高，长时间退火，白口铁中的渗碳体会分解为石墨，聚集成团絮状。现代模拟实验[①]显示，在一定条件下，在920℃长时间退火，能得到球状石墨的韧性铸铁。球墨铸铁里的碳以球形石墨的形态存在，其铸造、切削加工和耐磨性能大大提高，机械性能远胜于铸铁而接近于钢。

8件铸铁脱碳钢或熟铁材质中，有农具也有板材，其中1件为中碳钢，7件含碳在0.1%以下，已脱碳成为低碳钢或熟铁。现代的炼钢方法，是使生铁在液体状态下氧化脱碳而成，故统称为液体炼钢。古代达不到这样高的温度（需1600℃左右），或采取较低温度的工艺，如块炼渗碳钢，或把生铁加热到一定温度，在固体状态下进行比较完全的氧化脱碳，可得到高碳钢、中碳钢、低碳钢，后者即铸铁固体脱碳成钢，也是脱碳工艺高度发展的结果。脱碳钢件其成分性能与铸钢相近，金相组织中夹杂物极少，质地纯净，基本不析出石墨，是中国古代一种独特的简易、经济的制钢方法。

文献记载古代阳城一带产铁，登封阳城铸铁遗址中农具的数量相当多，反映出其很可能是一处以铸造农业生产工具为主的手工业铸造作坊。这些对于确定古阳城的地理位置，也有着重要的参考意义。从对阳城铸铁作坊铁产品的分析可以看出，当时由于对铸铁件加热温度、保温时间的经验欠缺，影响了产品中获得韧性铸铁的数量。阳城铸铁遗址不仅有退火较完全的铸铁脱碳钢农具和板材，也有退火处理失败的例证[②]，如一件铁镬表面有烧熔和粘连情况，这些也反映出该时期铸铁脱碳钢技术仍处于初期阶段。

三、鹤壁鹿楼冶铁遗址

鹤壁地处河南北部，东临华北平原，西靠太行山，地势西高东低，淇河、洹河自西向东横贯南北。1960年，河南省文化局文物工作队对鹿楼冶铁遗址（图3-11）进行首次调查，并在1963年第10期《考古》上作了报道，认为这是一处汉代冶铁遗址。为配合鹤壁火力发电厂铁路工程，于1988年9月对遗址进行第一次发掘。鹿楼冶铁遗址[③]位于今鹤壁市东南2.5千米，北临泗水南

---

① 丘亮辉：《古代展性铸铁中的球墨》，1981年10月在北京召开的古代冶金技术国际学术讨论会上交流。

② 北京科技大学冶金史研究所：《阳城铸铁遗址铁器的金相鉴定》，见河南省文物研究所：《登封王城岗与阳城》，文物出版社，1992年，第335页。

③ 鹤壁市文物工作队：《鹤壁鹿楼冶铁遗址》，中州古籍出版社，1994年。

岸，是一处从战国延续到汉代的连续冶铸的作坊遗址。鹤壁境内矿产资源丰富，附近有姬家山、石碑头、砂锅窑、大峪多处铁矿矿体。矿石类型以赤铁矿为主，其次为菱铁矿以及褐铁矿，矿石含铁量多为 20%～40%，也有的高达 50%，这些铁矿点距离鹿楼乡故县村都较近，应是战国、汉代鹿楼冶铁作坊所用铁矿来源地。

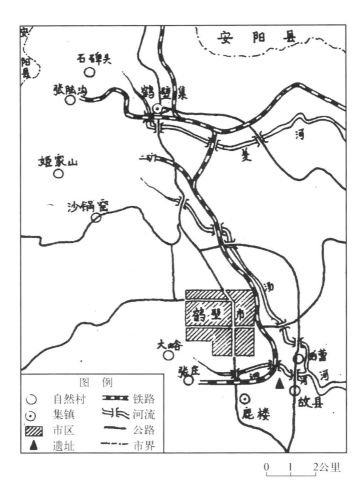

图 3-11 鹿楼冶铁遗址位置

鹿楼战国冶铸遗迹分布在遗址东部，发现战国早中期水井 1 口、灰坑 5 个；战国晚期窑 2 座、灰坑 1 个、烘范坑 8 个。出土的冶铸遗物主要有熔炉壁残块、鼓风嘴与鼓风管残块、锄、镢、铸范和范托等。该遗址距鹿楼村 1 千米，但距故县村不足 200 米。其中出土的几块陶量残块上的戳记，上有"行谷市之行谷"印文，表明该冶铁遗址是附近的故县战国城址"行谷市"所属的作坊[①]，是一处以生产铁农具和工具为主的遗址。

战国中期

遗迹：未发现地层堆积，灰坑包含物丰富。发现有灰坑 5 个（T3 H1～3、T4 H6、T5 H7）、水井 1 眼（T3J1）、炼渣、红烧土块、木炭灰、鼓风管残块、熔铁炉壁残块等。其中熔炉残块厚约 12 厘米，可能是熔铁炉壁口部残块，系草拌泥敷筑。鼓风管残块残长 18 厘米，管状，孔径 6.5 厘米，一端稍粗，残块为草拌泥筑成。鼓风管残块分两层，内层厚 2～5 厘米，呈红色，外层呈褐紫色，经高温烧成坚硬的青灰色，且表面粘附烧结的琉璃质。

建筑构件有筒瓦、板瓦、半圆形瓦当、五边形管道、绳纹薄砖等，其中筒瓦、板瓦数量多，皆泥质灰陶。还发现作为燃料的木炭灰和作为原料的铁矿石。

遗物：出土了各种铁器铸造用模、范的残件，计 117 件。除 1 件石范外，其余皆为陶范，能看出所铸铁器形有镢、锄、斧、铲、锛、环等（图 3 - 12）。范有外范和范芯之分，外范又分范底和范盖。陶范用材有两类：一类是用经过选择和淘洗的细泥制成，数量居多，胎质软，泥质呈橙红色；另一类是用细泥羼和大量的砂子制成，数量较少，呈紫红色。范的形制分扁长方形和梯形两种，有的外范侧壁的四角中间，还保存有捆绑绳子的弧形豁槽。浇口设在范铸造面上端的中部，一般为上宽下窄的椭圆漏斗形。浇注前，在范底和范盖的铸造面上，涂一层质细而薄的红色涂料，浇注后皆呈较光滑的蓝灰色铸痕，而未经过铁水灼烧的周边，仍为橙红色或紫红色。

发现大量生活用陶器残片，如甑、罐、壶、瓮等，多泥质灰陶。在不少陶盆口沿残片上，发现有刻划的文字或符号。

铁器出土数量较少，有铁镢及长方形铁条，皆残破、腐蚀严重。

战国晚期

遗迹：陶窑 2 座、灰坑 1 个、火烧坑 8 个，均位于第二层底部。窑系就地挖造，建于生土之上，可分二型，以 Y1 为代表的 I 型（图 3 - 13），由窑门、

---

①　李京华：《河南战国时代冶铁遗址调查与研究》，见《李京华考古文集》，科学出版社，2012 年，第 196—222 页。

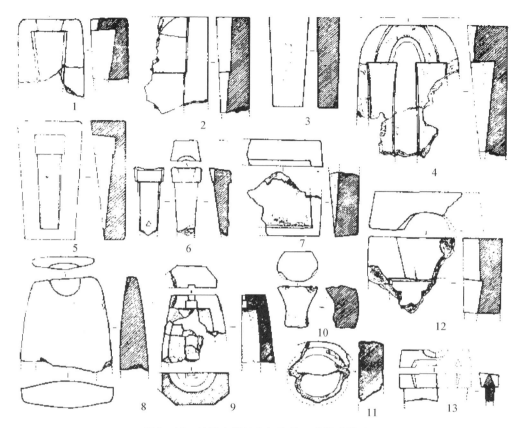

图 3 - 12　战国中期铸范与铸模　鹿楼冶铁遗址

1. Ⅰ式单镢范底（T3H2:1）　2. Ⅱ式单镢范底（T3H2:16）　3. 单镢范盖（T3H2:31）4. 双镢范底（T3H2:5）　5. 镢芯外模（T4H6:2）　6. 镢范芯（T4H6:1）　7. 铲范底（T3H2:18）　8. 锄范盖（T4H6:8）　9. 编钟范（T3H2:24）　10. 鼎足模范（T3H2:15）　11. 环范（T3H2:27）　12. 斧范底（T3H2:22）　13. 斧范芯（T3H2:33）

火膛、窑床、烟囱组成。窑门已残，宽 0.8 米。窑门内为火膛，平面为梯形，比窑床平面低 0.5 米，是烧火的地方，填积有红烧土块和木炭灰。窑顶已坍塌，残窑壁距地表 1.7 米。全长 3.74 米，最宽处 2.04 米。窑床近似梯形，后部稍宽，长 2.1、宽 1.5～2.04 米，窑壁向外微弧并向上逐渐收拢，残高 0.9 米。窑床的后端有三个烟囱，中间烟囱较大，平面略呈方形，南北长 0.36～0.4 米，东西宽 0.34 米，残高 0.92 米，底面由排烟孔与窑床相通。两侧的烟囱是在窑室后壁上各挖的一明槽。根据窑壁上留有的痕迹，推测窑室内火膛、窑床、窑壁均抹一层厚 1～1.5 厘米的草秸泥面，经火烧烤后，形成一层质地

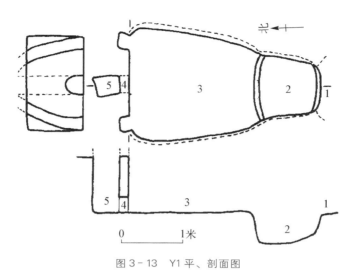

图 3-13　Y1 平、剖面图

1. 窑门　2. 火膛　3. 窑床　4. 排烟孔　5. 烟囱

坚硬的青灰色烧结面，其外为红烧土。

　　以 Y2 为代表Ⅱ型（图 3-14），窑顶、窑壁均已坍塌，仅存窑室残迹，距地表 1.8 米。通长 4 米，最宽处 2.1 米。自西向东依次为窑门、火膛、窑床、烟囱。窑门已塌毁，宽 0.7 米。火膛低于窑床 0.6 米，上口稍大，平底，内填黑灰色土。窑床平整，平面近似马蹄形，前窄后宽，长 2.4 米，宽 1.6～2.1

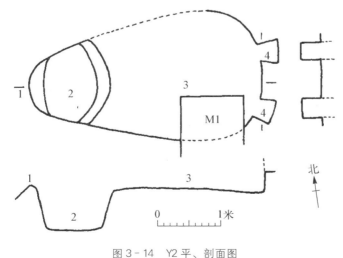

图 3-14　Y2 平、剖面图

1. 窑门　2. 火膛　3. 窑床　4. 烟囱

米。窑壁残高 0.3 米，厚约 0.2 米，内面烧结为青灰色，其外土层渐次呈淡红色。窑床的后壁上紧靠底面开有南北两个烟囱，烟囱平面近似扇形。两烟囱均残高 0.32 米。火膛、窑床及烟囱均有烧结的青灰色硬面。

发现熔炉残块数量较少，系草拌泥敷筑，内壁呈蓝黑色，凸凹不平，布满熔化成的麻窝，意味着经历较高炉温，向外渐次成红色。鼓风管 2 件，皆残，不同部位分别由草秸泥、草秸泥麘和石粒制成。

8 个火烧坑在 Y1 东南侧和南侧分布，建于生土之上，南向或西南向。坑皆口大底小，一般为圜底，坑壁为红烧土，坑内堆积有黑色木炭灰及白色灰烬。个别灰坑里填置的是 Y2 烧废后丢弃的扭曲变形的筒瓦、板瓦残件等。根据与周围迹象关系分析，初步认为这些火烧坑是作烘范或兼作铁器热处理之用。

建筑构件筒瓦、板瓦居多，五边形管道次之，另见有半瓦当和绳纹薄砖，均为泥质灰陶。

遗物：主要有锄、镬、锛等铸范（图 3 - 15），种类、数量不多，皆残。相较于战国中期，晚期泥质范显著减少，砂质范增多，范面呈光滑的蓝灰色铸痕，反映浇注前，会在范的铸造面敷一层细泥浆涂料。

铜器有"公"字纹布币 1 枚，带铤铜镞 1 件，残。生活用陶器多件，多残，部分陶器上有刻纹。骨器见少量骨坠、骨笄。

铁器有铁锸 2 件，均直刃，銎部锈蚀；铁锛 1 件，正面呈长方形，侧面作楔形，直刃，刃部稍宽；铁铲 1 件，呈"凸"字形，銎的两侧有合范缝，铁凿 1 件，呈扁锥形，下端尖，上端为打击面；铁矛 1 件，前为扁而锋利的矛头，中间起脊，后连圆筒形骹。经分析，铁锛、铁铲和铁锸均铸造成形。铁凿和铁矛则均锻制。

四、周口商水扶苏故城冶铁遗址

商水扶苏故城，位于周口商水县城西南 18 千米，属舒庄乡，城址内有扶苏村，俗称扶苏故城。因秦末农民起义领袖陈胜起兵时自称公子扶苏而得名，是有争议的陈胜出生地——四个阳城之一。

扶苏城由内外两城组成，城墙夯土筑建。外城东北部夯土墙高出地面，共长 200 多米，其他间断残存。把间断的残存加以连接，外城城垣东西 800 米，南北 500 米，北城垣走向为一直线。东西垣的北半段与北垣垂直，但南半段依

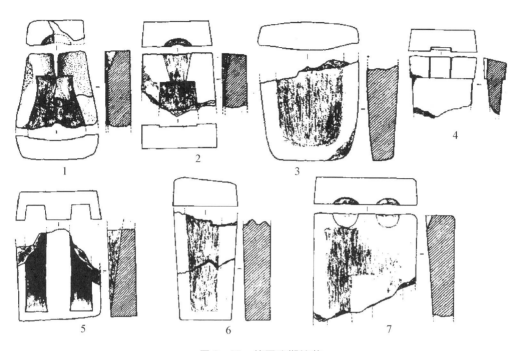

图 3 - 15　战国晚期铸范

1. Ⅰ式锄范底（T2②:59）　　2. Ⅱ式锄范底（T3②:113）　　3. 锄范盖（T5②:57）　　4. 锛范芯
（T2②:54）　　5. 双镢范底（T2②:55）　　6. 单镢范盖（T2②:60）　　7. 双镢范盖（T4②:15）

汝水流向而曲折（图 3 - 16）。城垣基部宽 20 米，外壁基本垂直，内壁呈台阶状，为踏登城墙上的蹬道。内城坐落在外城内中部北边，平面呈方形。内城东西墙分别距外城东西城垣各 270 米，北垣利用外城的北垣，每边长约 250 米。东墙内壁也呈台阶状，墙的外壁风雨侵蚀明显，有部分剥落。内外城墙是同时所筑，城内地面散布战国、秦汉时期的砖瓦很多。在内城东南角表层，采集到印有"扶苏司工"的陶器残片四件。城内发现陶水管道多处，顺城垣走向，在不同的距离上，有通向地面的水

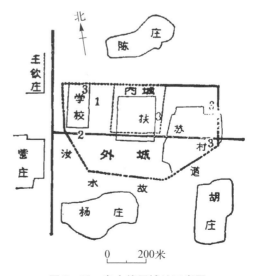

图 3 - 16　商水战国城址示意图
1. 战国铸铁遗址　2. 汉代砖瓦窑址　3. 陶管道

道口。陶管断面为五边形，铺砌于地下的水道管，有的在城角等处，通过城垣流入城外河道中。城内西北部发现有战国铸铁遗址1处[1]，西汉砖瓦窑6个，以及汉至宋墓多座。地面散布铁渣、铁器、砖瓦、灰坑等诸多遗物。

发现和采集的筒瓦、板瓦，均呈淡灰色或深灰色，表面为绳纹，内里为素面或麻点纹。瓦当有素面半瓦当、素面圆瓦当，以及树叶纹、云纹、变云纹瓦当多种。砖分两种，一种平面半圆形，上饰饕餮纹；另一种是方砖，有的中间有一孔，孔径6厘米。有的砖上带有戳印"大吉""官秩""官官""元平□"等（图3-17）。

图3-17　砖上戳印
1. 大吉　2. 大□　3. 楚（？）　4. 官秩　5. 官官　6. 元平□

陶器器形主要有灰陶罐、盆、豆、敦和夹砂红陶釜。在陶器片上有戳印隶书"大吉"一例。另有戳印文字"夫疌司工"四例。李学勤先生曾对此四字进行过辨识：前二字合文，下有合文号，"司工"二字竖排左边。"司工"即"司空"，古代官职名。陶文"夫"即"扶"，"疌"即"胥"，古代胥苏通用，故为"扶苏"二字，表地名。

发掘者根据城垣构筑特点以及出土砖瓦、陶器、陶文等综合判断，此城垣筑于战国晚期，有可能是秦的阳城。

五、辉县古共城铸铁遗址

1988年6月，新乡文管会配合辉县市城建局建筑队，在市区环城西路立交桥施工时，发现汉代墓葬8座、宋代墓葬4座，并发现古共城战国铸铁遗址[2]，清理战国烘范窑址1座。此发现为研究该地区战国冶铁史和农具史提供了重要

---

① 商水县文物管理委员会：《河南商水县战国城址调查记》，《考古》1983年第9期。
② 新乡市文管会、辉县市博物馆：《河南辉县市古共城战国铸铁遗址发掘简报》，《华夏考古》1996年第1期。

的实物资料。

1950 年，中国科学院考古所在距此烘范窑址约 3 千米处，发掘战国魏王墓室一座[①]，在墓的椁室和墓道中，发现铁质生产工具达 93 件之多，这也是新中国成立后，第一次成批出土的战国铁器。

古共城城址，始建于西周初年，西周晚期，为共国国君共伯和的封地。现存城垣始建于战国时期，战国为魏国城邑，该地区土地肥沃，历代为经济、文化发达区域之一。辉县战国铸铁遗址（图 3 - 18）位于古共城

图 3 - 18　辉县市古共城战国铸铁遗址位置图（1:20000）

西北角城墙外约 110 米处，东西长 150 米，南北宽 100 米，面积约 15000 平方米。遗址周围为平原地带，西部和北部为太行山，南临卫河，东靠共城。遗址的使用年代约在战国中晚期，系一处以铸造农具、工具为主的铸铁作坊。遗址内发现有烘范窑、鼓风管、铁器、铸范和大量的熔铁渣等。

遗迹：耕土层下为战国文化层，厚约 0.30 米，再下则为带砂礓颗粒的黄色粘土层，即生土。烘范窑（编号为 HHQY1）即挖造在黄色粘土层中。该烘范窑址为半地穴式，窑底距地表深约 3 米。烘范窑由通道、共用火膛、两个窑室及进火口组成（图 3 - 19）。

通道位于两个窑室的南部略偏东，北接火膛；火膛位于两个窑室的中间，呈长方形，长 1.88 米，宽约 0.70 米，为两个窑室的共用火膛，北部有一道砖墙，形成共用火膛，起着防坍塌的作用。

东、西两个窑室（A、B 室），两室并列，大小相当，呈圆形筒状，A、B 两个窑室各有一个进火口，隔火膛相对。B 窑室的坍塌较轻，窑室保留较完整。进火口呈方形，高宽约 0.8 米，厚约 0.5 米，进火口均烧成红色，较硬。

陶质鼓风管 3 件，皆出土于近窑底处。窑箅残块 1 件，斜孔，上粗下细，箅孔排列有序，为夹砂红陶。B 室坍塌填土中发现筒瓦 6 件和板瓦 4 件，均泥

① 中国科学院考古研究所：《辉县发掘报告》，科学出版社，1956 年。

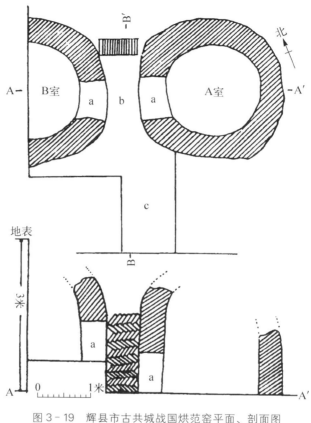

图 3-19　辉县市古共城战国烘范窑平面、剖面图
a. 进火口　b. 火膛　c. 通道

质灰陶，外饰绳纹。

　　遗物出自 A、B 室，主要有铸型范和铁器。

　　镢范芯模 1 件，锸范 1 件，镢内范 5 件，T 字形锄内范 1 件，梯形板状器平面范 11 件，梯形板状器范 8 件，范腔内均可见青色铸痕。另发现陶支垫 11 件，采集品双削刀范 1 件，范内并列两个削刀范腔。刀首上有半圆形浇口，浇口下分为两叉，分别通向并列的两个削刀范腔。范型用夹细砂红陶，范腔内留有青色浇铸痕迹。

　　A 室白灰层中发现砺石 1 件（Y1A:47），细砂质，两面均磨光。推测是捶打泥范后整平范坯、使范面光滑之用。

　　青铜材质布币 4 枚，均残。布币平首、平肩、平足，正面铸有阳文"公"

字钱文。

出土铁材和铁器（图 3 - 20）：有铁板材 1 件（Y1A∶11），长条形板状，长 21.6 厘米，宽 4.8 厘米，厚 0.7 厘米；梯形板状铁材 30 件，皆为单面范所铸。

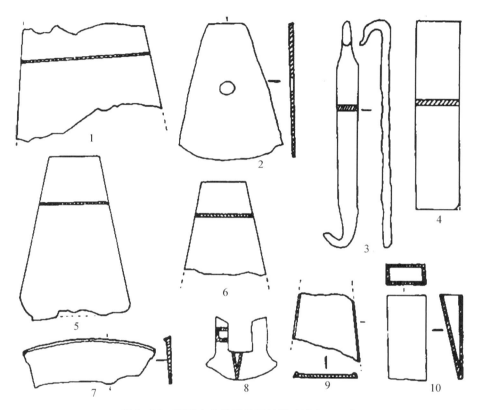

图 3 - 20　辉县市古共城战国铸铁遗址出土器物

1. 梯形板状铁器（Y1A∶12）　2. 梯形板状铁器（Y1A∶2）　3. 铁夹具（Y1B∶1）　4. 铁板材（Y1A∶11）　5. 梯形板状铁器（Y1A∶4）　6. 梯形板状铁器（Y1A∶9）　7. 铁镰（Y1A∶6）　8. 凹形锄（Y1A∶5）　9. 梯形板状铁器（Y1A∶14）　10. 铁镬（Y1B∶2）（均为 1/4）

铁夹具 2 件，分别出土于 A、B 两窑室；铁镬 1 件（Y1B∶2），略残，长约 9.6 厘米。銎口呈长方形，长 4.4 厘米，宽 2.4 厘米，壁厚约 0.36 厘米；铁镰 1 件（Y1A∶6），镰脊微凸，为单面范所铸，残长 14 厘米，宽 6 厘米，厚约 0.36 厘米；"凹"字形小锄 1 件（Y1A∶5），长 7.2 厘米，上宽 5.6 厘米，下宽约 8 厘米，厚 1.6 厘米，壁厚约 0.35 厘米，两边凹形，刃部呈 V 型。

六、西平酒店冶铁遗址

酒店冶铁遗址，是 20 世纪 50 年代调查时发现的，后成为国家级重点文物保护单位。20 世纪 60 年代，曾对暴露在地面的冶铁炉，加盖保护房，后来保护房倒塌，冶铁炉风吹雨淋，受到自然侵蚀，且时常遭到人为破坏。为了进一步保护冶铁炉，上级决定重建保护房，在建房之前，由河南省文物考古研究所与西平县文物保管所联合对这处冶铁遗址进行试掘[①]。1987 年 10—11 月，先发掘水库南岸的冶铁炉，开 5×5 米探方一个，后在水库北岸的遗址中心区开 2×7 米探沟一条，两次发掘面积为 39 平方米。

酒店冶铁遗址，位于西平县西部 38 千米的酒店乡酒店村南 0.5 千米处。东边邻杨庄村组，东南连赵庄村组，西距乡政府所在地 0.5 千米，南离跑马岭 2.5 千米，北接棠溪河 1 千米（图 3-21）。该遗址南部和西部为连绵起伏的丘

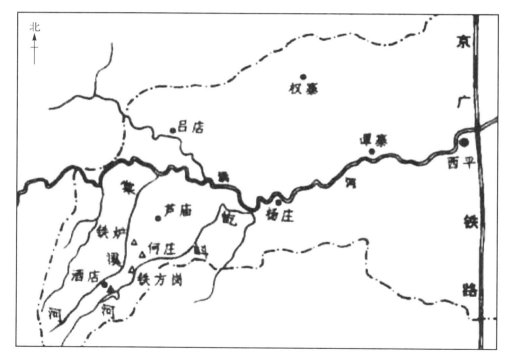

图 3-21　西平棠溪河两岸冶铁遗址分布示意图

① 河南省文物考古研究所、西平县文物保管所：《河南省西平县酒店冶铁遗址试掘简报》，《华夏考古》1998 年第 4 期。

陵区，屈岕河（洪河支流）从遗址中部穿过。1958 年在遗址处的河段修建一座小型水库，叫潭山水库。现在的遗址，被潭山水库分割为两部分，水库南岸有一座保存较好的冶铁炉和一小片遗址区，小片遗址与冶铁炉隔沟相望，沟宽125 米，在沟边的小路上及沟下的断壁边，均可见到炼渣堆积。在水库北岸有面积较大的遗址区，呈窄长状，东西长约 350 米，南北宽约 80 米，总面积约28000 平方米。

发现两个探方，T1 位于水库南岸，但在 1960 年代盖保护房，挖地基时破坏了冶铁炉周围地层。T2 位于水库北岸遗址中心区，但因平整土地，其上部地层也已被破坏，T2 在一条东北向的沟，经钻探得知，沟东西长 28.9 米，宽1.7～3.7 米，深 1.15 米。

试掘中，没有出土陶器及陶片，考古工作者根据遗址中采集的陶片分析，采集的盆口沿为方唇平沿，与郑韩故城制骨遗址发现的战国中期陶盆（H1：45）相似[1]。采集的板瓦，外饰粗绳纹，内面有麻点，与郑韩故城战国时期地下冷藏室所出土的板瓦相似[2]。由于该遗址调查时，没有发现年代更晚的陶片，考古工作者认为西平酒店冶铁遗址的时代，约在战国中期到晚期。

冶铁遗址内发现有战国时期冶铁炉 1 座，炉平面呈椭圆形，该炉是中国迄今发现时代最早、保存最为完整的冶铁炉。冶铁炉位于屈岕河南岸边一座小土丘顶部南侧，距河北岸的冶铁遗址约 260 米。炉体是利用小土丘的南坡挖成的竖式炉，发掘时冶铁炉还高出地表 0.2 米。除了冶铁炉风沟外，周围没有发现与冶铁有关的遗迹。

冶铁炉为竖式炉，由炉基、风沟、炉腹和炉缸组成（图 3-22）。炉口和炉缸中下部已残缺。风沟，是炉缸下部的空腔，其作用是把炉缸与地面隔开，防止地下潮气上升降低炉缸温度。西平冶铁炉的风沟上部已坍塌，无法确定金门是否存在。但风沟确定经过高温烘烤，而从整座炉子的结构也可看出，其他三面均在小土丘里面包着，只有风沟这一面外露，若有用于排渣和放铁水的金门，也无疑应在这边。

炉缸，是存放铁水的地点，该遗址炉缸底已残。在发掘铜绿山春秋冶铜

①　河南省文物考古研究所：《郑韩故城制骨遗址的发掘》，《华夏考古》1990 年第 2 期。
②　河南省文物考古研究所：《郑韩故城内战国时期地下冷藏室遗迹发掘简报》，《华夏考古》1991年第 2 期。

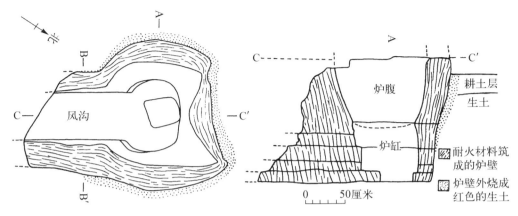

图 3-22　西平酒店冶铁炉平、剖面图

炉的底部时，发现有用岩石及炼渣来支撑炉缸的[1]。西平遗址炉缸底下一块大石头，推测可能是用来支撑炉缸底的。石头上部平整，周围堆满炼渣和炭粒。

炉子建在小土丘顶的斜坡上，自然风力较强，炉子的椭圆形状，也是利于鼓风有目的而建，它东西径长 1.36 米，南北径短 1.12 米，利用短径鼓风，风力很容易达到炉子中部，炉温提高快。从炉子东、西、北三面均在小土丘内部，炉子内壁也没有发现鼓风口或风管，可以确定鼓风口不在这三面。而炉子的南壁外露，底部为风沟，风沟顶与炉子南壁坍塌。推测西平冶铁炉的鼓风口也应在南壁中部。

炉四壁耐火材料已被烧熔，炉腹上半部四周分布较多不规则气孔和木炭熔后的痕迹，炉腹下半部多呈流状，而越接近炉缸口部，其流状越甚，均是经过冶炼的痕迹。炉基、风沟、炉腹的垒筑用的是分层垒筑方法。炉壁耐火材料中由粘土、河沙、大小石英砂粒和炭粉组成。河沙呈粉状，石英砂粒有大、中、小三种。从炉壁的残块表面可以看出，粘土、河沙及大小石英砂粒分布均匀，其中泥土、河沙、小颗粒石英砂约占 49%，中等石英砂约占 30%，大颗粒石英砂约占 21%。

炉口用草拌泥制成。断面观察可见分两层，浅灰色的内表层，已被烧熔，略有琉璃相并有较多气泡，该层为炉衬。第二层为炉体，残厚 7.5 厘米，草拌泥制

①　黄石市博物馆：《湖北铜绿山春秋时期炼铜遗址发掘简报》，《文物》1981 年第 9 期。

成，并含有少量细砂。接近炉衬部分颜色为砖青色，结构紧密，离炉衬层较远的为红褐色。

炉腹从断面看也分两层，内层即炉衬层，灰白颜色，已烧成琉璃相，气泡象蜂窝状。因炉壁被熔蚀造成这一层的厚薄也不相同，厚的达 1.2 厘米，薄的仅 0.1 厘米。第二层为用耐火材料制成的炉体，深灰颜色。经高温后，其内部结构又可分为二层，接近炉衬层的部分为青灰色，结构紧密，距炉衬远的部分为深灰色。

炉基残块 1 件（T2:4），深灰色，根据其残存尺寸和内壁倾斜程度等，推算出该炉基的直径约 2.26 米。

木炭 2 块（T2:7、T2:5）。标本 T2:5 为黑色条状，为冶铁炉内燃烧过的残留，但仍保留着木炭的原形，该木炭经过冶铁炉高温后，大部分木质已转变为石墨，一些炼渣渗透在木炭烧裂的小缝隙中，冷却后形成了 0.2 厘米厚的透亮片状渣块，在木炭的一侧，还粘带一块铁渣。

遗物：试掘面积较小，在冶炼区，除了发现一件陶坠外，其他均为遗址周围的采集品。

陶坠 1 件（T2:1），泥质浅灰色，陶质较差，椭圆形，底部微弧，上端有一小圆孔，表面不光滑，系手制而成。采集陶器共计 5 件，盆口沿 1 件、陶盆底 1 件、陶罐口沿 1 件、陶瓮口沿 2 件。

为加强对酒店战国冶铁炉的保护，西平县文物部门先后于 1976 年、1978 年建保护房，1998 年 12 月，国家文物局拨款 20 万元，用于"酒店战国冶铁炉保护房"暨"西平县酒店冶铁遗址陈列馆"的建设，建筑面积 175 平方米，集保护、陈列、宣教等功能于一体。

七、其他冶铁遗址

除了上述进行详细勘探、有具体发掘报告的冶铁遗址，东周时期一些都城也发现一些与冶铁相关的遗址。

（一）东周王城的冶铁遗址

公元前 770 年，周王室把都城由镐京迁到洛邑，史称"平王东迁"，从此进入历史上的东周。东周王城遗址大部分位于今天洛阳西工区，城墙始建于春秋中期，战国至秦汉多次修补，王城核心宫殿区位于城西南隅，战国时期宫殿区中心移至瞿家屯一带；王陵区位于王城东半部；手工业作坊区、商业区位于

图 3-23　粮仓位置示意图

宫殿区之北；仓窖区则位于宫殿区东南部[①]。其中洛阳战国粮仓遗址（图 3-23），位于今洛阳市共青路东段、胜利路西侧，洛河与涧河汇合处以北不远处。1970 年发现、已探明粮窖七十四座，分布于南北长约 400 米、东西宽约 300 米的范围内。粮窖均为圆窖，口大底小，纵剖面呈倒置的等边梯形，壁坡度大，一般口径与深度均在 10 米左右，窖口外连一缓坡状进出口。窖底铺设有青膏泥、木板、谷糠等防潮设备。这些粮窖兴建和废弃年代基本一致，在战国中期至战国晚期。

　　目前为止，洛阳东周王城遗址仅发现二处与冶铁相关的战国晚期的遗址。一处位于洛阳粮仓遗址的 62 号粮窖[②]中，遗物中有成品、半成品，有铜、铁金属制品，也有玉、石、象牙等，还发现炼渣、木炭等，其中铜器可见铜齿轮、铜镞，以及百余件布币。出土的遗物，以铁质工具的数量最多，器形可辨的工具有 32 种 126 件，还有大量锈蚀的铁质工具，总重量达 800 余斤。铁镈、铁镰等农具就有大、小两种形制，根据大小、厚薄等，铁凿、铁銎、铁削等工具可分多种类型。另有铁铤三棱镞 86 件。传统的观点，多认为府、库、仓、廪等是储藏器物之所，有学者考证，战国时期，库、仓、廪等不仅是藏器之处，也兼为制器之处，设有冶铸作坊[③]。根据粮窖出土大量农业、手工业铁质工具、非金属半成品和各种砺石，推测附近为包括冶铁作坊在内的综合性手工业遗址。

　　另一处遗址，是 1992 年在东周王城遗址区清理出的一座烧造冶炼工具的古窑址（编号 Y1）[④]。该遗址位于东周王城的中心偏西处（图 3-24），Y1 位于探方中部，是由操作坑、火门、窑室和排烟孔四部分组成的地穴式烧窑。

①　潘付生：《洛阳东周王城布局研究》，郑州大学硕士学位论文，2007 年，第 40 页。
②　洛阳博物馆：《洛阳战国粮仓试掘纪略》，《文物》1981 年第 11 期。
③　黄茂琳：《新郑出土战国兵器中的一些问题》，《考古》1973 年第 6 期。
④　洛阳市文物工作队：《洛阳东周王城遗址发现烧造坩埚古窑址》，《文物》1995 年第 8 期。

Yl出土遗物 92 件，包括坩埚 27
件、石器 1 件、炉壁和鼓风口 26 件、
陶器 38 件，Y1 使用年代推定为东周
晚期。窑室中发现的坩埚，未见使用
痕迹，全部为完整器；而操作坑和灰
坑内出土的坩埚，均为使用过的残件，
同时还伴有鼓风口、炉壁、铁渣等遗
迹，从炉壁衬圈和鼓风口的质地、色
泽等判断，应为熔炉的组成部分。综
合判断，这一带应有冶铁作坊遗址，
此窑址所烧造的坩埚，应是供给冶铁
作坊使用的。

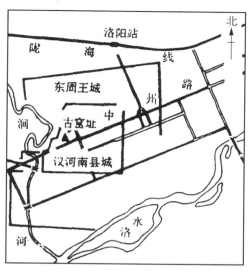

图 3-24　古窑址位置示意图

（二）淇县卫国故城冶铁遗址

卫国故城，位于今河南省鹤壁市淇县城关镇。西周至春秋时期，卫国在此
建都 380 余年，至公元前 660 年被狄人所破。战国时期，卫被魏国兼并，成为
其附庸。

1986 年春，淇县文管所在田野考古调查中，在卫国城东发现了卫庄冶铁
遗址。卫国故城冶铁遗址位于今西坛村学校附近，该遗址南北长、东西宽各约
300 米，文化层厚 3 米。在遗址西部断崖和壕沟里发现了冶铁残炉、木炭、铁
块、熔渣、陶范、鼓风管、建筑材料等冶铸遗物[①]。由于种种原因，该遗址未
进行全面勘探和科学发掘，更多信息不详。

第三节　河南战国时期冶铁技术特点

登封阳城铸铁作坊，兴起于战国早期，盛行于战国晚期，并延续到汉代及
以后。从其遗迹和遗物看，它的筑炉方式、造型技术等，与新郑仓城（后端
湾）铸铁遗址相同。

辉县古共城战国铸铁遗址出土的锄范，与河南登封阳城铸铁遗址所出锄范

---

① 陈静：《卫国故城：见证古城朝歌的繁荣昌盛》，《鹤壁日报》2013 年 5 月 24 日第 2 版。

相似①。古共城铸铁遗址的窑内未发现铁范，但出土的夹铁范用的铁夹具以及镬芯模等，不排除遗址在使用陶范的同时，可能也使用铁范。古共城是以铸造铁质农具为主的铸铁遗址，其出土的筒瓦、板瓦以及出土的工具铁锄、铁镬，与辉县固围村一号大墓所出筒瓦、板瓦、铁锄、铁镬一致②，反映出辉县固围村一号战国大墓出土的大量铁质农具，极大可能就来自古共城战国铸铁遗址。

目前已发现的铁器有春秋晚期和战国早期的，但属于该时段的冶铁遗址尚无发现。战国中晚期，河南地区冶铁业迅速发展，以登封告成、新郑仓城、辉县古共城、鹤壁鹿楼最为典型。这些冶铁遗址揭示出战国时期冶铁设备、型范制作、鼓风状况以及冶炼技术，是我们对战国时期河南冶铁技术认识的基础，对这些冶铁遗址进行梳理，可以从中寻找战国时期河南冶铁业呈现的特点和技术特征。

一、冶金炉的变化

古代冶铁过程中，有着诸多不同用途的冶金炉，如炼铁炉、熔铁炉、脱碳炉等等。

炼铁炉是冶炼设备中最为重要的一块，炼铁炉一般有三类：坩埚（炼铁）、块炼炉和竖炉。

坩埚炼铁也是中国传统的炼铁方法，应是沿袭了坩埚炼铜的经验。

根据东周王城古窑址出土大量未用的筒状坩埚成品，在陶窑操作坑和附近灰坑内，发现使用过的坩埚残片及鼓风口、炉壁、铁渣，发掘者推测，该陶窑烧造的是炼铁用的坩埚③，并对坩埚炼铁过程的推测如下：于窑炉中铺上一层木炭，在木炭上铺满砖瓦碎片，上架坩埚，装满之后，再铺第二层木炭，如此依次安装，直至装满整个炉膛，最后，铺盖上碎砖瓦片以及木炭层，点火、鼓风开炉。建筑炉子和制作坩埚的材料，可就地取材，采用的是自然通风，装炉和熔炼的过程简单，便于操作。

1979 年，在洛阳市吉利区，发掘清理了一座西汉中晚期冶铁工匠的墓葬④。

---

① 中国历史博物馆考古调查组等：《河南登封阳城遗址的调查与铸铁遗址的试掘》，《文物》1977年第 12 期。

② 中国科学院考古研究所：《辉县发掘报告》，科学出版社，1956 年。

③ 洛阳市文物工作：《洛阳东周王城遗址发现烧造坩埚古窑址》，《文物》1995 年第 8 期。

④ 洛阳市文物工作队：《洛阳吉利发现西汉冶铁工匠墓葬》，《考古与文物》1982 年第 3 期。

该墓为长方形竖穴墓，仰身直肢葬。在墓圹西边随葬坩埚 11 个，两两重叠。坩埚直口卷沿，直腹、圜底。口径多在 14～15 厘米，高 35～36 厘米，厚度 2 厘米，内外壁均烧流，并附着熔炼后残留的铁块，坩埚外壁底部附有煤，说明当时是用煤作为加热燃料。洛阳吉利区的周围，两汉时期不仅是铁冶铸的重要地区，也是石炭和铁矿石产地。据考古推测，汉代洛阳吉利一带也可能存在铁冶铸的作坊。

坩埚炼铁是所有炼铁方法中成本最低的，但炼出生铁的质量不高，不适合进行大量生产，但因其便捷和经济，直到近代，还流行于山西、河南、山东、辽宁等地尤其太行山地区。汉代以前，中国有可能掌握了坩埚炼铁技术，但是相关证据不是很充分，尚不能排除它们是用于化铁的可能性[①]。由于当时条件局限，未进行过系统的科学分析，留下诸多困惑，譬如煤究竟是炼铁燃料（充当还原剂）还是仅作为提供热源的燃料，坩埚是熔铁用，还是冶铁用，都需要进一步的研究。未来可能需要根据坩埚的材质、壁厚、形制、大小、受热的情况，结合坩埚内壁残留物分析等，来判断坩埚的用途和使用方法。如果可能对坩埚的横截面进行分析，借助金相显微镜和 SEM‐EDS 等手段，对附着渣作显微观察和化学分析，可以帮助鉴定渣中残留物相或新生晶体，获取合金成分、矿石种类、还原剂和燃料、反应温度与气氛等方面信息。

块炼炉最早原型为"碗式炉"，多在地上挖一坑，将碎矿石和木炭混装填入，鼓风管通过风嘴将风鼓入，不设出渣口，得到的是渣铁不分的块状物。后期还需要经过冷却、破碎、分选、锻打，产品方可使用。因为炉型结构原始，随拆随建，故今天难以看到块炼炉留下的踪迹。

中国古代冶铜竖炉的生产实践经验和冶炼技术，为中国古代生铁冶炼提供了借鉴。李京华认为登封阳城遗址冶金炉就可以看到这种后者对前者的借鉴痕迹[②]。冶铁高炉发展于战国，西汉时期成熟。目前尚未发现春秋和战国早期冶铁竖炉的遗迹，对该时段冶铁炉缺乏更多了解。

铁的熔点为 1538℃，尽管碳的渗入能将其熔点降低，但熔炼铁仍还需要 1300℃温度。为提高炼炉寿命，工匠通过增加炉壁的厚度、加入石英砂粒等提高炉料的耐火度等方法进行摸索，真正适应炼铁温度的筑炉用料和炉形，似在

---

①　周文丽、刘思然等：《中国古代冶金用坩埚的发现和研究》，《自然科学史研究》2016 年第 3 期。

②　李京华：《古代熔炉起源与演变》，见李京华：《中国古代冶金技术研究》，中州古籍出版社，1994 年，第 145—152 页。

战国晚期才得以完善。

西平酒店冶铁遗址的战国晚期椭圆形冶铁竖炉，是目前国内发现最早也是保存较好的冶铁竖炉[1]，其结构与湖北铜绿山春秋时期的冶铜炉相似。该椭圆形冶铁竖炉，残高 2.17 米，炉体由炉基、炉腹、风沟和炉缸组成，炉缸内径 0.65 米×1.06 米。西平酒店遗址的冶铁炉，筑造方法较原始，炉腹的内径较小，用耐火材料筑造的炉壁较厚。冶铁炉的风沟呈现长条形的特点，在之后汉代的冶铁竖炉中不见踪影，如郑州古荥遗址、巩义铁生沟遗址所见到的汉代竖炉均无风沟[2]。何堂坤认为该冶铁炉利用了山坡筑炉，使用了羼炭粉、粗砂的粘土材料夯筑长方形炉基，可能使用了模制的"耐火材料块"筑炉[3]。

其他的战国冶铁遗址多为铸造遗址，铸造离不开熔炉。新郑郑国祭祀坑（中行）战国中期遗址中，发现有烘范窑和熔炉，烘范窑是烘烤铸造青铜器合范、芯、模之用。该遗址出土铁锄范和铁镬等遗物，表明熔炉可以熔铜也可以熔铁，说明与铜器相关的铸造活动的延续和铁器铸造的出现，在同一时空并存的可行性。

战国早期，熔化铁应是沿用熔铜炉进行的。用草泥质材料筑炉，耐火度低，炉龄较短。材料学常识使我们知道，提高炉衬耐火材料的质量是提高炉龄的基础，但古代工匠最初只是本能地、直接去增加炉壁的厚度，发现厚度增加不能改善炉子使用中侵蚀严重的问题后，才进行筑炉用料的改良，将泥质炉壁改为砂质炉壁。这种革新又带来新的问题：砂质增多，炉子强度是提高了，但致密性能差，熔炼过程与铁水接触的炉衬表面，难以形成良好的烧结层，导致炉子耐火度及抗渣侵蚀性能的降低，从而降低炉子的使用寿命。经过经验积累，古代工匠结合泥质材料韧性好的特点，砂质材料强度和耐火度高的特点，开发出多层材料，用来筑造熔炉。

该时期筑炉材料呈现多层，由炉腔到炉表（由内到外）分别是：第一层炉衬层，夹较多的细砂粒；第二层是耐高温的砂质炉壁层，夹较多的粗砂粒，一旦炉衬熔蚀脱落，还可凭借此层继续熔炼而不中断；第三层是厚泥质耐火砖

---

①　河南省文物考古研究所、西平县文物保管所：《河南省西平县酒店冶铁遗址试掘简报》，《华夏考古》1998 年第 4 期；李京华：《古代西平冶铁遗址再探讨》，《中国冶金史料》1990 年第 4 期。

②　河南省文物考古研究所：《南阳北关瓦房庄汉代冶铁遗址发掘报告》，《华夏考古》1991 年第 1 期。

③　何堂坤：《中国古代金属冶炼和加工工程技术史》，山西教育出版社，2009 年，第 196—198 页。

层，起到了骨架与保温的作用；第四层是草泥表壳层。如此材料和结构的熔铁炉，一直沿用到西汉。汉代则发明了以煤粉或者木炭粉，掺石英砂和粘土混合的黑色耐火材料，这种黑色耐火材料，多被筑在炉缸底部与炉缸的周围，它比单纯的粘土加石英砂材料更为坚固。

退火脱碳炉，是将铸造好的白口铁铸件放在炉内，用氧化焰退火脱碳，起到减少铸件的脆性、增强其韧性的作用。郑韩故城多处铸铁遗址，都发现有战国时期脱碳炉的残痕。它们的形制基本相同。郑韩故城后端湾铸铁遗址，发现大量铸铁相关遗迹和遗物，其中脱碳窑是战国铸铁遗址中的首次发现。后端湾遗址所出铁器在铸后经过了铸铁脱碳、退火柔化或铸后锻打等不同处理。后端湾铸铁遗址的脱碳窑，平面呈长方形，由火门、火道和窑床组成。火门位于火道南部，有东西两处，西部火门对应单火道，东部火门对应双火道。火门底部和两壁均由砖垒砌而成。火道位于火门北部，自西向东共有 3 条，东部两条火道位于东部门北部，底部呈斜坡状，南高北低，有青灰色砖铺底，东西两壁垒砌有红色砖；西部为单火道，形制与东部火道相同。窑床位于火道北部，上部被破坏，残存底部，高于火道。该窑布局整齐，平面呈方形，有多火道设置，体现了加热过程中的温度控制技术和能力。根据形制和出土遗物判断，此窑应该是热处理炉，具有脱碳的功能。该遗址的研究和整理工作仍在进行中。

二、型材与铸造

战国晚期，燕、赵两国已经使用铁范进行铸造，如 1953 年河北省兴隆县大副将沟燕国冶铁遗址出土铁范 87 件，多为铸造农业生产工具的铸范[①]。其中有铸造锄头的"锄范"，刨土用具镘头的"镘范"，斧头用的"斧范"，铁凿用的"凿范"（图 3-25）、双镰铁范（图 3-26），均系双型腔单面范，一次可并排铸造两把工具。双镰铁范近镰柄处有"右廪"字样，"廪"是当时国家主管农业、司造农具的机构，说明出土的这批铁范属于当时的官营工场。相较陶范铸器，每范只能用一次的使用效率，铁范成本低、效率高且铸造出的成品质量比较好，对扩大农具、工具的生产有重大意义。

---

① 郑绍宗：《热河兴隆发现的战国生产工具铸范》，《考古通讯》1956 年第 1 期。

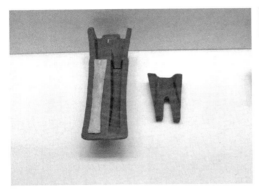

图 3-25　双凿铁范　河北兴隆　　　　　　　图 3-26　双镰铁范　河北兴隆

在燕、赵两国已经采用比较先进的铁范生产铁器时，属于魏、韩的河南地区，当时仍采用泥范铸造铁器。鹤壁鹿楼冶铁遗址、辉县共城冶铁遗址，都在河南境内黄河以北地区，冶炼技术基本相同。鹤壁在战国时期先属赵国后属于魏国，鹤壁鹿楼冶铁遗址虽说距离赵国邯郸很近，但铸型未见金属型，都为泥范和石范。河南境内新乡辉县共城战国冶铁遗址，当时为魏国所管辖，虽然遗址内没有发现铁范，但在遗址中发现夹固铸范的铁夹具和铸造铁质镬芯的模具，说明有使用铁范的可能，或许发掘面积有限而未发现。

相较铜液，铁液更容易粘范，从阳城铸铁遗址出土陶范的质地来看，多数陶范内都含有较多的砂质材料和植物粉末材料。范泥中羼入一定数量的砂粒和植物粉末等原料，不仅增强陶范的强度、耐火度和透气性能，而且也提高了所铸铁器的质量与成品率。为保证铸铁器表面光洁度，需要选用经漂洗、澄滤过的细泥浆作为面料和涂料。新郑仓城遗址，可以看到制范材料技术改进，铸范的砂比增加，范面涂一层澄滤过的细泥，兼顾面料和涂料作用。这是战国晚期在铸造铁器的长期实践中，为了提高铸铁质量，对陶范进行了重大改革。

李京华先生根据对鹤壁鹿楼故县冶铁遗址的泥范、登封阳城出土战国晚期工具范的研究[①]，认为两者造型技术相同，均是由一套模具批量翻制，可以浇铸多次的泥范，可批量铸造铁农具。用一件模翻出范，可以任意扣合成套并扣合得严密，大大提高了制范效率。从阳城铸铁遗址出土的各类铸范的内浇口

---

① 王文强、李京华：《鹤壁市故县战国和汉代冶铁遗址出土的铁农具和农具范》，《农业考古》1991年第3期。

看，内浇口断面，均薄于铸件壁厚的二分之一或三分之一，并且还在内浇口处制成高低、宽窄不同的棱脊。这种浇口类似现在铸范的"自割性浇口"。浇口造型的这种改进，既可以使浇口铁和铸件自行断掉，或打掉浇口铁时也不会损伤铸件，又可以大大提高所铸铁器的成品率。

叠铸法是西汉铸钱工艺常用的一种方法，叠铸法亦称层叠铸造，指将多层铸型叠合，组装成套，从共用的浇口杯和直浇道中灌注金属液，一次得到多个铸件的铸造方法。这种方法可以大大提高劳动生产率，节省造型材料和金属，非常适用于小型铸件的大批量生产。战国时期青铜齐刀币即是叠铸范铸造的，要求范腔高度对称，有一定的尺寸精度，制作难度很大。和齐刀币制作时用的立式叠铸范近似，登封阳城带钩范（图3-27）也是立式叠铸范。所谓立式叠铸，是指铸件采用水平分型面，各层铸范按水平方向叠合。战国晚期河南地区已经有了叠铸技术，尽管是应用于铜带钩，但无疑对汉代铁件如车马器构件的叠铸制作，奠定了基础。

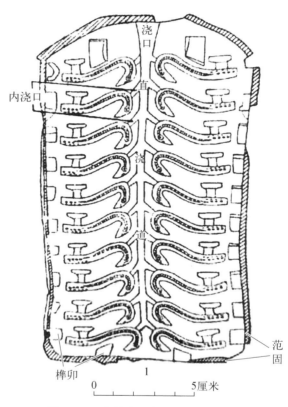

图3-27　铸铁遗址出土战国晚期带钩陶范（YZHT5①:2）[1]

三、形式多样的铁材质——脱碳铸铁、铸铁脱碳钢与韧性铸铁

块炼铁的器件在战国晚期的魏、赵、楚、燕、秦各国均有发现。前文分析，辉县固围村一号战国大墓所出土的大量铁质农具，极大可能就来自古共城

---

① 李京华：《中原古代冶金技术研究（第二集）》，中州古籍出版社，2003年，第202页。

战国铸铁遗址，而对辉县固围村出土 6 件铁器的分析①，显示均为块炼铁。而同时期的韩国冶铁遗址中，所分析的铁器，均为铸造成型，且多铸后经过热处理，检测出的钢件均为铸铁脱碳钢等，尚未发现有块炼铁和块炼铁渗碳钢件。

脱碳铸铁是生铁铸件经脱碳退火处理，铸件表层已经脱碳并成为钢的组织，而心部仍为白口铸铁组织。铸铁脱碳钢是将含碳 3‰～4‰ 的低硅白口铸铁器，在氧化气氛中进行整体脱碳，从而得到高碳、中碳和低碳的钢制品。其特点是夹杂物少，质地纯净，成分、性能与铸钢相近。

韧性铸铁，指的是白口铁在较高温度下经过长时间退火（900℃，3～5 天），使脆硬的炭化铁分解，析出絮状石墨，从而使硬而脆的生铁变为韧性较好的制品。如果铸件表面脱碳，而中心部分仍为白口铁，则为韧化处理不完全的韧性铸铁。韧性铸铁，也有被称为可锻铸铁、展性铸铁的。根据华觉明的观点，黑心韧性铸铁是不能锻造的，白心韧性铸铁如果脱碳完全，中心没有残余渗碳体存在，很少甚至没有游离碳，则是可以锻造的②，故韧性铸铁的称谓更恰当。

目前为止，河南地区发现最早的脱碳铸铁为河南洛阳水泥厂出土的铁锛，经分析为脱碳铸铁。与铁锛同出土的铁铲，则为韧性铸铁，经考古单位断年为公元前 5 世纪的遗物，是迄今为止发现并经过检验的最早的生铁工具③。新郑唐户南岗春秋晚期墓④出土的一件板状残铁器（M7∶4100），金相组织为共晶莱氏体，边部脱碳层为铁素体＋珠光体，约 0.2～0.3 毫米厚，也是脱碳铸铁件。

阳城战国早期铸铁遗址中，不仅有退火较完全的铸铁脱碳钢农具，也有铸铁脱碳钢的板材，对样品组织的分析，显示出当时的铸铁脱碳钢技术仍处于初期阶段⑤。

战国中期以后，韧性铸铁已在燕、赵、魏、楚等国广泛应用，如湖北省大冶铜绿山出土的战国晚期铁斧和河北省易县燕下都 44 号墓出土的战国晚期铁镬、六角锄等，都发现有韧性铸铁的组织。中国韧性铸铁的发明及使用比欧洲早了 2200 多年。韧性铸铁延续到汉代，应用更加广泛，质量更加稳定，出现大批汉代韧性铸铁的农具和工具。

①　孙延烈：《辉县出土的几件铁器底金相学考察》，《考古学报》1956 年第 2 期。

②　华觉明：《汉魏高强度铸铁的探讨》，《自然科学史研究》1982 年第 1 期。

③　李众：《中国封建社会前期钢铁冶炼技术发展的探讨》，《考古学报》1975 年第 2 期。

④　开封地区文管会：《河南省新郑县唐户两周墓葬发掘简报》，《文物资料丛刊》第 2 辑，文物出版社，1978 年。

⑤　北京科技大学冶金史研究所：《阳城铸铁遗址铁器的金相鉴定》，见河南省文物研究所等：《登封王城岗与阳城》，文物出版社，1992 年，第 335 页。

对郑韩故城仓城铸铁遗址、登封阳城铸铁遗址出土的铁器分析，战国时期的韩国不仅铸造铁器，还通过对铸件进行后处理，增强铁器的韧性。出土的板、条材，多为铸铁脱碳钢，推测是供给本地或外地作坊，方便后者进行再加工，制成所需类型的钢铁器件。

登封阳城和新郑仓城，两者都属于韩国属地，山西长治市屯留后河、长子孟家庄、潞城潞河战国冶铁遗址等等[①]，战国时期也属于韩国范围，战国时期韩国冶铁遗址数量达十余处[②]，这些遗址出土的铁器，也都表现出一致的特点：未有块炼铁和块炼渗碳钢[③]，均为铸铁件，或脱碳铸铁、铸铁脱碳钢、韧性铸铁等，这也在一定程度说明韩国生铁技术发展的领先。

登封阳城铸铁遗址还检测到一铁凿（YZHT4L2：7）的刃部为炒钢材料，但不能据此认为战国就有炒钢技术。由于阳城铸造遗址的时间跨度大，涵盖了战国不同时期和汉代，查询发掘报告，该铁凿属于汉代遗址出土，故我们仍将炒钢技术的出现放在汉代。

四、生铁柔化技术与退火工艺

脱碳铸铁、铸铁脱碳钢（熟铁）与韧性铸铁等，是根据组织对生成材质的描述。究其本质，是战国时期已经有了生铁柔化的意识和技术。

铸铁（生铁）虽然坚硬，但韧性较差，性脆易折。所谓生铁柔化，就是增强生铁的韧性，克服其脆硬易折的缺陷。凡是能实现此目标的方式方法，自然都属于生铁柔化技术，如可锻化热处理、脱碳处理以及淬火控制等。通过加热的办法可以使生铁变软，把生铁在火上烧红再锤炼，可以减少里面的碳含量，使其硬度下降，韧性增加。柔化处理使生铁坯件中的 Fe_3C 部分或全部分解为石墨，或者对生铁坯料进行脱碳处理，使脆性生铁变为韧性铸铁。

生铁柔化技术，离不开热处理工艺。热处理是指材料在固态下，通过加热、保温和冷却的手段，以获得预期组织和性能的一种金属热加工工艺。退火是古代铁器最为常见的一种金属热处理工艺，是将金属缓慢加热到一定温度，保持足够时间，然后以适宜速度冷却。目的是降低硬度，改善切削加工性；降低残余应

---

①　段红梅：《三晋地区出土战国铁器的调查与研究》，北京科技大学博士学位论文，2001年，第60—61页。

②　李京华：《中原古代冶金技术研究（第二集）》，中州古籍出版社，2003年，第248页。

③　王淡春等：《郑韩故城出土战国晚期铁器铸造工艺分析》，《华夏考古》2016年第4期。

力，稳定尺寸，减少变形与裂纹倾向；细化晶粒，调整组织，消除组织缺陷。简言之，退火是一种使材料组织和成分均匀化，改善材料性能的热处理工艺。

新郑仓城铸铁遗址出土的 11 件样品，经鉴定均为铸铁，且铸后经过了不同程度的脱碳及锻打加工，其中 2 件脱碳铸铁、4 件铸铁脱碳钢（其中 2 件脱碳成熟铁）、5 件韧性铸铁。新郑仓城铸铁遗址出土的铁器，虽大多经过退火脱碳处理，但对退火的时间和温度，掌控稍显不够，导致部分样品脱碳不完全、碳含量分布不均或存在过热组织，表明当时退火工艺不够娴熟，退火技术处于起步发展阶段。

按照热处理条件的不同，韧性铸铁可以分为两种工艺：一种是在氧化气氛下对白口铸铁件进行退火脱碳处理，使之成为白心可锻铸铁；另一种是在中性或弱氧化气氛下，对白口铸铁件进行长时间高温退火处理，使之成为黑心可锻铸铁。洛阳水泥厂的铁锛，是经过较低温度退火的制品，为柔化处理的初级阶段。韧性铸铁使得生铁广泛用于生产工具成为可能，极大增长了铁器的使用寿命，加快了铁器代替铜器等生产工具的历史进程。新郑仓城 5 件韧性铸铁中，白心韧性铸铁 4 件，黑心韧性铸铁 1 件。相较白心韧性铸铁，黑心韧性铸铁组织中有大量团絮状石墨，残存的基体是脱碳彻底的铁素体组织，其对铸后处理过程中的退火温度，要求更高，保温时间要求更长，黑心韧性铸铁对应的机械性能也更好。黑心韧性铸铁，目前仅在战国晚期的韩国和燕国出土的铁器中检测出，同时期的其他各国均未发现，也反映出战国时期的韩国在退火技术发展阶段的领先地位。

战国晚期，工匠对退火的认识更加丰富，可以根据铁器的具体用途，来采用不同方法。如条材、板材为方便直接锻打成器，直接选择退火脱碳，得到铸铁脱碳钢或熟铁；需要一定强度、硬度和韧性的铁农具、铁工具，进行较长时间的退火处理，且部分退火后又经过锻打、渗碳等加工；而对机械性能没过高要求的小铁环，组织显示其退火脱碳的时间就较短。退火技术的提高，带来生铁柔化技术的发展和多种钢铁材料的出现。

河南地区战国冶铁遗址发现的板材范、条材范的数量、规格都较多。铁条材、板材出现意味着铁的应用性、实用性范围扩大。我国最早的铁板材和条材的生产，分别始于春秋晚期和战国晚期[①]。断面呈四方形、三角形的条材以及

---

① 李京华：《中国古代铁器艺术》，北京燕山出版社，2007 年，第 100—104 页。

不同宽度的板材在战国均开始专铸①。登封告城冶铁遗址发现战国早期脱碳炉和大批板材和条材，后者被成批脱碳成为钢或韧性铸铁；新郑仓城冶铁遗址发现有退火脱碳炉基以及条材、板材，其中唯一一件残破板材经分析是球墨可锻铸铁②，球墨可锻铸铁又称球墨铸铁，是一种具有球状石墨的可锻铸铁。其中石墨结晶成球状，对基体的割裂作用大为减小，故而球墨铸铁比普通的韧性铸铁的强度和韧性都更好，且具有较好的耐磨性和耐腐蚀性。

对出土的条材和板材的金相组织观察，表明均是在铸铁基础上，进行了退火脱碳处理，其中条材的脱碳更为彻底，已接近纯铁（熟铁）组织，可以直接锻打成铁器。韩国工匠能够根据器物的功用，采用不同的方法进行加工，以满足器物性能要求。

战国时期，不同地区铁制品材质与工艺存在一定差异。脱碳炉的出现、条材和板材的发展，带来铸铁材料的广泛应用，同时也促进了锻造技术的发展和成熟，也为后来完全钢件的锻造和汉代贴钢与夹钢复合材料的出现，奠定了物质和技术基础；铸范的互换技术提高了铸造效率，铜器叠铸技术为汉代铁器叠铸技术发展提供了基础；铸铁脱碳材料的广泛应用，也加快了退火工艺的长足发展和娴熟。锋利耐用的钢铁农具和工具的制造与使用，促进战国时期农业和手工业的迅速发展。

第四节　透物见技——先秦铜铁复合器与中西冶金技术碰撞

考古发现表明，春秋早中期是人工冶铁发展的初期阶段，中晚期之后铁制品数量日益增多，种类逐渐丰富，技术趋向成熟。战国时期，中原地区出现众多冶铁作坊，冶铁业开始成为推动社会发展的重要行业。

中原地区（含河南全境、陕西关中平原、山西南部、河北中南部等）是研究早期冶铁技术的重要区域。以三门峡虢国墓为例，其位于豫、陕、晋三省的交会处，三门峡虢国国君虢季和虢仲墓出土文物中，发现了多件铁器文物，如铜内铁援戈、玉柄铁剑、铜骹铁叶矛、铜銎铁锛、铁刃铜刻刀和铁刃铜削等。

---

① 李京华：《河南冶金考古概述》，《华夏考古》1987 年第 1 期。

② 李京华、李仲达：《战国和汉代球墨可锻铸铁》，见杜石然主编：《第三届国际中国科学史讨论会论文集》，科学出版社，1990 年，第 282 页。

人工冶铁技术的出现，在一定程度上表明了虢国的生产技术水平，把块炼铁用于制作兵器刃部，是当时的一项新科技发明，这些铜铁复合器的设计构思和制作工艺，将铸造、套接、铆合、锻造、镶嵌等技术完美融合。

　　古代中国钢铁技术和西方钢铁技术分属不同体系，在中国生铁技术（春秋）发明之前，上述这些复合材质铁器已经出现，中西方冶金文化存在怎样碰撞和影响，是人们极为好奇和关注的内容。先秦时期的金属复合器，作为一种特殊的存在，能否给我们带来一些信息和思考？

一、对先秦金属复合器的分类整理

　　广义复合材质器物，有诸多的形式：有以南越王墓[①]出土的铜框玉盖杯、铜框玉卮为代表的金属与玉石组合而成的复合器；有青铜器铸造好后，表面经过鎏金银、错金银等工艺形成的复合材料；有东周时期，根据剑脊部和刃部使用性能与机械性能要求不同，由不同青铜合金组成的复合剑[②]，等等。

　　我们将两种或两种以上性能有差异的金属或合金，通过一定的工艺技法结合为一整器的，简称为金属复合器。本节探讨的早期金属复合器，特指先秦时期（部分延续至汉代）与铁有关的复合器。

　　对早期金属复合器考古材料进行梳理，出现最早的是金属复合兵器和工具，详见表3-1。战国之后，金属复合器类型不再局限于此，尤以铁足铜鼎和铁铤铜镞较为多见，后者更是延续到汉晋时期，详见表3-2和表3-3。

表3-1　先秦复合铁兵器和工具

出 土 地 点	铁器名称	年　代	铁　质
河北藁城台西遗址[③]	铁刃铜钺1	商代中期	陨铁
北京平谷刘家河遗址[④]	铁刃铜钺1	商代中期	陨铁

---

①　黄巧好：《从南越王墓出土玉器看西汉金属与玉的结合工艺》，《文物天地》2019年第1期。

②　陈佩芬：《古代铜兵铜镜的成分及有关铸造技术》，见《上海博物馆馆刊》第1辑，上海人民出版社，1981年，第143—150页。

③　李众：《关于藁城商代铜钺铁刃的分析》，《考古学报》1976年第2期。

④　北京市文物管理处：《北京市平谷县发现商代墓葬》，《文物》1977年第11期。

续表

出土地点	铁器名称	年代	铁质
湖北随州叶家山 M111①	铁刃铜戈 1	商代中期	陨铁
河南浚县辛村遗址②	铁刃铜钺 1、铁刃铜戈 1	商末周初	陨铁 Freer Gallery of Art
三门峡虢国墓③	铜铁复合器共 10 件	西周晚期	检测 8 件
	铜銎铁锛（M2009：702）1、铜内铁援戈（M2009：703）1、铁刃铜削（M2009：710－2 和 M2009：732）2		陨铁 4 件
	铜内铁援戈（M2001：526）1、玉柄铁剑 1（M2001：393）1、铁刃铜矛（M2009：733）1、铜骹铁叶矛（M2009：730）1		块炼铁 1，块炼渗碳钢 3
甘肃灵台景家庄④	铜柄铁剑 2	春秋早期	块炼渗碳钢 1（另 1 件锈蚀严重无法鉴别）
甘肃礼县秦公墓⑤	鎏金镂空铜柄铁剑 1	春秋早期	
陕西宝鸡陇县边家庄秦墓⑥	铜柄铁剑 1	春秋早期	
陕西韩城梁带村⑦	铁刃铜削 1、铁刃铜戈 1	春秋早期	块炼渗碳钢

---

① 张天宇：《叶家山 M111 出土的商代铁援铜戈》，《江汉考古》2020 年第 2 期。
② 韩汝玢、柯俊：《中国科学技术史·矿冶卷》，科学出版社，2007 年，第 357 页。
③ 韩汝玢：《虢国墓出土铁刃铜器的鉴定与研究》，见河南省文物考古研究所：《三门峡虢国墓》，文物出版社，1999 年，第 559—573 页；Kunlong Chen, Yingchen Wang, Yaxiong Liu, et al. "Meteoritic origin and manufacturing process of ironblades in two Bronze Age bimetallic objectsfrom China." *Journal of Cultural Heritage*，2018（30）：pp. 45－50；王颖琛：《三门峡虢国墓地 M2009 出土铁刃铜器的科学分析及其相关问题》，《光谱学与光谱分析》2019 年第 10 期；魏强兵、李秀辉等：《虢国墓地出土铁刃铜器的科学分析及相关问题》，《文物》2022 年第 8 期。
④ 韩汝玢：《中国早期铁器（公元前 5 世纪以前）的金相学研究》，《文物》1998 年第 2 期。
⑤ 何堂坤：《延庆山戎文化铜柄铁刀及其科学分析》，《中原文物》2004 年第 2 期。
⑥ 尹盛平、张天恩：《陕西陇县边家庄一号春秋秦墓》，《考古与文物》1986 年第 6 期。
⑦ 陈建立：《梁带村遗址 M27 出土铜铁复合器的作技术》，《中国科学》E 辑 2009 年第 9 期。

续表

出 土 地 点	铁 器 名 称	年 代	铁 质
上海博物馆藏①	铁刃铜戈 2、铜柄铁剑 1	春秋早期	块炼铁或块炼渗碳钢
北京延庆军都山东周山戎部落墓地②	铜柄铁刀 1	春秋中期	块炼铁
河南南阳春秋彭射墓③	铁援铜戈 1	春秋晚期	
陕西宝鸡益门 M2④	金柄铁剑 1、金首铁刀等 20 件	春秋晚期	金柄铁剑为块炼渗碳钢
陇山地区（甘肃、宁夏）⑤	铜柄铁剑 9 件，其中宁夏固原 2、西吉 1、彭阳 1、中卫 2、甘肃庆阳 2 等	春秋	固原、西吉、彭阳经检测为块炼渗碳钢
长沙杨家山 M65⑥	铜格铁剑 1	春秋末	块炼渗碳钢
陕县后川 M2040⑦	金质腊首铁剑 1	春秋晚—战国中期	
洛阳中州西路西工段⑧	铜环首铁削 1	战国早期	
西南夷地区⑨	三叉格铜柄铁剑 96 件	战国中期以后	
四川茂县⑩	铜柄铁剑 2	战国中晚之际	
云南泸西县大逸圃秦汉墓⑪	铜柄铁剑 2、铜骹铁矛 1、铜柄铁削 1、铜銎铁凿 1	战国末至西汉晚期	

① 廉海萍、熊樱菲：《铜—铁复合兵器铁刃的分析》，《文物保护与考古科学》1995 年第 2 期。
② 何堂坤：《延庆山戎文化铜柄铁刀及其科学分析》，《中原文物》2004 年第 2 期。
③ 朱华东：《南阳春秋彭射墓出土青铜兵器初探》，《中原文物》2012 年第 3 期。
④ 宝鸡市考古工作队：《宝鸡市益门村二号春秋墓发掘简报》，《文物》1993 年第 10 期。
⑤ 罗丰：《以陇山为中心甘宁地区春秋战国时期北方青铜文化的发现与研究》，《内蒙古文物与考古》1993 年第 1、2 期。
⑥ 长沙铁路车站建设工程文物发掘队：《长沙新发现春秋晚期的钢剑和铁器》，《文物》1978 年第 10 期。
⑦ 王世民：《陕县后川 2040 号墓的年代问题》，《考古》1959 年第 5 期。
⑧ 中国科学院考古研究所：《洛阳中州路西工段》，科学出版社，1959 年，第 111 页。
⑨ 苏奎、尹俊霞：《试析西南夷地区的三叉格铜柄铁剑》，《四川文物》2005 年第 2 期。
⑩ 茂县羌族博物馆等：《四川茂县牟托一号石棺墓及陪葬坑清理简报》，《文物》1994 年第 3 期。云南省博物馆编著：《云南晋宁石寨山古墓群发掘报告》，文物出版社，1959 年；云南省博物馆：《云南晋宁石寨山第三次发掘简报》，《考古》1959 年第 9 期；云南省博物馆：《云南晋宁石寨山古墓第四次发掘简报》，《考古》1963 年第 9 期。
⑪ 云南省文物考古研究所：《云南泸西县大逸圃秦汉墓地发掘简报》，《四川文物》2009 年第 3 期。

续表

出 土 地 点	铁 器 名 称	年　代	铁　质
云南昆明呈贡石碑村①	铜柄铁剑 2	战国晚—西汉时期	2 件铜柄铁刃剑的铁刃为亚共析钢
云南晋宁石寨山②	铜柄铁剑 60	战国—汉代	

表 3-2　考古材料中铁足铜鼎

地　点	器　物	时　代
江陵雨台山 391 号墓③	铁足铜鼎 1	春秋战国之交
战国中山王墓④	铁足铜鼎 1	战国
湖南长沙识字岭⑤	铁足铜鼎 2	战国
湖北鄂城⑥	铁足铜鼎 2	战国中期
襄阳蔡坡 9 号墓⑦	铁足铜鼎 1	战国中期
宜昌前坪 23 号墓⑧	铁足铜鼎 1	战国末期
洛阳道北⑨	铁足铜鼎 1	战国晚期
常德德山楚墓⑩	铁足铜鼎 1	战国时期

---

① 李晓岑、员雅丽等：《昆明呈贡天子庙和呈贡石碑村出土铜铁器的科学分析》，《文物保护与考古科学》2010 年第 2 期。

② 云南省博物馆编著：《云南晋宁石寨山古墓群发掘报告》，北文物出版社，1959 年；云南省博物馆：《云南晋宁石寨山第三次发掘简报》，《考古》1959 年第 9 期；云南省博物馆：《云南晋宁石寨山古墓第四次发掘简报》，《考古》1963 年第 9 期。

③ 湖北省荆州地区博物馆：《江陵雨台山楚墓》，文物出版社，1984 年，第 72 页。

④ 李耀光：《战国中山国王墓出土刻铭铁足大铜鼎保护研究初探》，《文物修复与研究》2014 年辑刊，第 246—251 页。

⑤ 单先进、熊传薪：《长沙识字岭战国墓》，《考古》1977 年第 1 期；长沙铁路车站建设工程文物发掘队：《长沙新发现春秋晚期的钢剑和铁器》，《文物》1978 年第 10 期。

⑥ 郑钢基建指挥部文物小组、鄂城县博物馆：《湖北鄂城鄂钢五十三号墓发掘简报》，《考古》1978 年第 4 期。

⑦ 湖北省博物馆：《襄阳蔡坡战国墓发掘报告》，《江汉考古》1985 年第 1 期。

⑧ 湖北省博物馆：《宜昌前坪战国两汉墓》，《考古学报》1976 年第 2 期。

⑨ 邓新波：《洛阳战国铁足铜鼎——中原与楚文化交融的见证》，《大众考古》2018 年第 4 期。

⑩ 湖南省博物馆：《湖南常德德山战国墓葬》，《考古》1959 年第 12 期。

续表

地　点	器　物	时　代
长沙烈士公园 1 号墓①	铁足铜鼎 1	战国
舒城秦家桥 1 号墓②	铁足铜鼎	战国

表 3-3　考古材料中的铁铤铜镞

地　点	器　物　名	时　代	备　注
辉县琉璃阁③	铁铤铜镞 1	战国	
河南辉县固围村魏国墓葬④	铁铤铜镞 17	战国中期	
河北邯郸赵王陵⑤	铁铤铜镞（数量不明）	战国中期	
河南辉县孙村遗址⑥	铁铤铜镞 1 件	战国中晚期	
河北易县燕下都第 22 号遗址⑦	铜铤铁杆 9 件	战国晚期	
河北易县燕下都 44 号墓⑧	铁铤铜镞 19 件	战国晚期	镞铤（M44∶87）块炼渗碳钢
新郑市龙湖镇战国环壕⑨	铁铤铜镞 4	战国晚期	
内蒙古准格尔旗玉隆太匈奴墓⑩	铁铤铜镞 1 件	战国晚期	

①　湖南省文物管理委员：《湖南长沙陈家大山战国墓葬清理简报》，《考古通讯》1958 年第 6 期。

②　舒城县文物管理所：《舒城县秦家桥战国楚墓清理简报》，《文物研究》第 6 辑，黄山书社，1990 年。

③　中国科学院考古研究所：《辉县发掘报告》，科学出版社，1956 年。

④　同上注。

⑤　河北省文物管理处：《河北邯郸赵王陵》，《考古》1982 年第 6 期。

⑥　张国硕：《河南辉县孙村发掘遗址》，《中原文物》2008 年第 1 期。

⑦　河北省文物管理处：《河北邯郸赵王陵》，《考古》1982 年第 6 期；河北省文物局工作队：《燕下都第 22 号遗址发掘报告》，《考古》1965 年第 11 期。

⑧　河北省文物管理处：《河北易县燕下都 44 号墓发掘报告》，《考古》1975 年第 4 期；京钢铁学院压力加工专业：《易县燕下都 44 号墓葬铁器金相考察初步报告》，《考古》1975 年第 4 期。

⑨　樊温泉：《河南郑石高速公路考古发现战国环壕和汉代墓葬》，《中国文物报》2007 年 1 月 26 日。

⑩　田广金：《内蒙古准格尔旗玉隆太的匈奴墓》，《考古》1977 年第 2 期。

续表

地　　点	器 物 名	时　代	备　　注
江西遂川藻林乡①	铁铤铜镞 75 件	战国末期	
河北易县燕下都第 13 号遗址②	铁铤铜镞 2 件	战国时期	
吉林省通化市柳河向阳西山遗址③	铁铤铜镞约 20 件	战国时期	
北京延庆胡家营遗址④	铁铤铜镞 3 件	战国时期	均为韧性铸铁
湖北江陵秦家咀⑤	铁铤铜镞 18 件	战国时期	
河北武安午汲古城⑥	铁铤铜镞（数量不明）	战国—汉	
安徽固镇县谷阳城遗址⑦	铁铤铜镞约 300 件	战国晚期—西汉	
内蒙古准格尔旗福路塔墓地⑧	铁铤铜镞（数量不明）	战国晚期—西汉早期	
辽宁省桓仁镇抽水洞遗址⑨	铁铤铜镞 2 件	战国至秦汉之际	
广西象州县运江河岸⑩	铁铤铜镞（数量不明）	秦代	
陕西西安秦始皇兵马俑⑪	铁铤铜镞 2 件	秦代	

---

① 江西省博物馆等：《记江西遂川出土的几件秦代铜兵器》，《考古》1978 年第 1 期。

② 河北省文物研究所：《河北易县燕下都第 13 号遗址第一次发掘》，《考古》1987 年第 5 期。

③ 辛晓光：《浅谈柳河境内的青铜遗址》，《神州》2020 年第 2 期。

④ 杨菊、李延祥等：《北京延庆胡家营遗址出土铁器的科学分析》，《广西民族大学学报（自然科学版）》2014 年第 1 期。

⑤ 荆沙铁路考古队：《江陵秦家咀楚墓发掘简报》，《江汉考古》1988 年第 2 期。

⑥ 河北省文物管理委员会：《河北武安县午汲古城的周、汉墓葬发掘简报》，《考古》1959 年第 7 期。

⑦ 许冠群、赵东升：《二○一二年安徽固镇谷阳城遗址发掘重要收获》，《中国文物报》2013 年 7 月 5 日。

⑧ 胡春佰、高兴超等：《内蒙古准格尔旗福路塔战国秦墓地 2017 年发掘简报》，《考古与文物》2019 年第 6 期。

⑨ 武家昌、王俊辉：《辽宁桓仁县抽水洞遗址发掘》，《北方文物》2003 年第 2 期。

⑩ 谢崇安：《从秦汉钱币考古发现看岭南骆越地区融入国家"大一统"进程》，《广西社会主义学院学报》2021 年第 1 期。

⑪ 何宏：《从秦俑坑出土箭镞看镞的发展演变》，《文博》2010 年第 5 期。

续表

地　　点	器　物　名	时　代	备　　注
陕西秦直道①	铁铤铜镞 1 件	秦代	
河北省武安县赵窑遗址②	铁铤铜镞（数量不明）	汉代	
江苏省徐州狮子山③	铁铤铜镞约 4 件	西汉初期	
广东省南越王墓④	铁铤铜镞 639 件	西汉初期	
山东省临淄西汉齐王墓⑤	铁铤铜镞 210 件	西汉早期	
山东章丘危山汉墓⑥	铁铤铜镞（数量不明）	西汉早期	
广西西林县普驮铜鼓墓葬⑦	铁铤铜镞 4 件	西汉早期	
新疆巴里坤县黑沟梁墓地⑧	铁铤铜镞（数量不明）	西汉早期	
河北省保定市满城汉墓⑨	铁铤铜镞 1 号墓 70 件；2 号墓 18 件	西汉中期	6 件铁铤经过检测，是铸铁脱碳钢制品
陕西西安汉长安城武库遗址⑩	铁铤铜镞约 100 件	西汉	
北京市⑪	铁铤铜镞（数量不明）	西汉	
山东省⑫	铁铤铜镞（数量不明）	西汉	

① 张在明、喻鹏涛：《陕西秦直道遗址调查发掘简报》，《秦汉研究》第 9 辑，陕西人民出版社，2015 年。

② 河北省文物研究所等：《武安赵窑遗址发掘报告》，《考古学报》1992 年第 3 期。

③ 迟鹏：《徐州狮子山楚王陵出土青铜器的科学分析》，《中国文物科学研究》2016 年第 4 期。

④ 何少伟：《试论南越王墓出土的铁质武备》，《文物天地》2019 年第 1 期。

⑤ 山东省淄博市博物馆：《西汉齐王墓随葬器物坑》，《考古学报》1985 年第 2 期。

⑥ 崔大镛、高继习：《章丘洛庄汉墓发掘成果及学术价值》，《山东大学学报（哲学社会科学版）》2004 年第 1 期。

⑦ 广西壮族自治区文物工作队：《广西西林县普驮铜鼓墓葬》，《文物》1978 年第 9 期。

⑧ 任萌：《从黑沟梁墓地、东黑沟遗址看西汉前期东天山地区匈奴文化》，西北大学硕士学位论文，2008 年。

⑨ 郑绍宗：《满城汉墓》，文物出版社，2003 年。

⑩ 中国社会科学院考古研究所汉城工作队：《汉长安城武库遗址发掘的初步收获》，《考古》1978 年第 4 期。

⑪ 白光：《秦汉要阳县治考》，《文物春秋》2015 年第 3 期。

⑫ 临淄市博物馆馆藏。

续表

地　　点	器 物 名	时　代	备　　注
甘肃省①	铁铤铜镞 5 件	汉	
山西省太原市晋阳古城罗城"东马地"遗址②	铁铤铜镞 37 件	汉晋之间	37 件铁铤铜镞为铸铁脱碳钢
广西合浦县草鞋村汉代遗址③	铁铤铜镞约 20 件	东汉	

中国古代钢铁技术和西方钢铁技术分属不同体系，金属复合器作为一种特殊的存在和现象，在中国古代生铁冶炼技术发明前后都有出现，器类的变化，铁在复合器中角色的变化，引发我们对其技术的关注及其背后文化的思考。

二、锻打技术传入和作为矿料的陨铁

根据学者对殷商势力范围划分④，以殷墟为中心，北至邯郸，南至鹤壁，东至古黄河，西至太行山范围，属商王直接管辖区。

商代的金属复合器，分布在以殷墟为中心的南北轴向上，此区域属于商王直接控制区。商代的铜铁复合器，目前仅发现上述 5 件（表 3 - 1），其中铁刃铜钺 3 件（图 3 - 28），铁援铜戈 2 件，都是兵器且刃部均为陨铁锻制。河北藁城台西遗址⑤和北京平谷刘家河遗址⑥各出土商代中期的铁刃铜钺一件，其中藁城的铁刃铜钺，最初曾被误以为人工冶铁制品，时任中科院考古所所长的夏鼐先生，邀请柯俊先生对其进行鉴定，通过电子探针、金相观察和 X 射线荧光分析仪等分析手段，发现了铁刃锈层中的高、低镍钴的层状分布，最终确定了铁刃是由陨铁锻成。叶家山 M111 出土的铁援铜戈，据形制及纹饰特征，可判

---

① 兰州市博物馆馆藏。

② 负雅丽、裴静蓉：《晋阳古城罗城"东马地"遗址出土铁铤铜镞的技术研究》，《南方文物》2017 年第 2 期。

③ 广西文物保护与考古研究所等：《广西合浦县草鞋村汉代遗址发掘简报》，《考古》2016 年第 8 期。

④ 江俊伟：《略论殷商政治势力范围——以殷墟甲骨文与考古遗址为中心》，《白沙历史地理学报》2019 年第 20 期，第 1—40 页。

⑤ 唐云明：《藁城台西商代遗址》，《河北学刊》1984 年第 4 期。

⑥ 北京市文物管理处：《北京市平谷县发现商代墓葬》，《文物》1977 年第 11 期。

断为殷墟二期的器物①，是目前中国南方地区发现的时代最早的铁质器物，也是继藁城台西、平谷刘家河之后，科学发掘的第三件商代铁质器物。另有河南浚县辛村遗址出土的商末周初的铁刃铜钺和铁援铜戈各一件②，铁援铜戈的铁质经过分析，系陨铁锻打而成③。

图 3-28　商代铁刃铜钺
1. 北京平谷县（国家博物馆）　　2. 藁城台西（河北博物馆）　　3. 浚县（弗利尔美术馆）

　　陨铁复合兵器的制作，都是通过浇铸，将冷锻而成的铁刃，包嵌在青铜器身中。陨铁作刃的铜兵器的铸接工艺，与青铜器分铸法中的铸接工艺，本质上是相同的。如铁刃铜钺，先将陨铁锻打成刃部形状，再将其嵌入陶范之中，通过浇铸，和刃体铸接在一起，此操作极大可能就是在铸铜作坊完成的。陨铁和青铜合金的熔点，相差几百度，熔接得好，不太容易，有时需要其他手段辅助，如弗里尔美术馆所藏浚县商末周初的两件铁刃铜兵，铁系陨铁锻打而成④，钺刃的基部观察到锻出成排的凹坑，戈援的基部作出钥匙形的榫，因而能与浇铸的铜体更牢固地接合，这是铸接工艺进步的体现。藁城台西铁刃铜钺的刃厚

　　①　张天宇、张吉等：《叶家山 M111 出土的商代铁援铜戈》，《江汉考古》2020 年第 2 期。
　　②　韩汝玢，柯俊：《中国科学技术史·矿冶卷》，科学出版社，2007 年，第 357—358 页；北京市文物管理处：《北京市平谷县发现商代墓葬》，《文物》1977 年第 11 期。
　　③　R. J. Gettens，R. S. Clarke，W. T. Chase. "Two early Chinese bronze weapons with meteoritic iron blades." *Freer Gallery of Art*，1971，93（4）：639.
　　④　Gettens，Rutherford John et al，"Two early Chinese bronze weapons with meteoritic iron blades." in *Freer Gallery of Art*. Occasional Papers，Vol. 4，No. 1，Washington，D. C.：Freer Gallery of Art，1971，pp. 1-77.

仅 1 毫米，陨铁的强度和硬度很高，作出这样的铁刃，需要较高的锻造技术和经验。钺不仅是兵器的一种，同时也是权力的标志器物。落入地表的铁陨石弥足珍贵，将天降珍稀之物——陨铁，制作成钺的刃部，或许不仅仅是对陨铁的珍视，更有可能是赋予其神力、神秘的寓意。

金属锻造技术，是世界上最古老的一种金属加工工艺。环黑海地区收集到的史前黄金制品就有几万件，从保加利亚瓦尔纳古墓（前 4700—前 4200 年）到埃及法老图坦卡蒙墓（前 1334—前 1323 年），出土的大量金器件无不证实黄金锻打技艺的高超。表 1 中几处出土铁刃铜兵的商代墓葬，随葬品也呈现出中原与草原文化杂糅的特征，如刘家河墓地出土了包括金臂钏、金笄、喇叭形金耳环等在内的金器，源自安德罗诺沃文化的这种喇叭形金耳环或青铜仿制品，多见于甘肃、内蒙古与欧亚草原等地。这些商代金箔和金制品，明显受到欧亚草原文化的影响，大都采用锻造工艺。

由中亚、西亚传入中原的金属锻造技术，不仅仅体现在黄金、陨铁的加工上。至商晚周初，不同于商周铜器的范铸技术传统，以锻造为主要成型工艺的片状器如錾纹圆盘[①]、青铜铠甲[②]已开始出现，之后，在陕西、山西、河南等地还发现铜箅、马胄等锻造的片状器[③]。青铜的塑性变形能力差，锻造青铜，显然比锻造金、陨铁更为不易。说明中原先民开始将对黄金、陨铁锻打的实践认识，扩展到青铜材质上。

在古苏美尔语中，铁称之为"Al-Anbar"，意思是"天降之火"。人们最早认识和应用铁，应该是从陨铁开始的。5000 年前，西亚和埃及已有陨铁使用[④]，欧亚草原地带的竖穴墓文化、洞室墓文化和阿凡纳谢沃文化也有陨铁制品出土[⑤]。

---

① 刘煜等：《M54 出土青铜器的金相分析》，见中国社会科学院考古研究所：《安阳殷墟花园庄东地商代墓葬》，科学出版社，2007 年，第 297—301 页。

② 陈坤龙等：《陕西宝鸡石鼓山新出西周铜甲的初步科学分析》，《文物》2015 年第 4 期。

③ 陈坤龙等：《丝绸之路与早期铜铁技术的交流》，《西域研究》2018 年第 2 期。

④ Yalçın, Ü., "Early Iron Metallurgy in Anatolia." *Anatolian Studies*，1999. 49：177‐187；Waldbaum, J. C., "The Coming of Iron in the Eastern Mediterranean." in *Archaeometallurgy of the Asian Old World*, V. C. Pigott，Editor. 1999，Philadelphia：The University of Pennsylvania. pp. 27‐58. Rehren, Th., et al., "5000 Years Old Egyptian Iron Beads Made from Hammered Meteoritic Iron." *Journal of Archaeological Science*，2013. 40（12）：4785‐4792.

⑤ Koryakova, L. and A. Epimakhov, *The Urals and Western Siberia in the Bronze and Iron Ages.*, Cambridge：Cambridge University Press. 2007.

近年来研究发现，阿勒泰地区有着世界上分布范围最大的陨石雨。2016年国际陨石学会正式批准阿勒泰陨石雨（图3-29）的命名。该地区迄今发现了总重超过74吨的多块大质量的铁陨石。对这些铁陨石个体进行分析，它们的成分一致，内部矿物岩石结构相同，是同一次陨石陨落事件的结果①。

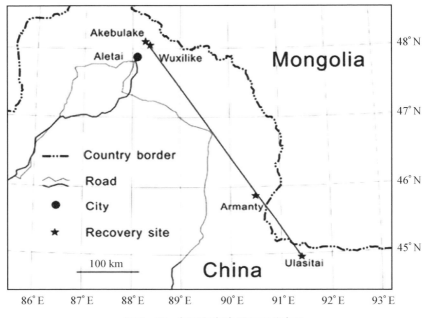

图3-29　新疆阿尔泰陨石雨分布图

《史记·秦本纪》载"（献公）十八年，雨金栎阳"，即描述了公元前367年，天降陨石（陨铁）现象。遗憾的是，阿勒泰如此宏观的陨石雨，并未在历史文献上留下任何记载，甚至在陨石发现地点，也找不到任何线索，很大可能说明这场陨石雨发生在人类文明之前。探寻陨石雨降落时间的研究工作还在进行中。阿尔泰山脉呈西北—东南走向，该陨石陨落区域与阿尔泰山脉西北—东南走向基本平行，发生爆炸后，铁陨石散落在长达425千米的坠落区。

中国与西方的文化交流，是从欧亚草原开始的。公元前3500年，里海-黑海北岸的印欧人开始向东方迁徙，先到米努辛斯克盆地，后至阿尔泰山南麓的

① 王科超、徐伟彪：《新疆发现世界最长陨石雨——阿勒泰陨石雨》，《科学通报》2016年第25期。

额尔齐斯河上游。北方游牧民族生态环境恶劣，资源相对匮乏。阿尔泰山南麓的额尔齐斯河谷地带，是新疆通往西伯利亚平原的天然通道，与同纬度的其他地区相比，有着较好的生态环境，水资源异常丰富，其丰富的金、银、锡矿藏，使这里成为欧亚草原重要的矿冶中心，优越的天然条件，使其成为兵家必争之地，也是中国与欧亚草原交汇的重要枢纽。

公元前2千纪中叶，欧亚草原地区晚期青铜文化处于扩张的高峰期，其中有影响的当属塞伊玛-图尔宾诺文化和安德罗诺沃文化。公元前2200—公元前1800年，塞伊玛-图尔宾诺文化[①]在阿尔泰山异军突起，随后在欧亚草原广泛传播，于公元前1600年被安德罗诺沃文化取代。对此，也有学者认为两者并非前后相继的两个阶段，而是分布区域不同，并存的两个考古学文化复合体[②]。安德罗诺沃文化的扩张和人群的迁徙，对中国新疆和北方地区产生了较大的影响。近年，在阿尔泰山南麓的托里、伊犁河流域的尼勒克、特克斯，以及天山北麓的乌鲁木齐，相继发现安德罗诺沃文化遗存[③]。塞伊玛-图尔宾诺文化，作为欧亚草原东部最早的青铜文化之一，弧背刀、套管空首斧、马头刀、倒钩铜矛等是其代表性器物[④]。商代，在今新疆和甘青地区，这种套管空首斧就已经出现。殷墟妇好墓中没有发现陨铁兵器，但是在其陪葬品中，发现带有塞伊玛-图尔宾诺风格的倒钩铜矛、玉人、鹿首刀等北方器物[⑤]。中国境内已发现十余件塞伊玛-图尔宾诺文化的倒钩铜矛[⑥]，南阳盆地的淅川下王岗遗址灰坑中就一次出土了4件同形制的阔叶铜矛[⑦]，陕西、山西、南阳等

① E. N. Chernykh and N. E. Kuzminykh, *Ancient Metallurgy in North Eurasia*（Seima-Turbino Phenomenon），Moscow，1992。汉译本见（俄）切尔内赫、库兹明内赫著，王博、李明华译：《欧亚大陆北部的古代冶金：塞伊玛—图尔宾诺现象》，中华书局，2010年。

② 邵会秋：《关于塞伊玛—图尔宾诺遗存的几点思考：从〈塞伊玛图尔宾诺文化与史前丝绸之路〉谈起》，《西域研究》2021年第1期。

③ 林梅村：《西域考古与艺术》，北京大学出版社，2017年。

④ S. V. Studzitskaya and S. V. Kuz minykh, "The Galich Treasure as a Set of Shaman Articles: in Memory of the First Investigators of the Galich Treasure A. A. Spitsyn, A. M. Tallgren and V. A. Gorodtsov." *Fennoscandia Archaeologica*, vol. XIX, 2002, pp. 13 – 35.

⑤ 安阳市文物考古研究所：《安阳殷墟徐家桥郭家庄商代墓葬——2004～2008年殷墟考古报告》，科学出版社，2011年，第132页。

⑥ 林梅村：《塞伊玛—图尔宾诺文化与史前丝绸之路》，《文物》2015年第10期；王国道：《西宁沈那齐家文化遗址》，《中国考古学年鉴》（1993），文物出版社，1995年；李刚：《中西青铜矛比较研究》，《中国历史文物》2005年第6期。

⑦ 中国社会科学院考古研究所等：《2008年河南省南水北调工程文物保护项目淅川下王岗遗址发掘新收获》，见《中国社会科学院古代文明研究中心通讯》，2009年。

地的博物馆也收藏有此类倒钩铜矛。这些当地仿制的倒勾铜矛，印证着黄河流域古代居民与欧亚草原游牧人之间早期文化的交流。国内学者根据对中国境内发现的倒钩铜矛的检测分析，结合考古形制，提出倒钩铜矛可能是从欧亚草原直接传到黄河流域的，也不排除在接受西方冶金术同时，进行的本土改良①。

陨铁只有在没有地貌变化和覆盖物的区域，才更容易地被发现，依托资源产地，人们才更有可能对其形成认识，并逐步形成一定规模的采选、加工。商代铜铁复合器中铁刃所用的陨铁，较大可能来自阿尔泰山脉。陨铁当时可能是作为金属矿产或原料之一，与裘皮、牲畜等北方物产，在欧亚草原贸易通道中流动的。而车辆运输和骑乘，使远距离贸易和互动成为可能。

陨铁复合兵器，于商代出现在中原之时，正是早期马车、俯身葬、兽首刀等来自北方的草原因素，大量进入殷墟的前夜。铜铁复合器的制作工艺使用了套接、卯合、镶嵌、合铸等，从形制与纹饰看，是仿同时代的铜器，本地制作的可能性大。该时段，中原地区尚无人工冶铁的痕迹。商王朝北方重地出土的这几件复合器，铁刃锻打技术熟练、同墓葬多有金饰的存在，反映出器物的制作，很大程度受到北方草原匠作传统的影响。

三、外来与本土技术结合带来的包容和创新

西周时期的铜铁复合兵器和工具，均来自三门峡虢国墓②。戈被西方称之为 Chinese Ko-halberd，是东亚特有的兵器③。铁刃铜戈是最早出现的复合器类型之一，目前一共发现 6 件，时代集中于商代—春秋。两件商代铁援铜戈来自叶家山（图 3 - 30）和浚县（图 3 - 31），形制接近，铁质部分均为陨铁；三门峡虢国墓 M2009 和 M2001 各出一铁援铜戈（图 3 - 32 中 1、2），铁质分别为陨铁和块炼铁。另有春秋早、晚各一件铁刃铜戈，分别来自韩城梁带村和南阳彭射墓（图 3 - 32 中 3、4）。梁带村铁援铜戈的造型与纹饰，与殷墟妇好墓出

① 刘煜：北京科技大学科学技术史学术论坛第 165 讲《传入与仿制：中国境内出土的塞伊玛-图尔宾诺式倒钩铜矛的科学分析》，2018 年 1 月 5 日。

② 韩汝玢、姜涛等：《虢国墓出土铁刃铜器的鉴定与研究》，见河南省文物考古研究所：《三门峡虢国墓》，文物出版社，1999 年。

③ William Watson, *Culture Frontiers in Ancient East Asia*, Edinburgh：Edinburgh University Press, 1971，p. 43.

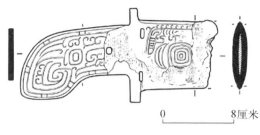

图 3-30　叶家山商代中期铁刃铜戈（陨铁）

图 3-31　河南浚县商末周初铁刃铜戈（陨铁）

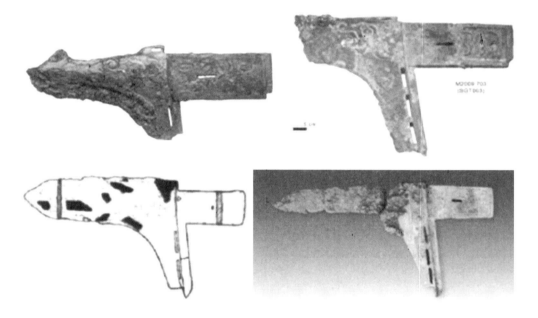

图 3-32　铜内铁援戈
1. 虢国墓（M2001:526）（块炼铁）　2. 虢国墓（M2009:703）（陨铁）
3. 梁带村（块炼渗碳钢）　4. 彭射墓

土的铜戈相近，该铁援铜戈的铁质，为人工块炼渗碳钢[①]，即铁援为块炼渗碳钢锻打而成，然后镶嵌至陶范内，再浇注铜液，使胡、内等戈体余部与铁质部分有机结合为一体。彭射墓的铁援铜戈，尽管未作检测，大概率与梁带村同。这几件铁刃铜戈中铁质的变化，反映出古人对铁的认识的加深。块炼铁是固态

[①]　陈建立、杨军昌等：《梁带村遗址 M27 出土铜铁复合器的制作技术》，《中国科学》E 辑 2009 年第 9 期。

熟铁与炉渣的混合物，疏松多孔，杂质较多，含碳量低，只能锻打，不能铸造。需经加热锻打、挤出夹杂物方式，来改善机械性能而获取适合的材料（块炼铁锻件）。把块炼铁放在炽热的木炭中长时间加热，表面渗碳，再经锻打，碳的渗入导致块炼铁增碳变硬，成为块炼渗碳钢，后者性能优于块炼铁，更满足刃部使用的性能需求。

虢国墓地铜铁复合器的形制，在同遗址中可找到与之对应的铜器，如M2009：703 铜内铁援戈，与 M2001：477 长胡五穿铜戈的形制相同；M2001：526 铜内铁援戈，与 M2001：476 中胡三穿铜戈的形制相近；M2009：730 铜骹铁叶矛，与 M2001 出土的铜矛相似；M2009：720 铜錾铁锛，与 M2001：176 铜锛形制相似，且铜锛、铁锛的錾口、錾身纹饰也一致。这些细节说明虢国墓出土的铜铁复合器是仿照铜器原型，本土制作的。

三门峡虢国墓经过分析的几件复合铁器中，铁质有陨铁，有块炼铁，多件为块炼渗碳钢[①]，这批铁器是目前我国发现最早的人工冶铁实例[②]。但这些制件中的铁，是本土掌握块炼法技术制作的，还是由流通而来的块炼铁条材加工而成的，值得探讨。

公元前 2500 年左右，两河流域赫悌人墓葬出土的铜柄铁刃匕首，已经是人工冶铁产物，当然这也可能是偶然性的产物。公元前 1500 年后，美索不达米亚、安纳托利亚和埃及出土的人工冶铁数量逐渐增多。在欧洲人进入非洲之前，非洲就已经使用块炼铁锻打成的铁工具[③]。公元前第 1 千纪，多数欧亚大陆早期文明已经进入块炼铁技术体系的铁器时代。

在不受中国文化影响的地区，一直到公元 14 世纪以前，都是以块炼法为基础的冶铁技术。以 R. F. Tylecote 为代表的西方学者，认为冶铁技术是在公元前 8—前 5 世纪，或者更晚时候，从伊朗传播到印度和中国的[④]。西方冶铁技术，经由新疆传入中原，已是中国学术界的主流观点。新疆地区早期冶铁技

① 韩汝玢：《虢国墓出土铁刃铜器的鉴与研究》，见河南省文物考古研究所：《三门峡虢国墓》，文物出版社，1999 年；Kunlong Chen, Yingchen Wang, Yaxiong Liu, et al. "Meteoritic origin and manufacturing process of ironblades in two Bronze Age bimetallic objects from China." *Journal of Cultural Heritage*，2018 (30)：pp. 45 - 50；王颖竹：《三门峡虢国墓地 M2009 出土铁刃铜器的科学分析及其相关问题》，《光谱学与光谱分析》2019 年第 10 期。

② 李书谦：《虢季墓出土的玉柄铁剑和铜内铁援戈》，《中原文物》2006 年第 6 期。

③ （美）斯塔夫里阿诺斯著，吴象婴、梁赤民等译：《全球通史——从史前史到 21 世纪》，北京大学出版社，2006 年，第 302—303 页。

④ Tylecote R F. *A History of Metallurgy*. London：The Metals Society，1976.

术的出现，与伊朗、中亚等地的影响有关①。国内考古材料显示，新疆哈密地区的焉布拉克、鄯善洋海、和静察吾乎沟口、轮台群巴克等地墓葬，都发现较多早期铁器，年代学研究表明，新疆地区早期铁器的时代不早于公元前 9—前 8 世纪②，且呈现出明显的特点：多小件锻造铁器（未见铁农具和生铁铸造器物），技术以块炼渗碳钢体系为主③。来自甘肃寺洼文化遗址出土的铁条（前 14 世纪），经分析也是块炼渗碳钢④。

具有西方技术特征的铁器件在新疆、甘肃发现，尚不足以说明人工冶炼技术已在该区域产生。由于墓葬资料不完善、铁器锈蚀严重、二次葬现象、样品代表性不够、冶铁遗址缺乏等等，新疆早期铁器年代的确认，也还需要更多的数据支撑。即使目前时代最早的泉水沟遗址（前 1500—前 1000 年）发现的铜铁复合残块，以及吉仁台沟遗址（前 1000 年）发现的 3 件铁块，也只能说明新疆地区在公元前 15 世纪出现了人工冶铁，但不足以确认新疆有了人工冶铁技术，这些铁件在青铜时代晚期的青铜冶铸聚落出现，存在多种偶发性，深入的探讨还有待更多科技分析和更多矿冶遗址信息来支撑。

5000 年前，西亚及其附近地区就形成了以红铜、锡、铅、青铜和粮食为主要商品的长距离贸易网⑤。公元前 2000 年左右，西亚、中亚、东亚之间就存在一条西东文化交流的"青铜之路"。青铜之路上传播的不只是青铜技术和青铜器，还有技术和观念。公元前 2 千纪，草原文化就与中国北方和新疆发生联系。人口的增加，对肉食的需求转向对草场的争夺，发达的冶金业、轻型战车的应用和驯养的马匹，保证了安德罗诺沃人群有着大规模迁徙和扩张的能力。新疆诸多遗存中发现的安德罗诺沃文化因素就是最好说明。带有西方技术特征的

---

① Guo, W., "From Western Asia to the Tianshan Mountains: On the Early Iron Artefacts found in Xinjiang." in *Metallurgy and Civilisation*: Eurasia and Beyond, J. Mei and T. Rehren, Editors. 2009, London: Archetype Publications. pp. 107 – 115.

② 同上注。

③ Qian, W. and G. Chen. "The Iron Artifacts Unearthed from Yanbulake Cemetery and the Beginning Use of Iron in China." in *BUMA-V*: 5th *International Conference on the Beginnings of the Use of Metals and Alloys*. 2002. Gyeongju, Korea: The Korea Institute of Metals and Materials. pp. 189 – 193.

④ 陈建立等：《甘肃临潭磨沟寺洼文化墓葬出土铁器与中国冶铁技术起源》，《文物》2012 年第 8 期。

⑤ Kuzmina, E. E. "Cultural Connections of the Tarim Basin People and Pastoralists of the Asian Steppes in the Bronze Age." *The Bronze Age and Early Iron Age Peoples of Eastern Central Asia*, Pennsylvania: University of Pennsylvania Museum Publications, 1998, pp. 63 – 93.

块炼铁产品，出现在古代中原到中亚、西亚的主要陆上通道上，极大可能与人群迁徙、流动有关，可能是战争的遗留，亦或是早期东西方贸易留下的痕迹。

三门峡虢国墓的复合器中，有目前我国最早的人工块炼铁制品，仍不能证明本土已有块炼铁技术和工艺。而以铁作刃的现象，则是延续了商代陨铁复合器的特点。

欧亚草原游牧文化出现的铜柄铁剑和中国境内春秋时期的铜柄铁剑，均是块炼铁或块炼渗碳钢作为器物的主体呈现，表明铁材料相对已不再是极为珍稀的。而三门峡虢国墓复合器中，铁质仅作刃，人工的块炼铁未完全取代天降的陨铁，甚至同类器物，两种材质并存，说明两者具有借鉴性、可比性、互代性。换言之，陨铁和块炼铁都是作为原材料（或矿料）使用的，将原料受热锻打成刃，再在青铜铸造场所完成与青铜的合铸，显然应是本土的操作。当时的工匠已认识到铁作为刃带来的优良属性，但不论陨铁还是块炼铁，均珍贵少有，无法大量获取，所以与青铜材料复合在一起，以最小的成本，获取兵器更优良的特性。

包括金、铜、铁在内的金属锻造技术，传入中原后，与当时盛行的青铜铸造技术结合，形成中原独特的金属技术体系。西方块炼技术的中间产物——块炼铁条，作为原料或矿料，通过早期中西贸易交流传入，在中原被赋予新的生命力。人工冶铁的块炼铁件与青铜合铸成器，至迟在西周晚期，这种技术已经非常成熟。

金属锻造技术由中亚、西亚传入中原，后者并不是一味地照搬，刘家河商代墓葬出土金笄，采用的是铸造工艺，开创了中国黄金铸造工艺之历史先河；殷墟侯家庄M1004号墓晚商时期的金泡饰和金构件，就是铸造成型的。黄金铸造工艺到西周晚期，变得较为普遍，曲沃晋侯墓地、三门峡虢国墓、韩城梁带村芮国墓出土的金带饰，均为铸造成型。

商代、西周的复合器，不论什么性质的铁，均作为刃呈现，铜、铁材质不分主次，共同组成器物的本体。铁刃材质最初由陨铁，过渡到陨铁与人工冶铁材料共存，也映射出中原地区对铁属性的认识的加深，以及在原有铸造技术上，将外来锻打技术、块炼铁技术进行融合和创新。

四、两种冶铁技术并行及生铁柔化的快速发展

春秋、战国时期，陨铁退出历史舞台，铁制工具与武器大量出现，铜铁复

合器出现的范围更加广泛，陕西、甘肃、宁夏、北京、河南等地都有发现。春秋时期的关中地区，还发现较多金铁复合器。战国中晚期到汉代，金属复合兵器分布则较为分散，以西南地区为多。

剑，来自西亚或中亚[①]，中国佩剑的习惯，源自西北游牧民族。春秋早中期的铜铁复合器，多集中于关中地区和陇山地区，陇山地区是关中地区的屏障，也是兵家争夺之地。陇山地区发现春秋时期的铜柄铁剑多件，形仿同时期青铜剑[②]，具有北方草原青铜文化的特色。其中陇西固原、西吉、彭阳的铜柄铁剑经分析、铁质部分均为块炼渗碳钢[③]。

关中出土的金属复合器，主要来自春秋时期的大中型墓葬。陕西宝鸡益门2号墓陪葬品中有相当数量的马具，却没有车具，不排除墓主人可能是北方游牧民族的戎人贵族甚至戎王。该墓出土的铁剑，总体风格属于北方草原风格的直刃匕首式青铜短剑这一大系统[④]。秦墓中出现的金铁复合器，也暗示其与游牧文化的关联。宝鸡益门2号墓是金铁复合器（图3-33）出土最多的一处遗址[⑤]，其中金环首铜刀和金环首铁刀（图3-34），大小略有差异，后者明显借鉴了前者的形制，但铜刀是整体铸造成型，而铁刀是块炼铁加热锻打成形，再与金环首通过预留的榫口连接。

金属复合器，更早见于欧亚草原地带。俄罗斯图瓦共和国阿尔赞（Arzhan）古墓（公元前9—前8世纪），出土有数件金铁复合器如金柄铁剑，用贵重的金来装饰柄部和剑身表面[⑥]，工艺十分精湛，反映游牧民族对新兴的钢铁兵器的重视和珍爱。欧亚草原游牧文化中也有大量铁器及铜铁复合器的出现。斯基泰人是欧亚草原游牧民族中最为著名的一支，斯基泰文化（公元前7—前3世纪）出现大量铁质短剑，马饰件有青铜材质，也有铁质[⑦]。萨夫罗马泰文化（公元前6—前4

① 李济：《殷墟铜器五种及其相关之问题》，《中研院历史语言研究所集刊外篇·庆祝蔡元培先生六十五岁论文集》，1935年。

② 罗丰：《以陇山为中心甘宁地区春秋战国时期北方青铜文化的发现与研究》，《内蒙古文物与考古》1993年第1、2期。

③ 韩汝扮：《中国早期铁器公元前5世纪以前的金相学研究》，《文物》1998年第2期。

④ 陈平：《试论宝鸡市益门2号墓短剑及有关问题》，《考古》1995年第4期。

⑤ 宝鸡市文物考古队：《宝鸡市益门村二号春秋墓发掘简报》，《文物》1993年第10期。

⑥ 梅建军：《从冶金史看中国文明的演进》，《人文》2021年第6期。

⑦ 杨建华：《欧亚草原东部的金属之路》，上海古籍出版社，2017年。

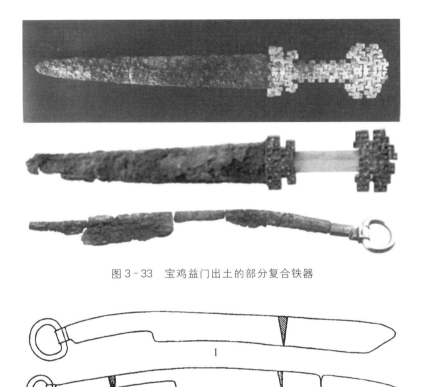

图 3-33　宝鸡益门出土的部分复合铁器

图 3-34　金环首铁刀 (M2:4)，金环首铜刀 (M2:18)

世纪）出现的短剑多为铜柄铁剑，青铜箭镞和铁质箭镞共存[①]。这些铜铁复合器中，铁都是作为器物主体而不仅仅作为刃部出现。

　　春秋战国时期，分布在中国北方的游牧民族，在秦国崛起和建立统一王朝的进程中，打通了河西走廊的交通，戎狄各族西迁、流动，与当时欧亚游牧民族的迁徙活动发生关联。中国甘肃马家源战国墓出土的不少金铁复合器（兵器和装饰品），表明这种对金铁复合器物的偏好和珍视，在草原地带的游牧民族中应该流行了很长时间。从另一个角度来看，这或许也暗示了中国冶铁技术的来源与欧亚草原地带的关联。该时期铜柄铁剑的制作，应和同时期戎文化中春秋中期的铜柄

　　① Sulimirski T.，"The Sarmatians."*Ancient People and Place（73 卷）*，Thames and Hudson，1970，p. 43.

铁刀的制作[①]相似，先用块炼铁锻制刀身，并预留一个铁质榫头；然后将铁质榫头插入铜柄的铸型内，并作为铸型的一个部分；最后将铁榫头与"铜柄"铸合在一起。

尽管看起来都是"铜包铁"，西周时期铜铁复合铁器中块炼铁仅作为刃，和余部青铜不分主次，共同组成器物的主体。春秋战国时期铜铁复合器中，块炼铁不再仅仅作为刃，而是作为器物的主体，青铜合金仅作为柄、格等辅助部分呈现。

关中、陇山地区出土复合器的墓葬，多呈现游牧民族的特点，以武器、马具、工具、短剑和箭镞为多。《史记》中有关于春秋时期秦人与戎狄争战不断的记载："秦（穆公）用由余谋伐戎王，益国十二，开地千里，遂霸西戎。"周平王封秦襄公为诸侯，赐之岐以西之地。曰："戎无道，侵夺我岐、丰之地，秦能攻逐戎，即有其地。"[②] 河西之地的秦国，把从戎狄手里夺回的领土和西周遗民，视为早期发展壮大的必要手段之一，他们征伐的对象，不仅有殷商遗民，也有各种戎狄。春秋时期关中、陇山地区的金属复合器，应属于北方游牧民族，它们或是秦人与西北戎狄部落的战争带来的，或本身即为戎人墓葬的陪葬品。

故而我们不能拿该时段金属复合器作为本土冶铁技术的判别依据。我们把目光投向春秋时期的更广泛的铁器，发现存在着块炼制品和白口铁共存现象，如天马-曲村遗址出土 1 件春秋中期的块炼铁铁条，与此同时，也有世界最早的 2 件铸铁器残片（公元前 8—前 7 世纪）[③]；湖南长沙杨家山发现春秋晚期的钢剑和鼎形器，其中钢剑由于样品较小，其工艺还难以全面判定，可能是经过锻造加工后退火得到的，初步可判断为块炼渗碳钢，而鼎形器则为白口铁[④]。江苏六合程桥吴国墓发现春秋晚期的白口铁铁丸和块炼铁铁条[⑤]。

生铁和块炼铁是两种不同的钢铁技术体系。不论冶炼原理，还是冶炼方法等，两者都存在很大差异。生铁是得到的液态铁直接浇铸而成，可以是板材先

---

①　何堂坤、王继红等：《延庆山戎文化铜柄铁刀及其科学分析》，《中原文物》2004 年第 2 期。

②　[汉] 司马迁：《史记·秦本纪》，中华书局，2000 年。

③　韩汝玢：《天马-曲村遗址出土铁器的鉴定》，见北京大学考古系商周组等：《天马-曲村（1980—1989）》，科学出版社，2000 年，第 1178—1180 页。

④　长沙铁路车站建设工程文物发掘队：《长沙新发现春秋晚期的钢剑和铁器》，《文物》1978 年第 10 期。

⑤　孙淑云、李延祥：《中国古代冶金技术专论》，科学出版社，2003 年。

经脱碳等方式处理后，再进一步制作成器。公元14世纪之前，生铁技术仅在中国或受中国文化影响的区域发现。

　　生铁冶炼和块炼铁冶炼的原料、燃料都一样，差别在于冶炼温度不同，块炼法由于炉温制约，只能得到含碳低的固态熟铁。块炼铁劳动强度大，生产效率也低。因其含炭极低，熔点高不易熔铸，但质地柔韧，易于锻造加工，故适合刃部或小件器物加工。在冶炼实践过程中，人们不断加高炼铁炉的身高，强化鼓风，炼铁炉逐步从地坑式发展成竖炉式，炉温达到1150℃以上，较容易获取与炉渣可以较好分离的铁水，液态碳铁合金具有良好铸造性能。

　　考古材料证实，至少公元前8世纪，我国已发明了生铁技术。块炼技术是否春秋时期已经本土化，没有直接证据，但大概率是确定的。从技术角度看，在冶炼初期，鼓风条件处于摸索阶段，得到块炼铁和白口铁是带有不确定性的，且相较生铁冶炼，块炼铁技术要求更低。春秋时期块炼铁和白口铁材质共存，也反映出该时段人工冶铁技术尚处于起步阶段，水平不高，属于块炼技术和生铁技术并行发展时期。

　　除了铜铁复合兵器和工具，我们对先秦出现的另外两种铜铁复合器也作一说明，一类是战国时期较为常见的铁足铜鼎，一类是战国—汉代极为常见的铁铤铜镞。

　　河北平山县出土的中山王鼎[①]（图3-35）是规格较大的铁足铜鼎，通高51.5厘米、口径42厘米、最大径65.8厘米，重60千克。这也是我国所发现的刻铭最长的一件战国器物，该鼎是一套九鼎中的首鼎，刻有铭文469字，记述了中山国讨伐燕国，开辟疆土的事件。

　　更多的铁足铜鼎出现在楚文化区域，如襄阳蔡坡9号墓[②]、鄂城钢铁厂53号墓[③]、江陵雨台山391号墓[④]、长沙识字岭[⑤]、舒城秦家桥1号墓[⑥]、常德德

---

①　李耀光：《战国中山国王墓出土刻铭铁足大铜鼎保护研究初探》，《文物修复与研究》2014年，第246—251页。

②　湖北省博物馆：《襄阳蔡坡战国墓发掘报告》，《江汉考古》1985年第1期。

③　鄂钢基建指挥部文物小组：《湖北鄂城鄂钢53号墓发掘报告》，《考古》1978年第4期。

④　湖北省荆州地区博物馆：《江陵雨台山楚墓》，文物出版社，1984年，第72页。

⑤　单先进、熊传新：《长沙识字岭战国墓》，《考古》1977年第1期。

⑥　舒城县文物管理所：《舒城县秦家桥战国楚墓清理简报》，《文物研究》第6辑，黄山书社，1990年。

图 3－35　中山国王墓铁足大鼎

山楚墓[1]、长沙烈士陵园 1 号墓[2]等都发现有铁足铜鼎。相比中山王墓铁足铜鼎，长沙识字岭战国墓的两件鼎（图 2－36），尺寸小得多，深腹稍鼓、平底、敛口，铁足上部作兽面形，足尖为蹄形，整个铁足均已锈蚀。通高 27 厘米、腹径 25 厘米、口径 20 厘米[3]。洛阳邙岭路西侧发掘的铁足铜鼎[4]（图 3－37），口沿微向内折，用于承盖，口沿与腹壁有明显的转折，鼎双耳内倾，腹微鼓，瘦高棱蹄足，足高大于腹深。洛阳发现的这件铁足铜鼎，器型显然也属于战国晚期楚式风格青铜器。这些铁足铜鼎大部分采用了榫卯铸接、榫卯固定的方式。

　　铁足铜鼎的制作目前尚未见具体分析的器物，参考其他类似铜铁复合器的分析[5]，推测铁足铜鼎中，铁足和鼎身连接的一端有榫头铸接在铜鼎底部[6]。用坚硬的铁足代替铜足的办法，降低了成本，节省耗铜量。

　　楚地是我国最早使用铁器和掌握炼铁技术的地区之一，也是较早掌握铜铁合铸技术的地区之一。湖北大冶铜绿山古矿区是一处铜铁共生的矿区，炼铜过

①　湖南省博物馆：《湖南常德德山战国墓葬》，《考古》1959 年第 12 期。

②　周世荣：《长沙烈士公园清理的战国墓葬》，《考古通讯》1958 年第 6 期。

③　单先进、熊传新：《长沙识字岭战国墓》，《考古》1977 年第 1 期。

④　邓新波：《洛阳战国铁足铜鼎——中原与楚文化交融的见证》，《大众考古》2018 年第 4 期。

⑤　刘薇、赵西晨等：《陕西咸阳汉阳陵出土铜铁复合器分析研究》，《中国文物科学研究》2018 年第 12 期。

⑥　高远：《楚国科技文化遗产及其展陈研究》，华中师范大学硕士学位论文，2015 年。

图 3-36　战国墓铁足铜鼎　长沙识字岭　　　　图 3-37　邙岭路铁足铜鼎　洛阳

程容易对铁产生初步认识，具备炼铁的先天条件。至迟在春秋末战国初，铜铁器合铸技术和生铁的冶炼技术在楚国已经出现和应用。

　　铁比青铜活泼，容易锈蚀，当人们对铁性质有所认识后，应该会摒弃将铁与铜结合的操作。公元前 5 世纪，白口铁铸器在楚地也已出现，如湖南长沙杨家山 M65 出土的铁鼎形器、长沙窑岭楚式铁鼎，湖北江陵战国早期的斧，金相分析都是白口铁铸造的实用器[①]，它们也是中国最早一批生铁实用器。随着生铁冶炼技术的提升、铁产量提高，铁足铜鼎在战国之后，难觅踪影。洛阳道北出土的楚式铁足铜鼎，其肩部、器盖以及腹内和足对应的部位，均有修补痕迹，且三足中的一足，明显偏粗大，位置也高于其他两足，更像是后来补配并合铸的[②]。器物补配合铸，在楚国青铜器中也比较常见，如淅川下寺楚墓和曾侯乙墓都出土过明显有修补痕迹的器物。

　　铁足铜鼎，将不同金属有意识合铸，刚开始应是考虑降低成本，节省耗铜量，用更坚固的铁足来代替铜足。而铁的不耐腐蚀，造成合铸器物出现残损，需要二次补配。这也是我们看到铁足铜鼎出现时间集中且较短的原因。可以肯定的是，铁足铜鼎是本土生铁技术出现后不久，短暂时间内的一种现象。

---

①　韩汝玢、柯俊主编：《中国科学技术史·矿业卷》，科学出版社，2007 年，第 386—388 页。

②　邓新波：《洛阳战国铁足铜鼎——中原与楚文化交融的见证》，《大众考古》2018 年第 4 期。

战国—秦汉时期，出现了非常多的铁铤铜镞。箭镞主体为青铜铸造，装杆的铤部用铁材质。铁铤铜镞在战国中晚期已经非常流行。如燕下都战国中晚期墓葬，共出土铜镞 357 件，铁镞 18 件，铁铤铜镞 1150 件[①]。

北京延庆胡家营遗址出土的战国铁铤铜镞，经分析为韧性铸铁[②]。目前分析较多的是汉代铁铤铜镞，铁质均为铸铁脱碳钢。汉代的铸铁件，不仅可退火脱碳成钢，更多是利用生铁铸成的板材直接进行固态脱碳成钢。生铁坚硬耐磨，但非常脆，无再锻造的性能。韧性铸铁、铸铁脱碳钢出现，反映出生铁柔化技术的快速发展。显然，铁铤铜镞是生铁柔化技术发明并快速应用的例证。

箭镞作为远射兵器，要求要有大的杀伤力，这依靠的是其速度和质量，前者可以通过加粗铤或加长铤两种方法来实现。铤加粗会增加空气阻力，导致箭镞的飞行速度降低。铤加长，有利于箭镞飞行中保持平衡，故而成为古人的首选。以铁铤代替铜铤，不仅节省铜材，降低成本，同时比重增加，能应合弩兵和强弓的需求，增加箭镞的惯性，从而提高命中率，增强杀伤力。整器选择铁材，成本较高，故铁铤铜镞的搭配，就成为优选。

汉代仍可见铜铁复合兵器的踪影，如南越王墓出土的 7 件铁矛（图 3 - 38）中有 2 件是铁身铜骹矛[③]。长沙咸家湖陡壁山 1 号汉墓出土的错金矛骹也是铜铁相配[④]。此类铁矛均配备铜镦，且骹、镦上多饰有华丽的错金银纹饰，很大可能不是实用器，华丽装饰或作仪仗之用。这几件器物甚至不排除是传世品，制作年代可能更早些。

图 3 - 38　南越王墓 D170 的铜骹铁矛与铜镦

①　王素芳、石永士：《燕下都遗址》，《文物》1982 年第 8 期。

②　邓杨菊、李延祥：《北京延庆胡家营遗址出土铁器的科学分析》，《广西民族大学学报（自然科学版）》2014 年第 3 期。

③　何少伟：《试论南越王墓出土的铁质武备》，《文物天地》2019 年第 1 期。

④　长沙市文化局文物组：《长沙咸家湖西汉曹𡠜墓》，《文物》1973 年第 3 期。

　　汉代的铜铁复合器，通常铜、铁两部分分别制作，然后套合组装，通过机械方式链接。如山东省临淄西汉齐王墓出土的铁矛铜镦、铁铍铜镦、铁戟铜镦等①。在李家山出土的部分铜铁复合器器物的銎部，可观察到钉孔，说明铁器和铜銎是各自制作好，再通过钉子固定连接在一起。还有的铜铁复合器中，铁尽管作为刃部，但对其观察，明显看得出是后补的，如山西右玉县善家堡18号墓东汉晚期的铁刃铜铲，銎部和铲身均为铜制，銎粗短、斜圆肩，在铲体下部背面看到有四个铁铆钉，应是用来铆接长方形铁刃的。铆接的紧密性远不如铸接和焊接，应是权宜之举。两汉时期连年的战争与暴动，造成铁材料匮乏，为了能够持续生产，节省成本，对前代铜铲进行改进，以方便再次使用。

　　中国先秦金属复合器是一类特殊的存在，不同时段复合器器类、材料、工艺有着不同的表达。商代、西周的金属复合器，铁均作为刃呈现，铜、铁材质不分主次，共同组成器物的主体。铁刃材质，由陨铁发展到陨铁与块炼铁共存，映射出中原地区对铁性质认识的加深和对外来技术的融合创新。将当时珍稀的陨铁和块炼铁材料，用于复合器上，不仅成为身份、地位的标志，还可能是神秘力量的寄托。

　　东周时期的金属复合器，集中在甘肃、宁夏、陕西、河南等地，复合器中不再见陨铁。该时期金属复合器与中国北方的游牧民族迁徙、流动密切相关。经欧亚草原和河西走廊而来的早期块炼铁技术与发达的青铜铸造技术结合，为本土生铁冶炼技术的快速发展提供了基础，战国到秦汉时期的金属复合器，扩大到铁足铜鼎、铁铤铜镞、车马器件等，呈现出本土技术特色和实用的工艺理念，是当时人们结合新材料（生铁）和新工艺（柔化技术），因时、因事作出的优选。

　　先秦金属复合器发展，可以分成几个阶段：商代，锻打技术和作为矿料的陨铁的传入，和传统青铜铸造技术结合；西周时期，块炼技术半成品的传入，部分块炼铁材代取代陨铁；东周时期，本土块炼铁与生铁技术并行及生铁柔化的快速发展。透物见技，从中我们看到古代中西方早期冶金技术的碰撞以及技术的借鉴、融合和创新。

　　中西互动源远流长，文化与技术的交流在不同的时期，经由不同的路线和人群，形成不同影响，呈现不同的形式，等等，这是值得我们持续思考和探讨的话题。

---

　　①　山东省淄博市博物馆：《西汉齐王墓随葬器物坑》，《考古学报》1985年第2期。

第四章

秦汉时期：冶铁技术的成熟与规范

根据现有的资料，近几十年来，全国已勘探发掘的汉代冶铁遗址有五十余处，地点遍及河南、陕西、山西、河北、山东、江苏、四川等地区。其中80%以上都集中在黄河流域，尤以河南、山东、河北三省发现的冶铁遗址最多，且呈现出分布密、规模大、技术高等特点。

河南地处华夏腹地，有着优越的地理环境和深厚的文化底蕴，是中华民族和华夏文明的重要发祥地。在中国青铜时代最为辉煌的两周时期，河南地区作为周王室的定都之地，是周王朝统治的核心区域。河南地区的汉代冶铁遗址是国内发现最多的，目前，河南已发现、发掘有郑州古荥、巩义铁生沟、南阳瓦房庄、温县招贤村、登封阳城、鲁山望城岗、泌阳下河湾、新安县上孤灯、鹤壁鹿楼、安阳后堂坡、临汝夏店等二十余处汉代冶铁遗址。河南汉代冶铁遗址数量多，应是随着冶铁技术的出现，该地区在延续铸造传统基础上，综合国家铁冶政策、丰富矿产资源以及地理优势等的历史选择。

第一节　铁冶政策、铁官与铁官作坊

西汉建立后，吸取秦朝教训，推行了一系列轻徭薄赋的政策。惠帝以后，更是"开关梁，弛山泽之禁"[①]，"纵民得铸钱、冶铁、煮盐"[②]。经过几十年休养生息，社会经济得到复苏，但由于诸侯和大商人把控盐铁生产，国家对资源和市场的控制能力大大缩小，到汉武帝时期，政府出现财政危机。桑弘羊等人在轻重论的指导下，开始推行盐铁官营。由国家统一招募煮盐的户主，盐户负担煮盐费用，官府只提供煮盐的"牢盆"，政府收购和销售煮成的盐。铁的生

---

① 韩兆琦译注：《史记》，中华书局，2010年，第7581页。
② 王利器：《盐铁论校注》，中华书局，1992年，第57页。

产经营则由政府派专职人员管理，设置铁官。盐铁官营后，民间不得再私自煮盐和冶铁，更不得私自贩卖。后又针对部分大盐铁商人进入国家官僚体制后，出现的"攘公法，申私利，跨山泽，擅官市"[①] 等现象，对原有的盐铁官营机制进行整顿，对地方盐铁生产和流通进行指导和监督，完善了盐铁官营的管理经营系统[②]，成功地将盐铁生产与销售掌控在政府手中，铁官由国家任命，受国家监督。并在此基础之上，创立了均输之法。"各往往县置均输盐铁官，令远方各以其物贵时商贾所转贩者为赋，而相灌输。"[③]

从已发表的考古材料来看，西汉时期的铁矿山和冶铁场所的实际状况，与历史文献中的相关记载内容，存在一定出入。譬如新疆发现的多处遗址，在《汉书》中并无相关记载；一些偏远地区或者规模较小的汉代冶铁场所，文献并未计入。文献所载西汉的铁官数目、铁矿分布数目，多是持续采矿或较为重要的案例，实际汉代铁矿山或冶铁作坊数目要比文献记载多得多。

汉代冶铁手工业空前发展，铁器迅速进入到农业生产、军事装备及日常生活的各个领域，有谓"铁器，民之大用也"[④] "煮盐兴冶，为军农要用"[⑤]。汉武帝在全国设铁官，"销旧器，铸新器"，产品多的郡，设铁官多人和作坊数处，并对多处作坊统一编号（图4-1），如河东郡就有东一、东二、东三、东四多处作坊，河南郡有河一、河二、河三作坊等。李京华先生参照汉代职官体制，将汉代铁官与冶铁作坊进行对照和推测，详见表4-1。

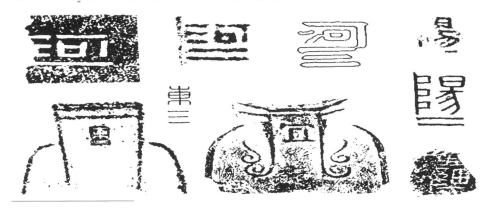

① 王利器：《盐铁论校注》，中华书局，1992年，第121页。
② 王玉：《盐铁官营政策分析》，《郑州航空工业管理学院学报（社会科学版）》2016年第1期。
③ 韩兆琦译注：《史记》，中华书局，2010年，第2415页。
④ 王利器：《盐铁论校注》，中华书局，1992年，第429页。
⑤ ［晋］陈寿：《三国志·魏书》，中华书局，1998年，第780页。

图 4-1　汉代不同冶铁作坊统一编号

表 4-1　汉代铁官及冶铁作坊对照表①

郡国名	铁官所在地和产铁地	考古发现的汉代冶铁遗址	铁官标志（括号内是推测的）
京兆尹	郑（陕西渭南东北）		（兆一）
	蓝田县		田（兆二）
左冯翊	夏阳（陕西韩城南）		（夏）
右扶风	雍（陕西凤翔南）	陕西凤翔南古城遗址	（扶一）
	漆（陕西邠县）		（扶二）
弘农郡	宜阳（河南宜阳）	宜阳故城冶铁遗址	宜
		灵宝市函谷关冶铁遗址	弘一
		新安孤灯冶铁遗址	弘二
		新安县北冶冶铁遗址	弘二
河东郡	安邑（山西运城东北）		东三
	皮氏（山西河津）		（东一）
	平阳（山西临汾西南）		（东二）
	绛（山西侯马西南）	山西夏县禹王城冶铁遗址	（东四）

---

①　李京华：《汉代大铁官管理职官的再研究》，《中原文物》2000 年第 4 期。

郡国名	铁官所在地和产铁地	考古发现的汉代冶铁遗址	铁官标志（括号内是推测的）
太原郡	大陵（山西汾县东北）		陵
河内郡	隆虑（河南林州市）	林县正阳地冶铁遗址	内一
		鹤壁市鹿楼冶铁遗址	内二
		淇县城外冶铁遗址	内三
		温县西招贤冶铁遗址	内四
河南郡	洛阳（河南洛阳市）		河一
		郑州古荥镇冶铁遗址	
		汝州市夏店冶铁遗址	河二
		汝州市范故城冶铁遗址	
		巩义市铁生沟冶铁遗址	河三
颍川郡	阳城（河南登封市）	登封告城冶铁遗址	川
汝南郡	今西平县	西平县炉后村冶铁遗址	（汝一）（汝二）（汝三）
		西平县杨庄冶铁遗址	
		西平县赵庄冶铁遗址	
	今舞钢市	舞钢市许沟冶铁遗址	
		舞钢市沟头赵冶铁遗址	
		舞钢市翟庄冶铁遗址	
		舞钢市圪垱赵冶铁遗址	
		舞钢市铁山庙铁矿址	
南阳郡	宛（河南南阳市）	南阳市北关瓦房庄冶铁遗址	阳一
		鲁山县北关望城岗冶铁遗址	
		鲁山县马楼冶铁遗址	

续表

郡国名	铁官所在地和产铁地	考古发现的汉代冶铁遗址	铁官标志（括号内是推测的）
南阳郡		桐柏县铁山冶铁遗址	阳二
		桐柏毛集冶铁遗址	
		桐柏张畈冶铁遗址	
		桐柏王湾冶铁遗址	
		桐柏泌阳冶铁遗址	
庐江郡	皖（安徽安庆市）		江
山阳郡			（山阳一）（山阳二）
沛郡	沛（江苏沛县东）		（沛）
魏郡	武安（河北武安西南）		（魏　武）
常山郡	蒲吾（河北平山东南）		（常一）
	都乡（河北井陉西）		（常二）
涿郡	涿县（河北涿州）		（涿）
千乘郡	千乘（山东博兴西）		（千）
济南郡	东平陵（山东济南市东）	山东东平陵故城冶铁遗址	济一
	历城（山东济南市）		济二
琅邪郡	东武（山东诸城）		（琅）
东海郡	下邳（江苏宿迁西北）		（海一）
	朐（江苏东海南）		（海二）
临海郡	盐渎（江苏盐城）		淮一
	堂邑（江苏六合北）		淮二
		江苏泗洪县峰山镇冶铁遗址	

郡国名	铁官所在地和产铁地	考古发现的汉代冶铁遗址	铁官标志（括号内是推测的）
泰山郡	嬴（山东莱芜）	山东莱芜冶铁遗址	山
齐郡	临淄（山东临淄北）	山东临淄冶铁遗址	（齐）
东莱郡	东牟（山东牟平）		莱一
			莱二
桂阳郡	郴（湖南郴州）		（桂）
汉中郡	沔阳（陕西沔阳）		（汉一）
			（汉二）
蜀郡	临邛（四川邛崃）		蜀郡 成都
犍为郡	武阳（四川眉山市彭山区东）		（为一）
	南安（四川乐山）		（为二）
定襄郡		成乐（内蒙古和林格尔冶铁遗址）	（定）
陇西郡			（陇）
渔阳郡	渔阳（北京密云西南）		渔
右北平郡	夕阳（河北滦州市南）		（夕）
辽东郡	平郭（辽宁盖平县南）		（辽）
中山国	北平（河北满城北）		中山
胶东国	郁秩（山东平度）		（胶）
广阳国		蓟（北京清河镇冶铁遗址）	（广）
城阳国	莒（山东莒县）		（城阳）
东平国	无盐（山东东平县东）		（东平）
鲁国	鲁（山东曲阜）	薛（山东滕县冶铁遗址）	（鲁）
楚国	彭城（江苏徐州）	徐州（利国驿冶铁遗址）	（楚）

续表

郡国名	铁官所在地和产铁地	考古发现的汉代冶铁遗址	铁官标志 （括号内是推测的）
广陵国	广陵（江苏扬州市东北）		（广陵）
西域		大宛（新疆民丰县冶铁遗址）	（大宛）
		龟兹（新疆库车县冶铁遗址）	（兹）
		于阗（新疆洛浦县冶铁遗址）	（于）

第二节　河南地区汉代冶铁遗址

　　刘邦统一了天下，建立西汉王朝，实行郡县制与分封制并存的制度。即在汉朝中央管辖的地区实行郡县制，由皇帝直接任命所有地方官，官员的职务不世袭，由中央政权进行考核；而在中央政权管辖范围之外实行分封制，由皇帝分封诸侯王到各地建立诸侯国，诸侯王是世袭的，分封制与郡县制并存的局面有一定的合理性，是西汉初年保持政治稳定的原因之一。

　　河南地区汉代冶铁作坊数量，位居当时全国首列，这些冶铁作坊分别归属汉代的弘农郡、河南郡、河内郡、颍川郡、汝南郡、南阳郡等。目前发现的河南各地汉代冶铁遗址，主要有郑州古荥、巩义铁生沟、登封阳城；南阳瓦房庄、镇平、南召庙后村、下村、桐柏张畈、毛集、铁楼等遗址；焦作温县招贤村冶铁遗址；平顶山鲁山望城岗、黄楝树、西马楼等遗址；舞阳冶铁遗址群、临汝夏店冶铁遗址等；洛阳新安县上孤灯冶铁遗址；鹤壁鹿楼冶铁遗址；安阳后堂坡、林州申村、正阳集冶铁遗址等；驻马店西平酒店、泌阳下河湾、东高庄冶铁遗址等。分布数量最多的，是今南阳、郑州和平顶山。下面对有科学发掘或发表有调研报告的汉代冶铁遗址进行介绍。

一、郑州古荥"河一"冶铁遗址

　　郑州古荥是汉代荥阳旧址，秦汉时期的重镇，古荥汉代冶铁遗址[①]，位于

---

　　① 谢遂莲、李思聪主编：《郑州市博物馆馆志 1957—1986》，《中原文物》编辑部，1987 年；郑州历史文化丛书编纂委员会编：《郑州市文物志》，河南人民出版社，1999 年。

郑州市惠济区古荥镇，其不仅是一处重要的手工业遗存，也是世界文化遗产大运河通济渠郑州段的附属遗产。

遗址于 1964 年发现，1975 年和 2015 年进行两次发掘，计揭露面积 2950 平方米。1984 年，成立郑州市古荥汉代冶铁遗址保护管理所；1986 年，在原址处修建了遗址保护陈列室，并正式对外开放；同年成为河南省文物保护单位；2001 年成为全国重点文物保护单位。2011 年，更名为郑州市古荥汉代冶铁遗址博物馆。

近年来考古调查表明，遗址东西长八百多米，南北宽六百多米，遗址总面积不低于五十万平方米。遗址出土的三百多件陶器，从器物特征看，大部分为西汉中、晚期遗物，个别属东汉时期。铁器成品上的"河一"铭文，证明它是汉代河南郡铁官管辖的第一冶铁作坊。对出土铁器的分析，证实有灰口铁、白口铁、麻口铁、铸铁脱碳钢、球墨铸铁等[①]。古荥汉代冶铁遗址是当时世界范围内规模最大、技术水平最高、保存最完整的汉代冶铁遗址，为我们认识古代冶铁技术提供了极为丰富的材料。

发现炼铁炉炉基两座，在炉基周围清理出大体积的铁块、矿石堆、炉渣堆积区，以及与冶炼有关的水井 1 口、水池 1 个、船形坑 1 个、四角柱坑 1 个、窑 13 座等，出土了一批耐火砖和铸造铁范用的陶模，还有铁器 318 件、陶器 380 余件、石器 8 件。

从遗留残迹判断，两座规模较大的炼铁高炉，东西并列，间隔 14.5 米，炉基深 3 米，发掘平面图与示意图，见图 4-2。

两座高炉的炉基，厚度近 4 米，都是用耐火土加小卵石夯筑的。对一号炼炉断面分析，炉缸底部两侧砌有砖墙四层，高 0.25 米。当中用耐火土夯筑，和砖墙平以后，向两边加宽，夯成椭圆形炉缸，然后向上筑炉壁，建成炉体。一号炉缸，4 米×2.7 米，椭圆形，根据积铁块重 20 吨，计算竖炉有效高度为 6 米，容积 50 立方米，日产生铁约 1 吨。是目前世界上发现的日产量最高的汉代冶铁炉。在长期冶炼中经验积累，对炉子不同部位采用不同的耐火材料，改进竖炉性能来达到大规模的生产。

四角柱坑，位于两座炼铁炉中间后部，四个柱子洞，柱洞直径 0.45 米、深 2.2 米，洞间距 1.8 米。柱洞的用途，可能是为了架起四根柱子形成一个四

---

① 　郑州市博物馆：《郑州古荥镇汉代冶铁遗址发掘简报》，《文物》1978 年第 2 期。

角形木高架，作为杠杆的支点，向炉顶提升原料和燃料。

为冶铁过程取用水方便建筑的水池，位于一号炼炉北，呈椭圆形，口径 3.2～5.1 米，底径 2.75～4.75 米，现深 1.5 米。池壁用小砖平立或侧立，错缝垒砌。

水井在炉的南面，井身为土壁，竖直光滑，东西两壁有脚窝，供上下之用。井内填灰土，口呈南北轴长椭圆形，宽径 1.15～1.6 米，井口为一层辐射状砖所砌。此处主要是生活和工业用水的来源。

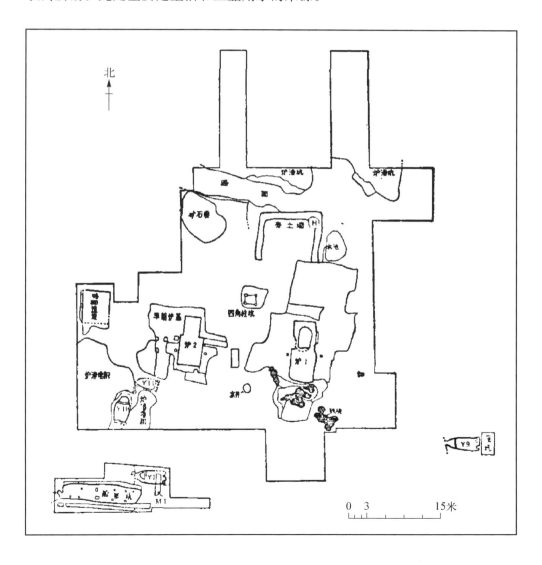

图 4-2　古荥冶铁遗址发掘平面图与示意图

　　共发现 13 座窑，窑的上部都已残，现存部分前呈半圆形，后呈方形。这些窑的建筑结构基本相同，一般是在生土上挖成窑的下部形状，再在地面上砌出窑膛。窑的结构可分为窑门、火池、窑膛、烟囱四部分。这些窑分布于冶炼场周围，窑在建炉之前已经启用，用于烧制建筑材料，据推测，这些窑除烧砖、烧瓦、烧制鼓风管外，还有烘范、退火和烧制陶器等多种用途。火池中堆积的大量草木灰，说明使用木柴作为燃料。火池内还发现很多模制的饼形燃料，饼呈圆形，直径 0.18～0.19 米，厚 0.07～0.08 米。在火池内用砖架设六条风道，饼形燃料架于风道之上。饼内掺有粘土，未烧透部分有黑色似煤样的物质。推测这种饼形燃料，可能是煤饼。

　　发现的陶鼓风管，多残破，鼓风管应该可以套接使用、管外都糊有草拌泥，有的在烧熔面上还残留木炭痕迹。

　　炉渣多为呈玻璃质碎块，主要是在一号、二号炼炉。对不同位置取的渣样分析，成分基本相同，它们的熔化温度低，流动性良好，是酸性渣，但仍加有少量石灰石作为熔剂。说明当时已具备一定的造渣经验，能生产出品质较好的生铁。

　　遗址一共发现铜五铢钱 12 枚，钱纹清晰工整。从器物特征看，大部分为西汉中、晚期遗物，个别属东汉时期。铁器 318 件、陶器 380 件、石器 8 件。另有几十千克铁板材料和大批陶模，图 4-3 为带铭文的陶模。

318 件铁器，其中有犁、犁铧、铲、锄、舌、镢、双齿镢等农具 206 件，十余件农具上有"河一"的铭文。锛、凿、锤等手工工具 5 件；六角轴承和齿轮 9 件等；另有兵器（主要有铁矛）、圆铁夯、釜底、削、灯盘、钉、钩以及其他铁器近百件，多残破、锻制。

遗址出土总重几十千克的梯形铁板，大多散存在炉渣堆积中。铁板板长 0.29 米、宽 0.07～0.1 米、厚 4 毫米。梯形铁板是用生铁铸成的，后期可以熔化后铸造铁器，也可以退火脱碳成钢，成为锻造铁器的坯料。

图 4-3　出土带铭文的陶模
（铸造农具之用）

古荥冶铁遗址发掘出的炼炉、陶窑、鼓风管、矿石加工场、四角柱木架坑、水井、水池、船形坑等设施，给世人展示出一个以炼炉为中心的完整冶炼系统，冶铁遗址的布局合理，实用经济。积铁块上遗留的木炭和铁产品中较低含硫量，说明当时炼铁主要是用木炭作燃料。椭圆形炉和鼓风设施的运用，提高了炉的冶铁容量，进而提高生产效率，体现了我国古代劳动人民的智慧。铸造技术中泥制模具的运用，说明汉代冶铁铸造经验丰富，有利于铁器批量生产。铁器有灰口铁、白口铁、麻口铁、铸铁脱碳钢、古代球墨铸铁等，反映出汉代已形成较高水平的冶铸系统。铁器产品多样，尤其是脱碳铸铁、铸铁脱碳钢和古代球墨铸铁，彰显了古荥"河一"作坊冶铁技术的先进。

二、巩义铁生沟"河三"冶铁遗址

河南巩义铁生沟"河三"冶铁遗址（图 4-4），是 1958—1959 年最早进行科学发掘的冶铁遗址[①]，遗址东西长 180 米、南北宽 120 米，面积 2.1 万平方米，发掘 2000 平方米。

铁生沟"河三"冶铁遗址，位于今河南省巩义市南 20 千米的铁生沟村，

---

① 河南省文化局文物工作队：《巩县铁生沟》，文物出版社，1962 年。

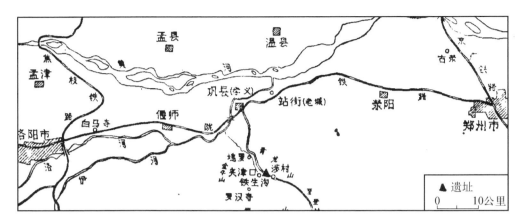

图 4‑4   巩义铁生沟"河三"冶铁遗址

此处是山间盆地，小小的坞罗河由东向西流去，铁生沟村附近有丰富的森林、煤矿等燃料资源。遗址南边为少室山系、盛产赤铁矿。遗址北边的青龙山，盛产褐铁矿，在青龙山南麓，已发现有两处汉代采矿场遗址，一处位于罗泉村正北的铁古岭，距铁生沟村 200 米；另一处位于北庄（村）的东北和西北，距村 200～300 米。

根据出土遗物上的铭文，可以确定铁生沟是河南郡铁官管理的第三冶铸作坊。遗址出土的绝大部分器物，属于西汉中晚期，亦有东汉初期的一些特点。冶铁作坊的使用期，主要在东汉初期（25—90 年）以前。

（一）遗迹与遗物

出土有炼炉八座、锻炉一座、炒钢炉一座、退火脱碳炉一座、烘范窑十一座，多种用途的长方形排窑五座、废铁坑八个、配料池一个、房基四座、铁器及铁料 200 件、陶器 233 件、熔炉耐火材料 39 块、铁范 1 件、浇口铁 2 件、泥范少量、鼓风管 8 件以及各种耐火材料残块和建筑材料等一千多件[①]。图 4‑5 为铁生沟遗址出土部分遗迹和遗物。

铁生沟遗址发现有圆形和方形的竖井、采矿的巷道以及采矿者居住的窑洞，内亦有镢痕，发现铁锤、镢、剑、五铢钱和锥形器等汉代的遗留。在冶炼场地残留有许多矿石块和矿粉，以赤铁矿为多。冶炼场主要用石杵、石砧和铁锤、铁锲等进行矿石加工；矿石破碎后，再进行筛选，筛选后有的可作为装炉

---

①   郑州市博物馆：《郑州古荥镇汉代冶铁遗址发掘简报》，《文物》1978 年第 2 期。

图 4-5　铁生沟"河三"冶铁遗址的部分遗迹和遗物

冶炼的原料，有的作为耐火材料的掺料，有的用作建筑材料如铺地之用，有的淘汰填入废坑，等等。

炼炉：根据圆形和椭圆形炼炉残留的弧度，复原原始炼炉的内径，应在1.3～2米之间，较郑州古荥的炼炉小，属于当时中型炼炉。推测其建造方法：先在地下用掺有煤和石英砂粒的黑色耐火材料夯筑（以下简称黑色耐火材料），周围再用红色粘土夯筑出面积较大的方形炉基或长方形炉基。其中黑色耐火材料中掺入的砂石粒分粗、细两种，粗粒为圆滑的河砂石，经人工破碎过的为细砂粒。

熔炉：熔炉是建筑在地面上的竖炉，熔炉废弃之后，很难留下痕迹。该遗址未发现熔炉炉址，但存在较多熔炉残块，多为建造熔炉的耐火砖。熔炉口部，是用弧形耐火砖错缝砌筑的，外涂草泥，内层涂含石英砂粒的炉衬层。根据采集的三块弧形耐火砖，估算熔炉的内径平均约1米，外径约1.3米。铁生沟熔炉的炉形，应与古荥、南阳、登封等地的汉代熔炉炉形接近。

冶炼炉和熔化炉都需要有鼓风，遗址鼓风管出土数量不多，多为草泥质风管。有单层和两层，有的使用过程中可能修补过。

退火脱碳炉，原发掘报告称为反射炼炉。在许多汉代冶铁遗址中，都有发现类似炉型。铁生沟的退火脱碳炉最为科学，炉体呈长方形，由炉膛、火池、炉门和烟囱等组成。如 T2 炉 15（图 4-6），炉膛长 1.47 米，宽 0.83 米，残深 0.8 米。火池低于炉膛 0.54 米，长 2 米，宽 0.61～1 米，残深 0.78 米，炉门长 0.25 米，宽 0.2 米。烟囱口长 0.13～0.18 米，宽 0.1～0.12 米，下部直径 0.1～0.12 米，残深 0.98 米。炉顶部塌毁，炉壁用长方形青砖砌筑。炉膛

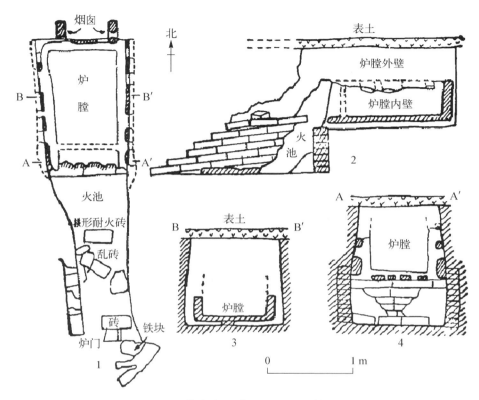

图4-6 铁生沟 T2 炉 15 的平面、剖面图

内外分两层，外壁即建炉时所挖的长方坑壁，涂抹一层草拌泥，内部及炉底是用薄长方形砖砌成，内外壁、内外底之间留有 8 厘米的空间，空间用红色砖砌成条状空腔，空腔南端通过洞口和火池相连，亦和后壁的空间和烟囱相连。东壁向南的洞口残存三个，西壁向南的洞口残存两个。据两侧壁的倾斜弧度看，炉顶应为拱形。炉膛的东、西和北壁均有烧痕，两侧壁和后壁表面糊草拌泥，亦被烧成褐红色；南部色深，有微熔融状，反映火候温度高；北部和后壁色浅，火候较低。火池的南部侧壁用红色长方形砖砌筑，表面涂抹草泥层，其表面已被烧成绿色琉璃状的熔融态。烟囱位于炉膛后壁，就地挖成东西排列的两个囱，上方下圆，其下和炉壁、底部的空腔相连，起抽风作用。炉内热空气均匀分布于炉壁和炉底的空腔，空腔的表面和炉膛的颜色，说明是在氧化性气氛下形成的。根据 T2 炉周壁的烧色和测定的温度，炉内温度在 900 度以下，是脱碳退火的温度范围。

炒钢炉：在冶炼场中心以北约 150 米处，发现一座炒钢炉（原编号炉 17），炉上部已损毁。炉基建在坚硬的红色生土层上，炉体很小，炉门向西，炉长 0.37 米，宽 0.28 米，残高 0.15 米。铁生沟遗址出土铁器中，经过金相检验的 73 件中，14 件是以炒钢为原料锻制的铁器。

锻炉：T4 的西南部发现一座锻炉（原 T4 炉 20），炉基是用白色铝土夯筑，炉墙是用红色耐火砖和土坯建筑，炉基上有夯具留下的痕迹。炉膛近方形，底平，炉门向南，长 0.50 米，宽 0.36 米，深 0.24 米。铁生沟出土的一些铁农具、工具的刃部都经过锻造加工。

烘范窑十一座，原报告称铸造坑，应是方形和长方形烘范窑。在 T5 和 T6 中，发现五座南北并列成一排的长方形排窑（原报告称为排炉），因为残破受损严重，仅存窑基，推测其有多种用途，可以烧瓦、烧陶鼓风管和陶器，如果用它烘范，多是烘烤小型铸范，可以成批进行，如烘烤钱币、车马器和农具之类的泥范。铁生沟遗址就出土有几件车马器的泥质叠铸范残件。这些窑还可以用来烧制随葬用的陶明器。

废铁坑共发现八个，均分布在遗址的西部，多数坑内都存有积铁块和炉料块，坑附近大都发现有炼炉遗迹，说明西部主要是冶炼区。积铁块是冶炼操作不正常，或是停炉修理，积存在炉底的铁水凝结的产物，在当时条件下，对这些废铁块无法利用，只能拆炉拖出，在炼炉附近挖坑埋存。在铁生沟、古荥、南阳等遗址中，都发现有这类的坑，过去被误称为藏铁坑。

附属设施：在遗址中部，西南和东北方向呈一字形排列着 4 座房址，推测为制作砖、瓦、陶风管、泥范、陶器等坯料的工作间；同时还发现有配料池，南边是用砖砌成的箕形池，可能用来调配与冶炼、铸造有关的材料。

在炼渣和半熔融疏松的炉料中，见到有不少木炭块，但未见煤块。对铁生沟出土的 73 件铁器进行了硫印试验，含硫很低，说明铁生沟以木炭为燃料进行冶铁，煤尚未用于冶铁。但在一些烘范窑或烧制陶器的窑中，使用了煤作燃料。

铁生沟遗址中发现很多炉渣，现存炉渣总量估计六千余立方米以上。这些炉渣有的已粉碎成 0.5～2 厘米的粒度，有的是 3～13 厘米的粒度，堆在房址中。

发现少量泥范，包括六角釭叠铸范一件、椭圆形叠铸范一件，遗址中还有舌铁范芯，说明铁范浇铸的存在。另发现三件叠铸直浇口铁。

发现工具有石杵、石砧、铁锤和铁锲，铁锤和石砧可能是一套碎矿工具，锤有方柱形和圆柱形两种。铁锲和铁锤也可配合使用，先将铁锲插入矿石缝隙处，用铁锤敲击，用以破碎矿石之用。

出土铁器约 200 件，农具有铁镢、铁锄、铁铧、犁镜、铁铲、耑等 92 件；工具有铁锤、铁锲、铁凿、铁锛等共 13 件；生活用具有铁刀、铁钉、铁钩、铁釜等共 39 件，还有兵器铁剑、铁箭头、弩机扳机各 1 件。另发现铁板、铁块，锻造条材、板材等近 50 件。图 4－7 为其中部分铁器。近 200 件铁器中，有 8 件上铸有"河三"铭文。

（二）工艺分析

对铁生沟遗址出土的 73 件铁器进行金相分析[1]，其中白口铁 19 件，占检验铁器总数的 26％；灰口铁和麻口铁 8 件，占 11％；脱碳铸铁 2 件，占 3％；韧性铸铁 14 件，占 19％；球墨铸铁 2 件，占 3％；铸铁脱碳钢共 14 件，占检验铁器总数的 19％；以炒钢为原料经过锻造而成的成品或半成品共 14 件，占检验铁器的 19％。

8 件灰口铁和麻口铁中，除 1 件（T18：15）为一字形耑铁范芯外，其余 7 件均为铁板材。使用灰口铁制作铁范，是从汉代开始的。要承受高温铁水的冲击，要求铁范具有一定韧性和抗压强度，灰口铁比白口铁在此方面更具优越性，铁范用灰口铁制造，是金属范的一项重大发展。

脱碳铸铁 2 件，是白口铸铁件经脱碳退火处理，铸件表层已经脱碳并成为钢的组织，而心部仍为白口铸铁组织。

韧性铸铁（析出石墨，包括白心和黑心在内）14 件，是白口铁通过退火处理得到的一种高强韧的铸铁，因其有一定塑性和韧性，俗称玛钢，也叫展性铸铁。其组织有两种类型：一种是铁素体＋团絮状石墨；一种为珠光体＋团絮状石墨。现代概念的球墨铸铁，是指将灰口铸铁铁水经球化处理后，析出的石墨呈球状，球墨铸铁比普通灰口铸铁有更高强度、更好韧性和可塑性。古代铸铁与现代铸铁是不同的，现代铸铁，含有碳、硅、硫、锰、磷五大元素，古代是用木炭冶炼，其中硫、磷含量极低，铁矿也是选择纯度高、含硫低的，故而古代得到铸铁的干扰元素是很少的，形成圆整的球状石墨是有可能的。故不能完全套用今天球墨铸铁的概念，古代铸铁组织中出现"石墨球"应是石墨退火

---

[1] 《中国冶金史》编写组等：《关于"河三"遗址的铁器分析》，《河南文博通讯》1980 年第 4 期。

图 4 - 7　出土部分铁器

1、2. 锤（T4:2、采：Ⅰ）　3. 锛（T8:3）　4. 锛形器（T6:9）　5. 凿（T10:7）
6. 小锛（T5:46）　7. 锄（T8:Ⅰ）　8、9. 铧（T12:7、T5:48）　10. 镘（TI2:5）
11. 剑（T16:18）　12、13. 镘（采:2、T18:24）　14. 箭头（T5:26）　15—17、21、
22. 铲（T5:20、24、T13:1、T8:22、2）　18、19. Ⅰ、镘（T5:19、T4:1）　20. 双齿
镘（T10:3）

时出现的。为行文方便，将这种方式形成的球墨铸铁也并入韧性铸铁范畴，韧性铸铁件占所有分析铁产品的占 22％。

铸铁脱碳钢共 14 件，由于取样检验的仅 3 件，另 11 件是观察其表面的组织，这只能代表表面金相观察到的结果。取样检验的 3 件，基体已经是铸铁脱碳钢，如 T16:18 弩机扳机（悬刀）的金相组织，取样部位已全部脱碳成为铁素体，硅酸盐夹杂数量不多。铸铁脱碳钢是我国古代独有的一种生铁炼钢方法，生铁铸成器物以后（白口铁铸件），在固态进行比较完全的氧化脱碳，可以得到高碳钢、中碳钢以及低碳钢。这种方法的特点是能够有控制地脱碳，使铸件全部变成钢的组织，以区别于脱碳铸铁，且基本不析出或只析出很少的石墨，以区别于可锻铸铁。铸铁脱碳钢保留了生铁夹杂物少的优点，质地纯净。脱碳成钢的器物和板材，可以进行锻造加工。

以炒钢为原料经锻造而成的成品或半成品共 14 件。炒钢的原料是生铁，是把生铁加热到液态或半液态，利用鼓风等方法，令硅、锰、碳氧化，把含碳量降低到钢和熟铁的成分范围。文献上关于炒钢的记载最早见于东汉《太平经》："使工师击治石，求其中铁，烧冶之，使成水，乃后使良工万锻之，乃成莫耶（邪）。"这里"水"应指生铁水。"万锻"应指生铁脱碳成钢后的反复锻打。

巩义铁生沟出土遗物的铭文表明其是汉代河南郡铁官管辖的第三冶铁作坊，生产工艺项目齐全，学术价值大，是一处冶炼、熔化、铸造、退火脱碳、炒钢、锻造综合生产工艺的作坊，在中国与世界冶金史上具有重要地位[1]。

三、鲁山望城岗遗址

鲁山县，古称鲁阳，西周初，为周公子伯禽的始封之地。春秋初属东周王畿，后属郑，又被楚所占，战国中期以后属魏。秦置鲁阳县，属三川郡。两汉时亦置鲁阳县，属南阳郡。至唐贞观元年，始称鲁山县，属伊州，后属汝州，以后历代继之[2]。

鲁山县隶属于河南省平顶山市，地处河南省中西部，伏牛山东麓，三面环山，东部为河流冲积的平原和丘陵，淮河水系的一条重要支流——沙河，从西

---

①　赵青云、李京华等：《巩县铁生沟汉代冶铸遗址再探讨》，《考古学报》1985 年第 2 期。
②　鲁山县地方史志编纂委员会：《鲁山县志》，中州古籍出版社，1994 年。

到东贯穿全境。由于西部山区有大量易采的铁矿，且为县治所在地，此地不仅是陆路交通上的枢纽，而且因其濒临沙河，具备水运之便。

20世纪50、60年代，考古工作者在鲁山南关外望城岗进行田野调查①，发现大量炼渣、陶范、鼓风管残块等汉代冶铁遗物，遗址面积大约60万平方米。1963年6月，望城岗冶铁遗址，被列为河南省省级重点文物保护单位。20世纪70年代，进行河南省五县古代铁矿冶遗址调查②时该遗址的东区被分为东、西两岗，遗址西区则未涉及。2006年5月，该遗址被列入第六批全国重点文物保护单位。

2000年11月至2001年1月，为配合鲁山县城南环路的修建，河南省文物考古研究所在地方文物部门的协助下，对该遗址进行了抢救性考古发掘，发掘面积近2000平方米。在遗址西部的贺楼村南发现了目前国内汉代最完整、体量最大的冶铁竖炉。同时，在遗址东部还发现了带有"阳一""河□""六年"字样的模、范，对遗址性质的判定具有重要的意义。之后北京大学又重新对该遗址进行调查，并对采集的遗物进行分析，推测该遗址的年代可能从汉代延续至宋代③，此处冶铁则从西汉中期到东汉末期200多年间从未中断过。

鲁山望城岗汉代冶铁遗址一号炉及其相关遗迹的发掘，是继20世纪70年代郑州古荥汉代冶铁遗址一号、二号炉炉基发掘之后，汉代冶铁史上又一重大考古发现④。2017年，鲁山县文化局委托河南省文物考古研究院，对遗址进行考古勘探，发现的遗迹现象，极大地丰富了该遗址的内涵。2018年，河南省文物考古研究院联合鲁山县文物保护管理所，对遗址西区，即2000年发掘区的南部进行了考古发掘，发掘面积1600余平方米，不仅发现了较为丰富的冶铸遗存，还发现了东周时期的遗存和唐代至清代的墓葬⑤。

鲁山望城岗汉代冶铁遗址（图4-8），位于沙河北岸和县治之间的坡岗地上，是两汉时期颇具规模的生铁冶铸作坊。西起鲁山县鲁阳镇（现鲁阳街道）

①　赵全嘏：《河南鲁山汉代冶铁厂调查记》，《新史学通讯》1952年第7期。
②　河南省文物研究所、中国冶金史研究室：《河南省五县古代铁矿冶遗址调查》，《华夏考古》1992年第1期。
③　陈建立等：《鲁山望城岗冶铁遗址的冶炼技术初步研究》，《华夏考古》2011年第3期。
④　河南省文物考古研究所、鲁山县文物管理委员会：《河南鲁山望城岗汉代冶铁遗址一号炉发掘简报》，《华夏考古》2002年第1期。
⑤　河南省文物考古研究院等：《河南鲁山望城岗冶铁遗址2018年度调查发掘简报》，《华夏考古》2021年第1期。

贺楼村，东到鲁阳镇尹家岗村，南起张店乡望城岗村（今鲁阳街道望城岗社区），北到鲁阳镇毛家村，东西长约 1500 米、南北最宽处有 500 余米。

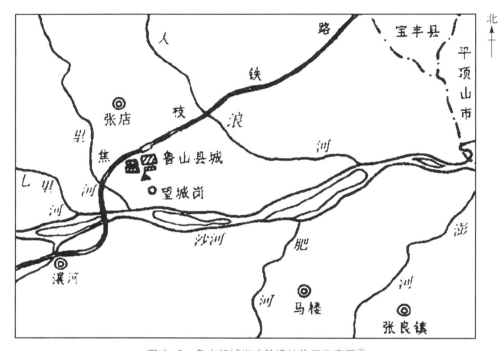

图 4-8 鲁山望城岗冶铁遗址位置示意图①

（一）遗迹与遗物

椭圆冶铁高炉炉基及其附属系统（图 4-9）：炉基基础坑，为长方形，南北长约 17.6 米，东西宽 11.7 米，现深约 1.8 米。由经过细加工的灰白色粘土分层夯筑填实。在夯筑好的基础之上，依次开挖炉缸基槽、上料系统与鼓风系统的基础坑。基槽上口东西长约 7 米，南北宽约 5 米，深度推测与基础坑等深或稍深。其中炉缸基槽向下分层内收，以利承重。基槽是由粘土、砂石粒和木炭颗粒掺和组成的耐火材料土夯填。

炉缸平面呈椭圆形。现存迹象显示，大炉缸后来进行了改建，在原炉缸基床上重新建成了一座东西长轴约 2 米，南北短轴约 1.1 米的椭圆形小炉缸。壁厚薄不均，东壁最厚，超过 2 米，南北两壁也超过 1 米。炉缸底部的原表层

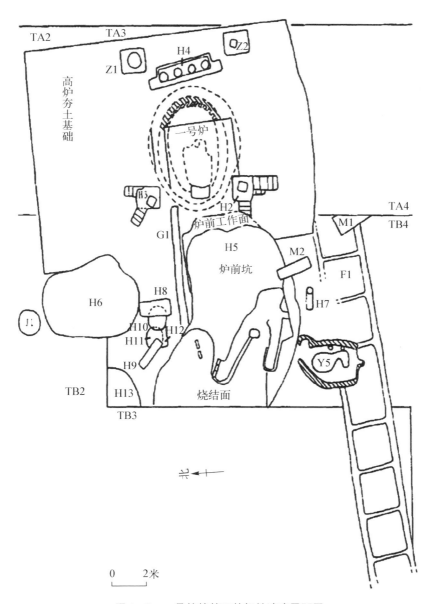

图 4-9　一号炉炉基及其相关遗迹平面图

（厚度可能不超过 10 厘米）已被损毁，炉底中心部位已烧结成铁褐色，硬度极高，吸水率极低。在炉缸基床的右前侧（也就是西北侧），清理出一条排渣沟。出渣沟的方向与炉基的方向一致。排渣沟东西长约 6 米，宽约 0.5 米，现深约 0.3 米。两侧壁及底部均由与高炉相同的耐火材料土夯筑。

在炉缸基床的炉后（东侧），有一南北向大致呈长方形的柱洞坑，在该坑的南北两端东侧，各有一个长方形石柱础坑，两坑南北相距约 5 米。石柱础均为白青色石料作成。在炉缸基床西端的南北两侧，打破高炉夯土基础，也分别有一南北向坑状遗迹。

炉前工作面：形状不规则，东西长约 8 米，南北宽约 6 米，表面为略带砂性的黄土，内含有红烧土颗粒，西部有大面积黑褐色的硬烧结面存在，应是经过长时间较高温度的火烤。

积铁块：在炉前工作面下，有一炉前坑，坑内有一椭圆形的大积铁块。积铁长轴约 3.6 米，短轴约 2.5 米，最厚部位超过 1 米。紧靠积铁有一圆形遗迹，径长 3 米，遗迹的南壁有大块琉璃状残余，显系经过高温烧烤。遗迹下部亦有一较大圆形积铁，未完全清理。炉前坑内出土有较多数量的小块积铁、炉渣、呈蓝褐色的炉壁残块以及少量的板瓦块、残砖块、陶器残片等。

陶窑：在炉前的西南侧有一陶窑，呈南北向。窑底凸凹不平，靠东壁南部有两个柱洞状遗存，直径分别为 30 厘米和 24 厘米，深约 35 厘米，内埋填木炭，应为木柱烧毁后的残留。窑南部有一宽 15 厘米、进深 35 厘米的烟道，窑的内壁面呈灰褐色，应与直接受火有关。

距炉基约 40 米的西面和东南面，分别有大面积的炉渣堆积坑。其中黑色小块的渣可能是未完全熔化的铁矿石渣。大量颗粒大小不一、断面呈玻璃状的物质堆积应为炼渣。

炉夯土基础西南部，发现有一东西向的房基，连间房基的发现，反映了当时生产规模较大。炉夯土基础西北部，有一圆形砖砌贮水池，水池内径 1.25 米，深 0.8 米，砌砖的砖长 33 厘米，宽 16 厘米，厚 5 厘米。池内填土灰色，出有较多炉渣、不等的积铁块等。炉夯土基础的东面和东南面不远处，地表下 2 米处有较大的河沙堆积坑存在，很可能是贮水遗迹。

叠压在一号炉炉缸基床之上，有一上部已损毁的倒梯形炉。该炉平面略呈倒梯形，炉门向西，东宽西窄，东部最宽处约 2.3 米，西部窄处宽约 1.45 米，炉东西长约 2.8 米，炉壁残存高度有 0.2 米，为耐火材料土夯筑，经火烧已变为灰褐色。炉底没有破损现象，火烧也已呈灰褐色，但受火强度似较一号炉轻。炉的西北部接有一烟道状遗迹，为宽 0.75 米、深 0.32 米的排渣沟，整条沟都叠压在一号炉的排渣沟偏外部分之上。解剖显示，倒梯形炉是利用了一号炉的炉缸基床，对一号炉残存部分进行的切挖。

遗物出土较少，发现大批用于铸造铁农具的泥模范残块，部分残块上带有铭文。陶器多见高柄豆、绳纹罐、盆等。清理遗迹中出土陶器残片较少，难以复原。金属仅在填土中发现铜镞1件，且严重锈蚀。

2018年度对鲁山望城岗冶铁遗址的调查、发掘工作[①]，证实了望城岗冶铁遗址分为东、西两个区域，东区面积较大、时代可能相对较早，且冶铸活动持续时间较长。西区相对较小。初步推测西区由北向南应依次为冶炼区、铸造区、铸件的退火脱碳和锻造区，生产环节上紧密相连。东、西两区单独成系统，二者兼有冶炼和铸造功能。遗址东区发现有"阳一""河□""六年"等铭文的泥模、范，表明该遗址与南阳郡和河南郡大型铁官作坊之间存在密切联系。勘探调研证明，具有排水和蓄水功能的自然沟渠G5，起到连接东、西两个区域的作用。根据沟内堆积和未发现汉代之前遗物等，推测G5的主要使用年代与冶铸活动时间大体一致，填埋时间与冶铸活动的终止时间相当（最终的填平年代当在唐代以后）。

鲁山望城岗遗址，首次发现高炉的改建痕迹、炉侧坑、炉后系统遗迹和炉前排渣沟等，这些设计反映出当时的工匠，对冶炼规律的认识与实施过程的改良，如炉前排渣沟可将冶铁与排渣分开进行，有助于提高工作效率；初步推测炉侧坑、炉后系统设计、高炉的改建等，都和鼓风条件改善相关。

（二）分析工作

对矿石、炉渣和铁器的微观组织和元素组成的分析，可帮助我们了解冶炼的工艺。该遗址中出土的矿石的粒径，基本都在为3～4厘米，反映出冶炼之前，已经有选矿以及对矿石破碎的流程，为后面冶炼作准备。

张周瑜等对遗址采集的6件矿石样品进行检测，均为典型的褐铁矿组织。褐铁矿中铁含量大于50%，是一种比较好的冶铁原料。矿石中Mg、Ca的含量较低，说明矿石的自熔性较差，冶炼时需要加入助熔剂。望城岗冶铁遗址发现大量炉渣，炉渣中的铁颗粒呈球形，间接证明这种炉渣是生铁冶炼过程中形成的，即在冶炼过程中，铁以液态的形式包埋在炉渣内冷却后形成的。分析证实炉渣为典型的低铁高钙型的生铁冶炼炉渣，主要由SiO_2、Al_2O_3和CaO等氧化物组成，未检测到磷和硫，较大可能使用了石灰石或白云石（主成分均为

① 河南省文物考古研究院等：《河南鲁山望城岗冶铁遗址2018年度调查发掘简报》，《华夏考古》2021年第1期。

$CaCO_3$）作为助熔剂[1]。炉渣的成分存在差异，可能与铁矿石与助熔剂的来源和种类有关。

对泥模标本进行温度试验，由于内部浇铸面接触铁液，故受热温度高于外部，内部的受热温度在 800℃左右，泥模外部糊拌草加固泥，受热温度在 500℃左右。部分泥模铸痕表面还残存有一层白色或银灰色的涂料层，经检测为滑石粉。滑石粉作为涂层，不仅避免铁水浇铸时，发生渗漏、黏砂现象，而且起到润滑作用，提高铁水的流动性，从而较好地保证了铸件表面质量。

5 件铁器经鉴定，有 2 件白口铁、1 件灰口铁、2 件铸铁脱碳钢制品。编号 7203 残铁器是共晶白口铁组织，编号 7207 积铁块是由条状渗碳体和共晶莱氏体组成的过共晶白口铁，编号 7204 镂铧和 7205 残铁器为铸铁脱碳钢制品，编号 7206 残铁器的金相组织，为珠光体 + 片状石墨的灰口铁组织。

对炉渣中包含物的分析，可知当时冶炼用的燃料是麻栎[2]。麻栎燃烧热值为 4750 千卡/千克，比榆树、柽柳和臭椿等树木的燃烧热值高，并且火力强大，燃烧持久。反映出当时人们已经认识到了选择适合的树种，作为优良的薪柴及烧炭用材。

望城岗冶铁遗址出土铁器的 AMS $-^{14}$C 年代测定[3]，表明至迟在西汉时期或更早，望城岗遗址已有了生铁冶炼活动并可能一致持续到宋代。特大椭圆冶铁高炉炉基及其附属系统遗迹的发掘，为认识该遗址的技术特点、探究汉代生铁冶炼的技术水平以及技术进步的过程提供了极其珍贵的实物资料。其冶铁高炉是世界上发现的最大的椭圆形高炉；出铁口与出渣口分开，可以大大提高工作效率；高炉出渣、出铁、鼓风、填料、供水、冷却等系统完备，可容纳百余人换班连续工作；利用自然河流作动力向高炉内鼓风，节省大量劳力；首次发现了设计科学、合理的填料工作台。望城岗遗址是一处典型的集冶炼、铸造和炼钢为一体，持续时间较长的大型综合性冶铁作坊。

四、温县招贤村铸铁遗址

温县招贤村铸铁遗址，位于汉代河内郡温县故城外。文献记载，"温县故

---

① 张周瑜、邹钰淇等：《河南鲁山冶铁遗址群的技术特征研究》，《华夏考古》2022 年第 2 期。
② 王树芝、孙凯、焦延静：《鲁山望城岗冶铁遗址出土燃料鉴定与研究》，《华夏考古》2021 年第 1 期。
③ 陈建立等：《鲁山望城岗冶铁遗址的冶炼技术初步研究》，《华夏考古》2011 年第 3 期。

城在今怀庆府温县西南三十里"（《大清一统志》）、"温县城在今孟州温县西三十里"（《寰宇记》）。经调查，今温县县城西的西招贤村周围，确有一处面积达二十平方华里的古城①。由于长期水土流失带来的损毁，只能在地面上断断续续地看出有凸起的城墙，个别处保存较好，高度尚存六七米左右。温县招贤村铸铁遗址，正位在北城墙中段之北、城墙的外面。

温县招贤村铸铁遗址，1974 年进行钻探发掘，是一处面积达一万平方米的汉代铁器冶铸遗址。遗址地表散存有大量汉代陶片、铁渣、炉砖、红烧土和碎范块，文化层厚 1～2 米左右。遗迹内发现 1 座烘范窑，烘范窑的年代应属于东汉早期。窑室内保存 500 多套已烘好的叠铸范。其中有 300 多套基本完整，共有 16 类、36 种器型，主要是铸造车马器的陶范，如轴承范、车軎范、车销范、革带等。遗址发掘前，当地村民曾在遗址南面，挖出过四座残炉，说明遗址不仅规模可观，持续时间也比较长久。西招贤村汉代铸造遗址，是迄今出土的铸范数量最多、保存最为完整的铸铁遗址。

遗迹内发现 1 座烘范窑，保存较好，为我们了解和认识汉代叠铸范的烘烤技术，提供了重要依据。古代用的烘范窑是一种结构简单、因地制宜筑造的地坑式烘烤炉，当然也可用来烧制砖瓦和陶器。铸造工艺过程中，当泥范和泥芯做好之后，为了增加其整体强度、提高透气性和降低发气量，须进入烘范窑进行烘烤。

此烘范窑，筑在一长方形土坑中，距地表深 1.5 米，窑口在距地表 70 厘米深的地方。窑通长 7.4 米、宽 3 米，窑道（工作场地）长 2.7 米、宽 2.34 米，近似一方形。内部堆积车軎的范芯及大量烧废的范块、烧土块、铁渣和陶片。窑道西南角有台阶，窑道东壁为一拱形窑门，门高 1.44 米、宽 0.84 米。

窑由火膛、窑室、烟窗三部分组成。窑门内为火膛（燃烧室），比窑室平面低 50 厘米，作为烧火的地方，火膛温度最高，四壁被烧成黑灰色，不少地方表面有琉璃相。火膛风道内白灰层厚约 15 厘米，其中间夹杂有未燃尽的黑色木炭。

窑室近方形，长 2.86 米、宽 2.72 米，底部铺砖，四壁用土坯砌成，向上逐渐收拢，窑顶可能收成拱券形。窑室四壁被烘成黑灰色，但靠近火膛处色较

---

① 河南省博物馆、《中国冶金史》编写组：《汉代叠铸：温县烘范窑的发掘和研究》，文物出版社，1978 年。

深，往后壁色渐浅，说明烘烤时前边的温度高，后边的温度低。窑的后壁有三个方形烟洞，残高 30 厘米、边宽 26 厘米。中间的烟囱是垂直的，两边两个烟囱作弧形向中间靠拢[①]，这种结构能够较好利用燃料，提高炉内热气循环效能。砌砖的通风道内，有厚约 15 厘米的白灰和未燃尽的木炭残留，表明窑是用木炭或木柴为燃料的。理论上，木炭的发热量要比木柴高，且耐燃烧，比直接用木柴作为燃料更方便。图 4 - 10 为烘范前后的烘范窑剖视图。

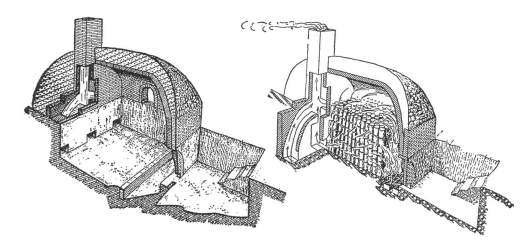

图 4 - 10　烘范前后的烘范窑的剖视图

叠铸泥范：烘范窑百余套泥范整齐排列于烘范窑内，层叠数量不等，外糊草拌泥。这些泥范包括带扣、马衔、轴承、铁权等 16 类器物、36 种器型，每套铸范叠层，从 5 层到 14 层不等，一般一副 6 至 10 层。最少的，一次也可浇注 5 件，最多的是带扣，共 14 层，每层 6 件，共 84 件。这些叠铸范，具有铸件尺寸精度高、互换性能好、浇铸系统科学、吃泥量小、节省泥料、加工量小、生产效率高的特点，反映出汉代叠铸工艺的发达程度。

泥范中数量最多的是车马器上用的轴套范，共出土 254 套，完整的就有 173 套，它很可能是套在车轴上，与方承或六角承配合当作轴套使用，以减少车轴的磨损，增加车轴与轴承面的润滑作用。

车軎范出土时，范和芯都很完整，范作筒状，无合范痕迹，完整的有

---

①　河南省博物馆、《中国冶金史》编写组：《汉代叠铸：温县烘范窑的发掘和研究》，文物出版社，1978 年。

18 套，零散的有 67 块。车害范每叠 4 层，总高 37.5～41 厘米，范块平面作桃形，直浇口设置在桃尖，内浇口开在范腔顶部，一次浇铸可得 4 件（图 4-11）。

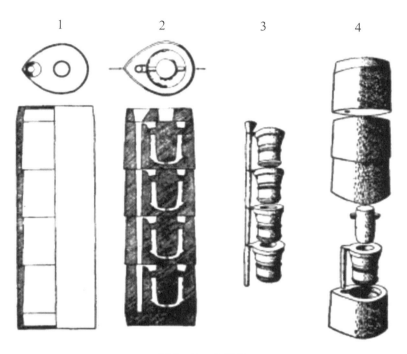

图 4-11 车害范
1. 范的外部结构 2. 车害范的内部结构 3. 车害的叠铸件 4. 叠铸范的套合

　　另发现半个车害范的陶质芯盒与 80 余个范芯，陶质芯盒是制造范芯的模具，质地坚硬，近于陶质芯盒的内径与范芯的几何形状相符。芯盒接合面有 5 个较大的榫卯和 6 个较小的乳钉形销，用来定位用（图 4-12）。80 余个范芯断面有许多小孔，有的孔隙里有白色植物纤维状灰痕，说明制芯材料掺和了植物质。

　　完整马衔范有 3 套，马衔范是双面范，范片的平面都作长方形，四周有合箱用的榫卯，两端各 2 个，两侧各 1 个。此类范 1 套，由 10 层组成，一层可铸 2 件，一次可铸 20 件。另有完整的车销范 51 套；完整的六角承范 3 套；衔接链范 1 套；完整绳链衔范有 2 套；残破镰范 2 套；革带扣范 17 套，即皮带扣，用于马头和马身，穿系皮带；用途不明的钩形器范，完整的有 2 套；完整

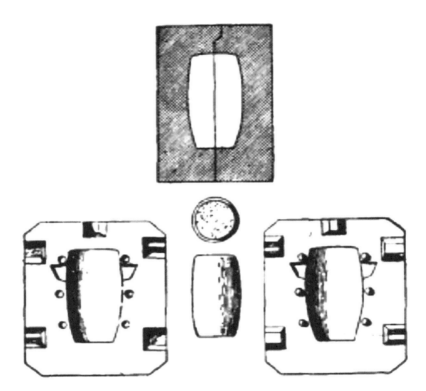

图 4 - 12　车軎范的陶质芯盒

上：芯盒剖面　中下：车軎范芯　下左、下右：车軎芯盒平面

权范（秤锤）有 6 套；圆环范 80 多套，有一范 4 件和一范铸 2 件两种形式。

在烘范窑附近发现铁渣与铁条，应与熔化、浇铸有着密切关系。出土铁条的规格，长 10～15 厘米，直径约 3 厘米，锈蚀严重。

五、新安县上孤灯铸铁遗址

新安县上孤灯铸铁遗址（图 4 - 13），位于洛阳市新安县城西北 15 千米的上孤灯村东地，其西边为方山余脉，东边为云顶山，两山之间是畛河流经的马陵川，遗址坐落在畛河北岸的坡地上。

上孤灯铸铁遗址原来规模颇大，现存南北长 200、东西宽 300 米，总面积 6 万多平方米，遗址内随处可见铁渣、炉壁残块、陶片等遗物。1987 年，附近工人在平整土地时，发现了一窖藏坑，坑内出土有铁范 83 件（块），铁范中 73 件为完整的器物，其中铲范 11 件，可配合 5 套，每套由上范、下范和内芯

图 4-13 新安县上孤灯冶铁遗址位置示意图 (1:350000)

套合而成；锄范 3 件，由上范、下范和内芯配成的一套完整的锄范；犁铧范 57 件，配成完整的犁铧范有 13 套。新安县在汉代属弘农郡，郡铁官治所设在渑池县。新安上孤灯汉代铸铁作坊遗址，当属渑池铁官所管辖。在 3 件铲范和 5 件锄范上发现带有"弘一"铭文，一件铁犁铧范上带有"弘二"铭文。铁范上的铭文证实该遗址是汉代弘农郡设立的官营铸铁作坊，且以铸造铁农具为主[①]。

新安县境内，铁矿石蕴藏丰富，现在还保留着如铁门、北冶等与冶铁有关的地名。据《新安县志》记载："本县铁矿，现以张窑院、核桃园二处为最著"[②]。张窑院位于上孤灯村西北，距上孤灯铸铁遗址 1.75 千米。上孤灯村铸铁遗址用的铁矿砂，很大可能是用张窑院的铁矿石进行冶炼的。

遗址发现熔炉耐火砖，青灰色，根据耐火砖残留尺寸，推算出熔炉的直径

① 王巍总主编：《中国考古学大辞典》，上海辞书出版社，2014 年，第 700 页；河南省文物研究所：《河南新安上孤灯汉代铸铁遗址调查简报》，《华夏考古》1988 年第 2 期。

② 《新安县志·实业》卷 7，1939 年，第 17 页。

约有 98.6 厘米。耐火砖具体分为三层：最内层厚约 1 厘米，部分已烧流，用砂拌泥制成；中间厚 7 厘米，羼有大小不均的石英砂；最外层是砂、泥、草混合的涂料层。

发现生活用具有陶盆、陶罐。1986 年冬，在此遗址上发现铜钱一罐，均系王莽时所铸货泉，直径大小不一。根据考古推测，上孤灯冶铁遗址铁范时代，不会晚于东汉后期，大致属于西汉晚期至新莽时期。窖藏出土的铁范，全是可以反复使用的永久范，用于铸造农具。从出土时铁范堆放在一起的现象推测，铁范可能是有意窖藏的①。

六、南阳瓦房庄铸铁遗址

瓦房庄冶铁遗址，位于南阳北关瓦房庄西北边（图 4 - 14），1954 年被发现，之后又进行了两次发掘，其东南与冶铜遗址为邻，东北边是一处面积较大的制陶作坊遗址。

瓦房庄冶铁遗址面积达 2.8 万平方米，已发掘面积计 4861 平方米②。遗址从周代延续到东汉，但在其周代地层中，仅发现石器、陶器，未见冶铁遗存。瓦房庄冶铁遗址是汉代南阳郡"阳一"铁工场所在地，应是以两汉铁器制作为主的作坊，下文将冶铁遗址分西汉和东汉两个时间段进行介绍。

西汉时期冶铁遗迹与遗物

冶铁相关遗迹有熔炉基 4 座，水井 9 眼，水池 3 个，勺形坑 1 个。

熔炉基 4 座，均为圆形、已残。根据残存的痕迹判断，最小熔炉的直径为 2.50 米，最大熔炉直径 4 米。熔炉耐火砖、熔渣、铸范、鼓风管残块的出土数量甚多。耐火砖是用大量的石英砂粒与粘土混合制成。陶鼓风管残片较多，鼓风嘴出土 2 件，嘴端径细、较薄，后端径粗、较厚，草拌泥质，橙红色，从嘴端未烧熔的情况看，它应是与鼓风器橐龠相连的进风的风嘴部位。

水井有 9 眼，水池有 3 座，均为用土夯筑的方形池。勺形坑坑底为黄砂层，勺形坑被后期遗迹破坏严重，周围的硬地面已不见，勺形坑内未见遗物。

遗址内的大量熔渣中，夹杂着很多木炭屑和木炭块，在遗址中没有见到矿

---

① 河南省文物研究所：《河南新安县上孤灯汉代铸铁遗址调查简报》，《华夏考古》1988 年第 2 期。

② 河南省文物研究所：《南阳北关瓦房庄汉代冶铁遗址发掘报告》，《华夏考古》1991 年第 1 期。

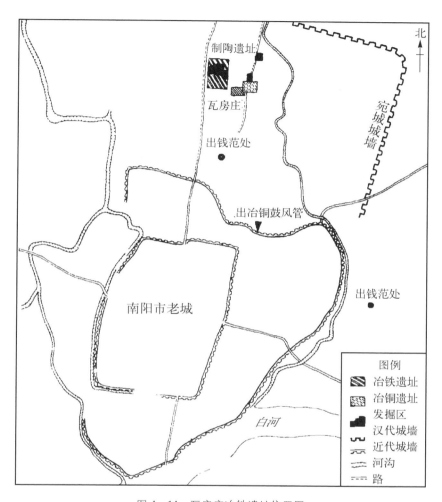

图 4-14　瓦房庄冶铁遗址位置图

石块和矿石粉末，仅发现 2 块铜渣。

　　铸范很少，仅有几种。地面范共 8 个，是在地面上直接铸造且不便移动的铸范，有的内范和外范的痕迹尚存，有的内范和外范已全部残毁。根据其铸痕直径等，推测对应的是大铁盆、大铁釜或大铁甑等大型的铸件。另有铁镂铧范芯 2 件、带钩范 1 件，多残。

　　陶器中有陶罐、筒瓦、板瓦、瓦当、陶钱等，铜器出土数量不多，仅有五铢钱和大泉五十两类钱币以及 2 件铜镞。

　　铁器种类较多，铁镂铧 7 件，个体较小，从刃口的磨损情况看均为使用器；铁镬 7 件，均残。铁铲 3 件。铁斧 27 件，均残；铁权 1 件；铁刀 7 件；铁锤 3 件；铁鼎 1 件；铁熨斗 1 件；铁悬刀 1 件；铁剑 2 件，均残。铁圈 4 件，分圆形和方形二种：圆形圈 1 件，用薄而长的铁片卷成，接口处有缝隙；方形圈 3 件，用长而薄的铁片制成。铁环 4 件。用圆梃铁条卷成正圆形。另发现铁条 3 件，有三角梃、圆梃、方梃各 1 件，因残，具体用途不确定。另有大量长方形铁板和破碎的废旧铁器块，铁板一端窄一端宽，较好的铁板有 16 块，长 19.6 厘米、宽 9～10 厘米、厚 0.3～0.6 厘米，有的铁块表面有被熔化的痕迹。这种铁板是在矿区把矿石炼成铁，铸成板状铁材，运到瓦房庄作为熔铸的原料。那些废旧铁器，也是回收的原料之一。

东汉时期冶铁遗迹与遗物

遗迹、遗物较西汉时期多。主要有熔炉基 5 座，相距很近，锻炉 9 座，其中 8 座炉均分布在东西向的一直线上，水井 2 眼、烧土槽 4 个、瓦洞 3 个、范坑 3 个、形状规整大渣坑 5 个、形状较规整灰坑 16 个，坑内包含有熔渣。整个遗址遍布木炭屑和带有炭痕的熔渣。遗址中保留下来的大块或纯炭极少，未发现铁矿石。在遗址发掘的范围内，没有见到房屋墙，但建筑用的板瓦、筒瓦甚多，而砖甚少。

5 座熔炉炉基全部建在硬地面上。炉基的形状、用材和建造方法，与西汉炉基基本相同。遗址中出土量最多的是各类耐火砖，熔炉耐火砖根据烧熔状态可分为炉口耐火砖、炉口与炉腹间的耐火砖、炉腹部耐火砖三类，还出土有炉座砖、炉口上支垫风管的砖、炉座壁耐火砖、炉座周壁的表层砖等。出土大量 90° 拐角陶质鼓风管，皆残。陶管的外面糊一层很厚的夹砂草泥。根据鼓风管上的痕迹，推测它们使用时，是架设在熔炉口上，用炉中的余热把管子烧热，将冷风变为热风的热鼓风操作。

熔炉基、耐火砖、鼓风管残块与西汉的基本相同，根据各部构件以及位置，可以复原出下为空心炉座，上为预热鼓风的熔炉。

炒钢炉 1 座（L19），位于 T13 西部，椭圆形平面，仅存炉腔及炉底（图 4-15）。东西长 0.27 米，南北宽 0.22～0.28 米、炉壁厚 0.04 米、腔残深 0.08～0.16 米。炉门外是呈半圆形火池，用草泥通糊，厚 0.03 米。炒钢炉多就地挖掘，炉膛呈罐形，涂有耐火泥。炒钢可以直接把生铁炒成熟铁，再渗碳成钢，也可以有控制地把生铁炒到需要的含碳量，制成钢制品。

锻炉有 8 座，锻炉和锻制铁器数量多，说明锻造手工业已有可观的规模，

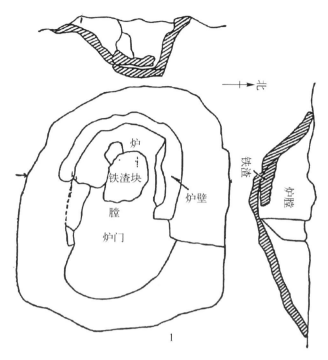

图 4-15　瓦房庄炒钢炉平面、剖面图

锻造生产成为冶铁作坊的专业生产门类，自然有一套专用生产工具，锻造生产需要有加热的锻炉、锻打工具等这些设备和设施。

　　烘范窑 4 座，都坐落在铸造区的边上，距熔炉 11～14 米，满足烘烤后趁热浇注的要求。窑的形制基本相同，由窑门、火池、窑膛、烟囱四部分组成。以 Y2 为例（图 4-16），窑门向东，为穹窿形，残高 0.89 米、宽 0.78～0.82 米、进深 0.52 米，门前有工匠活动的方形工作坑。火池在窑门里面，长 0.9 米、横宽 0.83～1.46 米、深 0.6～0.9 米，火池底是一层 1 厘米厚的细砂，四周壁被烧成砖灰色，两侧局部有烧熔状态。窑膛呈长方形，底平，四壁垂直，为糊草拌泥层。窑膛靠近火池的部分呈蓝灰色，烧得重些，后部分为浅橙色，烧的程度轻些。窑膛底部有层白色木柴灰，大量的白灰应是烘范的燃料灰烬，窑废后又堆入达六七百斤的杂铁块。窑膛后壁有 3 个烟囱，中间烟囱垂直，两侧烟囱向上弯弧内收，在上部汇成一个烟囱。

　　遗址中部和东部各有 1 眼水井，均为小砖券井，用长方形灰砖、错缝顶砌的方法砌成。当券到距地面一定距离时，将券外的椭圆形坑平整填实，再用同

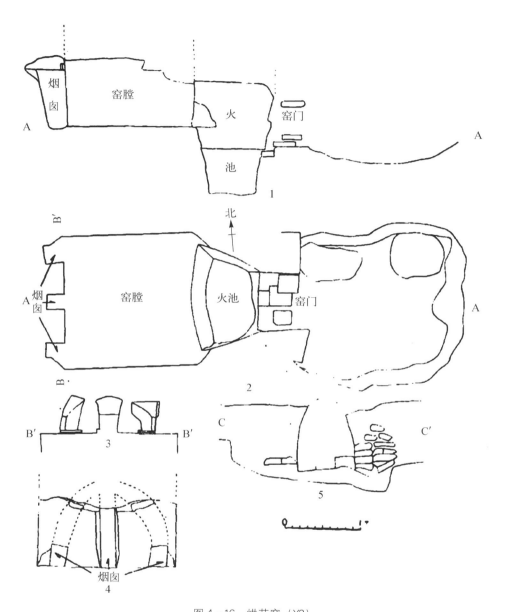

图 4 - 16　烘范窑（Y2）

1. 北剖面图　2. 平面图　3. 烟囱平面图　4. 西剖面图　5. 窑门东视图

样的砖铺成地面。

烧土槽 4 个，烧土槽形制各异，但烧色与泥模和泥范近似。遗址中各类坑甚多，集中分布在遗址东、西、北三个铸造区内。一种坑内填入大量纯熔渣；

一种是填入残碎的泥模和泥范，最后一种是填入灰土并夹杂熔渣、陶片、范块和铁器等。工匠们在建造熔炉、烘烤窑、制作泥质铸模和铸范时，需要大量的粘土和砂料，遗址耕土层下即为厚 2 米的黄粘土，再往下是纯净的黄色细砂层，原料就地掘取十分方便。

遗物有陶纺轮、陶坠、陶釜、陶盆、陶甑、陶瓮、磨石、石杵、铜五铢钱等，与冶铁相关的各种模、范 600 余件，另有大量铁器、条材、板材等。模是用以铸造铁范和翻制泥范的模子，范是用以铸造产品的型，泥模和泥范多系采用就地挖取的粘土，羼入 35％左右的细砂。为了保证模芯和范芯具有散热性、退让性及透气性，在芯中加入谷壳或碎草之类的有机物。泥模和泥范均经过合型后的烘烤，成为半陶质的硬模或硬范，现代铸造业称之为"半永久性型"。遗址中出土的铸模全是陶模，而范发现有铁范和陶范两种。该遗址陶模和陶范总共出土 602 件。从器形看有犁铧、锸、耧铧、钁、锛、六角釭、臼模、锤范、曹范、权范、釜范、铺首范、圆形釭范、筒形器范、盆形器范、灯范、熨斗范等 20 多种。从各种铸件打下来的浇口铁有 21 件，其中包括浇口杯铁、直浇道及内浇口铁等。浇口铁是在浇口杯腔中凝固的铁，直浇道和内浇口铁是在直浇道和内浇口中凝固的铁。瓦房庄冶铸遗址还发现东汉时期的多堆式叠铸范，范块采用对开式垂直分型面，两堆铸范共用一个直浇道。

遗址中出土大量铁板材和条材，梯形铁板块最多，梯形铁板基本完整的有58 件，破碎片多达千斤。条材中扁铁条 74 件，方铁条 44 件，圆铁条 36 件，生铁块 15 件，形状多样，饼状铁块 8 件，圆底形铁块 1 件，不规则形 4 件，椭圆形铁块 1 件，梯形铁块 1 件。其中 2 件铁块经过分析，分别为灰口铁和铸铁脱碳钢。

铁器是遗址中出现最多的遗物，农具有犁、铧、锸、钁、锛、锄、夯头等器物，工具有砧、锤、斧、纺轮、凿及铁齿轮等，车马器有铁曹、六角釭、圆釭、衔、镰等，生活用具方面有铁鼎、釜、臼、灯、火炉、鐎斗、熨斗及权等。考古发掘分为铸造和锻打两类，前者铁犁铧 154 件、铁犁 6 件、铁锸 23件、铁耧铧 86 件、铁钁 71 件、铁锛 21 件、铁锄 4 件、铁斧 66 件、铁釭 21件、铁权 11 件、铁鼎 9 件、铁釜 17 件、铁熨斗 4 件、曹 3 件、铁齿轮 1 件、铁夯头 1 件、筒形铁器 1 件、耙齿形器 1 件。

锻制的铁器种类也颇多，有铁镰 96 件、铁刀 116 件、铁凿 35 件、铁钩19 件、铁鼻 21 件、铁锥 4 件、铁矛 5 件、铁镎 3 件、铁剑 2 件、铁镞 2 件、铁鐮 2 件、斜口铁刀 2 件、马衔 9 件、铁环 16 件、铁圈 3 件、钳形铁器 4 件、碗形铁器 3 件（浅盘圜底形，可能是灯碗）、铁锤 14 件、铁砧 2 件、铁纺轮 1 件。

发现多件残破铜器，其中铜镞 2 件、铜剑 1 件、铜车軎 1 件、铜盖弓帽 4 件，似为明器，铜锏 5 件、铜盆 2 件、铜条 3 件、筒形器 8 件、铜钱 65 枚。少量陶器，有釜、甑、甗、锅、盆、敦、钵、耳杯、瓮、罐等。另外还有陶具、弹丸、砖窝及一些骨、石残器，其中磨石 45 件、纺轮 7 件、石杵 1 件。

从大量残坏的旧铁器碎块，可以看出以农具为主，工具较少，残坏件无使用痕迹，可能是生产过程中的不合格产品，需要回炉重熔。销旧器铸新器，这些回收的旧器和次品，也是瓦房庄铸铁作坊中的原料之一。

瓦房庄 24 件铁件经过分析[1]，结果见表 4 - 2，其中带括号数字为东汉时期，其他为西汉时期数据。

表 4 - 2　瓦房庄部分铁件材质分析与器类统计

器类材质	白口铁	灰口铁	韧性铸铁	铸铁脱碳	炒　钢	块炼铁
工具	（2）			2（1）	（1）	
轴承	1					
农具	1		4（5）	1（1）		
浇口、铁芯等		1（2）				
板材				（1）		
兵器						（1）

共检测 24 件铁器，其中西汉时期 19 件，东汉时期 14 件，器类最多的是工具和农具。浇口、铁芯等为灰口铁，一件工具凿为炒钢。9 件是韧性铸铁，均为农具，韧性铸铁中有白心和黑心韧性铸铁。铸铁脱碳钢也较为普遍，反映

---

[1]　华觉明：《汉魏高强度铸铁的探讨》，《自然科学史研究》1982 年第 1 期；河南省文物研究所：《南阳北关瓦房庄汉代冶铁遗址发掘报告》附表 1，《华夏考古》1991 年第 1 期。

出当时退火和韧化技术的应用普及，说明汉代工匠对各类材质性能有了充分认识以及对工艺实施的熟练。反映出瓦房庄冶铁遗址是以铸造为主，兼营炒钢、锻造的一处大型铁制品作坊。

七、鹤壁鹿楼汉代冶铁遗址

前文已经介绍鹤壁鹿楼冶铁遗址，是"行谷城"的组成部分，是战国到汉代以冶铸铁农具和工具为主的冶铁作坊，该地区冶铁业起步不但早而且具有规模性。

对汉代遗址的中心地带的调查[①]，发现了大量红烧土、木炭、炼炉残壁、风管、未经熔炼的矿石、各种铁制生产工具和兵器等遗迹和遗物。

炼炉发现有 13 座之多，对炉渣成分分析，为炼铁炉渣。炼炉分布紧密，炉面都是椭圆形，长 2.4～3 米、宽 2.2～2.4 米左右，炼炉内部可观察到堆积着大量的木炭灰烬，耐火砖发现数量不多，砖形薄小，质地坚硬。

炼炉附近可见大量由草拌泥制成的鼓风管，炉附近还分布着大量未经熔炼的铁矿石块，直径多为 3～5 厘米，其中矿石的含铁量，超过了现代富矿的标准，不需加或少加石灰，就能对矿石进行冶炼。

遗址分布着大量的灰色板瓦、筒瓦、砖、五边形管道以及巨大的青色石块，应是建筑材料遗存。

发现泥质模、范，锛内模 3 件、镢内模 23 件、方形范 1 件。

出土铁器物有生产工具、兵器、计量器等（图 4-17）。其中铲 7 件、镰 6 件、犁铧 4 件、镬 3 件、锛 3 件、锯 3 件、承 3 件、加刃铣 2 件、犁面 2 件、齿轮 2 件（图 4-18）、斧 1 件、削 1 件、泥抹 1 件。兵器中矛 7 件、剑 2 件、戟 1 件，计量器中权 1 件（图 4-19）、称钩 2 件。

还发现不少残破的陶器，如豆、瓮、罐、壶、仓、盆、碗，其中一件圆形石臼，口径 35 厘米，高 29 厘米，外部钻凿粗糙，内部极为光滑，应是经常使用打磨的结果。

从遗址规模和丰富的出土遗物来看，这是汉代豫北地区较大的一处冶铁手工业作坊。

---

① 河南省文化局文物工作队：《河南鹤壁市汉代冶铁遗址》，《考古》1963 年第 10 期。

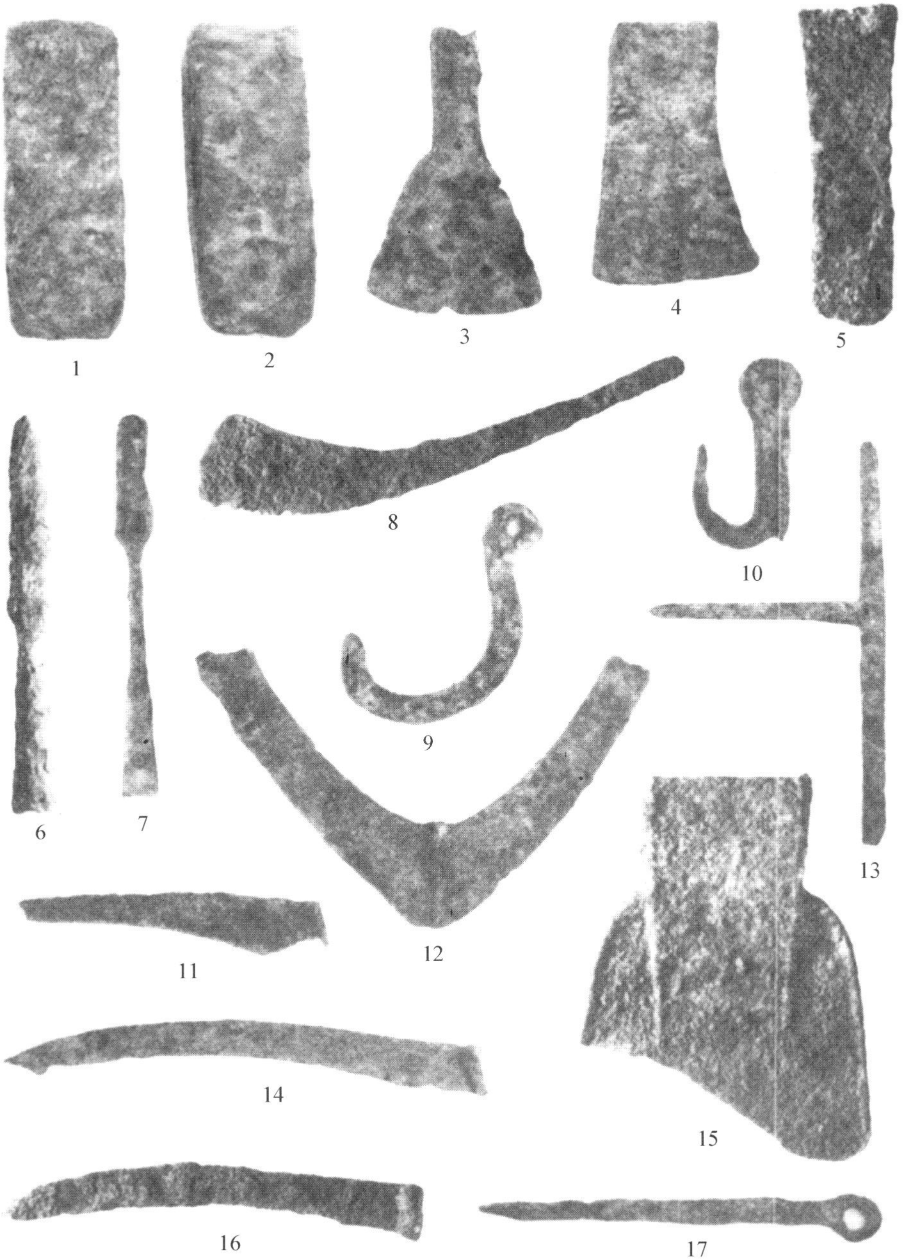

图 4-17　鹿楼汉代冶铁遗址出土部分铁器

1、2. 锛　3、15. 铲　4. 斧　5. 镢　6、7. 矛　8. 锯　9、10. 钩
11、14、16. 镰　12. 铧　13. 戟　17. 削

图 4 - 18　方孔铁齿轮　　　　　　　　　　　　　图 4 - 19　铁权

八、泌阳下河湾冶铁遗址

驻马店下河湾冶铁遗址[①]，位于河南省泌阳县马谷田镇东南 10 千米的下河湾村东（图 4 - 20）。该遗址的年代从战国晚期开始，一直延续到东汉晚期，主体遗存是两汉时期。

泌阳自古即为中国南北方文化的交汇地带，位置归属多变，春秋时属楚，战国末期属韩，后归秦南阳郡，汉代属比阳县等，1949 后属南阳专区，1965 年后属驻马店专区（今改为驻马店市）泌阳县至今。

2004 年 10 月，为了保证上（上海）武（甘肃武威）高速公路信（信阳）南（南阳）段沿线的遗址和墓地免遭破坏，受河南省文物局委托，驻马店市文物考古管理所对泌阳县境内公路经过的区域进行地面踏查，在遗址附近发现丰富的炼渣、烧土块和矿石粉，还有建筑材料和盆、豆、罐、瓮等生活用具残片。之后，河南省文物考古研究所对遗址进行了复查，对遗址的年代、性质和命名等加以确定。该遗址与 20 世纪 50 年代中期发现并于 1984 年载入《中国文物地图集（河南分册）》的"上河湾遗址"，在位置和面积上有着较大的出入，上河湾遗址位于上河湾村以东，面积仅 1 万多平方米，而新发现且经过复查确定的冶铁遗址，则位于泌阳县马谷田下河湾自然村以东的河湾地区及其北侧，向西几乎包围了整个下河湾村及上河湾遗址，向东越过了下河，其生活区

----

①　资料和图片来自河南省文物考古研究所：《河南泌阳县下河湾冶铁遗址调查报告》，《华夏考古》2009 年第 4 期。

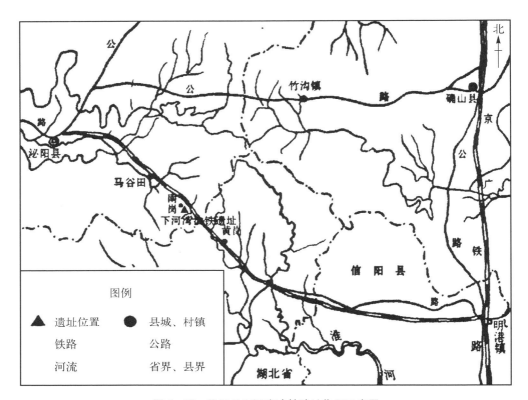

图 4-20   泌阳县下河湾冶铁遗址位置示意图

域到达了南庄村以西的河旁台地，而且在下河东岸还保留有采掘耐火土的遗迹和水井等，遗址面积超过了 23 万平方米（图 4-21）。河南省文物考古研究所将该遗址重命名为"下河湾冶铁遗址"。

下河湾冶铁遗址东南距坡头山 2.5 千米，西南距条山约 2 千米，南部紧邻蝎子山（又名铁山），东部、南部有小河环绕，总体地势西高东低，南北呈两级台地，整个遗址基本没有遭受大的破坏。遗址区内随处可见大量炉壁残块、炼渣、铁块、铁矿石、陶豆、陶釜、板瓦、筒瓦、砺石和大量的烧土块，还发现有石范、陶范和鼓风管残片等。堆积厚度在 1.50 米至 3 米之间。

遗址地表及周围发现大量的耐火砖残块、鼓风管、炉基支柱和炉壁残块、耐火砖、炉口、炉圈及炉壁残块、炉基座和炉基支柱等，共计近百件。从炉体的厚度、炉壁的弧度，结合炉体的体量、炼渣的特征，大致分辨出存在两种

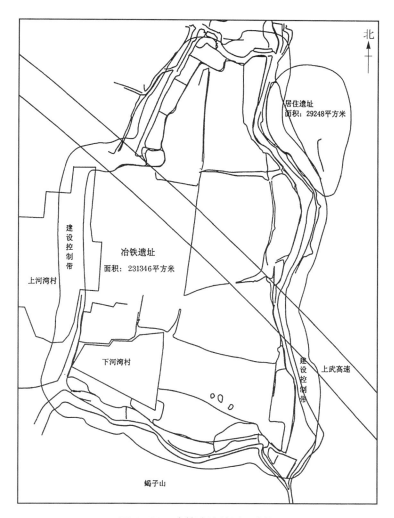

图4-21　冶铁遗址地形示意图

炉，一种是用于熔炼铁矿石的大型冶炼炉，一种是规格小的用于熔化铁材的小型熔炉。

鼓风管类40件，手工制，不规则筒状，多残，夹细砂。鼓风嘴部位胎体较薄，管体逐渐变厚。器表和胎体大部呈红褐色，局部深褐色，因火烧致使局部呈深褐色，胎质十分坚硬。

发现三座不同类型的陶窑，从陶窑的形制推测，其作用较大可能是烘制陶范或烧制陶器的。

　　发现的矿石形状不规则，比重较大，多深褐色，属富铁矿，初步估计含铁量 60％以上。根据质地和颜色可以将 25 件炉渣分为两类：一类为熔化铁矿石形成的炼渣，渣中多掺杂有木炭残段和铁块，有的和炉体的耐火砖及炉衬烧结在一起。另一类为熔炉的炉渣，有沉渣和炉内上部的浮渣。

　　建筑材料类有薄胎长方砖、筒瓦、板瓦、瓦当等，均由夹细砂陶模制而成。

　　模、范类 11 件。模类 3 件，镢模 1 件、铸模 2 件，后者胎料掺和细砂，烧至使胎体中部呈青灰色，而器表及内壁呈灰褐色，火候较高，质地坚硬。发掘者推测是与当时铸造铁范使用的铸模有关的一种模具。范 8 件，分为石范和陶范两种。石范 1 件，为一钺形斧的面范；陶范有剑（矛）范 1 件、镢范 2 件、锄范 4 件。

　　砺石类 12 件、石器类 2 件、石刀、石斧各 1 件。

　　生活用具多为陶质，有豆 39 件、盆 10 件、缸 3 件、瓮 8 件、罐 7 件、大口罐 1 件、壶 4 件、器盖 1 件、博山熏炉 1 件、陶球 1 件。

　　下河湾冶铁遗址虽未曾发掘，但从遗址周围采集到的遗物看，不仅种类齐全，而且数量丰富，不仅有冶炼铸造类遗物，也有生活类遗物。下河湾冶铁遗址地理位置与环境优越，规模大，文化内涵丰富，延续时间长，冶、铸等功能齐全，文化堆积与遗迹保存相对比较好，是一处规格较高的官营手工业作坊。2006 年 5 月 25 日，下河湾冶铁遗址被中华人民共和国国务院公布为第六批全国重点文物保护单位。

九、驻马店泌阳东高庄冶铁遗址

　　泌阳历史上先后属楚、韩，后入秦，汉代归南阳郡。2019—2021 年，河南省文物考古研究院联合驻马店市文物考古管理所、泌阳县文物保护管理所对东高庄遗址进行考古发掘[①]。东高庄遗址（图 4-22）位于河南省泌阳县城东南 17 千米的马谷田镇东高庄自然村北部，泌阳河支流岔河东岸的台地上，东南距全国重点文物保护单位——下河湾冶铁遗址约 7 千米，遗址总面积约 8000 平方米。

---

　　①　河南省文物考古研究院、驻马店市文物考古管理所：《河南泌阳东高庄遗址发掘简报》，《华夏考古》2021 年第 1 期。

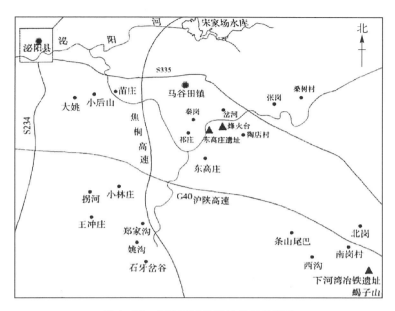

图 4 - 22　东高庄冶铁遗址位置示意图

发现了 1 座汉代生铁冶炼炉、1 座烘范窑、2 处长方形和多处圆形高温遗迹，其中长方形和个别圆形高温遗迹很可能是炭窑遗存。此外，还出土了大量的炉渣、炉壁砖，以及少量鼓风管、陶范和铁器。陶范均以掺有石英砂的混合泥土低温烘制而成，器形以镢为主。

冶炼炉分为两个时期：一期炼炉砌筑土坑内，坑壁外围有椭圆形红烧土辐射区，炼炉平面也呈椭圆形，与炉腔短轴相近的土坑南北两壁受火程度明显高于其他区域，呈青灰色。土坑拐角处几乎看不出有高温受火痕迹，应该以特制的炉砖进行建造。二期炼炉在一期炼炉炉坑内建造，并将一期炼炉的炉坑进行改造，形成炉基坑，二期炼炉建造时炉腔和炼炉周壁的填充材料有别，炉腔用黑色或褐色耐火材料，而炉腔周壁则用黄色粘土，二者交界处逐层交错叠压，但无论是炉腔还是炉周壁均未发现明显的夯打痕迹。二期炉腔呈椭圆形。

炉前坑西侧底部发现有几处相互打破的圆形高温遗迹，部分底部残存有木炭，这些遗迹周壁均经过高温烘烤，但底部却未发现受火现象，是否和炒钢有关，尚不明确。

与冶炼铸造活动相关的遗迹分布在临近河岸的台地边缘，即遗址的西部和北部，这样便于处理与冶炼活动相关的废弃物，而与生活相关的遗迹则主要分布在发掘区的东南部，发现有房址、灰坑和水井等遗存。

泌阳东高庄遗址发掘时，对仅有的 2 件铁器组织分析，铁锛和铁镢分别为过共晶白口铁和亚共晶白口铁①。

从出土遗物特征分析，该遗址冶铁遗存的年代应在两汉时期。该遗址发现的生铁冶炼竖炉为半地穴式，其形制在国内同时期生铁冶炼遗址中尚属首次发现。炉前坑内发现的积铁块重达 50 余吨，是继郑州古荥汉代冶铁遗址和鲁山望城岗冶铁遗址发现积铁块之后，又一次重大发现（图 4-23）。遗址内功能分区明显，遗址临近沁河，距离富含铁矿的蝎子山（又名铁山）和条山较近，有丰富的矿源与燃料，这些优越的自然条件都为冶炼提供了便利条件，是一处集生铁冶炼和铁器铸造为一体的冶铁作坊。

图 4-23　古荥积铁块　望城岗积铁块　东高庄积铁块

----

① 河南省文物考古研究院、驻马店市文物考古管理所：《河南泌阳东高庄遗址发掘简报》，《华夏考古》2021 年第 1 期。

十、其他冶铁遗址与窖藏

1. 登封阳城汉代铸铁遗址

登封阳城铸铁作坊到了汉代，仍在继续生产，但生产规模和铸铁品种，明显较战国晚期有所缩小和减少。

熔铁炉炉基 2 座，残。炉基坐落在战国晚期工作坑内填打的夯土炉基之上。熔炉残块 1 件，位置似炉腹中上部，是由白色砂粒与草泥调配的炉衬材料。表面已熔，并微向下流动，呈灰绿色琉璃态。炉壁的内壁和炉底表面，糊一层含砂量很高的耐高温材料层。这座炉底虽然残破得很严重，但还可以清楚地看出炉底结构。炉底为圆形，内径约 1.15 米，外径约 1.65 米，是用小砖、楔形耐火砖和耐火泥建造而成。炉壁砌成之后，在炉内底和周围炉壁上，涂一层掺有大量石英砂的炉衬。因经高温烧过，炉衬烧成青色，表面已熔化成琉璃体，质坚硬，而靠近炉壁内侧的耐火砖则成为铁褐色。

熔炉附近，出土有陶质鼓风管残片，汉代鼓风管的形制和战国晚期相类似，但鼓风管残片的管径比战国晚期稍大些。

灰坑多被平整土地后的耕土层所压，发现圆形水井 1 眼，用石块砌筑，深约 7 米。

出土芯模 1 件、镢范 1 件、宽斧范 3 件、一字舌范 1 件、梯形锄范 3 件、镰范 2 件，多残，粗砂质，灰色，范面刷红色涂料，可见灰色铸痕。容器范 12 块，破碎已不能识别其器形，从其弧度看，似多数是铸造釜、鼎之类的容器腹部的范，均泥质，红色，并有灰色铸痕。残的条材范 4 件，宽的板材范 1 件，且一范三腔，三腔共用一个浇口，粗砂质，灰褐色，范面刷红色涂料。

铁器不多，铁凿 1 件，銎呈正圆形，制作规整，内有木柄痕迹。刃部有锻打痕迹。刃部组织，经金相分析为炒钢材质。一字形铁 1 件，两端残失，銎口也残损。对 4 件汉代铁器残片作金相分析，两件锄均为铸铁脱碳材质，镢为铸铁脱碳钢，铁环为白口铁[①]。

2. 镇平汉代窖藏铁范和铁器

1975 年，镇平县城郊公社的社员在修筑大路时，在汉代安国城东南约 250

---

①　北京科技大学冶金史研究室：《阳城铸铁遗址铁器的金相鉴定》，见河南省文物研究所、中国历史博物馆考古部：《登封王城岗与阳城》附录二，文物出版社，1992 年。

米的地方发现了一窖铁器，铁器装在一个陶瓮内，因密封较好，锈蚀较轻。挖出铁器的路旁断面，还保留有窖的残迹，并有文化层、灰坑的叠压关系，地层和灰坑包含少量的陶片，为年代断定提供了依据。按照依地层和叠压关系，判断盛铁器的瓮的年代为东汉中后期。

汉代不产铁的县邑，多有销旧器铸新器的习惯。根据瓮中铁范和铁器，多残破、有缺陷，存在使用痕迹，较大可能属于次品和废旧品回收、作为原材料存放于此。从器形差异来看，推测是不同作坊生产的[①]。

其中铁范和铁器共计 84 件，其中锤范最多，有 61 件，可配成 4 套完整的。铁锤范的大量出土，反映出东汉中后期的社会经济发展，社会对锤具的需求。六角釭范和圆形釭范的规格种类多样，以六角形釭为例，从 6.5 厘米至 15.0 厘米有近 20 个规格，已有今天标准化器件的雏形。

铁器有铁锤 6 件、六角釭 9 件、圆形釭 3 件、齿轮 3 件、铁权 1 件、錾子 1 件。李仲达对镇平窖藏出土的 7 件铁范和 5 铁器进行分析[②]，4 件轴承（釭）和 1 件圆锥齿轮均为白口铁，两件小型锤范材质为灰口铁，其他中型、大型锤范多为过共晶白口铁。

由于金属范需直接承受高温铁水（1300～1400℃）的浇铸和热冲击，且在高温下，渗碳体会分解成铁素体与石墨，带来铁范体积的膨胀，每 1％的渗碳体分解成铁素体和石墨，体积则要增大 2％。白口铁热稳定性较差，灰口铁有着更好的稳定性和机械性能，故而现代铸造中很少用白口铁或麻口铁制金属范，多用灰口铁铸。南阳瓦房庄鉴定的与铸造相关两件铁釜浇口和铁芯均为灰口铁，镇平出土的铁范有灰口铸铁，也有白口铸铁，反映出铁范铸器的经验尚不够成熟。

铁范和铁器，多为次品和废旧品。从器形差别分析，这批铁器可能是来自不同作坊的产品。估计是收藏后作原材料用。范是铸造作坊重要工具之一。李京华认为汉代的安国城（刘崇的封邑城），即在窖藏的西北半华里处，可能就有铸造作坊。

3. 三门峡渑池火车站冶铁遗址

该遗址发现于 20 世纪 70 年代，位于渑池火车站东南 250 米，呈北高南低

---

① 河南省文物研究所、镇平县文化馆：《河南镇平出土的汉代窖藏铁范和铁器》，《考古》1982 年第 3 期。

② 李仲达：《河南镇平出土的汉代铁器金相分析》，《考古》1982 年第 5 期。

的斜坡状。南北长 250 米，东西宽 220 米。东边为五里河，南靠涧河，北毗连陇海铁路。在其西北部发现有一处北魏时期的铁器窖藏（详本书第六章），出土大量铁器，多数铁器的时代，属于曹魏以至北魏时期。但窖藏铁器中的六角形锄和铁板镢等是汉代的器物。根据调查①，陇海铁路南断崖上东汉至北朝的文化层中，包含零星的铁渣、耐火材料、少量陶盆、板瓦和筒瓦残片。涧河北岸的断崖上有铁渣、耐火材料残块的堆积层，厚约 0.1～1.0 米。遗址中部还曾发现一块较大的烧结铁；在窖藏东面 8 米的坑中，发现两件鼓形砧。李京华先生推测该遗址为东汉铸铁遗址。

4. 安阳冶铁遗址

位于安阳市北郊，1959 年发掘，面积达 12 万平方米。遗址中发现炼炉 17 座、完整的冶铁坩埚 3 个、耐火砖、铁块堆、铁渣坑、打磨铁器的磨石、铁砧等，还发现有范、模以及铸成的铁器等，这是汉代豫北地区的一处大型冶铁遗址。

5. 林县正阳集冶铁遗址

遗址位于林县顺河乡正阳集西北，发现于 1974 年，面积约 1.61 万平方米，是一处时间跨度为汉代到宋代的冶铸遗址。冶铸遗迹有炼炉、炉残块、鼓风管残块、炼渣以及铁矿粉等，还有燃烧程度不等的煤炭等。初步认为该遗址为一处规模较大的冶炼、铸造遗址②。

6. 平顶山临汝夏店遗址

1958 年大办钢铁运动中，在临汝县城西北夏店村附近发现的汉代冶铁遗址③。随后河南省文化局文物工作队进行调查，发现遗址的范围相当大，调查发现汉代冶炼炉一座，炉子直径约 2 米，炉壁系夯土筑成，炉内涂耐火土，但已烧成灰色，质地坚硬，在炼炉的夯土中发现汉代陶片。在炉南 10 米处一个坑内，有着较多完整且是套装的铁器，很多大的铁镬内套有小型的铁镬，清理出保存较好的大小铁镬 300 余件。

7. 永城芒砀山冶铁遗址

位于商丘永城芒砀山镇鲁庄北，发现于 1981 年，遗址面积为 1 万多平方

①　渑池县文化馆、河南省博物馆：《渑池县发现的古代窖藏铁器》，《文物》1976 年第 8 期。

②　河南省文物研究所、中国冶金史研究室：《河南省五县古代铁矿冶遗址调查》，《华夏考古》1992 年第 2 期。

③　倪自励：《河南临汝夏店发现汉代炼铁遗址一处》，《文物》1960 年第 1 期。

米，有较多炼渣和少量炉壁残块等。距离该遗址 35 千米有一处铁矿。该冶铁遗址坐落于西汉梁国墓群的中心，推测该遗址是为了修建梁国陵王墓而建造的冶铁作坊[①]。

8. 登封杨林冶铁遗址

位于登封市徐庄镇杨林村至孙桥村一带马峪河北岸的台地上，东西长约 3000 米，南北宽约 100 米，面积约 30 万平方米，区域内散布着大量当时冶铁遗留下来的铁渣、炭渣。1984 年文物普查时，在李楼村西约 500 米处的一块台地上的地堰上，发现了一个灰坑，坑深约 3 米，宽约 2 米，坑内有灰土、铁渣等遗存。2008 年第三次文物普查时，在遗址内发现了当时炼铁的炉壁残块，炉壁用黄土夯制而成，夯窝直径约 5 厘米，深约 2.5 厘米，据当地群众反映，当地为古时制作犁铧的作坊，犁铧畅销百里以外。近几年来，当地群众在此遗址上挖出了大量的铁渣、炭渣及红烧土和炉壁残块，反映出当时冶铁规模相当宏大。此遗址距古阳城只有约三十华里，推测此处冶铁作坊也在阳城铁官的管辖之内。

9. 南阳桐柏毛集铁山采矿区和冶炼遗址

1975 年，信阳钢厂在桐柏毛集铁山矿采掘矿石时，发现了古代矿洞以及一件铁斧。1985 年为写矿志，把这件铁斧送到河南省文物局鉴定，省文物局派河南省文物研究所，会同信阳地区文化局文物科的工作人员，前往现场调查，发现了这处汉代采矿遗迹。

信阳钢厂位于信阳平桥区，毛集铁山矿（图 4-24）位于南阳市桐柏县毛集西铁山（东经 113°40′，北纬 32°28′附近，东距毛集 3 千米，海拔约 150 米）。栗树河（即固县河）自黄岗流经矿区中部，汇入淮河。毛集采矿区和冶炼遗址的时代在战国到汉代，汉代是其主要开采和冶炼阶段[②]。

铁山矿现有两个采区，即第二和第三采区，均为鸡窝矿。目前对矿体的开采已接近边缘地带，开采深度已达 100 米左右，所以绝大部分古矿洞已不存。铁山冶炼遗址位于第三采区东北地，东南临栗树河。遗址的地势西北高、东南低。南北长 400 米、东西宽 100 米，面积约 4 万平方米。地表有大量的陶片、炼渣以及筒瓦、板瓦等。

---

① 河南省文物考古研究所：《永城西汉梁国王陵与寝园》，中州古籍出版社，1996 年，第 286 页。
② 河南省文物研究所、信阳地区文物科：《信阳毛集古矿冶遗址调查简报》，《华夏考古》1988 年第 4 期。

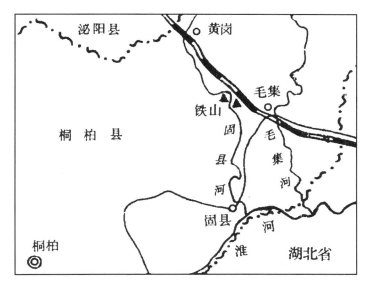

图 4 - 24　毛集铁山遗址位置图

　　20 世纪 50 年代，在遗址区域发现有两座炼炉，现仅残留有炉基部分，还发现大量炉壁残块，系就地取铝土，掺少量的石英砂夯筑而成，炉衬为红土加砂制成。

　　炼渣的数量较多，分为琉璃体渣和非琉璃体渣，后者较多，气泡较多，木炭痕迹明显，应是用木炭作炼铁燃料。

　　陶鼓风管数量不多，有灰陶及红陶两种。矿石采集到赤铁矿石和磁铁矿石两种。前者暗红色，结构疏松，断面上有大小不一的白色颗粒。后者比重较大，黑色，结构致密，断面上有呈片状或颗粒状的物质。

　　铁斧经金相分析，发现其刃部经过淬火，有珠光体及网状渗碳体，应是较好的中碳钢，是性能良好的采矿工具。看不出器形的铁器残件 1 块，经分析为质地不太纯的白口铸铁。

　　冶炼作坊距采矿区颇近，既降低运输成本，又免除了废料堆积的麻烦。原料可就地冶炼，并可将矿石中大量的渣抛弃于山区，同时还可将炼制的铁材运到附近的铸造作坊熔铸。

　　10. 南阳南召冶铁遗址

　　1957 年 3 月，河南省文化局文物工作队，配合鸭河口水库工程进行文物调查时，在南召县鸭河上游草店西部及西南部发现了南召冶铁遗址[①]。共发现 12 座冶铁炉，都是用岩石砌成，石与石之间的空隙，用冶铁渣填补。南召庙后村冶铁炉和南召下村冶铁炉保存得较为完好。

南召庙后村冶铁炉，高出地面约 1.8 米，直径约 2 米，壁上粘有残渣，炉子的东边堆有占地约三千平方米的铁渣，炉旁的地方都烧为红色。南召古代冶铁遗址周边还发现少量的汉瓦、铁矿石等。该遗址是可以完成开采、选矿、冶铁的生产作坊。时代推测从汉代开始。

11. 南阳桐柏张畈冶铁遗址和桐柏铁炉村冶铁遗址

南阳桐柏张畈冶铁遗址和桐柏铁楼村冶铁遗址[②]，发现于 1976 年。前者时间跨度为西汉时期到六朝，位于桐柏县固县乡张畈村，面积约为 9400 平方米，遗存有炼渣、矿石粉以及炉壁残块等，发现的器物有铁锄、铁锤、铁砧、铁刀、铁板和三角铁等。后者时间跨度为东汉早期到六朝，位于桐柏县毛集乡铁炉村，面积约 4 万平方米，遗存有炉壁残块、矿石渣和筒瓦、板瓦等建筑材料。

12. 驻马店确山朗陵古城铁矿冶炼遗址

发现于 1980 年，位于确山县南部，汉代堆积层中清理出铁渣、炉渣、炉壁残块、残铁器、砖瓦残片等，在其附近的马鞍山、薄山等地发现有采矿坑，推测该遗址为一处汉代近地采矿、冶炼遗址[③]。

为了配合基础设施建设，河南省文物考古研究所会同驻马店市文物考古管理局，于 2018 年底开始对部分遗址进行抢救性考古发掘，在确山县朗陵古城炼铁场的西北部，发现了一处汉代冶铁废料处理场[④]。废物堆积有序，从西南向东北倾斜。发现了大量成型的铁块、铁板、用于铸铁的陶器模具，以及大量铁矿石块、熔渣、炉墙残留物等。表明该场地曾是一个功能齐全的炼铁车间。从出土的陶器模具来看，炼铁车间主要生产日常生活中使用的工具和农具，包括铁叉、铁犁、铁凿子、铁斧等。由于挖掘面积有限，目前尚未发现炼铁炉。

---

① 河南省文物工作队：《河南南召发现古代冶铁遗址》，《文物》1959 年第 1 期。

② 河南省文物研究所、中国冶金史研究室：《河南省五县古代铁矿冶遗址调查》，《华夏考古》1992 年第 2 期。

③ 渑池县文化馆、河南省博物馆：《渑池县发现的古代窖藏铁器》，《华夏考古》1976 年第 8 期。

④ 钟华邦：《河南确山汉代朗陵古城铁遗址的新发现》，《考古与文物》1987 年第 5 期。

13. 荥阳官庄汉代窖藏

2017—2018 年，郑州大学历史学院、郑州市文物考古研究院，联合荥阳市文物保护管理中心，在荥阳官庄城址手工业作坊区进行了大规模发掘，发现了多座汉代的铁器窖藏①，出土了包括了农具、车马器、武器、炊器、陈设仪仗器、日常小工具等不同类型铁器，反映出窖藏所对应的作坊具有综合性铁器生产能力。汉代铁器窖藏，往往会将不同时期的铁器共同存放在一起②，故而综合官庄窖藏坑不同铁器的年代特征，初步推测铁器窖藏的埋藏年代为东汉中晚期，其所对应的制铁作坊的存续年代或可上溯至西汉中期。

此窖藏距离荥阳的"河一"冶铁作坊仅 13 千米，此批窖藏铁器，进一步证实荥阳地区在汉代铁器工业体系中的重要地位，但目前无法确定该窖藏对应作坊的属性，是工官还是民间私铸作坊（铁釜上似有铸铭，但漫灭难辨），需结合进一步的调查和发掘来分析。此次发现对研究这一区域的铁器工业提供了新的资料。

另外，还有 20 世纪 50 年代调查的汉代冶铁遗址③。西平县冶炉城遗址，发现残存椭圆形炼铁炉一座和大量炼渣；鲁山西马楼村遗址，发现铁渣、大量汉砖、五铢钱等；方城县赵河村遗址，发现圆形炼炉 4 座与汉瓦、陶片等。还有南召县太山庙、草店冶铁遗址，西峡县白石尖冶铁矿，等等。由于当时条件所限，未能进行试掘和科学发掘，还有一些遗址位置偏僻、规模较小等，实际河南地区汉代冶铁遗址数量要比上面列出的多。

河南郡、河内郡、弘农郡都发现带铁官铭文的陶灶，如安阳市出土印有"内一""内四"的陶灶，"内一"和"内四"分别指河内郡第一、第四冶铁遗址，其年代当在西汉晚期至新莽或其以后阶段④。灵宝市文物管理所收藏的陶灶的陶釜上有"弘一一石"的铭文、三门峡市文物考古研究所发掘陶灶的陶釜上也带"弘一一石"铭文⑤，弘农郡，即今河南省灵宝市，"弘一"是指弘农郡

①　郑州大学历史学院等：《河南荥阳官庄汉代窖藏》，《中国国家博物馆馆刊》2020 年第 4 期。
②　白云翔：《先秦两汉铁器的考古学研究》，科学出版社，2005 年，第 155 页。
③　河南省博物馆、石景山钢铁公司炼铁厂、《中国冶金史》编写组：《河南汉代冶铁技术初探》，《考古学报》1978 年第 1 期。
④　安阳市文物工作队：《安阳梯家口村汉墓的发掘》，《华夏考古》1993 年第 1 期。
⑤　李京华：《试谈汉代陶釜上的铁官铭》，见其《中国古代冶金技术研究》，中州古籍出版社，1994 年。

第一冶铁遗址。登封县也收集到一件东汉前期的陶灶，陶灶的陶釜上模印"河三"二字戳记，陶灶来自铁生沟冶铁作坊。这些现象说明汉代冶炼作坊为保证其功用的最大化，冶铁作坊往往还兼顾制陶业。

第三节　河南地区汉代冶铁业空间特征

河南地区发现的汉代冶铁遗址数量最多，规模也最大。其中南阳盆地是河南冶铁作坊最为集中的地区，从中可以看出该时期冶铁生产格局和模式出现的新特点。

河南地区分布着三处较为集中的冶铁遗址群，以舞钢沟头赵、西平酒店为代表的舞钢西平冶铁遗址群；以下河湾、张畈遗址为代表的桐柏、泌阳冶铁遗址群；以望城岗、黄棟树为代表的鲁山冶铁遗址群。从地理位置上看，舞钢和西平靠近，位于河南中部、南阳盆地外围。鲁山冶铁遗址群在南阳盆地的北边，而桐柏、泌阳冶铁遗址群，在南阳盆地的东南。这三处遗址群分别隶属今天不同行政区。

一、舞钢、西平冶铁遗址群

自 2009 年以来，北京大学对舞钢西平地区冶铁遗址群进行多次调研，从宏观、微观角度探讨遗址群的性质与生产方式[1]。目前已发现从战国到西汉年间的 10 处冶铁遗址（图 4-25），包括尖山、许沟、沟头赵、圪垱赵、铁山庙、何庄、翟庄、酒店、石门郭、尖山和冶炉城。

舞钢地处豫中腹地，位于黄淮平原与南阳盆地交汇处。舞钢冶铁遗址群，包括许沟、沟头赵、翟庄、圪垱赵、石门郭冶铁遗址和尖山古采矿遗址六处，是从战国到西汉年间的综合冶铁铸造场地。

许沟冶铁遗址：位于舞钢市尹集镇梁庄村许沟村民组境内，西临梁山和玉皇庙河，东依鸡山。在该村村南约 230 米处的一座土岗上，出土过许多矿石、炉渣、熔铁块、陶范、石范、耐火材料等。熔铁块上有明显的木炭灰的痕迹，应是以木炭作为燃料。对炉渣分析，其为典型的生铁冶炼还原渣，对一残铁块分析，其为灰口铁。遗址性质为生铁冶炼作坊，矿石来自铁山庙露天铁矿。

---

① 秦臻：《舞钢西平地区冶铁遗址研究》，北京大学硕士学位论文，2011 年。

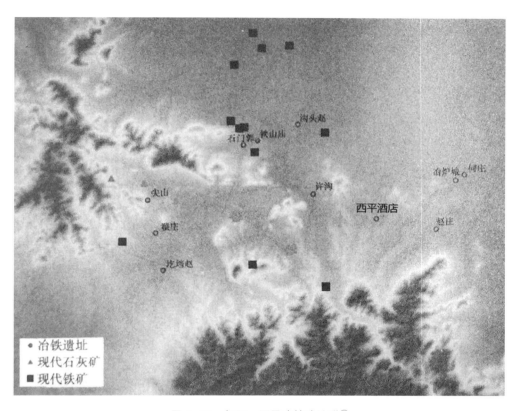

图 4-25　舞阳、西平冶铁遗址群①

　　沟头赵冶铁遗址：位于舞钢市武功乡田岗村沟头赵村民组境内。南靠滚河，西距田岗水库 1 千米。20 世纪 80 年代，先后在村庄内出土铁渣 50 多块，其中一块直径 46 厘米，内径 30 厘米，厚 24 厘米，重 65 千克，渣质很纯，系化炉排渣坑中沉积的液体渣，凝固而成。附近还出土有大量战国至汉代的砖瓦。对地表采集的炉渣分析，其为搅拌炼钢法得到的氧化渣，该遗址性质可能为精炼作坊。

　　翟庄冶铁遗址：位于舞钢市杨庄乡陡沟村翟庄村民组南许泌公路西侧、龙泉河北岸，尖山南麓，西距龙泉剑铸造遗址 1.5 千米，遗址面积 2660 多平方米。20 世纪 70 年代，发现许多炼铁炉渣，上面有木炭灰的痕迹。其西北 2.5

　　①　陈建立：《中国古代金属冶铸文明新探》，科学出版社，2014 年，第 249 页。下文各遗址相关介绍材料均来自此书。

千米处的尖山，有品位很高的铁矿，且有同一时代开采的痕迹。对 5 件炉渣样品和 1 残铁块分析，证实该遗址性质为生铁冶炼作坊。

圪垱赵冶铁遗址：位于舞钢市尚店镇马庄村圪垱赵村民组西 50 米处，西靠蔡庄河，东靠龙王庙河，北临贾岗河，面积约 11500 平方米。是舞钢西平遗址群中保存较好的遗址。发现有大量青、褐、灰色铁渣和矿渣，对 9 件样品进行分析，初步推测为战国至汉代的一处大型生铁冶炼作坊。

石门郭冶铁遗址：位于舞钢市垭口街道石门郭村境内、铁山西南面、许泌公路东侧的突起高地，高地面积约 2500 平方米。地表分布许多与铁山矿石相同的碎矿石、烧结矿石、矿石铁渣凝固混合体、熔铁块、铁渣凝固块等，其中烧结矿石占 95％ 以上，当地人称"铁渣地"。20 世纪 80、90 年在该遗址先后发现两个长 3.4 米、宽 1.2 米、深 0.4 米的长方形土槽，槽内土已焦化，留有木炭灰迹，还捡到许多焦化土、熔铁块、铁渣凝固体等。据对该遗址采集到的矿石和炉渣的分析，判断炉渣为搅拌炼钢法得到的氧化渣，推测该遗址可能为精炼作坊。

尖山古采矿遗址：位于舞钢市杨庄乡柏庄村黑石嘴村民组西南的尖山东南坡，南距龙泉剑铸造遗址 2 千米，东南距翟庄古代冶铁遗址 2.5 千米。考古专家在此发现一古矿洞，当地农民称为"铁古坑"。坑周围散布有大量铁矿石和铁渣。1973 年以后，在附近的农田里，曾发掘出 1～5 千克重的铁块 60 多块及大量铁渣。坑东的河沟沿岸也堆积有许多矿渣及铁渣土。尖山有品位很高的磁铁。结合陶片分析，推测该处为战国到汉代的采矿遗址。

另根据地质勘探[①]，发现舞阳铁山庙所处矿床，属鞍山式铁矿，且规模较大。矿体产在前震旦系含铁石英岩中，底板为云母石英片岩，顶板为混合岩。矿石有磁铁矿和赤铁矿两种，共生矿物有石英、燧石、黄铁矿、黄铜矿等。初步估计磁铁矿品位在 30％～45％，赤铁矿 25％ 左右。除了作为采矿遗址，在该遗址还采集到有炉渣、残铁器等，推测当时也是一处集采矿、冶炼功能于一体的遗址。

西平冶铁遗址群包括酒店、何庄与冶炉城冶铁遗址。酒店遗址位于河南省西平县酒店乡酒店村南 500 米处，遗址南临龙泉河，北接棠溪河，位于谭山水库两岸，面积 11152 平方米。遗址内发现有战国时期冶铁炉 1 座，炉平面呈椭

---

① 　王夏：《河南省舞阳铁矿铁山庙矿床地质特征及成因分析》，《河南科技》2017 年第 3 期。

圆形，是中国迄今发现时代最早、保存最为完整的冶铁炉。遗址还残留有炼炉残壁、炼渣、铁矿石，残铁剑、陶器及建筑材料砖瓦等，详见本书第二章。该遗址是战国至汉代重要的冶铁基地。

西平何庄冶铁遗址与冶炉城冶铁遗址：西平何庄遗址位于芦庙乡何庄村，面积 10000 平方米，地表遗留极少；冶炉城位于西平县城西南约 37.5 千米冶炉城村，为棠溪涧所环绕，面积约 35 万平方米。两千多年来，冶炉城虽历经沧桑，城址早已废弃，但故城轮廓仍在，城墙系人工夯筑。据勘探，城内文化层一般厚度 2.7 米，内含陶片、红烧土块灰粒、石块等。陶片以泥质陶为主，陶色以灰陶为主，纹饰均为绳纹，可辨器型有瓮、盆等。从冶炉城遗迹及采集的文化遗物分析，城址的西部应是冶铁作坊区，东部应为居住区，时代为战国至汉晋时期。汉至晋朝，均在古冶炉城设置铁官，为当时重要的冶铁基地之一。

对舞阳、西平遗址群中不同作坊炉渣的分析[①]，可以看出许沟、铁山庙、圪垱赵、何庄、翟庄、酒店 6 处遗址的炉渣为还原渣，其中铁颗粒为生铁颗粒，铁矿石在高温下，熔融还原得到生铁，说明这几处遗址为冶炼遗址。沟头赵和石门郭遗址的炉渣中铁含量高，应是在氧化氛围下得到，且氧化炉渣中夹杂的铁颗粒含碳量非常低，说明这两处遗址为精炼作坊，即这两处是将生铁进行炒钢的生产作坊。

至迟在汉代，该遗址群已经形成包括采矿、冶炼、铸造、炒钢等完整体系。遗址群中不同作坊，对体系中环节各有侧重。尖山和铁山庙遗址具有采矿功能，赤铁矿是最主要矿石类型；铁山庙遗址同时兼具采矿和冶炼的功能。酒店、许沟、翟庄、圪垱赵、铁山庙等主要作为生铁冶炼作坊，不同作坊仍以石灰石为助熔剂，以木炭作为冶铁燃料；沟头赵和石门郭遗址可能是对生铁进一步加工即脱碳处理的炒钢作坊。

从遗址群的定位和分工，反映出舞钢、西平地区已经初步具备完善的铁冶管理和生产体系。

二、泌阳、桐柏冶铁遗址群

泌阳、桐柏冶铁遗址群，是指包括泌阳下河湾、东高庄，桐柏县固县镇张

---

① 秦臻、陈建立等：《河南舞钢、西平地区战国秦汉冶铁遗址群的钢铁生产体系研究》，《中原文物》2016 年第 1 期。

畈、毛集镇铁炉村、王湾村等在内的冶铁作坊集群。20 世纪"比阳"铁犁铧的发现①，即是对比阳县（今河南泌阳）有铸造作坊的说明。

泌阳下河湾冶铁作坊规模大，地理位置与环境优越，文化内涵丰富，延续时间长，从战国晚期开始，一直延续到东汉晚期。下河湾冶铁作坊功能齐全，文化堆积与遗迹保存相对比较好，是一处大型的冶炼与铸造并存、规格较高的官营手工业作坊。

泌阳东高庄冶铁遗址是一处新发现的汉代冶铁遗址，面积约 6000 平方米，冶炼遗存集中分布于遗址西部。目前发现了一座椭圆形炼铁炉，圆形和方形的高温遗迹，以及水井、渣坑等其他遗迹，出土了大量的炼渣、炉壁残块以及少量的矿石等与冶炼相关的遗物，此外还出土了少量的陶范，该遗址是一处集生铁冶炼和铁器铸造为一体的冶铁作坊。

桐柏遗址群包括了张畈冶铁遗址、铁炉村冶铁遗址、毛集王湾冶铁遗址、铁山庙铁矿与冶铁遗址等②。由于缺乏科学发掘与分析，多数遗址冶炼属性无法准确判断。

桐柏张畈冶铁遗址，位于桐柏固县乡东 7 千米的张畈村东南两河交汇处，面积 9000 多平方米，遗址东部残存窑一座，南部靠近小河有炼炉址，北部为矿石堆积区，因为这里矿粉堆积最多，文化层厚达 3 米左右，地面散布大量炉壁块、黑色耐火炉壁残块、长方形砖、炼渣、陶铸风管残块和瓦片等，农民在耕地时曾挖出铁锄、铁锤、铁砧、铁斧、铁刀、铁板等，从遗物看始于西汉，延续至元朝，是一处冶炼作坊。1963 年被河南省人民政府公布为重点文物保护单位。

信阳毛集古矿冶遗址③，包括采矿区和冶炼遗址，主要开采和冶炼阶段应在汉代。泌阳县与桐柏县毗邻，泌阳有条山富铁矿床④，桐柏有毛集铁山⑤。这些为就地获取原料提供极大方便，不排除这些冶铁遗址是就近而设。冶炼作

---

① 王黎晖：《北京历史博物馆三年来供应全国各地研究、参考、陈列资料两万两千余件》，《文物参考资料》1955 年第 12 期。

② 河南省文物研究所、中国冶金史研究室：《河南省五县古代铁矿冶遗址调查》，《华夏考古》1992年第 2 期。

③ 河南省文物研究所、信阳地区文物科：《信阳毛集古矿冶遗址调查简报》，《华夏考古》1988 年第 4 期。

④ 陈冲、魏俊浩等：《河南泌阳条山富铁矿床交代成矿作用浅析》，《西北地质》2014 年第 3 期。

⑤ 河南省文物研究所、信阳地区文物科：《信阳毛集古矿冶遗址调查简报》，《华夏考古》1988 年第 4 期。

坊距采矿区近，可就地冶炼，并将矿石中大量的渣抛弃在山区，大大减少了运输费用，免除了堆积废料的困难。

三、鲁山冶铁遗址群

鲁山冶铁遗址群包括望城岗、黄棟树、西马楼、太平堡（图 4 - 26）等冶铁遗址。遗址分布密集，年代从战国、汉代持续到明清时期。

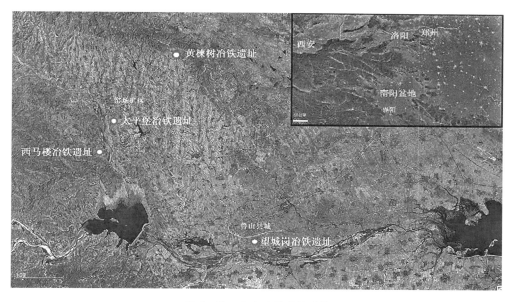

图 4 - 26　鲁山冶铁遗址群①

望城岗冶铁遗址分为东、西两个区域，其中东区时代可能相对较早，且冶铸活动持续时间较长。冶铸活动主要集中于两汉时期，可能延续至西晋。由调研分析可知，工匠通过适当地减小高炉的规模来提高冶炼效率，遗址西区生铁冶炼用的燃料是优质的栎木炭，并以白云石作为助熔剂。发现了少量铸造铁范的泥范模，浇铸面则以滑石粉作为涂料层。对遗址出土矿石、炉渣和铁器的检验，证实了该遗址是一处典型的集冶炼、铸造和炼钢为一体的大型综合性冶铁作坊。

望城岗遗址西北分布有黄棟树、西马楼、太平堡遗址②，其中黄棟树为战

①　张周瑜、邹钰淇：《河南鲁山冶铁遗址群的技术特征研究》，《华夏考古》2022 年第 2 期。

②　张周瑜：《山东章丘东平陵故城冶铁遗址的冶金考古研究》，北京大学硕士学位论文，2014 年，第 118—125 页。

国—汉代的冶铁遗址。对西马楼采集的碳样测年，显示遗址延续至宋代[1]，西马楼铁矿区位于鲁山县城西北，在荡泽河西南岸，距县城 17 千米。该铁矿为混合岩化热液再生富集而形成的矿床，赋存于太华群混合岩、混合片麻岩、含黑云母角闪斜长片麻岩中。矿石类型主要为黑云斜长石型和黑云角闪石型磁铁矿。西马楼铁矿附近还有铁山岭小型铁矿。20 世纪 60 年代的地质勘探和普查，认为李家岭和西马楼均属品位低的小型矿床。古代金属冶炼由于技术制约，遵循先高品位矿石冶炼，再到低品位矿石冶炼过程，宋代对这些低品位铁矿开采冶炼，也映射出当时冶炼技术的提高。

望城岗遗址和黄楝树遗址年代接近，这两处遗址均有从事生铁冶炼和铸造活动。根据张周瑜等对鲁山冶铁遗址群冶炼遗物的分析[2]，遗址群均使用了含锰铁矿石进行冶炼。西马楼与太平堡遗址矿石品位一般，使用了角闪铁英岩型铁矿石，望城岗使用了辉石铁英岩型矿石。望城岗遗址使用铁矿石亦可能来源于其西北方向的窑场矿区，且古人有意选择了矿区高品位铁矿石进行冶炼，但也不排除望城岗矿石来源于其他矿区的可能。鲁山周边矿脉较多，望城岗西北、南边均有矿山，矿床成矿原因、矿石品位、成分、构造、脉石特征等都有差别，研究遗址群铁矿石来源问题还需更多对矿石样品的分析来说明。

遗址群不同作坊，均进行生铁冶炼或铸造活动，望城岗用栎属木炭为燃料，西区使用了白云石为助熔剂，而东区冶炼时可能加入了锰系助熔剂，或直接用高锰铁矿石进行冶炼。

黄楝树遗址，与望城岗遗址年代接近，两遗址高锰渣的成分、含量接近，两遗址的关系需要更深入研究。由于黄楝树遗址缺乏其他遗物特征信息，有些问题如该地区生产组织、互动模式等还有待深入研究。

西马楼与太平堡遗址使用了同类型铁矿石冶炼，但两处炉渣分析差异性较大。鲁山各遗址虽均进行生铁冶炼或铸造活动，但各遗址炉料配方差异明显，差异的原因可能与多样性炉料配方、技术的历时性变化等因素有关。许多问题仍需更加系统、深入的研究工作，如太平堡遗址的年代、西马楼遗址的技术类型、该地区各遗址间共存关系及历时性以及鲁山地区及周边地区古代冶铁活动的生产组织、互动模式以及社会因素等问题。

---

① 陈建立：《中国古代金属冶金铸造文明新探》，科学出版社，2014 年，第 262 页。
② 张周瑜、邹钰淇：《河南鲁山冶铁遗址群的技术特征研究》，《华夏考古》2022 年第 2 期。

南阳盆地位于河南西南部，处于亚热带向暖温带的过渡地带，属典型的季风性湿润气候，四季分明，阳光充足，雨量充沛。内部河流众多，分属长江、淮河两大水系。南阳盆地及周围有着丰富金属矿产资源，尤以铁矿较为丰富，这些为南阳冶铁业的发展提供了充足的原料。

战国时期，楚国的冶铁业趋于发达，而南阳是楚国最重要冶铁基地之一。《荀子·议兵篇》载"宛钜铁釶，惨如蜂虿"，即是对宛地生产的铁兵锋利程度的描述。秦汉时期，南阳的冶铁业进入快速发展期，南阳郡成为重要的工官和铁官地之一。孔氏家族原籍在梁，被秦始皇迁到宛城。孔氏家族尤其孔仅，与建安七年迁入南阳郡的太守杜诗，以他们卓有成效的管理和经营，为南阳汉代冶铁业的发展作出了贡献。空心熔炉基座、热鼓风熔炉、东汉水利传动鼓风机械等诸多新技术涌现，冶铁生产规模大、铁产品品种多。南阳郡生产的铁器，占当时 103 郡的十分之一[①]，并向西南、东南、南部和西部输出。南阳盆地冶铁遗址群的出现，正是对此的印证。两汉时期的南阳盆地，是中国最大的铁工业基地和铜兵器生产基地，发达的手工业，是其成为汉代最负盛名的商业都市之一的主要原因。冶铁遗址群为认识南阳地区在两汉时期所处的政治、经济地位提供了新的视角。

冶铁遗址群的出现，将冶铁体系嵌入到整个社会化中，为我们提供了新的视角去思考它的管理体系、铁器的生产、流通和分配，以及工匠的组织模式等诸多问题。

区域化冶铁生产，不再仅仅是维持本地区生产生活需要的手工业生产，更是一种商业化行为的制造业，这种以商品为目的的生产，不仅为作坊的经营者带来了经济收益，也带来与周边或者更远区域的流通，这种业态方式被纳入了一个更复杂的社会物质流通的网络中。

第四节　汉代河南冶铁技术的发展

河南地区汉代冶铁作坊的数量最多，且是生产品种最为全面，工艺技术最高的地区之一，详细分布见图 4-27。汉代河南铁官生产的铁器，更是行销辐

---

① 李京华、陈长山：《南阳汉代冶铁》，中州古籍出版社，1995 年，第 82 页。

图 4-27　河南省汉代铁矿冶遗址分布图

1. 安阳市林州市正阳集东冶铁遗址　2. 安阳市安阳县后堂坡冶铁遗址　3. 鹤壁市山城区鹿楼冶铁遗址　4. 焦作市温县烘范窑冶铁遗址　5. 三门峡市渑池县火车站冶铁遗址　6. 洛阳市新安县上孤灯铸铁遗址　7. 郑州市惠济区古荥冶铁遗址　8. 巩义市铁生沟冶铁遗址　9. 郑州市登封市阳城铸铁遗址　10. 平顶山市汝州市夏店炼铁遗址　11. 平顶山市鲁山县望城岗冶铁遗址　12. 平顶山市舞钢市冶铁遗址群（石门郭、铁山庙、沟头赵、尖山、许沟、圪垱赵、翟庄遗址）　13. 商丘市永城市芒砀山冶铁遗址　14. 南阳市南召县庙后村冶铁遗址　15. 南阳市南召县下村冶铁遗址　16. 南阳市镇平县窖藏遗址　17. 南阳市宛城区北关瓦房庄冶铁遗址　18. 南阳市桐柏县毛集铁炉村遗址　19. 南阳市桐柏县毛集古矿冶遗址　20. 南阳市桐柏县张畈冶铁遗址　21. 西平冶铁遗址群（酒店、何庄与冶炉城）　22. 驻马店市泌阳县东高庄冶铁遗址　23. 驻马店市泌阳县下河湾冶铁遗址

射到周边[①]。

---

① 陕西省博物馆、文物管理委员会：《陕西省发现的汉代铁铧和镥土》，《文物》1966 年第 1 期。《中国冶金史》编写组：《河南汉代冶铁技术初探》，《考古学报》1978 年第 1 期。

汉代河南地区的冶铁技术，是当时社会先进生产力的代表。下面试从不同炉型、型材和铸造技术、铸铁柔化技术几方面，探讨汉代河南冶铁技术的发展。

一、冶金炉（冶铁竖炉、化铁炉、退火脱碳炉）

河南西平酒店冶铁遗址中发现的战国晚期椭圆形冶铁竖炉，是目前中国最早的冶铁竖炉，炉体由炉基、炉腹、风沟和炉缸组成。高炉炼铁从上边装料，下部鼓风，形成炉料下降和煤气上升的相对运动。燃料产生的高温煤气，穿过料层上升，把热量传给炉料，其中所含一氧化碳同时对氧化铁起还原作用。这样燃料的热能和化学能同时得到比较充分的利用，下层的炉料被逐渐还原以至熔化，上层的炉料便从炉顶徐徐下降，燃料被预热而能达到更高的燃烧温度。秦汉时期，高炉炼铁已成为一种经济而有效的炼铁方法。

战国晚期的竖炉有长条形风沟，这一特点在汉代的冶铁竖炉已看不到，如郑州古荥、巩义铁生沟的汉代竖炉都没有风沟。

两汉冶铁竖炉的炉型有所扩大，有圆形和椭圆形两种。巩义铁生沟"河三"出土8座圆形炼炉，炼炉内径，在1.3～2米之间，是当时中型炼炉，尺寸较郑州古荥和鹤壁的椭圆形炼炉小。随着社会经济发展的需要，为提高冶炼产品的产量，必须扩大炉体和炉径。与高大的竖炉相配，需要挖筑大的炉基，炉缸也需要采用耐火材料来夯筑，等等。

鹿楼冶铁遗址发现汉代炼炉13座，椭圆形面，炉缸内径长2.4～3米，宽2.2～2.4米。古荥冶铁遗址发现2座竖炉，炉缸均呈椭圆形。根据古荥一号炉缸4米×2.7米的椭圆形尺寸、炉前地下埋有重20吨积铁块，对此竖炉炉型复原：直筒形炉身、喇叭形下部，炉腹角62°，有效高度6米，容积50立方米，日产生铁约1吨，是产量最高的汉代冶铁炉。椭圆形竖炉，能够在长轴两端扩大容积（图4-28），便于在短轴的两侧设两对或四对鼓风器械，来提高炉温，从而提高铁产量，这是汉代提高冶炼效率的一举措。

在古荥炼炉积铁瘤柱上，发现了炉身角（高炉炉身和炉腹部位的炉墙都不是垂直的，与垂直或水平参考面之间的夹角就是炉身角、炉腹角）的痕迹，表明此时炉的结构已有新的改进，改进后的炼炉可以有效发挥炉内热能的作用。鲁山望城岗冶铁遗址发现的大型椭圆形冶铁炉，有改建的痕迹，根据炉身角、炉腹角等的变化，可以推测出，其最初先是建成了一个内径长轴约4.0米、短

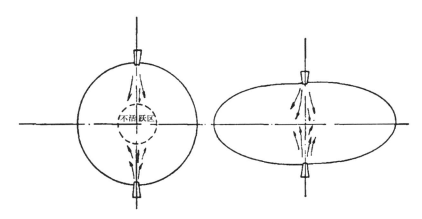

图 4-28　圆形竖炉与椭圆形竖炉效果比较

轴约 2.8 米的特大椭圆炉缸，经过一段时间的冶炼后，因某种原因将其放弃，后又将炉缸改建成了一个内径长轴约 2.0 米、短轴约 1.1 米的较小的竖炉。鲁山望城岗一号炉炉前出渣沟的设计（图 4-29），在汉代冶铁高炉上也是首次发现，渣与出铁的分开，带来操作的便利和产量的提高。

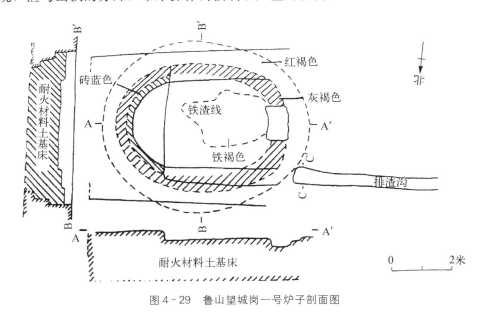

图 4-29　鲁山望城岗一号炉子剖面图

椭圆形的炉缸是汉代工匠总结出的一种增加炉缸容积的方法，解决了鼓风吹不到炉中心的问题，从而扩大和提高铁的产量。但炉子过于高大，鼓风设备不匹配，高炉得不到充分的风量，容易造成炉温不够甚至冻结事故。《汉书》中就有相关记载："征和二年（公元前 91 年）春，涿郡铁官铸铁，铁销，皆飞上去……河平二年（公元前 27 年）正月，沛郡铁官铸铁，铁不下，隆隆如雷声，有如鼓音，工十三人惊走。音止，还视地，地陷数尺，炉分为十，一炉中销铁散如流星，皆上去，与征和二年同象。"描述了高炉爆炸的力量之大及危险程度。从当时操作的工人数目来看，也说明了高炉系统的繁杂。古荥冶铁遗址、望城岗遗址等发现的积铁块，或许也与此有关。为了克服此弊端，并保证铁的产量，群炉生产成为必然之选。椭圆形大型炼铁竖炉，自东汉以后即不再使用，而是采用截面较小的圆形或长方形的竖炉，鼓风变得相当容易，生产的成功率也得以提高。

炼炉和鼓风设备是冶金生产中重要的组成部分，炉子的改进，往往又产生与鼓风设备的新矛盾，进而促使鼓风设备的革新，反之亦然[①]。高炉炼铁和冶铁技术的发展，与鼓风技术的改进密不可分，古代炼铁高炉是用皮制的"橐"作为鼓风器。随着经验的积累，大型的冶炼炉要求不止有一个鼓风器，鼓风机械与技术改进极大地影响着作坊铁产品的生产。

汉代的熔炼炉体积进一步增大、变高，传统的顶吹风管失去作用，如汉代古荥一号炉高达 4.5 米，若采用传统的顶吹式，插入炉内的管子长度必须超过 3 米，如此长的泥管，在炉料撞击和高温熔蚀的情况下，很难保证不出事故。工匠们创造了侧吹法，缩短了风管，并将风管的安装位置由炉口向下降到炉腹，并且可以采用多至四个风管对吹。这种侧吹鼓风装置，在南阳瓦房庄、新安、巩义等冶铁作坊中均有发现，侧吹法为熔炼炉向大型化发展提供了重要技术条件。

南阳瓦房庄的"阳一"铸铁作坊中，发现有几节换热式鼓风管[②]。所谓"换热式"鼓风，即利用炉口余热把风管内冷风变成热风鼓进熔炉，既提高了熔炉温度，又缩短了冶炼时间，提高了铁水质量。鼓风管可能是架设在炉顶上，作为预热管道使用。热鼓风可以明显提高风温，缩短铁熔化成铁水的时间，从而提高铸件的质量和产量。

炼炉技术的进步，还体现在筑炉技术的改进和冶炼原料的选取上。汉代筑

---

① 李京华：《河南冶金考古概述》，《华夏考古》1987 年第 1 期。

② 河南省文物考古研究所：《南阳北关瓦房庄汉代冶铁遗址发掘报告》，《华夏考古》1991 年第 1 期。

炉技术达到了较高的水平，不同部位使用的耐火砖，其所用的材料、厚度、形状均不相同。有的用含 SiO_2 较高的黄色或红色耐火粘土烧成耐火砖，进行砌筑；有的用直径 0.3～0.5 cm 的白色石英砂粒并掺有少量的细砂；有的用草拌泥、黄粘土及大量的石英砂混合而成，石英砂多经过加工破碎。这些耐火砖的耐火强度接近 1500℃，汉代高炉所出大都是酸性炉渣，含二氧化硅高的酸性耐火材料，对酸性熔渣具有抗渣性。

高炉炼铁所用原料大部分已进行了加工，炉料的粒度整齐，可以减少对高炉煤气的阻力，保证反应的接触面较大和反应的完全。桐柏县张畈村遗址中，曾挖出数以千吨计的矿石粉，即是当时冶炼之前，已对原料进行加工的证明。

汉代炼铁与化铁的分工已很明确，出现较多专用的化铁炉。炼铁炉与化铁炉的结构和筑炉材料有明显的区别，南阳瓦房庄遗址出土化铁炉 7 座，其构筑是在平整的地面上，铺筑烧过的草拌泥作为炉基。炉底是空心的，由基底、支柱、周壁与炉缸底部组成。依照耐火砖的高度及上述炉壁烧琉情况来推算，化铁炉的炉体高度约为 3～4 米、化铁炉平均内径 1.5 米，支柱可能有 15 个左右，基上砌筑炉缸底部。化铁炉的炉壁分 3 层，弧形耐火砖是特制的成形砖块，外敷草拌泥，厚约 15～50 毫米，内搪炉衬，厚约 40 毫米。耐火砖均由砂粒和粘土配制，石英颗粒有裂纹出现，玻璃相中析出针状莫来石晶体，有流动结构，均说明当时化铁炉能够达到相当高的温度。

从出土的熔炉炉衬看，断面明显分成三层，至少已经过两次停炉和补炉，补炉的材料与耐火砖所用材料相同。这样大的熔炉，当是半连续操作的，每过一定时间，出一次铁水，浇注一批铸范。当熔炼过久或铸范已毕，需适时停炉。说明汉代已较好地认识和掌握了熔炉的结构特点和操作方法。

汉代冶铁遗址发现较多退火脱碳炉，如巩义铁生沟"河三"冶铁遗址出土的退火脱碳炉 T12，是目前发现比较科学的炉型结构，温度分布均匀，热效率高，有利于产品质量提高。根据炉壁烧色来看，炉内温度在 900℃以下，是脱碳退火的温度范围，空腔里面多烧成红色，炉膛褐红色，说明是氧化气氛所成。经推算，T12 炉 11 的容积为 1 立方米左右[①]，按照长 13 厘米，宽 11 厘米的铁铲算，可容放 2000 件左右，脱碳一炉大概三天。巩义铁生沟汉代冶铁遗址发现的铸铁脱碳钢、可锻铸铁等，证实了退火脱碳炉的使用，产品差异可能

---

① 　赵青云等：《巩县铁生沟汉代冶铸遗址再探讨》，《考古学报》1985 年第 2 期。

因加热炉温、气氛、速度等因素不同而不同。

二、型材与铸造（铁范、叠铸技术）

金属范是古代主要铸造方法之一，即以铜、铁金属材料作为型范来浇铸铸件。最早的是春秋战国时期出现的铜范，主要用来铸造铜质钱币，一直到秦汉时期，铜范仍在铸钱业中广泛使用。铁范最早出现在燕国和赵国，多为农具范。河南地区目前尚未发现战国时期使用铁范的直接证据。

汉代，铸造所用的范有泥范、陶范和铁范，特别是铁范的使用，使铸造铁器的质量与效率都有不同程度的提高，铁范适用范围和地域进一步扩大，铸造器物种类比战国增加很多。铁范作为金属型，铸型材料用金属代替石头和泥沙，耐用性更强，实现了从一次型向多次型的飞跃，这在铸造史上具有重要意义。铁范在苏北、山东、河南、河北和山西的广大中原地区内的发现，证实汉代铁范铸造的普遍性。郑州古荥汉代冶铁遗址发现大量铸铁范用的陶模，巩义铁生沟遗址发现有舌的铁范芯，南阳瓦房庄汉代冶铁遗址共存大量陶范、铁范等，表明河南地区汉代用金属型来铸造生产已成为普遍现象。

李京华将汉代的铁范铸造工艺，分为三类：一是铧、铲、凹字形臿、一字形臿、耧铧、斧和镬，二是六角形釭，三是锤。犁铧模范的制造较复杂，其根据南阳出土的泥模和泥范，复原了由泥范翻铸铁范再由铁范铸造犁铧的整个工艺过程[①]。

生成模具—翻制泥模—浇注铁范—铸制铁器制品，全国有着统一的铸造规范，模具可以成批翻制泥模，相当数量的泥模铸出较多的铁范，较多的铁范成批地浇铸铁器产品。中原农具、工具和兵器器类器形稳定，无疑有利于铁范铸造优越性的发挥。该时期，铁范铸造工艺已经形成规范：铁范轮廓与铸件外形相符、壁厚均匀，可保证浇铸时散热较为均匀，避免发生裂痕；范壁带有把手，以便握持，又能增加范的刚度等；铁范的局部结构改进，出现泥芯代替铁芯；不仅仅有垂直式浇注，部分还采用倾斜式浇注来减少铁水对铁芯的冲击等。

镇平安国城汉代窖藏出土铁范最多，六十多件铁锤范分圆形和方形锤范两种，其中方形锤范 5 件，圆形锤范 56 件，有八种规格，锤范的互换性很强，同型号范随便套合，都可铸器。河北省兴隆县发现包括锄、镰、斧、凿、车具

---

① 李京华：《秦汉铁范铸造工艺探讨》，《史学月刊》1985 年第 5 期。

等铁范，证明战国时期就已经有用白口铁的金属型浇注生铁铸件。对河南地区汉代铁范材料的分析可知，白口铁和灰口铁、麻口铁都出现在铁范的组织中。如镇平出土 7 件锤范，其材质就有多种。不同组织的铸件各有优缺点，白口铁硬且脆，热稳定不如灰口铁，灰口铁范铸造性能好，凝固收缩小，材质变化表明工匠意识到白口铁缺陷，选择更坚固耐用的灰口铁。

巩义铁生沟遗址检验 7 件铁板余料，均为灰口铁和麻口铁。若白口铁制成铁范，浇注时其中的渗碳体将会分解，引起铁范体积膨胀。为承受高温铁水的冲刷和激冷激热的冲击，要求铁范具有良好的热稳定性，使用灰口铁制作铁范是从汉代开始的，铁范用灰口铁制造是金属型工艺的一项重大发展。

汉代铸造技术方法的发展更多表现在叠铸技术进步上。叠铸，又叫层叠铸造，是古代批量生产小型铸件的铸造技术，即将多层铸型叠合起来，组装成套，从共用的浇口杯和直浇道浇注，一次得到多个铸件。叠铸技术是在传统陶范铸造技术的基础上发展来的。这种方法大大提高了劳动生产率，节省造型材料和金属，非常适用于小型铸件的大批量生产。

中国是最早发明叠铸技术的，战国时期著名的齐刀币铜质范盒，它翻制的范片组合起来即为叠铸范。对范腔要求高度对称且精度高，制作难度很大。这是一种立式叠铸范，指铸件采用水平分型面，各层铸范按水平方向叠合，目前只在齐国发现。前文我们提到，登封阳城战国遗址中，出土的带钩模已反映出可以制作出对应的叠铸范。

叠铸是西汉铸钱工艺的一种。西汉早期已用于铸造榆荚半两钱，西汉中期四株半两承继了叠铸法的铸钱工艺；西汉中晚期，未发现叠铸法用于铸造郡国五株和三官五株，铸钱以平板范工艺中一金属面范与陶背范合范铸钱为主。王莽早期，叠铸法重新用于铸钱，与金属范铸钱同时并存，王莽晚期，叠铸法又取代金属范成为铸钱的主要方法[①]。东汉叠铸技术更加成熟，不仅用于铸钱，还广泛应用于铸造车马器、衡器等小件器物。汉代叠铸泥范的应用是普遍的，在陕西咸阳和西安、山东临淄、山西禹王城等地都有相关材料发现。

汉代叠铸技术的设计非常高超，不仅能够按照铸件的形状和工作要求选择不同的分型面，对收缩量、拔模斜度的考虑也非常合理，而且使吃泥量减小到最小限度。吃泥量，通常是指范壁和范腔以及各铸件范腔之间的泥层厚度，有

---

① 廉海萍、丁忠明：《汉代叠铸法铸钱工艺研究》《文物保护与考古科学》2008 年 12 月增刊。

时也指铸范的底厚。叠铸范自带榫卯结构，扣合紧密。轴套范等采用心轴组装，环范等采用定位线组装。复杂的浇注系统包括浇口杯、直浇道、横浇道和内浇道，并根据器件的种类分别采用封闭式、半开放式和开放式。

温县西招贤村烘范窑出土的 500 多套叠铸泥范，是目前发现数量最多，保存状况最好的[①]。包括轴套、轴承、车锏、车軎（图 4-30）、马衔、环、革带扣、权等，有 16 种铸件，36 种规格，一套范有 4～14 层不等，每层有 1～6 个铸件，最多的一次可铸 84 件，生产效率大大提高。均采用水平分型面。根据浇口在范腔的位置，温县叠铸泥范的浇注系统有顶注式和中注式，且内浇口很薄，厚度仅 2～3.5 毫米[②]。浇口铁易打掉而不损伤铸件，故产品的合格率得到了提高。同样是车軎范，南阳瓦房庄冶铸遗址东汉文化层中发现的车軎范（图 4-31），技术上比温县叠铸范更进步。南阳瓦房庄车軎范多堆式叠铸范，范块采用对开式垂直分型面，两堆铸范共用一个直浇道[③]，浇注时间缩短，反映了叠铸技术有了进一步的发展。

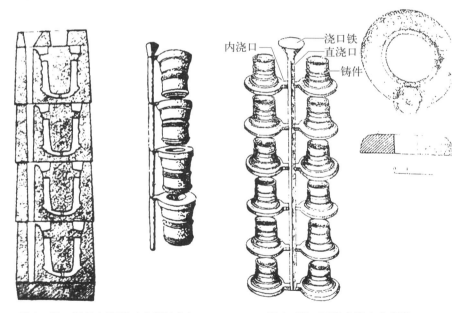

图 4-30　温县车軎范（内部结构）　　　　图 4-31　瓦房庄出土车軎范

①　河南省博物馆、《中国冶金史》编写组：《汉代叠铸：温县烘范窑的发掘与研究》，文物出版社，1978 年。
②　同上注。
③　河南省文物研究所：《南阳北关瓦房庄汉代冶铁遗址发掘报告》，《华夏考古》1991 年第 1 期。

　　叠铸工艺一直被视为高效生产方式，用金属型范盒可反复制作泥范，将泥范叠合成套，则每套叠铸范可铸器件几十甚至上百。汉代叠铸工艺程序如下：

　　1）范盒制作

　　河南温县出土叠铸范上的痕迹显示它们是用两类金属范盒翻制的。一类用于制作对开水平分型面的范片；一类用于制造全部型腔在一个范围内的范块。范盒制作采用水平分型面，有利于降低每层范的高度，增加铸范的层次。同时范片要设计合理、安排紧凑，保证叠铸范组装时榫卯定位准确；需要考虑范盒壁和铸件的拔模斜度及泥范的收缩量，保证范从盒中顺利脱出。型范由粘土、旧范土、砂粒、草木灰等组成，旧范土指用过的范，因其经过焙烧，可较少出现原生土制作泥范时出现的干燥收缩、开裂变形、加热时体积膨胀等现象。加固泥料选用粗糙、疏松范料，并孱以大量秸秆类物质，便于铸范散热和浇铸后铸件的清理。

　　2）叠铸范装配合体

　　铸范的合箱是叠铸技术中关键一环，主要有两种方式，见图4-32。一种

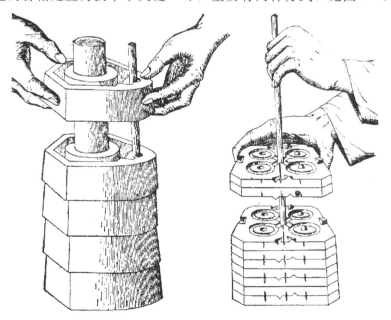

图4-32　叠铸范套合的两种方式①

①　河南省博物馆、《中国冶金史》编写组：《汉代叠铸：温县烘范窑的发掘与研究》，文物出版社，1978年，第25页。

为心轴承组装法：适用于有中心圆孔的范，如轴套范、六角承范等。组装时将范块一个个叠在一起，用木质心轴从中心孔上下贯穿，对准直浇口，再拌上加固泥，即形成一套叠铸范。另一种为定位线组装法：适于没有心圆孔的范，如圆环范、革带扣、马衔范等，为了避免组装出错，在每个范的一侧用泥印均匀划出 3 条定位线，另一侧做出 2 条定位线，按照范两边的定位线来进行组装，同样用木质心轴从中心孔上下贯穿直浇口。

3）范的干燥和烘烤

铸范组装好，为避免直接焙烧失水过快出现裂隙，先自然干燥让水分缓慢散失，再入烘范窑焙烧，来提高范的透气性和强度。从温县烘范窑可知，烘范窑内铸范是一层层堆放，范和范之间有缝隙存在，为防止杂质灰尘落入铸范内，可在浇口上加盖泥团。或直接将铸范倒置，浇口向下。烘范窑烘烤时，先低温预热，缓慢升温，当炉温达到 600～700℃以上，保温一段时间使范烘透，之后还需要打开窑门和烟道加速炉气的流通。铸范烘好后缓慢冷却，出窑。

4）浇注

叠铸范的浇铸系统一般由浇口杯、直浇道、横浇道、内浇道组成。具体根据铸件不同选择不同类型，如温县叠铸范封闭式浇注系统用于较小的铸件如圆环、马衔等；开放式浇注系统用于厚重的铸件如轴套、革带扣等；浇口杯设在铸范的顶部，和直浇口相连，有正漏斗和偏漏斗两种形式，内浇口厚度非常薄，如圆环、革带扣等仅有 2 毫米厚度，六角承、轴套等范的内浇口厚度也仅有 3.5 毫米。

汉代叠铸技术设计科学，不仅能够按照铸件的形状和工作要求选择不同的分型面，对收缩量、拔模斜度的考虑也非常合理，而且使吃泥量减小到最小限度。所谓吃泥量，通常指范壁和范腔以及各铸件范腔之间的泥层厚度，有时也指铸范的底厚。叠铸范自带榫卯结构，扣合紧密。轴套范等采用心轴组装，环范等采用定位线组装。复杂的浇注系统包括浇口杯、直浇道、横浇道和内浇道，并根据器件的种类分别采用封闭式、半开放式和开放式[1]。有些范的直浇口制成扁圆形，合范用的榫卯定位结构也按此原则予以布置。范的外形与范腔相吻合，不少铸范削去角部，使边厚尽可能一致，不但可以减少范的体积和用

---

① 中国科学院自然科学史研究所：《中国古代重要科技发明创造》，中国科学技术出版社，2016 年。

泥量，而且使散热更加均匀，提高铸件质量。

叠铸法在唐宋时期尽管不再用于铸钱业，但叠铸技术仍一直存在，广东佛山地区仍使用这种技术铸造小型构件和艺术铸件。

三、退火热处理技术进一步发展

20 世纪 80 年代对河南地区一批汉代铁器分析[①]，其中农具、工具所占数量最多，约总数 67％，铁兵器较少，数量仅个位数。组织反映出铁材质有白口铁、灰口铁、马口铁、韧性铸铁（包括球墨韧性铸铁）、脱碳铸铁、铸铁脱碳钢、炒钢，而块炼铁技术不见痕迹。其中检测的 279 件样品中，白口铁占比 25％，灰口铁 7％，麻口铁 1.5％，韧性铸铁件占检验铁器总数的 13.5％，且还有 4 件可以观察到球状石墨组织。球墨结构可以有效提高铸铁的塑性、韧性和强度。汉代的韧性铸铁中已经出现了球墨组织，但基本可推断为非工匠有意识控制的结果，更多探讨仍需要深入研究。其中铸造产品（白口铁、麻口铁、灰口铁）计 94 件，占总数的 34％；生铁退火热处理产品（韧性铸铁、脱碳铸铁和铸铁脱碳钢）计 166 件，占 59％，炒钢占 7％。生铁退火热处理产品比例最高。

华觉明先生将中国古代铸铁柔化技术分为两大类，一类是指在氧化气氛下，对生铁脱碳，可以得到白心韧性铸铁和铸铁脱碳钢；一类是在中性或弱氧化气氛下，对铸铁进行石墨化热处理，可以得到黑心韧性铸铁或球墨韧性铸铁。

不论哪一种方法，哪种氛围，铸铁柔化都离不开退火热处理。生铁铸件脆性大，制约了其使用范围。经过退火而使铸件柔化的技术，既保持了生铁易于铸造的优点，又可增强了铸件的强度及韧性。战国时期工匠们已经掌握和建立了一套退火的技术和设施。初期由于不能有控制地进行退火，且倒焰窑的炉温又不均匀，所以在炉内不同的温区，可退火出不同的材料。如靠近火池处的温度约 1100℃以上，铁器表面烧熔变形甚至粘结而成废品，于是工匠们边烧边锻，把退火废品改锻成其他器件。

汉代的铁工具、铁农具、兵器和具有刃口的用具等类型，基本上都是薄壁铸件，多数壁厚在 3 毫米左右，只有极个别的是在 5 毫米左右，退火比较

---

① 邱亮辉：《河南汉代铁器的金相普查》，《北京钢铁学院学报》1980 年第 4 期。

容易实施。该时期用木炭冶炼生铁，得到的是纯净的碳铁合金，非金属夹杂少，金属晶粒细，过冷倾向大，退火较容易。这些也是汉代退火热处理技术进一步发展的根本。大量的退火产物——韧性铸铁、球墨铸铁、脱碳钢等产品成为汉代工具、农具的主流材质。铸件全部脱碳成为钢制品，即铸铁脱碳钢；仅表层脱碳成钢称为脱碳铸铁。铸铁脱碳钢是有控制地脱碳，使铸件全部变成钢的组织，以区别于脱碳铸铁，其基本不析出或只析出很少的石墨，以区别于韧性铸铁。韧性铸铁有石墨析出，而脱碳铸铁和铸铁脱碳钢则没有。

　　白口铁铸件在 900℃ 或稍高温度下较长时间退火处理，渗碳体分解成的石墨聚集成团絮状，就得到韧性铸铁。以铁素体基体和团絮状石墨为主要组织结构的，称为黑心韧性铸铁；以珠光体基体和团絮状石墨为组织结构的，称为白心韧性铸铁。实际上西方韧性铸铁要到 18 世纪 20 年代以后才发展起来，中国的韧性铸铁早在公元前 5 世纪左右的战国时期就已开始使用了。战国时期就有了白心和黑心两种韧性铸铁，多属于脱碳不完全的钢铁复合件，说明技术仍在摸索阶段。汉代农具中已有较多韧性铸铁，巩义铁生沟遗址铁器经过分析的有韧性铸铁 15 件，其中 T12：13 残铁铧、T14：26 双齿镬、T16：34 铁板这几件铁器中心仍保留有莱氏体及渗碳体组织，但表面已经脱碳成钢。到西汉中期以后，脱碳不完全情况则较少见，石墨形态、分布状态和颗粒度良好，退火热处理技术越发成熟。铁生沟遗址出土的铁铲、铁镬和南阳瓦房庄遗址东汉地层中出土的 135 号铁镬，经检测为球墨铸铁。它们的强度和韧性，比一般的黑心韧性铸铁更优，也被称为球墨韧性铸铁。分析的 13 件汉代黑心韧性铸铁（包括球墨韧性铸铁）中，12 件为铁农具，1 件为工具铁斧[1]。瓦房庄遗址 9 件白心和黑心韧性铸铁材质，对应的均为农具，而工具、兵器和日用器件，都未见有韧性铸铁。

　　铸铁退火的温度略低于烧陶，略高于烘范，故陶窑作为退火窑是完全能够胜任的。铁生沟、古荥、瓦房庄遗址等都出土多座烘范窑。退火脱碳窑炉是沿用烘烤窑的形制，其窑炉的前边设有方形的工作坑，是供临时存放燃料与原料的，窑工在此装原料和燃料、开启与封闭窑门。窑门位于工作坑和火池之间，具有装燃料、装原料和出产品、调节气氛和调控温度、观测火候等多种功能。

---

① 华觉明：《汉魏高强度铸铁的探讨》，《自然科学史研究》1982 年第 1 期。

火池是燃料的燃烧池，制作成前窄后宽的梯形，使得火池产生的热气，呈现辐射形通向窑膛，均匀送热。遗址火池底部残存全是白色木质灰烬，即氧化焰的证明。窑膛的平面呈现近正方形，是放置生铁器进行退火脱碳的地方，窑膛底残存较多的白色燃料灰，说明窑膛也是氧化焰气氛的。窑膛的前半部分接近火池，烧的温度偏高，后半部远离火池，烧的温度偏低。窑膛内铁器数量的放置以及烟囱的高低都会影响热气的流通、分布以及抽风的强弱。为了提高退火脱碳的生产效率，铁器全是套叠和重叠堆放的。

金相观察发现不同地区的鋬铁工具，鋬底和鋬外壁的脱碳程度不同，前者脱碳更彻底，反映出韧性铸铁的实施，大概率是在退火窑中批量完成的。批量农具或工具套合叠放，置于退火窑，鋬底显然比鋬外壁更多接触到炉气，自然退火脱碳程度更甚些。巩义铁生沟的退火脱碳炉，属于一种地坑式加热炉，设计科学，炉子底部和侧壁都设有火道。燃烧室、炉膛和烟道分隔开来，保证了燃烧时候生成的氧化性炉气和炉膛的铸件不直接接触，减少铸件表面氧化，升温缓慢、温度分布较为合理，或许正是这种退火条件和设施产生了铁铲、铁镬这种性能良好的球墨韧性铸铁。

该时期还出现了灰口铸铁，南阳瓦房庄两件汉铁釜的浇口，检测均为高磷灰口铁，磷含量增高，会增强铁水流动性，利于薄壁大型容器的铸造，这应是工匠有意识加入高磷铁矿或富磷助熔剂的结果。

生铁材经过退火处理，成为韧性铸铁和脱碳钢件，然后可根据需要加工成不同类型的钢铁器件。古荥冶铁遗址出土重达几十千克的梯形铁板材，长 19 厘米，宽 7～10 厘米，厚度 0.4 厘米，退火脱碳成低碳钢（图 4-33），含碳量在 0.1～0.2％之间，应是进一步锻造钢件的坯料[1]。

河南瓦房庄出土条形材百余件，有圆形铁条、扁体铁条、方体长条（图 4-34），还发现由板材卷锻而成的棒材实物[2]。对部分铁材的分析，也表明其已是钢的成分与性能。

巩义铁生沟经过分析的铸铁脱碳钢共 14 件[3]，尽管其中 11 件是对其表面的金相组织的观察，只能代表器物表面金相观察到的结果，但取样检验的 3 件铁器，可确定其基体是铸铁脱碳钢，如 T16:18 弩机扳机（悬刀）的金相组织，

---

① 《中国冶金史》编写组：《古荥遗址看汉代生铁冶炼技术》，《文物》1978 年第 2 期。
② 李京华、陈长山：《南阳汉代冶铁》，中州古籍出版社，1995 年，第 106 页。
③ 《中国冶金史》编写组等：《关于"河三"遗址的铁器分析》，《河南文博通讯》1980 年第 4 期。

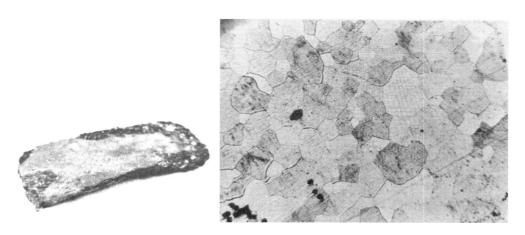

图 4-33　古荥冶铁遗址出土铁板材与其组织

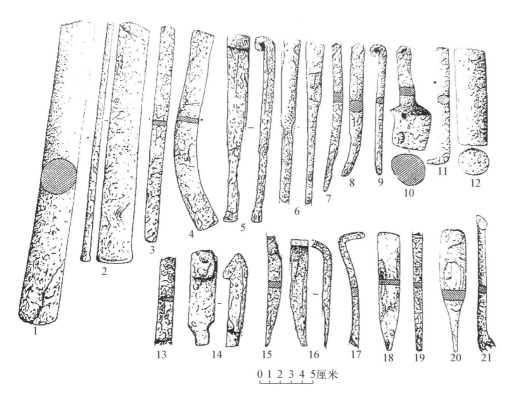

图 4-34　南阳瓦房庄出土各类条材

取样部位已全部脱碳成为铁素体，硅酸盐夹杂数量不多。这些脱碳铸铁钢制成的工具、农具，组织中夹杂少，质地纯净，基本无石墨析出，成分性能与铸钢接近。

两汉时期的铁器中，也已发现了较多铸铁脱碳钢制品，如鲁山望城岗出土铁耧铧和残铁器，南阳瓦房庄出土的多件铁器如铁犁铧、铁凿、铁钩、铁锥和铲形刀等等。河南省郑州市郊东史马村汉代窖藏出土的剪刀①，共 6 把，均为连柄交股式，柄的断面为四方形，有不同程度的锈蚀。窖藏同出土有东汉末年的五铢钱，证实窖藏年代应属东汉末年或稍晚。保存较好的剪刀至今仍具有弹性，其中 3 件剪刀经分析，组织质地纯净，杂质少。剪刀的制作，是用生铁铸成铁条，再经脱碳处理成钢材（其含碳量自 0.4％～1％不等），然后加热弯成"8"字形，再磨砺刃部，制成剪刀。但由于剪刀刃部锈蚀严重，无法获知刃部是否经过淬火热处理。同形制的这种剪刀，在陕西宝鸡斗鸡台②、河南洛阳火烧沟汉墓③都有出土。不同遗址和作坊，同器类、同形制，其加工方法大概率是一致的。

1986 年，中国社会科学院考古所实验室对河南桐柏毛集汉代铁矿洞出土的铁斧銎口部及刃部进行金相分析（图 4-35），铁斧组织是团絮状石墨和珠光体，为白心韧性铸铁，斧的銎部内壁脱碳为纯铁素体组织，最低含碳为 0.2％；斧的刃部有针状马氏体，说明经过淬火（将金属工件加热到某一适当温度并保持一段时间，随即浸入淬冷介质中快速冷却的金属热处理工艺）；斧其余部位为珠光体加网状渗碳体，最高含碳为 0.6％左右，为中碳钢④。不同部位形态多样化，但整体组织欠均匀，反映出不是经反复锤锻、均匀渗碳所得，而是节省人力和工时的规模化制作产品，即同一退火窑内各部分温度分布不均匀所致。

汉代工匠，对于材质和性能关系已经有一定认识，可以根据不同用途选择不同方法得到不同材料。脱碳铸铁因其表面脱碳，韧性提高，有助于改善铸铁性能，应用于铁锛、铁镢、铁锄、铁铧等农具时，器心硬，器表略软，更加耐

① 郑州市博物馆：《郑州近年发现的窖藏铜、铁器》，见《考古学集刊》第 1 期，中国社会科学出版社，1981 年，第 177 页。

② 中国历史博物馆：《简明中国历史图册》（第 4 册），天津人民美术出版社，1979 年，第 80 页。

③ 洛阳区考古发掘队：《洛阳火烧沟汉墓》，科学出版社，1959 年，第 189 页。

④ 河南省文物研究所、信阳地区文物科：《信阳毛集古矿冶遗址调查简报》，《华夏考古》1988 年第 4 期。

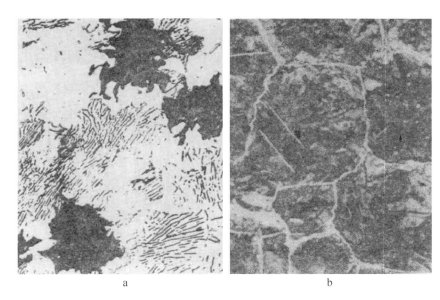

图 4-35　毛集汉代铁矿洞出土铁斧的金相组织
a. 光体及铁素基体，团絮状石墨×250　b. 针状马氏体、珠光体（黑）及网状渗碳体×500

磨；对于抗冲击力要求更高的工具和兵器，多选用铸铁脱碳钢或其他钢件，铸铁脱碳钢性能良好，可以成批生产，需要较长时间退火，但生成效率较高；轴套、轴承、铁釜、铁范等仍用白口铁；农具多韧性铸铁，汉代冶铁作坊中都发现韧性铸铁应用于铁农具生产这一现象；灰口铸铁多用于耐高温和冲击的浇口、铁芯等。

铸铁柔化技术在汉代达到较高水平，热处理尤其退火工艺成为汉代铁官冶铁作坊常规方法，铸铁的热处理技术在汉代迅速发展并臻于成熟。

四、炒钢和贴钢

炒钢是中国古代生铁炼钢一项创新。所谓炒钢，是指以生铁为原料，把生铁在空气中加热到半熔融态，通过搅拌增加铁和氧气的接触，使液体中的碳氧化，随着温度升高，组织中奥氏体中含碳量下降，铁中杂质元素氧化后成为硅酸盐类夹杂。炒钢因在冶炼过程中要不断地搅拌，好像炒菜一样而得名。炒钢组织均匀或分层，各层中含碳量均匀，夹杂物以硅酸盐为主，夹杂物细小且变形量大。生铁加热到 1150～1200℃，其中所含的碳氧化完全则成为熟铁或低碳钢；在脱碳不完全时，终止炒炼而得到的是中碳钢或高碳钢，然后出炉锻打成器。

全国范围多地发现两汉时期的炒钢制品，如广东南越王墓、云南李家山汉墓、武夷山城村汉城遗址等。陈建立对河北东黑山遗址两汉时期 66 件铁器进行分析，其中炒钢件就多达 17 件[①]。

对河南地区汉代 200 多件铁器金相分析[②]，炒钢件占到 7%，主要为工具、兵器类。阳城汉代铸铁遗址发现铁凿刃部（YZHT4L2：7）为炒钢材料，南阳瓦房庄遗址和郑州古荥冶铁遗址均鉴定出炒钢制品。巩义铁生沟遗址发现以炒钢为原料经过锻造而成的成品或半成品就有 14 件。南阳东郊曾出土一件东汉铁刀，形制较特殊，刀身有一道平行于刃部的锻接痕迹，保存较完好，是用炒钢锻制而成[③]，反映出炒钢技术在两汉时期的普及。

河南巩义铁生沟、南阳瓦房庄、南阳市赵河村冶铁遗址等都发现炒钢炉，炒钢炉结构较为简单，一类是在地面上用石头砌出口小底大炉，炉口用炉盖遮一半，另一半敞开作为装料、搅拌等操作之用，如铁生沟发现的炼炉（炉 9）即属于此类炒钢炉。另一类就地面向下挖成罐形炉膛，内涂耐火泥，如瓦房庄出土的汉代炒钢炉，上部已毁，就地向下挖出坑即为炉膛，火池在炉门外。炉缸椭圆形，27 厘米×（22～28 厘米），壁厚 4 厘米，内面涂抹细夹砂耐火泥，底部和炉壁糊有草拌泥。壁被烧成黄色琉璃状，炉膛底部蓝灰色，火池灰色，炉子底部有一铁块，长 15 厘米，宽 12 厘米。南阳方城县赵河村汉代冶铁遗址发现类似炒钢炉 6 座[④]，此类炉容积小，呈缶形，温度可以集中；挖入地下成为地炉，散热少，有利于温度升高；炉下部作"缶底"状，是为了便于装料搅拌。

炒钢炉出来中碳钢或高碳钢，要使其组织致密，还需要锻打。锻造生产离不开配套的锻炉和进行锻打操作的工具等。瓦房庄遗址发现 8 座就地而建的锻炉[⑤]，说明不仅有炒钢炉，还有"阳一"锻造作坊，锻炉由耐火砖和小砖砌筑，炉壁和炉底由草拌泥糊，炉 24 的炉膛 86 厘米×（22～81）厘米，炉底保留一块长 15 厘米、宽 12 厘米的铁块。

---

① 刘海峰、陈建立等：《河北徐水东黑山遗址出土铁器的实验研究》，《南方文物》2013 年第 1 期。
② 邱亮辉：《河南汉代铁器的金相普查》，《北京钢铁学院学报》1980 年第 4 期。
③ 河南省博物馆等：《河南汉代冶铁技术初探》，《考古学报》1978 年第 1 期。
④ 韩汝玢、柯俊主编：《中国科学技术卷 矿业卷》，科学出版社，1996 年，第 612 页。
⑤ 河南省文物研究所：《南阳北关瓦房庄汉代冶铁遗址发掘报告》，《华夏考古》1991 年第 1 期。

在许多冶铁遗址中，均发现有铁锤、铁钳，应是锻造生产时不可缺少的用具。淬火盆是刃具锻造最后工序必备的用具。淬火是让铁刃在激冷的过程中，再次改善组织、增强硬度的。淬火技术在汉代应用较广，桐柏毛集汉代铁矿洞出土铁斧刃部即为淬火组织。登封阳城战国冶铁遗址发现有陶盆埋在地下，口沿与地面相平，发掘推测为淬火的水盆。瓦房庄遗址中发现较多磨石，由细砂石到粗砂石多种，宽面磨石、窄条磨石，可能分别为用来磨砺各类刃具的工具。可见这里不仅铸造铁器，还用生铁炒钢，并用炒钢产品锻制器具。

从发现的古代钢刀来看，东汉时期已有百炼钢技术，如山东临沂出土的东汉环首钢刀、江苏徐州出土的五十炼钢剑[①]。百炼钢也是中国古代的一种制钢工艺，其特点是反复加热锻打，多次反复锻打可排除钢中夹杂物，减少残留夹杂物的尺寸，从而使其成分趋于均匀，组织趋于致密，细化晶粒，改善钢的性能。汉代是百炼钢的开端，魏晋是百炼钢的鼎盛时期，唐宋之后有所减少。

由于缺少河南地区汉代兵器样本的分析，尚无本地兵器实物是百炼钢的分析证据。

贴钢：《天工开物》中曾经对贴钢工艺有过记载，通常是指在镰刀、锄头等工具刃部贴上一层含碳较高的钢，然后经过加热、锤锻、贴合后，淬火使刃部硬度增高，从而使得器物兼顾锋利的刃口和柔韧的基体。丘亮辉在对铁生沟遗址出土铁器的分析中，发现其中 4 号铁镢是锻造含碳很低的熟铁。其刃口 2 厘米的范围内，含碳量逐渐增加，在口沿地方出现球化相当好的珠光体组织，口沿部分有明显的接缝，而另一面的刃口大部分还是铁素体，局部含碳较高，从这种情况判断，很可能是我国最早的贴钢产品[②]。这种工艺和后来广泛发展起来的灌钢工艺否有联系，尚值得进一步的探讨。

河南巩义"河三"作为工艺齐全的冶铁作坊，可作为汉代冶铁技术的代表，根据对其出土铁器的分析，我们对汉代铁冶生产工序和工艺，有了较充分认识，详见图 4-36。

从河南汉代冶铁遗址来看，当时的作坊有以炼铁为主且兼铸铁器的，也有专门铸造铁器的。汉代高炉炼铁已成为一种经济有效的炼铁方法，高炉炼铁从上边装料，下部鼓风，形成炉料下降和煤气上升的相对运动，燃料产生的高温

①　柯俊、韩汝玢：《中国古代的百炼钢》，《自然科学史研究》1984 年第 4 期。
②　丘亮辉：《关于"河三"遗址的铁器分析》，《中原文物》1980 年第 4 期。

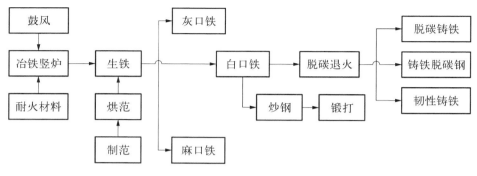

图 4-36　"河三"工艺一般流程

煤气穿过料层上升，把热量传给炉料，其中所含一氧化碳同时对氧化铁起还原作用。这样燃料的热能和化学能同时得到比较充分的利用，下层的炉料被逐渐还原以至熔化，上层的炉料从炉顶徐徐下降，燃料被预热也利于达到更高的燃烧温度。

汉代高炉炼铁中的筑炉技术已经达到了较高的水平。砌筑耐火砖由耐火粘土烧成，甚至不同部位耐火砖所用的材料、厚度、形状均不相同。有的用石英砂粒掺少量的细砂，有的用草拌泥、粘土及大量的石英砂混合而成，这些耐火砖耐火强度可达到 1463～1469℃。

高炉炼铁在冶炼之前，要对原料进行加工，炉料粒度整齐可以减少对煤气的阻力。高炉冶铁技术的发展，离不开鼓风技术的改进。古代炼铁高炉是用皮制的"橐"作为鼓风器的，随着时间的推移以及经验的积累，为提高炉子的温度，加速冶炼的进程，人们增加鼓风器和鼓风管来使炉中燃料充分燃烧。对瓦房庄冶铁遗址中鼓风管的分析，推测汉代南阳冶铁炉已经有了热鼓风装置[①]，即利用炉口余热把风管内冷风变成热风鼓进熔炉，不仅提高了熔炉温度，也缩短了冶炼时间。东汉建武七年（31 年），杜诗任南阳太守，创造出比用人力鼓风用力少、见功多的以水为动力的水排，并进行了推广。水排的发明和应用，不仅提高了鼓风能力，而且大大降低了成本，桐柏县张畈村的冶铁遗址距矿山较远，建在河流旁，很可能就是利用"水排"鼓风。

铸铁的热处理技术在汉代有很大的发展，并臻于成熟。铸铁脱碳钢和韧性铸铁更适合制作耐冲击、耐磨、性能良好的农具。西汉后期已创造了把生铁加

---

① 李京华、陈长山：《南阳汉代冶铁》，中州古籍出版社，1995 年，第 23 页。

热到熔化或基本熔化的状态下加以炒炼，使铁脱碳成钢或熟铁的炒钢技术。炒钢炉出现，标志着炼钢技术发展到了一个新的阶段，使得钢材的产量大大提高，这对于当时生产工具的改进以及钢制品的推广均具有重要的意义。百炼钢的出现，标志汉代以生铁为基础的中国古代钢铁体系成熟。

第五节　河南汉代铁工业体系化雏形

战国至秦汉时期，铁器工业属于国家支柱产业，也属于当时的高新技术产业。东周列国都城、秦汉都城以及郡县治城内外，往往集中有铁工场。据文献资料和考古资料来看，凡是设有铁官的地方，大都是铁矿所在地，或者距离铁矿不远的城市，后者往往有着便利的交通和发达的商业[①]。

汉代冶铁作作坊的分布，常见两种类型：一种是以原材料产地为纽带形成的集聚地，如鲁山冶铁遗址群；另一种是以城市为中心，如古荥冶铁作坊、南阳瓦房庄冶铁作坊。同类型冶铁作坊，属性也会不同，南阳瓦房庄以铸造为主，只进行生铁的熔化和铸造，不进行生铁冶炼；而郑州古荥则是冶、铸兼有的官营作坊。

体系化，泛指一定范围内或同类的事物按照一定的秩序和联系组合而成的整体。汉代铁工业的产业布局、产业结构及经济活动等已经初步形成空间整体，即工业系统。对此，我们尝试从以下几个方面进行说明。

一、产业空间布局的优化

自然条件和自然资源是生产的前提条件，也是产业布局的重要依据。在工业化初期，产业布局必将优先考虑自然条件和自然资源禀赋有优势的地方。

从作坊规模和产量考虑，将冶铁作坊和铁矿原料地相结合，建立起冶铁的生产线，无疑能够极大地降低成本，带来生产效率大的提升。舞阳、西平遗址群、桐柏冶铁遗址群及鲁山冶铁遗址群均集中在南阳盆地或其周边，绝非偶然。

南阳盆地西、北、东北三面为伏牛山，东南部为桐柏山脉，地势北高南低，盆地呈由东北、西南方向倾斜的扇形地带。西、北、东三面较高，海拔

---

① 傅筑夫：《中国封建社会经济史》，人民出版社，1982年，第333页。

1000～2000 米，中部较低，海拔 80～120 米，气候温暖、雨水充足，盆地南部的新野、邓县为出口，与江汉平原连通，是南北交通要冲。南阳盆地经历多次褶皱、挤压、碰撞、断裂、升降、风化、沉积等地质构造活动，形成特殊地质特征，现代勘探南阳盆地的铁矿点星罗棋布，有 40 余处，主要分布在桐柏、方城、南召、内乡、淅川、西峡等。铁矿类型多样，以矽卡岩型铁矿和岩浆型铁矿为主，前者有 24 处，桐柏、南召铁矿多属于此；后者 4 处，以方城张行庄铁矿为代表。南阳盆地有着得天独厚自然资源，土地肥沃、物产丰富，同时战略位置十分重要，这些为古代南阳经济的发展提供了良好的自然条件和物质基础。

　　舞阳、西平冶铁遗址群中，所有的遗址的坡向，均朝南或东南，采矿遗址分布接近矿源，处于整个流域的上游。冶炼遗址通常距离矿源不是很远，位于整个流域中游，离河流较近的平原地带，显然是为了兼顾供应链的两头：矿源和交通运输。炒钢作坊分布于整个河流的下游，靠近河流的平坦位置。毛集铁山庙冶铁遗址，距离矿洞仅有百余米[①]。望城岗冶铁遗址，还利用自然河流（沙河水）作为动力，带动设备向高炉内鼓风，节省了大量劳力。

　　以鲁山冶铁遗址群为例，鲁山县历史悠久，夏商时，鲁山县初称鲁地，后改称鲁阳，春秋时属郑，后来隶楚。楚肃王十年（前 371 年），魏伐楚取鲁阳，鲁阳属魏，西汉置鲁阳县，归南阳郡。鲁山县三面环山，东部为河流冲积平原和丘陵，沙河从西到东贯穿全境。由于西部山区有大量易采的铁矿，加之为县治所在地，不仅是陆路交通上的枢纽，而且因其濒临沙河，具备水运之便。两汉时，在沙河的北岸和县治之间的坡岗地上，逐渐形成了当时颇具规模的生铁冶铸作坊。

　　影响冶铁作坊分布的，除了矿产分布的地质地理条件，还有社会因素的影响。战国时期，南阳就是楚国最重要的冶铁基地。秦汉时期是南阳冶铁业大发展时期，公元前 225 年，秦国灭掉魏国，把原本魏国大梁（今开封）的孔氏迁徙到了南阳。汉初大一统的局面，为商业提供了安定的发展环境，农业和手工业的繁荣，为市场提供了更多商品，商业的发展步入一个新阶段。

　　中国古代是没有现代意义上的工业的，古代的工业即指手工业。作为农业社会，古代中国农业的发展，很大程度上影响着工商业劳动者生活资料的来

---

　　① 李京华、陈长山：《南阳汉代冶铁》，中州古籍出版社，1995 年，第 4—5 页。

源，农业是国民经济的基础，更是其他行业发展的前提和支撑，我国最早出现的手工业区，集中在当时生产力较为发达的黄河中下游一带。战国时期便出现了铁制的耕犁，汉武帝曾经下令在全国范围推广三脚耧这种先进的播种机。

江汉流域的南阳郡人口数量不断增加，为农业、手工业、商业等各行业的发展提供了充沛的劳动力资源，尤其是农业和手工业的发展。《汉书·召信臣传》载："开通沟渎，起水门提阏凡数十处，以广溉灌，岁岁增加，多至三万顷。民得其利，蓄积有余。"召信臣作为南阳太守，垦增水田，兴修众多水利设施，大量水田的存在，为稻作农业提供了优越的生长环境，更为扩大水稻种植规模提供基础。张衡在《南都赋》提到"冬稌夏穱，随时代熟"，稌，指糯稻；穱，指麦类作物。表明汉代南阳郡稻麦轮作，一年两熟。"于其陂泽，则有钳卢玉池，赭阳东陂。……其水则开窦洒流，浸彼稻田。"张衡描述的是南阳由于农田水利事业发达，遍布适宜水稻生长的良田。水稻则是南阳主要的粮食作物。水稻的栽培技术成熟、种植范围扩大，与大量水利设施的兴修、铁质工具的普及，密不可分。农业的发展，又反过来促进了手工业技术的进步。

交通是促进南阳郡商业繁荣的重要条件。南阳地处河南省西南部，北通中原，东接吴会，西连巴蜀，南控江汉，四通八达，水陆交通便利。南阳境内武关道北抵关中；东南道、宛南大道，可达江南；方城道、宛洛路沟通中原，东汉时，沿宛洛路，从宛出发，经鲁阳，过伏牛山区，到京师洛阳；南阳郡作为全国陆路交通的枢纽地带，货殖集中于此。此外，唐河、白河、丹江贯穿境内，长江、黄河、淮河三大水系于此交汇，形成天然的水路交通网。纵横交错的水陆交通，使得南阳郡成为连接东西、沟通南北的货物集散地，为南阳经济繁荣创造了条件。宛，是今南阳市西汉时期的县名，《盐铁论》："宛、周、齐、鲁，商遍天下。"周指东周的京都，即今河南省洛阳市；齐指临淄，即今山东省临淄县；鲁指曲阜，即今山东省曲阜市。宛、周、齐、鲁，是汉代全国著名的四大都市，是大商人产生和聚居的地方。

河南地区的汉代大型冶铁作坊选址无疑兼顾自然环境和社会环境的考量，或有着发达的农业和兴旺的商业，兼具交通便利，或靠近矿源、水路等。南阳盆地及周边冶铁遗址群的出现，将冶铁业纳入更复杂的社会物质流通的网络中，已经成为商业化行为的制造业。冶铁产业的空间布局，是兼顾资源禀赋、区位优势、产业基础和区域分工协作等作出的优选。

二、政府主导的市场机制与管理体制

汉代冶铁官营保证了当时人力、物力、财力的集中。秦汉时期，耕地扩大、人口增多，农业得以迅速发展。除了农耕区域扩大外，农具的改善也是农业发展的一个重要因素。秦汉时期，水利工程空前发展，以都江堰、郑国渠为代表的大型水利工程，往往需要聚集几万甚至几十万人力来协同完成，工欲善其事，必先利其器，铁工具无疑成为修建水利工程的利器。秦汉时期各种规模宏大的大型石室、土木工程、石阙、石雕等营造，也都离不开各种铁质工具。

传统的家庭作坊满足不了生产规模的扩大，手工业的经营方式由家庭手工业，发展到作坊手工业，再到工场手工业，而仅仅依赖市场机制无法建立完整的大工业体系，人力、物力、财力的集中，离不开政府行为的介入。

《汉书·地理志》记载设铁官的郡和县有 48 处。"郡不出铁者置小铁官"，用以收购废旧铁器进行铸造。另外，汉代有啬夫、护、长、般长、令、丞、佐、掾、守令史及守啬夫等，来具体管理官府手工业，从中央到地方形成了一整套严密的手工业管理体系[1]。严格的管理制度，使得大批有冶铁技术的工匠及劳动力（刑徒）得以聚集到官营冶铁作坊进行劳作。在此背景下，西汉冶铁技术和铁器生产获得长足发展，具体反映在作坊数量增多、冶铁业规模扩大、铁器种类激增、新的工艺频出等。

相比战国时期，西汉时期冶铁作坊规模要大得多。山东临淄齐故城发现的汉代冶铁遗址约有 40 万平方米的范围，就比战国时期齐国冶铁遗址大 8～10 倍[2]。河南地区发现的汉代官营冶铁作坊，面积在 1 万平方米以上的就有多处，以南阳瓦房庄和郑州古荥冶铁作坊规模最为宏大，前者 28 万平方米，后者遗址面积 12 万平方米，对古荥冶铁炉复原研究，表明其容积有 50 立方米，日产铁可达一吨左右[3]。巩义铁生沟冶铁作坊，更是从开采矿石到制出成品、设施齐全的典型，发现炼铁炉 18 座，熔炉 1 座，藏铁坑 17 处，配料池、矿石坑各 1 处，房基 4 座，出土了大量的铁器、泥范、陶器等遗物[4]，形成了从采矿、选矿、冶炼、铸造到热加工处理等一整套生产工序。

---

① 高敏：《秦汉史探讨》，中州古籍出版社，1998 年。
② 群力：《临淄齐国故城勘探纪要》，《文物》1972 年第 5 期。
③ 郑州市博物馆：《郑州古荥镇汉代冶铁遗址发掘简报》，《文物》1978 年第 2 期。
④ 河南省文化局文物工作队：《巩县铁生沟》，文物出版社，1962 年。

作坊规模宏大，要求与之匹配的人数可观，以鼓风为例，汉代炼铁的熔炉容积增大，为更好让碳在里面充分燃烧，炼炉离不开鼓风，鼓风动力一开始是人力，费力大，人数上有一定需求和保障才能满足轮流替换，尽管之后出现将人力解放出来的畜力、东汉水排，但人力鼓风对炉子的便携操控使得其仍在冶铁业占据一定位置。对鲁山望城岗冶铁遗址研究发现，其高炉出渣、出铁、鼓风、填料、供水、冷却等系统完备，需要 150 人以上换班连续工作。山东滕县宏道院汉代冶铁和锻铁石刻画像，第四层画像反映的即为冶铁生产情况：画面上有 11 人，其中 3 人操皮囊鼓铸，右侧 4 人锻打，余人或审视铁器或执器操作①。有学者据此推测，一个冶铁作坊通常有工人千人之多②。

汉代冶铁规模，从文献中也可窥见一斑。《汉书·五行志》载："成帝河平二年七月，沛郡铁官铸铁，铁不下，隆隆如雷声，工十三人惊走。"一个炉旁就有 13 名有技术的工匠。《汉书·成帝记》载：阳朔三年六月"颍川铁官徒申屠圣等百八十人杀长史、盗库兵，自称将军"，永始三年十二月"山阳铁官徒苏令等二百二十八人攻杀长史，盗库兵，自称将军"。反抗、起义的工人（徒），动则二三百人，可以想象冶铁作坊中人数之多、规模之大。

现有考古材料表明，凡设在矿区或矿区附近城镇的作坊，一般兼管冶炼、铸造和铁器处理加工；位于远离矿区的大城市作坊，多从事铸造、热处理加工、炒钢和锻造③。生产模式也有两类：一种是集多功能于一体的综合性冶铁作坊如铁生沟、瓦房庄、望城岗等，一种是区域中不同遗址分工明确，各司其职，分别负责不同环节，如舞钢西平冶铁遗址群等。这种合理、领先的布局和分工，反映的是该区域冶铁技术的成熟和管理体制的完备。

大的冶铁作坊，生产者人数之多是不难想象的。依靠完善的职官体系和规章制度，才能保证生产有序。从中央到地方作坊，汉代铁官是完整而系统的职官体系。《汉书·百官公卿表上》："（大司农）属官有……斡官、铁市两长丞。"产铁的郡县设置铁官，不产铁的设置小铁官。铁市长丞则是国家农业与财政部长——大司农的直线下属，各郡国铁官，均归属于铁市长丞，实行垂直管理，大铁官八个，小铁官又包括郡小铁官、县小铁官和侯国小铁官。

①　山东省博物馆、山东省文物考古研究所：《山东汉代画像石选集》，图 341，齐鲁书社，1982 年。
②　陈直：《两汉经济史料论丛》，陕西人民出版社，1980 年。
③　中国社科院考古所：《新中国的考古发现和研究》，文物出版社，1984 年。

　　大铁官的职责包括庶务、采矿、冶炼、铸造、烧炭、金府、司狱、祭等，各有对应职官与职责，具体如下[①]。

　　1. 司庶务职官及职责

　　（1）晋吏（书记或课书）：掌金属收支存运、均承行谕贴告示、造送目报册、随时票报发生的事件。

　　（2）监班（柜书）：日卖矿和矿价账簿、开呈单。

　　（3）巡役：巡视官员、矿厂的产量和质量、违纪事件等。

　　（4）街长：掌平物价，贸易赊欠、债务稽查等事。

　　（5）练役：掌缉搏盗贼之事。

　　（6）壮练：负责押运财物。

　　（7）其他：月活和杂皮活。

　　2. 闹长职官及职责

　　（1）总镶，又称矿硐长、总工，勘察与判定矿坑和坑道的开采、监察砂丁邻硐的纠纷等。

　　（2）镶长：掌辨察闩引、视验塝色和矿质、调拨槌手、安置镶木、松塂、安排风柜等。

　　（3）监班、工头、硐丁：根据矿情安排錾手、椎手、锤手、背塝、拉奄（龙）。

　　3. 冶铁炉长职官及职责

　　（1）炉长：掌熟识矿性，谙练配煎，守视火候等冶炼工艺技术。

　　（2）炉户、炉丁、雇工：炉前操练、配料、装料、鼓风，每班三人。

　　4. 熔铸炉长职官及职责

　　（1）炉长：识火候、谙练配煎、识造渣，铸。

　　（2）模型长：选模型材料、制模翻范、合范烘烤。

　　5. 炭长

　　伐木、烧炭、运炭，领收工本。

　　6. 金府属官及其职责

　　（1）府吏：掌出纳。

　　（2）文书吏：掌文书。

---

①　李京华：《汉代大铁官管理职官的再研究》，《中原文物》2000 年第 4 期。

（3）青：供胥伺之役，游缴其不法者，巡察其漏逸者，举其货，罚其人。

（4）稽查：由各厂员兼任，察奸潜匪，街长，稽查贸易之事。

（5）祭：重点是祭山神（矿神），除胥吏之外由厂内的各头人和铜长、炉长负责颁胙。

7. 司狱

都司空狱吏，主刑罚，管刑徒，监督违犯法规的各类人员。

河南郡、南阳郡以及河东郡、山阳郡等，均有多个作坊，需编号进行管理，这是私营业主和地方铁官办不到的。铁官作坊编号统一与系统管理，一个郡铁官管理两个以上作坊且作坊不在一地的，则将这些作坊编号，如"河一""河三""阳一"。凡郡、县铁官仅掌管一个作坊的，则不给编号，如"川""宜"等，两个作坊在一地的，也不编号，如"蜀郡"①。河南郡和南阳郡都是铁官设作坊较多的，这些作坊铁器产品，除了满足本区所需，也大量调往外郡。河南郡、颍川郡、南阳郡是当时铁器外输的主力。

陕西陇县出土的铁铧冠和裤形铲上，铸有隶书"河二"两字，尽管目前还不能确定"河二"的具体生产地点，但产地无疑应在河南郡。咸阳出土的舌形铁铧的背面，有隶书"川"字②。汉代有"川"字的郡县名不少，但仅颍川郡设有铁官，其余郡国均不设铁官，故而咸阳出土的带"川"铁器，很可能是颍川郡铁官作坊的标志③。陕西永寿县、江西省清江县，都发现铸有阳文"阳二"两字的铁锸，说明其为汉代南阳郡铁官"阳二"作坊生产的铁锸。此外，在广西、江西、云南等地，也均可见到带有内地铁官标志刻铭的铁农具产品。对朝鲜平安南道大同郡（汉代为乐浪郡所辖）釜山面遗址出土的铁斧铸范上"大河五"的铭文考证④，更加证实了中原铁器向北的输出。

汉代大量大型水利工程、土木工程和矿山开垦等，需要大量铁器，这些铁器由均输职官负责调拨。铁器外输应该是较为普遍的现象。

各铁官作坊，只有在具备完善的职管体系和规章制度下，才能有条不紊地生产、调配和调拨。铁官职官体系，由战国时期创建，到汉代完善和规范化。汉代冶铁业空前发达，与铁官职官体系与管理制度密不可分。

---

①　李京华：《汉代铁农器铭文试释》，《考古》1974 年第 1 期。

②　陕西省博物馆、文物管理委员会：《陕西省发现的汉代铁铧和镈土》，《文物》1966 年第 1 期。

③　李京华：《朝鲜平壤出土"大河五"铁斧》，《中原文物》2001 年第 2 期。

④　李京华：《汉代铁农器铭文试释》，《考古》1974 年第 1 期。

三、产业技术进步

（一）半成品大量出现

半成品分为自制半成品和外销半成品两种。自制半成品为本作坊生产加工，外销半成品拉到别处，作为原材料进行处理。

河南地区汉代冶铁作坊发现有大量半成品，如古荥冶铁遗址中发现几十千克的梯形铁板，大多散存在炉渣堆积中。梯形铁板是用生铁铸成的，下一步可以熔化后铸造铁器，也可以经过退火脱碳成钢，成为锻造铁器的坯料。铁生沟遗址也发现铁板、锻造条材、板材等几十件。温县烘范窑附近发现锈蚀严重的铁条，应与熔化、浇铸有着密切关系。瓦房庄冶铁遗址出土大量铁板材和条材，其中梯形铁板块最多。属于西汉时期的梯形铁板，基本完整的有 16 块，有的铁块表面有被熔化的痕迹。显然铁板是瓦房庄作为熔铸的原料。属于东汉时期的梯形铁板有 58 件，破碎片多达千斤；条材中扁铁条 74 件、方铁条 44件、圆铁条 36 件；生铁块 15 件，形状多样，饼状铁块 8 件，圆底形铁块 1件，不规则形 4 件，椭圆形铁块 1 件，梯形铁块 1 件。这些均为半成品，方便后续加工或外销。

河南巩义铁生沟、南阳瓦房庄等冶铸遗址，也都有类似的铁板出土，将生铁铸成板材后脱碳成钢，是为了提供锻造用的坯料，可以再加热锻制成各种器物。它不同于白口生铁铸件在退火成为韧性铸铁时，尺寸较薄部分未生成石墨而脱碳，以至局部偶然存在钢质工艺。铸铁脱碳钢这一新的工艺扩大了生铁使用的范围，增加了优质钢材的来源。铁板、条材半成品为下游作坊节省前期冶炼成本，有了更多的选择余地，可根据自身需求进行再加工，作坊生产的目标性、专业性更强。

（二）批量生产与标准件

陈洪对秦国铁农具研究[①]，发现铁器标准化最早出现于直口铁锸，并认为在战国晚期和秦代，铁锸生产很可能已经有了统一的规格，只是标准化程度较为初始，不是特别精准。

汉代批量生产技术直接带来产能大幅度提高。镇平安国城汉代窖藏出土 61件铁范，铁范有圆形和方形锤范两种，方形锤范 5 件，圆形锤范 56 件，有 8

---

① 陈洪：《从出土实物看秦国铁农具的生产制造及管理》，《农业考古》2017 年第 4 期。

种规格，锤范的互换性很强，同型号范，随便套合即可铸器①。大量铁质锤范出现，一方面表明社会对铁锤需求量大，铁范是大批量生产的范具；另一方面也表明铁锤有规格和尺寸之分，同型号范可以互换，已带有标准件生产的特点。

《说文解字·金部》："釭，车毂中铁也。"釭即车毂口穿轴用的金属圈。汉代对此类机械需求范围广、数量大，常见如六角形釭、圆形釭等。镇平汉代安国城冶铁遗址还发现铁器六角形釭（承），最大外径 15.0 厘米，最小的 6.5 厘米，从小到大，有近 20 个规格，且每规格之间大致差 0.5 厘米②。河南温县冶铁遗址（东汉时期）、河南渑池冶铁遗址（汉魏时期）也都有这样规格的六角形釭，反映出中原地区从东汉到北魏，不同作坊生产的器件，有着较一致的标准，生产出来的器件甚至可以通用或进行组装。

汉代的铁器叠铸技术，是从战国青铜叠铸技术的基础上发展起来的。汉代叠铸范浇注系统最显著的特点，就是采用了很薄的内浇口。这样薄的浇口，铸范必须经过预热，才能使铁水流得进去。因为用预热的铸范浇铸，能降低金属液在叠铸范中的冷却速度，提高它的流通性。

叠铸技术出现，使得生产件不再一次单个，而是成批，产率和效率极大提高。温县烘范窑出土 500 多套叠铸泥范，其中绝大多数为车马器器件，有 30 多个类型。车马器器件根据部位等，选择青铜和铁质地，来满足耐磨性能和强度等要求。如海昏侯墓外藏椁出土车马饰件基体材质就有青铜、铁质和银质③。通常，车軎为青铜材质，釭则为车毂口穿轴用的铁圈等。《说文解字》对軎的解释为"车轴头也"。车軎呈筒形，套在轴端，由车辖将其固定在轴上，车軎内侧应有较大的圆环面，顶住车毂，借以改善承受轴向推力时的工作情况。温县和瓦房庄六角釭（根据铭文，将"辖""轴""承"等称谓统一为"釭"）和车軎，均采用叠铸法铸造，各作坊又有自己技术特点。叠铸技术导致标准件的出现，降低了工业生产成本，大大提高了生产效率。同时，标准件的高互换性还减轻了古代物流的压力。

① 李京华：《河南冶金考古概述》，《华夏考古》1987 年第 1 期。
② 河南省文物研究所、镇平县文化馆：《河南镇平出土的汉代窖藏铁范和铁器》，《考古》1982 年第 3 期，第 21—29 页。
③ 蔡毓真、胡东波、管理等：《海昏侯外藏椁鎏金银青铜车马器装饰工艺研究》，《南方文物》2019 年第 6 期。

先秦时期，马车被大量地应用于战争。为了提高马车的稳定性和灵活性，车马器就显得尤为重要。汉代诸多的画像石上均有车马出行图像①，反映出当时车辆普及和制作技术进步。汉代的车马出行制度始于汉景帝时期，之后历代皇帝都对这一制度作了相应的补充和完善，并逐渐形成了一套复杂而又完整的车马出行乘车制度。《汉书》中有记载"贵者乘车，贱者徒行"，出行所使用的车马是主人身份尊卑的象征。叠铸技术为车马器件损耗带来的后期器件的更换、替代，提供了方便，也为汉代盛行的车马出行提供了技术支撑和保障。

（三）产品细化和深加工

中国在青铜铸造技术基础上，发展出独特的生铁冶炼技术。战国时期，河南地区工匠们已经掌握退火工艺，新郑、登封战国铸铁遗址中，都发现有退火炉基痕迹和抽风井遗迹。汉代，退火热处理工艺更是全面发展和深入。退火窑不同位置，炉温不均匀，故而处于炉内不同的温区，可退火出不同的材料。前文提到的汉代冶铁遗址发现的韧性铸铁、脱碳钢、球墨韧性铸铁等是汉代制作工具、农具的主要材质，也都是退火工艺的产物。

任何一个手工业部门，不论采取何种经营方式，其生产单位内部的劳动分工，都是渐趋细密的。以巩义铁生沟综合作坊为例，2.16万平方米作坊区，西部为冶铁区，东部为铸铁区，北部为生活区，南部为通道和出渣区，南过坞罗河至太室山和青龙山下，系采矿区，几大区域共同组成庞大的该地区铁工业体系，里面分别有冶炼、熔化、铸造、退火脱碳、炒钢、锻造等多种工艺项目。

汉代生铁和生铁制钢技术已取代块炼铁技术，农具和工具多采用生铁铸造和铸铁退火技术，炒钢技术多用于制作兵器，叠铸技术较普遍出现于车马器等小件器物的制作中。生产工具功能的专门化，生产工具的使用越来越细化，如工具逐渐分化出雕刻的刻刀、剪切的剪刀和锯，敲打的锤子，等等。铁质农具更是种类繁多，如松动土壤、开沟起土的翻耕农具铁犁、铁镢；清除杂草、整地、掩肥料的农具铁耙；播种用的耧铧；中耕用的工具铁铲、铁锄；收割用的农具镰刀、铚刀以及铡刀等。

生产工具具有机械性能和使用性能上的共性，如硬度、强度、韧性等要求接近，制作简单，小巧方便，使用灵活等，即它们的通用性。在普遍基础上进行微调细化，就能较快地在社会生活中得到广泛的推广和使用。分工越细，作

---

① 中国画像石全集编辑委员会：《中国画像石全集·山东汉画像石》，山东美术出版社，2000年。

坊工人只负责他们最擅长的那部分工作，生产效率越高。

西汉中晚期到东汉的多处冶铁遗址，发现很多西汉时期的冶铁炉以及东汉时期的熔铁炉、炒钢炉、锻铁炉，反映出当时生产模式的转型。钢铁属于资源型产业，一种是依赖于资源的开发，以简单的开采和加工方式销售初级产品；另一种是以精深加工为主，使资源优势转化为产业优势。

秦汉时期的大型冶铁工场使用的都是附近矿山开采的矿石，而一些小型聚落附近的铁场则发现大量回收的残铁块和输入的坯料。这种生产体系高度依赖资源开发，价值来自开采和冶铸的上游环节。巨商可以通过占有矿山聚敛财富，政府也可以收回资源开采的权利来支持财政。矿山开采需要设备和劳动力的巨大投入，这又是巨商和大型官僚组织形成的条件。从自然界取得矿料和燃料等，作为主要要素投入，主要产品是经简单加工的资源型产品，如通过熔炼矿石得到生铁产品。处于成熟阶段的冶铁业也是一个资源开发型产业。

生铁冶铸成熟阶段的标准化、规模化特点在考古材料中有较多体现：铸铁脱碳工艺有比较成熟的退火炉，各工场产品的规格和材质大体相同，反映了生产中的标准化；西汉中晚期和东汉早期的冶铁高炉和相关设备有大型化特征；熔炼铁器使用的鼓风设备一般比锻造铁器的更大，需要人力也更多。在此基础上，专业分工得到长足发展：矿石筛选和粉碎成为独立工序；助熔剂和耐火材料的选择反映了生产的专业性；冶铁工场中有集合冶炼、铸造、锻造的综合性工场，有专门生产特定器物的工场，也有专门生产板材、铁范的产业链上游工场等等。从工场布局、筑炉技术和炼铁工艺等方面考察，公元前2世纪前后中国的生铁冶炼和加工工艺大致达到西方国家17世纪的水平。

冶铁业进入以锻造制钢为主的阶段，标准化和规模化的特点不再突出，劳动过程逐渐分散化、个性化如炒钢制品、东汉著名的"百炼钢"，通过反复折叠锻打生产高质量铁器。技术的普及允许生产者探索丰富多样的器类，价值创造逐渐转移到锻造加工等下游环节。具有创意和技能的劳动者可以相对自主地生产经营铁器。

政府力量的集中和完善的管理体制，保证人力、财力、物力的集中；包括矿料、运输、商业发达的优势资源，是冶铁业发展的外因；铁范带来批量生产，叠铸技术使得标准器件出现，技术发展是带来产能和效率大幅度提升的根本；产品细化和深加工是冶铁业专业性、竞争力提高的表现。铁工业处于有序运行、区域内部相互协调、补充和强化，具有强大的组织力。正是上述几方面的原因，共同造就了汉代冶铁工业体系化，成为当时经济的支撑性产业。

第六节　河南作为汉代冶铁核心的体现

人类冶金技术大约有六千年历史，其中经历了三次大发展，前两次发生在中国，第三次是欧洲近代冶金技术，前两次大发展分别是中国商周青铜冶铸技术和战国—汉代铸铁与生铁炼钢技术。

作为中华文明发源地之一的河南，无论商周青铜冶铸技术，还是战国—汉代铸铁与生铁炼钢技术，都有值得浓墨重彩的一笔。

全国各地已发现古代矿冶文化遗产数千处，有 23 处为全国重点文物保护单位，其中铜矿冶文化遗产 7 处，铁矿冶文化遗产 8 处，其他有色金属矿冶文化遗产 8 处。列入国家重点文保单位的铁矿遗址有 8 处，河南冶铁遗址就占了 7 处，从中也可看出河南古代冶铁的历史价值与地位。这几处冶铁遗址也都列入中国工业遗产保护名录。

这 7 处铁矿遗址具体如下：

> 河南西平酒店冶铁遗址：第四批全国重点文物保护单位
> 古荥冶铁遗址：第五批全国重点文物保护单位
> 河南泌阳县下河湾冶铁遗址：第六批全国重点文保单位
> 河南鲁山县望城岗冶铁遗址：第六批全国重点文保单位
> 瓦房庄冶铁遗址：第六批全国重点文保单位
> 巩义铁生沟冶铁遗址：第七批全国重点文保单位
> 平顶山舞钢冶铁遗址群：第七批全国重点文保单位

汉代河南地区更是因其领先的冶铁业态格局与模式、完整的钢铁技术体系建立以及辐射四方的影响力，当之无愧成为汉代冶铁业核心区。冶铁遗址分布的范围、规模、技术水平和数量，是衡量冶铁业水平和铁器推广程度的重要标志。

一、业态格局与模式的领先

河南地区有着分布广泛的铁矿和冶铁遗址。李京华先生根据考古发掘和调研，对河南境内的铁矿遗址进行统计①，共计有 61 处，有 14 处经过发掘，这也是目前国内省份中最为丰富的古代铁矿、冶铁遗址调研表，详见表 4-3。

表 4-3　河南古代铁矿、冶铁遗址统计表

序号	时　代	遗　址　名　称	遗　物　内　容
1	战国	新郑仓城冶铁遗址	烘范窑、抽风井、鼓风管、炉壁、铸范、铁器、陶器
2	战国	登封告成冶铁遗址	烘范窑、抽风井、鼓风管、炉壁、铸范、铁器、陶器
3	战国	辉县共城冶铁遗址	烘范窑、铸范、铁器、陶瓦片
4	战国	淇县城内冶铁遗址	炉壁残块、鼓风管、铁渣、铸范、铁器、陶瓦片
5	战国	上蔡故城西墙外冶铁遗址	炉壁残块、熔渣、铸范、陶片
6	战国汉代	西平赵庄冶铁遗址	炼炉、炼渣、炉壁残块
7	战国汉代	西平杨庄冶铁遗址	炉壁残块、炼渣、鼓风管、铁器、陶瓦片
8	战国汉代	西平付庄冶铁遗址	炉壁残块、炼渣、陶瓦片
9	战国汉代	舞钢许沟冶铁遗址	炉壁残块、炼渣、石范、陶瓦片、矿石
10	战国汉代	舞钢沟头赵冶铁遗址	炉子积铁、炼渣
11	战国汉代	舞钢翟庄冶铁遗址	炉壁残块、炼渣、矿石、陶瓦片
12	战国汉代	舞钢圪垱赵冶铁遗址	炉壁残块、炼渣、矿石、陶瓦片
13	战国汉代	舞钢尖山铁矿遗址	矿石、矿渣、陶片
14	战国汉代	舞钢铁山庙铁矿遗址	矿石、矿渣
15	战国汉代	鹤壁故城冶铁遗址	炉壁残块、烘范窑、鼓风管、铸范、铁器、陶瓦片
16	战国汉代	固始古城冶铁遗址	炉壁残块、炼渣、范、陶片
17	战国汉代	宜阳韩城冶铁遗址	炉壁残块、炼渣、陶片

① 李京华：《李京华考古文集》，科学出版社，2012 年，第 65—67 页。

序号	时代	遗址名称	遗物内容
18	汉代	灵宝函谷关冶铁遗址	炉壁残块、炼渣、铁器
19	汉代	新安孤灯冶铁遗址	炉壁残块、炼渣、铁范、陶瓦片
20	汉代	林县正阳地冶铁遗址	炉壁残块、炼渣、矿石、鼓风管、矿粉、陶片
21	汉代	淇县付庄冶铁遗址	炉壁残块、熔渣、范块、陶片
22	汉代	温县西招贤村冶铁遗址	烘范窑、叠铸范、熔渣、铁器、陶片
23	汉代	古荥冶铁遗址	烘范窑、炼炉、炉壁、风管、铁器、模、范等
24	汉代	汝州夏店冶铁遗址	炼渣、铁器、陶片
25	汉代	汝州范故城	炼渣、铁器、炉壁残块、陶片
26	汉代	巩义铁生沟冶铁遗址	炼炉、熔炉壁、退火炉、烘范窑、风管、矿石、炼渣、范、铁器等
27	汉代	巩义罗汉寺罗泉铁矿遗址	矿井、铁锤、铁斧、五铢钱
28	汉代	登封铁炉沟冶铁遗址	炉壁残块、炼渣
29	汉代	禹州营里冶铁遗址	炉壁残块、炼渣、陶片
30	汉代	确山郎陵冶铁遗址	炉壁残块、炼渣、矿石、陶片
31	汉代	泌阳冶铁遗址	"比阳"铁犁
32	汉代	禹州冶铁遗址	"川"铁臿、铧
33	汉代	泌阳冶铁遗址	"王小"铁铲、"王大"铁铲
34	汉代	商水古城冶铁遗址	炉壁残块、炼渣、范、陶片
35	汉代	鲁山望城岗冶铁遗址	炼炉基、炉壁残块、炼渣、范、鼓风管残片、陶片
36	汉代	鲁山马楼冶铁遗址	炼渣、炉壁残块
37	汉代	方城赵河冶铁遗址	炒钢炉
38	汉代	镇平安国城冶铁遗址	铁范、铁器、陶器

续表

序号	时代	遗址名称	遗物内容
39	汉代	南阳北关瓦房庄冶铁遗址	炉基、炉壁、风管、脱碳炉、烘范窑、炒钢炉、范、陶器等
40	汉代	桐柏张畈冶铁遗址	矿石、炉壁残块、炼渣、陶瓦片
41	汉代	桐柏王湾冶铁遗址	矿石、炉壁残块、炼渣、陶瓦片
42	汉代	桐柏铁炉村冶铁遗址	矿石、炉壁残块、炼渣、陶瓦片
43	汉代	桐柏铁山铁矿遗址	矿石、矿洞、铁斧
44	汉代	桐柏铁山铁矿遗址	矿石、炉壁残块、炼渣、鼓风管、铁器、陶瓦片
45	汉代	渑池火车站冶铁遗址	炉壁残块、炼渣、铁范、铁器、铁材
46	汉魏	新安铁门镇	铁渣
47	唐宋	林县铁炉沟冶铁遗址	炉址、炼渣、炭屑、陶片
48	唐宋	安阳铜冶后堂坡冶铁遗址	炉壁残块、矿粉、炼渣、铁柱、陶片
49	宋	林县申村冶铁遗址	炉基、炉壁残块、矿粉、陶片
50	宋	南召太山庙冶铁遗址	炉址、炼渣、矿石、陶器
51	宋	南召杨树沟冶铁遗址	矿井、铁镐、铁锤、铁剑、陶器
52	宋	南召拐角铺冶铁遗址	炉壁残块、炼渣、铁器、陶瓷片
53	宋	林县石村铁矿址	矿洞、巷道、铁锤、瓷器
54	宋	林县申家沟铁矿址	矿洞、矿石堆、铁锤、权、镢、锅、炼渣
55	宋	林县东街铁矿址	矿洞、矿粉、锲、锤、镢
56	宋	渑池秦赵会盟台遗址	炼渣、铁钱
57	宋—清	登封告成冶上村冶铁遗址	坩埚炼炉、炼渣、矿石、范块、陶瓷片、窑
58	宋—清	安阳粉红江冶铁遗址	炉址、矿石、炼渣、炭屑、陶瓷片
59	元	荥阳楚村铸铁遗址	炉壁残块、坩埚、炼渣、铜模
60	元	信阳古城铸铁遗址	铜犁铧模
61	明清	安阳铧炉村冶铁遗址	坩埚、炼渣、矿石、铁锭、陶瓷片

《汉书·地理志》记载铁官 48 处，属于今河南境内的有 6 处之多，弘农郡，黾池（今河南渑池）；河内郡，隆虑（今河南林县）；河南郡治所在今洛阳东北二十里；颍川郡，阳城（今登封东南三十五里）；汝南郡，西平（今西平西四十五里）；南阳郡，宛（今南阳市）。这六处均规模比较大，极大可能是附近有铁矿山存在。

河南地处中国中部，承东启西，古称天地之中，其地势呈西高东低，北、西、南三面千里太行山脉、伏牛山脉、桐柏山脉、大别山脉沿省界呈半环形分布，诸山系蕴含着丰富的铁矿资源以及丰富的林碳资源。黄河流域铁矿主要分布在中朝地台——河淮凹陷、山西褶皱带、鲁中突起和渭南古陆等地质构造带上[①]，现代勘探调查，对河南境内丰富铁矿资源给以证实，河南境内规模较大的铁矿资源较多集中在豫北、豫西和豫中。丰富的铁矿资源和林碳资源，为古代河南冶铁业的发展奠定了物质基础。

前文对河南汉代冶铁业态新特征论述时指出，以南阳地区为代表的冶铁遗址群出现，冶铁业表现出新的业态和模式。同一范围内不同作坊有着环境与资源约束的考量、规模的选择，相互间存在着业态的相关性、功能性的搭配关系，可根据市场需求和自身环境位置，在技术上分阶段、有重点生产，生产方式从垂直分工向网状整合转化，产业开始呈现链条式发展。区域化大规模的冶铁生产，更是一种面向商业化行为的制造业，这种以商品为目的的业态生产方式，被纳入了一个更复杂的社会物质流通的网络中。规模化生产方式，也更便于根据市场进行更精准的生产、转向、营销，产业结构更为开放。

二、钢铁技术体系的形成

河南地区众多冶金遗址的发掘，证实河南是战国—汉代冶铁作坊最集中、规模最大的地区，而这阶段，正是中国古代冶铁技术从开始到技术体系建立的过程。此阶段河南古代钢铁技术的发展，可视为中国古代钢铁技术体系建立的缩影。

块炼铁和生铁冶炼技术是两种不同的技术体系，无论块炼铁，还是生铁，它们冶炼原理是一致的，都是利用燃料燃烧生成的一氧化碳，将铁矿石中的铁还原出来，差异在于冶炼温度的不同。生铁冶炼技术具有产量大、效率高的优

---

① 张鉴模：《从中国古代矿业看金属矿产分布》，《科学通报》1955 年第 9 期。

点，同时也有成品性能脆性大、需要后续处理等特点。生产钢工艺相应也分为两种：一种是古代在固体状态下完成的块炼渗碳钢，另一种是铁矿石先在冶铁竖炉中炼出生铁，再以生铁为原料，用不同方法炼成钢。

铁器的出现，意味着农业生产和生产力步入提高的快车道。在生铁技术出现后近两千多年的时间里，中国一直占据着冶铁领域的领先地位。战国时期，河南地区就有了冶铁生产，以郑韩为代表的冶铁业是当时的最高水平。河南古荥冶铁遗址和巩义铁生沟遗址的发掘，更证明了汉代的河南是当时的冶铁中心。

战国中晚期，以登封告成、新郑仓城、鹤壁鹿楼、西平酒店为代表的河南地区冶铁技术快速发展，其中郑韩故城的铸铁作坊相对较多，出土的铁器则均为铸铁件，铸后或经过脱碳、或退火韧化技术，或脱碳后锻打，或渗碳和淬火等处理。退火是古代铁器最为常见的一种热处理工艺，是一种使材料组织和成分均匀化，改善材料性能的热处理工艺，当时的韩国在生铁铸造和铸后处理技术上，明显优于其他各诸侯国，代表了当时的最高水平。

战国时期已经开始有了不同形状、不同尺寸板材的铸造[1]。登封告城冶铁遗址、新郑仓城冶铁遗址均发现有脱碳炉和板材、条材，板条材可以成批脱碳成为钢或可锻铸铁。该时期铁农具已经占有较大比例，工匠已能熟练运用退火柔化技术，将硬而脆的白口铁，处理成黑心韧性铸铁或白心韧性铸铁。多数工具铸成后都经过退火脱碳处理，部分还进行了锻打。仓城铸铁遗址出土铁器虽大多经过脱碳处理，但部分样品脱碳不完全、碳含量分布不均或存在过热组织，表明当时对退火时间和温度的掌控不够娴熟，退火技术处于发展阶段。但已经可以根据不同器类，选择退火条件：如铁农具、铁工具需要一定强度、硬度和韧性，需进行较长时间的退火处理且部分退火后还需要经过锻打、渗碳等加工；而对机械性能要求不高的铁器，其退火脱碳的时间就较短。

河南地区战国冶铁遗址发现的板材范、条材范数量、规格都较多，不同规格板条材可以直接锻打成铁器。它们除了当地使用，还可方便运输到不产铁的地区，根据当地所需，进行原材料加工。铸铁脱碳材料的批量生产，大大扩大了脱碳材料的应用，使冶铁技术进入了一个新的阶段，也为后来完全钢件锻造和汉代贴钢与夹钢复合材料的出现奠定了物质和技术基础。

---

① 李京华：《河南冶金考古概述》，《华夏考古》1987 年第 1 期。

河南汉代冶铁业更是突飞猛进，不仅分布更加广泛（参图4-27），更表现在炼炉与鼓风技术改进、铸造方法新发展、铸铁热处理技术成熟、综合性生产作坊出现等诸多方面。

从汉代冶铁遗址来看，当时的作坊有以炼铁为主同时兼铸铁器的，也有专门铸造铁器的。汉代高炉炼铁已成为一种经济而有效的炼铁方法，汉代炼铁高炉的筑炉技术达到了较高的水平，砌筑用的耐火砖，通常由耐火粘土烧成，甚至不同部位耐火砖所用的材料、厚度、形状都不相同。有的用石英砂粒掺有少量的细砂，有的用草拌泥、粘土及大量的石英砂混合而成，石英砂有天然的，也有经过加工破碎的，这些砌筑用的耐火砖的耐火强度能达到1463～1469℃。

高炉炼铁从上边装料，下部鼓风，形成炉料下降和煤气上升的相对运动。高炉炼铁所用原料，大部分在冶炼之前，经过了加工，炉料的粒度整齐可以减少对煤气的阻力。燃料产生的高温煤气穿过料层上升，把热量传给炉料，其中所含的一氧化碳同时对氧化铁起还原作用，下层的炉料被逐渐还原以至熔化，上层的炉料便从炉顶徐徐下降，燃料被预热从而达到更高的燃烧温度。这样燃料的热能和化学能同时得到比较充分的利用。

高炉冶铁技术的发展，离不开鼓风技术的改进。古代炼铁高炉是用皮制的"橐"作为鼓风器的。随着时间的推移以及经验的积累，人们增加鼓风器和鼓风管，使得炉中燃料充分燃烧，提高炉子的温度，加速冶炼的进程。瓦房庄的冶铁遗址已经有热鼓风装置[1]，即利用炉口余热把风管内冷风变成热风鼓进熔炉，不仅提高了熔炉温度，也缩短了冶炼时间。东汉建武七年（公元31年），杜诗任南阳太守，创造出比人力鼓风用力少、见功多的以水为动力的水排，并进行了推广。桐柏县张畈村的冶铁遗址距矿山较远，建在河流旁，推测很大可能就是利用"水排"鼓风。

铸造技术方法的发展，还表现在叠铸技术出现。叠铸是古代批量生产小型铸件的铸造技术，即将多层铸型叠合起来，组装成套，从共用的浇口杯和直浇道浇注，一次得到多个铸件。温县西招贤村烘范窑一次就出土有五百多套叠铸泥范，器类有三十余种，绝大部分是用来铸造车马器的，这也是目前国内发现数量最多，保存状况最好的叠铸范[2]。

---

① 李京华、陈长山：《南阳汉代冶铁》，中州古籍出版社，1995年，第23页。
② 河南省博物馆、《中国冶金史》编写组：《汉代叠铸：温县烘范窑的发掘与研究》，文物出版社，1978年。

包括退火在内的热处理技术在汉代进一步发展并臻于成熟。铁质农具多用铸铁脱碳钢和韧性铸铁制作，较好满足耐冲击、耐磨的性能。河南瓦房庄出土条形材百余件，有圆形铁条、扁体铁条形，方体长条，还由板材卷锻而成的棒材实物[①]。对部分铁材的分析，证实已是钢的成分与性能。

炒钢是中国古代生铁炼钢一项创新。所谓炒钢，指以生铁为原料，是把生铁在空气中加热到半熔融态，通过搅拌增加铁和氧气接触，使液体中碳氧化，随着温度升高，组织中奥氏体中含碳量下降，铁中杂质元素氧化后成为硅酸盐类夹杂。河南巩义铁生沟、南阳瓦房庄、南阳市赵河村冶铁遗址都有炒钢炉出土。阳城汉代铸铁遗址发现铁凿的刃部为炒钢材料，南阳瓦房庄遗址和郑州古荥冶铁遗址均鉴定出炒钢制品。巩义铁生沟遗址发现以炒钢为原料经过锻造而成的成品或半成品有 14 件。

贴钢：《天工开物》中曾经对贴钢工艺有过记载，通常是指在镰刀、锄头等工具刃部贴上一层含碳较高的钢，然后经过加热、锤锻、粘合后，淬火而使得刃部硬度增高，从而使得器物保持和兼顾锋利的刃口和柔韧的基体。铁生沟遗址出土铁镢刃口，是锻造的含碳很低的熟铁。其刃口 2 厘米的范围内，含碳量逐渐增加，口沿地方出现（含碳约 0.7％）珠光体组织。口沿部分可观察到有明显的接缝，而另一面的刃口大部分还是铁素体，局部含碳较高，这件器物很可能是我国最早的贴钢产品[②]。

河南是中国冶铁技术产生较早且发展最为快速的地区之一，不仅有最早的块炼铁（明确器件，非残块或条材），也是最早出现生铁技术区域之一，并在生铁发明之后，很快就有了铸铁退火处理技术，战国中晚期形成了反复锻打和块炼铁渗碳钢技术。西汉后期创造了把生铁加热到熔化或基本熔化的状态下加以炒炼，使铁脱碳成钢或熟铁的"炒钢"技术。炒钢炉和炒钢件的出现，标志着炼钢技术发展到了一个新的阶段，使得钢材的产量大大提高，这对于当时生产工具的改进，钢制品的推广均具有重要的意义。

由于炒钢技术的提高，东汉时代出现了"百炼钢"，即以炒钢为基础，炼制成含碳量高，含杂质少而组织均匀的优质钢，多用于刀剑炼制。河南汉代冶铁遗址由于缺少对应兵器样本出土，尚无具体兵器实物是百炼钢的分析证据。

---

①　李京华、陈长山：《南阳汉代冶铁》，中州古籍出版社，1995 年，第 106 页。
②　丘亮辉：《关于"河三"遗址的铁器分析》，《中原文物》1980 年第 4 期。

东汉时代"百炼钢"已经有一定工艺标准[①]，因而有"三十炼""五十炼""百炼"的区别。东汉时代的"百炼钢"代表了当时炼钢工艺的最高水平。至此，汉代以生铁为基础的中国古代钢铁技术基本形成[②]（图4-37）。

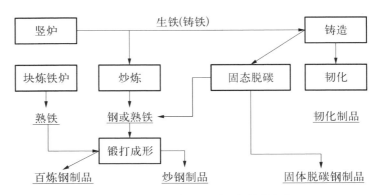

图4-37　汉代以生铁为基础的钢铁技术体系

河南地区发现了极具典型性和代表性的汉代冶铁作坊。河南郡铁官管辖的第一冶铁作坊——古荥冶铁遗址，布局合理，经济实用，炼炉、矿石加工场、高架、上料系统、鼓风管、水井、水池、储料场、运输线等，组成了一个完整的冶炼系统，反映出汉代冶铁工场的生产场景，出土的高炉是当时容积最大的炼铁炉，椭圆形高炉也是世界首创，椭圆形的断面，既增大了炉缸面积，又缩短了风管和高炉中心区的距离。古荥冶铁遗址是目前世界上发现规模最大、保存最完整的汉代冶铁遗址。

巩义铁生沟遗址土了大量的炼炉、锻炉、炒钢炉以及烘范窑、配料池、房基、铁器、铁范、铁料、耐火材料和建筑材料，是一处集冶炼、熔化、铸造、退火脱碳、炒钢、锻造等为一体的综合性生产工艺作坊。遗址出土的一件铁锸，经分析为球墨铸铁。这件球墨铸铁件，直接将世界球墨铸铁的历史提前了2000多年。

鲁山望城岗是汉代南阳郡管理的一处铁官，是集生铁、铸造和炼钢为一体的大型冶铁作坊，其炉后基架和炉前排渣沟都是汉代冶铁遗址中首次发现，该处冶铁活动可能持续到宋代。结合鲁山望城岗和周围黄楝树和西马楼冶铁遗址

---

① 柯俊：《中国古代的百炼钢》，《自然科学史研究》1984年第4期。
② 苗长兴、吴坤仪、李京华：《从铁器鉴定论河南古代钢铁技术的发展》，《中原文物》1993年第4期。

等年代、遗物的分析，确认河南鲁山冶铁遗址群存在，同样在南阳盆地还存在着桐柏、泌阳冶铁遗址群和舞阳、西平冶铁遗址群。舞钢、西平多处冶铁遗址空间分布的调查揭示出作坊选取的考量①，采矿接近矿源，位于整个流域的上游；精炼制钢则分布于整个流域下游、接近河流，地势相对平坦的地方；冶炼作坊多位于整个流域的中游，兼顾矿源和交通。

从单一作坊到产业集群，专注度提升刺激技术的创新，带来冶炼成本的降低、冶铁效率的提高，而且形成的区域竞争力，更是非集群和集群外的地区所无法拥有的，这些现象和特点，无不彰显着河南地区在汉代冶铁业中，不论生产经营还是组织管理，也都处于核心和领先水平。

三、中原生铁技术的辐射

春秋时期的铁器数量少，器型也较简单。主要有刀剑、铁条、弹丸、铁铲之类。战国秦汉时期，河南成为生铁冶炼技术最为发达的地区之一，以河南为代表的中原冶铁技术，是我们本土独特的创造，大量考古材料出现和研究，越来越多地证实着中原生铁技术出现后，铁产品的大量输出和生铁技术的广泛传播。

古荥冶铁遗址出土铁器上的"河一"、巩县铁生沟出土铁器上的"河三"器铭，是它们作为河南郡铁官管理的第一号作坊和第三号作坊的直接证明。目前，在湖北省黄石市铜绿山矿洞中发现有带"河三"铭文的铁斧②，在陕西陇县出土有带"河二"铭文的铁铧和铁铲③，尽管目前尚未找到明确的"河二"作坊地点，但这些证据是河南郡铁官生产的铁器，行销辐射到他地的证明。

西北地区：考古材料显示，新疆地区开始使用铁器时间比中原早，为公元前9—公元前8世纪，均为块炼铁和块炼渗碳钢制作的小件器物。公元前2世纪，科里雅河流域的圆沙遗址出土的铸铁锅，是目前看到的中原系统钢铁技术西传的最早证据④。利用 AMS-^{14}C 确定新疆巴里坤东黑沟遗址年代为战国晚

---

① 秦臻：《战国秦汉舞钢、西平冶铁遗址群综合研究——从微观到宏观》，北京大学硕士学位论文，2011年。

② 《中国冶金史》编写组：《河南汉代冶铁技术初探》，《考古学报》1978年第1期。

③ 陕西省博物馆、文物管理委员会：《陕西省发现的汉代铁铧和镥土》，《文物》1966年第1期。

④ Qian Wei，Chen Ge．"The Iron Artifacts Unearthed from Yanbulake Cemetery and the Beginning Use of Iron in China."*Proceedings of the 5th International Conference on the Beginnings of the Use of Metals and Alloys*，Gyeongju in Korea，21-24 April 2002，pp. 189-194.

期—西汉时期，该遗址出土铁器，系采用块炼铁、块炼渗碳钢和铸铁脱碳钢锻打而成[①]，铸铁脱碳钢是生铁制钢技术体系中重要产品之一，是比科里雅河流域的圆沙遗址出土的铸铁更先进的中原系统钢铁技术，西、中两种炼铁技术在巴里坤交汇、共存。新疆地区铁器多为小件锻造铁器，如小铁刀、剑、镞、锥、针等小件工具和兵器，没有出土同时期中原地区数量较多的铁农具，某种程度上映射出新疆地区经济形态和模式。

　　西南地区：对贵州可乐遗址和中水遗址出土14件包含工具、农具、兵器的铁器样品进行金相组织分析[②]，发现有脱碳铸铁、麻口铁、铸铁脱碳钢和炒钢等制品，也是中原地区钢铁技术在西南地区的传播、应用和体现。

　　东南沿海和岭南地区：汉代钢铁技术如生铁、韧性铸铁、铸铁脱碳钢和炒钢以及淬火和铸铁退火等工艺，在福建武夷山城村汉城得到广泛应用[③]。"河三"生产铁器产量规模大，已长距离外运，有可能运销至江南[④]。对广西地区战国时期的一批铁器初步分析[⑤]，表明其战国时期铁器系铸铁制品，是由中原地区输入的；通过炉形结构及炉渣分析判定存在炒钢炉，其年代还需进一步研究，反映出中原地区钢铁技术，在战国末已经开始传播到岭南地区。

　　东北地区：燕国历史虽然很长，但绝大多数时候，都受限于地理原因，无法顺利扩张。燕国铜、铁矿资源丰富，战国时期，燕国已是当时中国北方最为发达的冶铁中心之一，铁制工具在燕国的广泛应用，带来了农业生产和社会经济的飞跃发展。盐铁业的发达带来燕国的商业兴盛，而发达的商业又促进了城市化的进程和城市的发展，这是燕国能够称雄于北方的重要基础，也是燕抗衡战国其他国家的资本。

　　对河北徐水东黑山遗址战国两汉时期的66件铁器进行检测[⑥]，结果表明其铁器的制作技术以生铁和生铁制钢技术为主，有铸铁退火、炒钢、锻打、淬火和渗碳工艺等，与中原地区的生铁技术传统一致。

---

　　① 陈建立、梅建军等：《新疆巴里坤东黑沟遗址出土铁器研究》，《文物》2013年第10期。

　　② 陈建立、黄全胜、李延祥、韩汝玢：《赫章可乐遗址出土铁器的金相实验研究》，见《赫章可乐二〇〇〇年发掘报告》，文物出版社，2008年，第195—206页。

　　③ 陈建立、杨琮等：《福建武夷山城村汉城出土铁器的金相实验研究》，《文物》2008年第3期。

　　④ 李京华：《试谈汉代陶釜上的铁官铭》，见李京华，《中国古代冶金技术研究》，中州古籍出版社，1994年。

　　⑤ 黄全胜：《广西贵港地区古代冶铁遗址的调查及炉渣研究》，漓江出版社，2013年。

　　⑥ 刘海峰、陈建立等：《河北徐水东黑山遗址出土铁器的实验研究》，《南方文物》2013年第1期。

易县燕下都遗址作为战国中晚期燕的都城，出土了大量战国时期的铁器，燕下都 44 号墓中，铁器在出土金属器中的比重已达到 65.8％，大量随葬的铁兵器，显示它们应当是在燕国境内生产的。燕国使用钢材制作兵器，并经过锻制、淬火等工艺。

吉林梨树二龙湖遗址作为燕国北方的最远居址之一，出土 300 余件铁制农具，说明铁农具在社会中的重要作用。对梨树二龙湖遗址出土的几十件铁器分析[①]，其涵盖了铸铁脱碳钢、脱碳铸铁、韧性铸铁、白口铁、麻口铁；有的是直接用生铁铸造成器物，有的在铸造后进行了退火脱碳处理，有的是利用铸铁脱碳钢锻打而成，个别器物还有经过淬火和冷加工处理的痕迹。二龙湖遗址、东黑山遗址、燕下都遗址等地出土的燕国铁器的制作技术并无二致，为同一技术传统[②]。

燕国领域除了出土的这些铁器，燕下都遗址内发现了至少 5 处铸、锻铁作坊遗址，河北兴隆发现了大量的生铁铸范、炉渣和炉子等遗迹，这些都是战国至汉代燕国铁冶业的证据。燕式制铁技术与中原地区的生铁技术传统一致。

以燕为代表的东北地区，在当时中原先进冶铁技术向周边地区的传播与交流中，具有重要地位，是中国生铁冶炼和制钢技术向朝鲜半岛和日本列岛地区传播的主要通道之一。

战国秦汉时期，以河南为代表的中原地区先进的生铁产品和冶铸技术，以较强势态向周边扩散和传播。冶铁技术的传播也对两汉时期帝国威信的树立和国家影响力的提升，起到重要作用。

河南地区战国—汉代冶铁遗址的发掘与研究，为我们还原出河南地区古代冶铁业的辉煌。"世界冶金中心在中国，中国冶金中心在河南"，河南地区是汉代冶铁作坊数量最多、生产品种最为全面、工艺技术最高的地区之一。数量众多、内涵丰富的冶铁遗存，不仅给我们留下信息量极大的物质和非物质的文化遗产，更给今人以启迪，古人的突破与创新精神，仍是今天我们需要传承和发扬的。

---

① 刘文兵、隽成军等：《吉林梨树二龙湖遗址出土的战国铸铁制品及其意义》，《亚洲铸造技术史学会研究发表资料集》7 号，2013 年，第 251—269 页。

② 陈建立：《先秦两汉钢铁技术发展与传播研究新进展》，《南方民族考古》第 10 辑，科学出版社，2014 年，第 257 页。

第七节　冶铁技术与汉代社会

战国到汉代，我国出现当时世界上独一无二的生铁冶炼技术及建立在其基础之上的钢铁技术体系，这套钢铁冶金技术，为当时农业、手工业、军事等发展提供了充分的技术保障。锋利的兵器是战争中获胜率的保证之一，在汉代开疆拓土进程中扮演着重要角色；铁器及冶铁术的传播辐射，不仅带动和促进了东北亚地区生产力和经济的发展，更成为国家与国家之间交流的承载品。

一、带来农业革命，成为汉代经济的支柱之一

战国中晚期，铁农具已经普遍应用于农业[①]。战国晚期，铁农具的种类繁多，从最初的镢、铲、镰，发展到不仅有铲、镰、铧、锛（斧），还有着具有大、中、小之分的镢，有着六角形和平圆形之分的锄，有一字形和凹字形之分的锸，等等。战国时期的 V 型铧冠甚至可以替换，以保持犁铧的锋利。

经过秦末农民起义以及楚汉战争的长期战乱，西汉初年人口锐减、国库空虚、财政困难，社会处在经济凋敝状况，社会物资极度匮乏，而发展农业乃至手工业，首先需要有农具、工具。汉武帝时设置专门机构，实行"盐铁官营"，覆盖到汉代统治所能达到的地区。汉代铁农具更加多样化和专业化，仅耕作类农具这一类，西汉时期已成套完善[②]。全国多地发现有铁犁或牛耕模型出土[③]，证实了汉代耕犁的普及。汉代犁铧大小不一，品种多样，西汉中期以后有的犁铧甚至重达十几千克[④]，显然是深耕之用，需要牛力牵引，耕犁和牛耕技术出现，与铁质工具结合，大程度提高了粮食的产量[⑤]。这种重要的农业生产技术——牛耕，用牛拉着铁制大犁铧进行耕地，大大提高了农业效率。很多汉代画像石表现了这样的牛耕方式。

汉代黄河流域出土的铁农具最多，而河南又是其中占比最高的。古荥"河

---

① 雷从云：《战国铁农具的发现及其意义》，《考古》1980 年第 3 期。

② 河南省文化研究所：《南阳北关瓦房庄汉代冶铁遗址发掘报告》，《华夏考古》1991 年第 1 期。

③ 陈文华：《农业考古》，文物出版社，2002 年，第 88—89 页。

④ 中国社科院考古研究所、河北省文物管理处：《满城汉墓发掘报告》，文物出版社，1980 年，第279—281 页。

⑤ 费正清、崔瑞德主编：《剑桥中国秦汉史·秦汉两个早期帝国的特有的发展》，剑桥大学出版社，1986 年。

一"冶铁遗址出土铁器达 318 件，农具 206 件，占总数的 65％，有犁、犁铧、铲、锄、凹形锸、锸、镢、双齿镢等。铁生沟"河三"遗址出土生产工具 105 件，有铁镢、双齿镢、铁铲、锄、犁等农具 92 件，其中起土用双齿镢 8 件、中耕弧刃锄 12 件、V 形铧冠 27 件[①]。临汝夏店西汉冶铁遗址发现大小铁镢 300 余件[②]。瓦房店出土的两汉时期包括镢、耒、锸、犁、犁铧、犁镜、耧铧、锄、镰、镢、斧、锛、铲等[③]在内的铁农具上千件，汉代河南地区已基本实现了农业的铁器化。

从开荒整地，到收获加工，已经形成一套完整的、类型齐备的农具体系。目前发现的汉代农具，根据用途可以分为翻耕农具、播种农具、中耕农具、整地农具以及收割农具等多种类型[④]。

汉代的翻耕农具主要有铁犁、铁镢以及铁锸。铁犁从出土的数量来看，西汉中期以后大量出现，出土地点遍布全国，中原以及边远地区都有出土。铁镢是汉代农家常备的挖土农具，铁锸是翻土开沟的重要农具，凹字形弧刃和尖首铁口锸是汉代锸的主要形式，常与锄、铲以及镰等同出。汉代如果用人力耕地，一天最多耕半亩地，使用铁铧犁时，一天可耕地 5～8 亩，这种深耕细作技术，大大提高了生产力。据不完全统计[⑤]，秦汉时期，仅铁犁的数量，就比战国时期增加了 5 倍。大型犁铧通常需要两头牛拉拽，中型犁铧使用一头牛拉，小型犁铧使用畜力和人力均可拖拽[⑥]。铁犁在社会中已经也被普遍使用，其坚固锋利、配件易于更换，不仅保证了农田的深耕细作，更带来农耕效率的大幅度提高。

郑州古荥镇冶铁遗址出土有 7 件铁耙，其銎部呈方形。铁耙是汉代重要的整地铁农具，主要用于起土、破土，其上安装有手柄，方便操作。铁耙的大量使用是精耕细作技术发展的反映，根据耙上齿的多少，可分为二齿耙、三齿耙以及五齿耙几种。

耧车是汉代用于播种的农具，通常由耧身和耧铧组成，耧铧亦称耧足。铧

①　赵青云：《巩县铁生沟汉代冶铸遗址再探讨》，《考古学报》1985 年第 2 期。
②　倪自励：《河南临汝夏店发现汉代炼铁遗址一处》，《文物》1961 年第 1 期。
③　河南省文化研究所：《南阳北关瓦房庄汉代冶铁遗址发掘报告》，《华夏考古》1991 年第 1 期。
④　包明明、章梅芳等：《秦汉时期铁制农具的统计与初步分析》，《广西民族大学学报（自然科学版）》2011 年第 8 期。
⑤　彭曦：《战国秦汉铁业数量的比较》，《考古与文物》1993 年第 3 期。
⑥　付文军：《技术变迁中的制度因素——以秦汉铁犁为例》，西北大学硕士学位论文，2003 年。

是耧的重要组成部分，具有破土、播种和除草的功能。播种时，牛拉着耧车，耧铧在平整好的土地上开沟播种，同时进行覆盖和镇压，一举数得，省时省力，其效率可"日种一顷"。古代的耧车，就是现代播种机的始祖。南阳宛城出土的西汉大量铁犁铧以及犁铧的模和铸范，反映出这些生产工具和耕作方式，在南阳地区的应用和推广①。

汉代中耕农具主要有铁铲、铁锄，主要用于除草和松土。汉代的收割农具包括镰刀、铚刀以及铡刀。南阳瓦房庄冶铁遗址出土大批铁镰刀，镰刀是最主要和最常见的收割工具，镰体呈横长条形，直体或者弯体。根据刃口的不同，分为锋刃镰和齿刃镰两种。

农业、手工业的全面铁器化。各地都开始出现铁农工具取代木石工具的现象。成书于战国时期的《管子》一书记载："一农之事，必有一耜、一铫、一镰、一耨、一椎、一铚，然后成为农。一车必有一斤、一锯、一釭、一钻、一凿、一銶、一轲，然后成为车。一女必有一刀、一锥、一箴、一鉥，然后成为女。"这些生产工具全是铁工具。铁制工具的推广还推动了当时的水利工程建设，战国至秦汉时期出现的众多著名工程，比如都江堰、郑国渠、灵渠、鸿沟等，其背后都有铁工具的贡献。

铁制农具的广泛使用和水利工程的修建，促使战国中晚期以后农业发生了重要变革。战国时期魏国李悝估计，一个农民耕种产出的粮食可够五人食用。《荀子》一书也谈到"中农食七人"，《战国策》记载当时耕作的收获量大约是种子的 10 倍，而欧洲到了 13 世纪时候平均也只有 3 到 5 倍。

生产工具是生产力发展水平的主要标志，社会生产的变化和发展，也是先从生产工具的变化和发展上开始的。冶金技术和工具的进步，带来社会技术的进步和经济水平的提高。冶铁业的快速发展，提供了大量高质量的农具，直接影响着垦耕面积的扩大、粮食产量的提高；铁农具和工具的普及，无形中增强了人们适应自然和改造自然的能力，使大规模的水力灌溉和垦荒造田等成为可能；也促进了包括土木、建筑、交通运输在内的各类工程的空前发展，刺激了物流业发展和商品经济的空前繁荣。汉代冶铁业，不仅是汉代手工业支柱产业之一，也直接或间接影响了整个社会经济的繁荣。

---

① 河南省文化局文物工作队：《从南阳宛城遗址出土汉代犁铧模和铸范看犁铧的铸造工艺过程》，《文物》1965 年第 7 期；龚胜生：《汉唐时期南阳地区农业地理研究》，《中国历史地理论丛》1991 年第 2 期。

人口的增长、城市的兴起，与钢铁技术和农业的发展密不可分。以生铁为基础的钢铁技术体系，是秦汉帝国兴起的重要物质基础，也奠定了中国文明"以农为本"的文化传统与社会特征①。

二、兵器钢铁化与开疆扩土

钢铁技术推动兵器的全面铁器化。战国时代出土的铁兵器总量已经达到了同时期总兵器数量的 52％，铁兵器的推广在战国时代的诸侯争霸以及秦统一战争中都发挥了重要作用。铁兵器的出现虽然比铁农具晚，使用也远不如铁农具普遍，但技术要求却高于铁农具。

文献所载与考古发现，有时候并不完全一致。目前考古材料中，燕国钢铁兵器水平非常高，如对燕下都 44 号墓 9 件铁器的组织分析中，其中兵器（两剑、一戟、一矛）都是以块炼铁为原料，经反复锻打而成的钢制品；而几件铁农具均为生铁铸件②。块炼渗碳钢技术应用于兵器上，在当时无疑是更先进的技术，但文献中对燕国的冶铁手工业和铁矿等信息，极少提及。《山海经·五藏山经》中著录有明确地点的产铁之山三十四处，也无一处位置在燕国。燕下都 44 号墓出土的大量钢铁兵器，不是正常的陪葬品，而来自丛葬坑，也有观点认为尚不能依此判断燕国军队铁兵器使用的程度③，许多问题还有待进一步研究。

战国铁兵，韩国独领风骚。史书评价韩国的宝剑"陆断牛马，水截鹄雁""当敌则斩坚甲铁幕"。苏秦对东周时期韩国的兵器给予极高评价，"天下之强弓劲弩皆从韩出"。文献中以兵器精良著称的韩国，在其境内发现的众多冶铁遗址中，却少见兵器出现，新郑发掘的韩国兵器窖藏中，也全是铜兵器④。

河南登封告成镇韩国铸铁遗址中发现有铁矛的铸范，不排除生产铁兵可能。尽管河南地区汉代冶铁遗址较少发现铁兵器，但河南地区的汉墓仍出土不少铁兵器，河南陕县东周墓中出土一把属于春秋晚期的金质腊首铁剑⑤；河南

① 梅建军：《从冶金史看中国文明的演进》，《人文》2021 年第 6 期。

② 北京钢铁学院压力加工专业：《易县燕下都 4 号墓葬铁器金相考察初步报告》，《考古》1975 年第 4 期。

③ 何清谷：《战国铁兵器管窥》，《史学月刊》1985 年第 4 期。

④ 郝本性：《新郑"郑韩故城"发现一批战国铜兵器》，《文物》1972 年第 10 期。

⑤ 黄河水库考古工作队：《1957 年河南陕县发掘简报》，《考古通讯》1958 年第 11 期。

永城保安山二号墓以及陪葬坑就出土包括弩机、箭镞、铁戟、铁矛在内的多种兵器[①]。闫琪鹏对洛阳地区汉代墓葬出土的兵器有过统计[②]：兵器刀有三种材质，其中铜刀 14 件，铅刀 1 件，铁刀 477 件；兵器剑有两种材质，其中铜剑 4 件，铁剑 171 件；矛有铜矛 2 件，铁矛 7 件；镞有铜镞 15 件，铁镞 25 件；钺有玉钺 1 件，铁钺 8 件；另有洛阳西郊汉代墓葬中出土铁甲片 328 片，洛阳朱仓 722 东汉陵园遗址中出土铁蒺藜 7 件等。西汉中期至东汉早期，墓葬等级越高，随葬兵器的数量越大、种类越多[③]。而东汉晚期之后，高等级墓葬随葬兵器的数量和种类则逊于低等级墓葬。这种现象可能与庄园经济、薄葬思想以及盗墓之风的兴起有关[④]。

秦以后铁兵器逐步取代了铜兵器[⑤]。对秦汉时期铁兵器分析研究工作尤其是金相组织观察，使我们对秦汉铁兵器作技术有了初步认识[⑥]。吉林榆树老河深鲜卑墓葬出土的铁环刀（M115：10）和铁矛（M96：1），是迄今为止中国出土最早（西汉末东汉初）的贴钢产品[⑦]。所谓贴钢，即将刃钢和本体钢两部分锻合成一体，铁兵器本体为低碳钢或熟铁，刃口部位则为一块硬度较高的钢材（中碳钢或高碳钢）。本体质软，便于加工成形，不易断折；刃口质硬，保证锋利耐用。

对江西海昏侯刘贺墓出土的 19 件铁兵器分析[⑧]，显示 5 件长铁剑为炼渗碳钢制件；12 件长铁剑、2 件环首铁刀为炒钢制品（包含百炼钢），其中 5 个样品显微组织存在分层现象，属以炒钢为材料锻打的百炼钢制品，由此看出西汉中期，块炼铁及块炼渗碳钢体系、生铁及生铁制钢体系仍是共存的，且后者更具绝对优势。

① 阎根齐：《芒砀山西汉梁王墓地》，文物出版社，2001 年。
② 闫琪鹏：《洛阳地区汉代随葬兵器研究》，陕西师范大学硕士学位论文，2019 年。
③ 郭妍利：《汉代两京地区兵器随葬制度初论》《考古与文物》，2019 年第 5 期。
④ 闫琪鹏：《洛阳地区汉晋随葬兵器研究》，陕西师范大学硕士学位论文，2019 年，第 157 页。
⑤ 胡云平：《秦汉科学技术在军队建设中的运用》，江西师范大学硕士学位论文，2008 年。
⑥ 于敏、潜伟：《金相分析技术在研究秦汉铁兵器制作技术中的应用》，《化工技术与开发》2011 年第 1 期。
⑦ 吉林省文物考研究所：《榆树老河深》，文物出版社，1987 年；陈建立，韩汝玢等：《从铁器的金属学研究看中国古代东北地区铁器和冶铁业的发展》，见北京科技大学冶金与材料史研究所：《中国冶金史论文集》（第 4 辑），科学出版社，2006 年。
⑧ 江晶、黄全胜等：《西汉海昏侯刘贺墓出土铁兵器科学分析研究》，《南方文物》2022 年第 5 期，第 225—235 页。

对山东省临沂苍山县出土的带有错金隶书铭文的东汉环首钢刀分析①，金相组织由晶粒很细的珠光体和铁素体组成，组织含碳均匀，在 0.6%～0.7%，是百炼钢器件。对江苏徐州铜山出土的一件东汉五十涑铁剑的金相分析，显示该剑是以含碳量较高的炒钢为原料，把不同含碳量的原料叠在一起，经过反复加热、折叠锻打而成的钢剑②。

铁兵器从初期块炼铁、铸铁工艺向块炼渗碳钢、炒钢、贴钢、百炼钢以及局部淬火等多样化工艺的发展，使得兵器的机械性能得以更好呈现，兵器质量大幅度提升。这也意味着两汉时期，铁兵器的制作技术步入成熟阶段。

公元前 221 年，秦灭六国，完成了一统大业，完成南征百越、北击匈奴、开发北疆、开拓西南等战略。秦朝进行了一系列巩固措施，包括对秦、燕、赵三国原筑的长城加以增修，建立起了西起临洮、东至辽东的万里长城，使之成为抵御北方游牧民族的要塞。汉武帝时期主动进攻匈奴，历时四十四年之久，北匈奴被彻底打垮；张骞数次出使西域各国，密切了西域与汉朝的联系。西汉先后置武威、酒泉、张掖、敦煌四郡，称为河西四郡，并大量移民屯垦，汉朝的国土通过河西走廊与西域相连，并切断了匈奴与西羌人的联系。公元前 60 年（汉宣帝统治时期），汉宣帝设立"西域都护府"，使西域正式归属西汉版图。

秦汉时期，匈奴是中原王朝最主要的威胁。秦之初就开始有官方牧场蓄养战马，汉代继续扩大国家马政建设，史书记载在边境共设置有马场三十六所，养马奴婢三万人，养马三十万匹。景帝时期，全国骑兵建设正式铺开，在边地设置属国，既可以作为中央政权的屏障，又可以利用地利训练骑兵，还可招募游牧民，组成骑兵部队以夷制夷。同时，汉朝骑兵积极向匈奴借鉴和学习，加之行之有效的组织管理和战术指导，使得战斗力大大增加。善于骑射、作战迅速是匈奴最大的优势，但当时匈奴没有制造铁器的技术，弓箭杀伤力小，而秦军是以弩和铁兵器为主，还训练了一批专克匈奴的骑兵。据《战国策·韩策一》载："天下强弓劲弩，皆自韩出，溪子、少府、时力、距来，皆射六百步外。"可见早在战国时期，弩的射程就能达到六百步以外。西汉时期，弩又有了革命性的突破。东汉班固撰《汉书·李陵传》："发连弩射单于。"用弩连续

---

① 韩汝玢、柯俊：《中国古代的百炼钢》，《自科科学史研究》1984 年第 4 期。
② 徐州博物馆：《徐州发现东汉建初二年五十涑钢剑》，《文物》1979 年第 7 期。

射击，无论是射程还是杀伤力，都远超匈奴的弓箭。秦俑坑发现的弩弓遗迹多达数百处，表明秦代弩的种类得到了长足的发展。二号俑坑还发现特大型号的铜镞，每支重量达 100 克，与此相匹配的必然是规格和杀伤力更大的弩。与青铜弩机搭配的，可以是铜镞、铁镞或铁铤铜镞等。弩机的使用，加之兵器从防备短兵器，向铁制环首刀①、铁钩镶与铁钺戟②等长兵器转变，这些兵器在秦汉时期的开疆拓土过程中，发挥了重要的作用。

从战国到汉代，我国出现的生铁及生铁制钢体系，为农业、手工业、军事的铁器化提供了保障，也成为秦汉抗击匈奴征战中的影响性因素之一。《汉书·陈汤传》："汤曰：夫胡兵五而当汉兵一，何者？兵刃扑纯，弓弩不利。今闻颇得汉巧，然犹三而当一。"从考古发现材料来看，最初匈奴的刀剑大约是以鄂尔多斯青铜剑为代表的青铜兵器，因为质地和工艺局限，多不超过 60 厘米，否则极易折断。西汉时期，匈奴在与汉人的战争中，学会铁器的制作但仍不得技术要领，汉代铁兵器仍占据上风。

其中还有很多问题需要进一步研究和探讨，如林永昌通过对秦铁器研究，认为此阶段铁兵器的杀伤力往往不及精工制作的青铜兵器，钢制武器工艺比较复杂、需要多次锻打，不能像青铜武器那样批量生产，且对工匠的个人经验要求较高，当时铁兵器的制造还在草创阶段，故秦统一与其铁器工业的发展可能不存在明显的内在联系③。汉武帝时期开疆拓土的原因是很复杂的，一方面是自然灾害背景下寻求解决方案，来拓展汉朝的生存空间的考量，同时夹杂交错着各种政治、经济、思想文化等方面的原因④。但不容置疑的是，铁兵器在汉代的开疆拓土过程中起到非常重要的作用。

三、铁器与冶铁技术外传

中国汉代生产的农具、兵器，因质量佳，域外部族或国家从而争相搜求，贸易往来。从公元 166 年，罗马安东尼朝皇帝马可·奥理略（公元 161—180 年在位）派遣使者到达洛阳，开创了中国、罗马两大国的直接通使，铁器和衣

---

①　陆锡兴：《论汉代的环首刀》，《南方文物》2013 年第 4 期。
②　李京华：《汉代的铁钩镶与铁钺戟》，《文物》1965 年第 2 期。
③　林永昌、陈建立：《东周时期铁器技术与工业的地域性差异》，《南方文物》2017 年第 3 期。
④　徐彦峰：《自然灾害背景下汉武帝开疆拓土再审视》，《秦汉研究》2019 年第 1 期，第 315—325 页。

料、皮货等，成为罗马从中国进口的主要货物。汉代优质的钢铁兵器，通过著名的丝绸之路西传到今伊朗，乃至欧洲市场。

苏联学者罗布卓夫的《"铸"一词的来源》（载《铸造》杂志）一文，从语言学角度，考察了汉代钢铁冶铸技术对西方的影响①，文中指出现在乌兹别克斯坦境内的费尔干纳人从中国人那里学会了铸铁技术，后来再传到俄国；安息王朝也从中国输入钢铁兵器，木鹿（City Site at Merv，中亚古代城市）是中国钢铁兵器的集散地，故罗马史学家普鲁塔克，将安息骑兵所使用的以中国钢铁锻造、以犀利著称的武器称为"木鹿武器"。中国的钢铁还通过安息传入罗马，当代法国历史学家 A. G. Haudricourt 指出："亚洲的游牧部落之所以能侵入罗马帝国和中世纪的欧洲，原因之一在于中国钢刀的优越。"《史记·大宛列传》记载："自大宛以西至安息……不知铸铁器，及汉使亡卒降，教铸作他兵器。"大宛在帕米尔以北，费尔干纳盆地至塔什干，安息即今伊朗。公元一世纪罗马学者普林尼在他的著作《博物志》中谈到当时欧洲市场"虽然钢铁的种类很多，但没有一种能和中国来的钢相媲美"。某种程度上，中国的钢铁产品与技术影响了欧亚大陆的历史。

我国铁农具、铁工具的出现和发展，对周边地区尤其东亚产生了极大的影响。同朝鲜半岛的交流早在先秦时期就已开始，汉武帝时期，汉王朝对周边地区的大规模经营，使汉代中国同朝鲜半岛的联系空前高涨②。汉武帝于公元前108 年平定卫氏朝鲜后，在今朝鲜半岛设置乐浪四郡，这一举措无疑极大地推动了生铁技术在朝鲜半岛的传播。

朝鲜半岛铁器起源与中国东北地区早期铁器有着千丝万缕的关联。王巍对朝鲜半岛中南部乐浪郡建立之前的遗址出土的铸造铁镬研究，认为其很可能来自战国时期中国东北的燕地铁器作坊③，朝鲜半岛此时期的铁器，可能主要出自与朝鲜半岛北部接壤的汉族工匠之手。潮见浩等学者认为汉代乐浪地区墓葬出土的铁器具有明显的汉代特色④，种类涵盖刀、剑、环首刀、矛、戟、镞、斧、凿、镰、弩机、马具等等。李南珪、申璟焕等人对朝鲜半岛冶铁技术进行

① 罗布卓夫：《"铸"一词的来源》，《铸造》1957 年第 8 期。

② 白云翔：《汉代中国与朝鲜半岛关系的考古学观察》，《北方文物》2001 年第 4 期。

③ 王巍：《东亚地区古代铁器及冶铁术的传播与交流》，中国社会科学出版社，1999 年，第 64—75 页。

④ （日）潮见浩：《东アジアの初期铁器文化》，（东京）吉川弘文馆，1982 年，第 203—259 页。（日）川越哲志：《弥生时代の铁器文化》，（东京）雄山阁出版社，1993 年，第 7—14 页。

了广泛研究[①]，使得我们对朝鲜半岛早期冶铁技术发展历程有了初步认识：朝鲜境内多个遗址（2c. B. C—1c. B. C）出土的铁器，都属于燕式铁器，材质经分析为生铁与脱碳铸铁，而朝鲜本土特色的铁器、铸造铁器的炉子和铸范，要在此一二百年后才出现。块炼铁、炒钢、展性铸铁、铸铁脱碳钢等技术，在乐浪郡时期均已传至朝鲜半岛。但各种制铁技术在各个地区及各个时期所占的比例有所不同。

朝鲜半岛北部铁器的出现以及向朝鲜南部的影响和扩散，应是受到战国时期东北地区的燕国铁器文化的影响，而汉代冶铁及铁器制作技术和工艺更多向朝鲜半岛传播，可能与公元前 108 年乐浪郡设置以后大规模移民有关[②]，当时大批汉族官吏和庶民来到朝鲜半岛，也包括了各种工匠，从而导致汉代的铁器，尤其是铁器制作技术的传播。这一时期的朝鲜半岛的铁农具和工具，几乎全部是锻造铁器，与战国晚期遗址中铁农具、工具基本为铸铁的情况明显不同。王巍认为我国中原地区汉代韧性铸铁作为主要的半成品，由均输至乐浪地区，带来乐浪地区铁器锻造的大发展。与此同时，朝鲜半岛也发现了该时段的冶铁遗迹，说明当时朝鲜半岛北部居民已掌握了冶铁技术。

日本最早出现的铁器，也与中国和朝鲜半岛有关。大泽正己对弥生时代铁器进行分析研究[③]，发现日本列岛呈现出和中国内地的冶铁技术发展相一致的技术特色，弥生文化是在绳纹文化的基础上，受中国和朝鲜半岛文化的影响而产生的。从前期出现可锻铸铁，到铸铁脱碳钢，再到后来出现的块炼渗碳钢制品、炒钢制品、贴钢制品，仅是工艺出现的时间上相对滞后，随着同中国、朝鲜的经济、文化交流，日本人逐渐学会了铸铁和锻铁技术。

目前学界认为铸铁器在日本出现的时间，是在弥生时代前期末至中期初（公元前 4 世纪左右），至迟在公元前 2 世纪后半，铁器的锻造技术已传到日本[④]。弥生时代的铁器一般统称为弥生铁器。弥生铁器的显著特征之一，是

---

　　① （韩）李南珪：《韩国初期铁器文化の形成と发展过程・地域性を中心とてし》，见《东アゾアの古代铁文化・その起源与传播》，たたら研究会，1993 年，第 18—30 页。

　　② 王巍：《中国古代铁器及冶铁术对朝鲜半岛的传播》，《考古学报》1997 年第 3 期；蒋路：《考古学视野下汉朝与朝鲜半岛南部的交流》，《草原文物》2017 年第 1 期。

　　③ （日）大泽正己：《弥生时代の中国产铁制品 可锻铸铁、铸铁脱碳钢、炒钢、块炼铁》，The 4th International Conference on the Beginning of the Use of Metals and Alloys in Shimane. May 25–27, 1998.

　　④ 王巍：《东亚地区古代铁器及冶铁术的传播与交流》，中国社会科学出版社，1999 年，第 124 页。

大量封闭型或非封闭型銎（又称作 C 字形銎）——锻銎铁器的存在①。銎是指铁工具上用来安柄的孔，锻銎铁器是指采用锻打折合成形技法制成竖銎的铁器。

中原地区有发达的铁器生产业，河南也是目前年代最早的锻銎铁器发现的区域。辉县固围村发现战国晚期锻銎铁斧一件②、巩义铁生沟冶铁遗址出土西汉中期至晚期锻銎铁斧（原报告作"锛形器物"）一件③、南阳瓦房庄冶铁遗址出土的一件西汉的锻銎铁凿④。另在福建崇安城村汉城遗址、保定满城一号汉墓、南越王墓都有发现锻銎技法铁器。

日本的锻銎铁器出现于公元前一世纪前后，朝鲜半岛的锻銎铁器上限在公元前 108 年前后，白云翔认为日本和朝鲜的锻銎铁器是受中国汉文化的影响产生的，是汉帝国势力扩张和文化辐射所致。与中国境内主流铸造铁器有所不同，日本弥生铁器中，锻銎铁器占有相当大的比重，换言之，锻銎铁器在日本获得了更为充分的发展⑤。弥生时代前期的铁器在其初期到中叶只限于输入品，前期的后半叶，开始部分本土制作⑥。

中国铁器和冶铁技术向东北亚传播，存在着从铁器成品输入—铁器原料输入—冶铁技术的输入过程，这个过程符合人们对新事物的认识过程，即拿来—借鉴—吸收、改良，当人们不再满足于仿制外来的铁器器类时，就开始根据当时、当地的需要，设计、制造一些新的铁器品种，如形制多样的铁镞、两锋呈尖状凸起的大型铁矛等，极可能是朝鲜当地工匠创造发明的铁器⑦。

中国铁器及冶铁术的传播，带动和促进了东北亚地区生产力和经济的发展。不同国家的环境、文化、技术条件以及经济水平决定了其在接受铁器及冶铁技术方面有所不同，并由此形成了各国铁器的特点。

---

①　白云翔：《战国秦汉和日本弥生时代的锻銎铁器》，《考古》1993 年第 5 期。

②　中国科学院考古研究所：《辉县发掘报告》，科学出版社，1956 年；孙廷烈：《辉县出土的几件铁器的金相学考察》，《考古学报》1956 年第 2 期。

③　河南省文物局文物工作队：《巩县铁生沟》，文物出版社，1962 年，第 34 页。

④　河南省文化局文物工作队：《南阳汉代铁工厂发掘简报》，《文物》1960 年第 1 期。

⑤　白云翔：《战国秦汉和日本弥生时代的锻銎铁器》，《考古》1993 年第 5 期。

⑥　（日）川越哲志，韩国河译：《日本弥生时代初期的铁器研究——以川越哲志氏的研究为中心》，《江汉考古》2001 年第 3 期。

⑦　王巍：《中国古代铁器及冶铁术对朝鲜半岛的传播》，《考古学报》1997 年第 3 期。

第五章

魏晋——明清时期河南地区的冶铁业

第一节　魏晋—明清时期的铁冶政策

东汉末年，战乱纷扰，盐铁管理被迫暂时中断。三国以后，魏、蜀、吴又重新恢复了盐铁官营政策。曹魏与蜀汉的冶铁管理机构基本相同，都设"司金中郎将""司金都尉""监冶谒者"等官职。不同之处则是蜀汉的"司金中郎将"的职责为"典作农战之器"，即掌管农具、兵器制造并非管理冶铁生产，冶铁生产则是由盐府兼管的。曹魏虽对冶铁生产实行官营，但铁器加工与贩卖却由私人经营。孙吴的冶铁管理机构则有所不同，不设"司金中郎将"等官署，三国吴在江南诸郡县有铁者或置冶令或置冶丞，由于这方面的记载简略，冶铁官署的隶属关系并不详。西晋以卫尉统管诸冶令，掌工徒鼓铸，并设南北东西督冶掾，以督察铁冶之事。

魏晋南北朝时期的许多政权都推行过盐铁官营政策，但是都贯彻不力。由于国家政权力量的弱化与官营盐铁的低效率、世族经济的兴起与利益博弈影响，民间私营盐铁业不但一直存在，且占有重要地位。故魏晋时期的盐铁业呈现出一种以国家专卖为主、民间私营为辅的制度特点①。

林文勋、黄纯燕将中国古代盐铁专卖制度分两类：直接专卖和间接专卖。直接专卖，以汉代创立的官府直接控制盐铁的产、运、销为特点，一直延续到唐代，为官府独利。间接专卖，由国家控制盐铁的生产领域，商人则介入运输与销售，官商共利②。

两晋南北朝冶铁管理相似，唯其隶属关系略有变动而已。西晋冶铁官署主

---

①　杨华星、缪坤和：《魏晋盐铁政策探析》，《盐业史研究》2009 年第 1 期，第 9—14 页。
②　林文勋、黄纯燕等著：《中国古代专卖制度与商品经济》，云南大学出版社，2003 年。

要隶属卫尉，专管江北"冶令三十九、户五千三百五十"，而江南只有梅根冶（今安徽贵池市东北）和冶塘（今湖北武汉市武昌东南），不属卫尉管辖，隶属扬州。东晋改隶少府，北魏太和年间，冶铁官署亦隶属少府，太和以后改隶太府[①]。

隋唐时期铁矿的分布，据《新唐书·地理志》载，唐朝1573县中，有铁之县多达100个以上[②]，主要分布在北方的河北、山西、山东、河南、安徽，南方的江苏、浙江、江西、福建、湖北、湖南、陕西和四川等地[③]。文献所见唐代的铁产地半数以上分布在南方，较之其在秦汉及魏晋南北朝时期主要分布在北方，已经发生了很大的变化[④]。

据《旧唐书·职官志》记载："凡天下出铜铁州府，听人私采，官收其税。"唐代民营坑冶业的发展，带来矿业空前的繁荣。唐代矿产地，据《新唐书·地理志》记载，全国有铁矿104处，铜矿62处（不包括今云南、贵州两地区），元和初年（806—810年），铁的年收入量200多万斤，铜的年收入量26万多斤。这些还都是官府税收统计数字，实际产量会大大超过此数。

隋唐时期盐铁业，官营和私营并行不悖。国家铁矿资源由中央的盐铁使管辖，将官府不开采的铁矿"听人私采，官收其税"。采矿和冶铸方面，民间矿冶允许私人开采、冶铸。私人开采、冶铸的金属，由国家收购，用于铸钱、制作兵器以及社会他用。

唐代，少府监职掌百工技巧诸务，各官营手工业部门均归其管辖，下设左尚、中尚、右尚、织染、掌冶五署及诸冶监、诸铸钱监、互市监等[⑤]。"掌冶署""诸冶监""诸铸钱监"则为对应冶金管理机构。

"掌冶署"职责"令一人，正八品上；丞二人，正九品上。掌范镕金银铜铁及涂饰琉璃玉作。铜铁人得采，而官收以税，唯镮官市。边州不置铁冶，器用所须，皆官供。凡诸冶成器，上数于少府监，然后给之。监作二人。"

"诸冶监"则"令各一人，正七品下；丞各一人，从八品上。掌铸兵农之器，给军士、屯田居民，唯兴农冶颛供陇右监牧。监作四人。"

① 马志冰：《魏晋南北朝盐铁管理制度述论》，《史学月刊》1992年第1期。
② ［宋］欧阳修、宋祁：《新唐书·地理志》，中华书局，2011年，第959—1157页。
③ 卢本珊：《中国古代金属矿和煤矿开采工程技术史》，山西教育出版社，2007年，第167页。
④ 祝慈寿：《中国古代工业史（上）》，学林出版社，1988年，第366页。
⑤ 俞鹿年：《中国官制大词典》，黑龙江人民出版社，1992年，第42页。

"诸铸钱监"则为"监各一人，副监各二人，丞各一人。以所在都督、刺史判焉；副监，上佐；丞，以判司；监事以参军及县尉为之。监事各一人。"

中央在地方设立专门的管理机构，组织铁矿的开采、钢铁的冶炼或铁器的铸造，最为常见的则是"铜铁人得采，而官收以税"。当时有可能存在行会组织如"生铁行"①，即由私人采矿、冶炼、官府收税。民间行为有个体工匠、私营作坊和冶铸工场等多种不同的类型，其产品作为商品进行买卖。隋唐时期的铁器，大多是民间铁器产品，捐铸铁器或捐资铸造铁器的情况更是应运而生②。唐朝末年，政府允许有较大规模的民营矿冶，为后代冶铁业的发展奠定了基础。

唐代后期还出现盐铁转运使，即主管盐、铁（包括银、铜、铁、锡等）、茶专卖及征税的使职。"安史之乱"之后，唐朝的政治、经济形势发生了巨大变化，唐的财政、经济重心完全转移到南方，呈现"奉长安文化为中心，仰东南财赋以存立之政治集团"③，这个集团一旦失去东南财赋之供给，将土崩瓦解。大运河作为连接长安与江淮的通道，作用不言而喻，主运之专职愈显重要。盐铁转运使对后世如宋、明、清一系列有关职官、机构有着明显的影响④。

北宋初期，矿山基本上是民营，官府只管收税。由于矿冶业的兴盛发达，设置了一整套管理机构。重要矿区或冶铸中心设有"监"和"务"，主管税收和征集。生产单位有"场""坑"和"冶"。"场"是采矿场，"坑"即矿坑，每个场可管辖若干个坑。"冶"是冶炼场，一个"冶"所需要的矿石往往由数个采矿场供应。管理机构与生产单位的关系：置"监"之处必有冶，设"务"之处多有场。据《宋史·食货志》记载，宋初全国"坑冶凡金、银、铜、铁、铅、锡，监冶场务二百有一"。治平年间（1064—1067年），各州坑冶总数为271处。

宋代对坑冶的基本政策是官府垄断，禁止私自采铸买卖。官营矿冶业的管理相当严格，据《宋会要辑稿·食货》记载，当时的铜矿官员要逐日登录下矿人数，采矿、磨矿篓数，淘洗和入炉冶炼的矿石斤数。《宋史·薛奎传》提到

①　魏明孔：《中国手工业经济史（魏晋南北朝隋唐五代卷）》，福建人民出版社，2004年，第88页。

②　同上注。

③　陈寅恪：《唐代政治史述论稿》，上海古籍出版社，1997年。

④　白云翔：《隋唐时期铁器与铁器工业的考古学论述》，《考古与文物》2017年第4期。

北宋初年，地方官员薛奎在管理兴州铁监时，曾"发调兵三百人采铁，而岁人不偿费"。之后薛奎上奏朝廷，改变做法"听民自采，所输辄倍之"。《宋史·梁适传》载："莱芜冶铁为民病，当役者率破产以偿。适募人为之，自是民不忧冶户，而铁岁溢。"腐败的官营矿冶业和扰民的徭役，已严重阻碍矿冶的生产发展。在这种情况下，官府被迫采取"豪户请佃""业主开采"等方式，民营坑冶得以较大发展，官府垄断的控制渐渐呈现放松的趋势，表现在奖励报矿、开放采炼和控制销售等方面[①]。由囚徒、役卒、役夫和招募的工匠，从事采铸和冶炼。

熙宁、元丰时期（1068—1085 年）出现了宋代矿冶业中的民办官买制度——抽分制。抽分制打破了政府对于冶炼的垄断，促进了矿冶业的发展。官府招募坑户自行经营矿产的采凿与冶炼，坑户用自己的物料工具和资金，从事采凿，也可进行冶炼。官方将 20％的冶炼成品作为税收，无偿收官，其余80％的冶炼品，冶户可以自由处理，实际上也是"和买入官"，即官方出价购买。产品以二分纳税，其余八分允许自便货卖（实亦全部由官收买）。二八抽分以岁课为基数，完不成课额，仍按原定课额抽税二分和榷买。如不立额，则抽税三分，七分购买，抽分制的本质是矿产税，并非新制[②]。抽分制鼓励富商豪右募人采矿、兴办冶炉，一般只许自行打造农具和器用什物，同时又保证政府对于产品铸造和买卖的控制监督。南宋时期继续实行抽分制，孝宗时改为产品官收七分，其余三分许坑户凭文引卖与他处政府，并以免除差役和推赏补官等酬奖方法鼓励坑冶发展。元、明、清皆沿用此法。

抽分制度相对较利于宋代矿冶业发展，据史籍记载，铁的税额（"岁课"）以英宗治平年间（1064—1067 年）为最高，达 824 万斤，比唐宣宗大中年间（847—859 年）高出约 76 倍。宋神宗年间（1068—1085 年），年铸铜钱 500 余万贯，铁钱 88 万余贯，比唐代增长 20 余倍。其中，相当部分铜还是来自水法炼铜，铁是反应原料之一。

元初，政府在各路设立诸洞冶总管府掌管矿冶业，颁布矿业法规，以保护官办矿场和恢复税收。元代对金、银、铜、铁、铅、锡等矿产品均曾实行禁榷制度，实行垄断经营，实行时间最长、影响最大的是榷铁制度。官营冶户产铁

---

① 裴汝诚、许沛藻：《宋代坑冶政策与坑冶业的发展》，《史学月刊》1981 年第 4 期。
② 魏天安：《宋代坑冶"二八抽分"制辨析》，《中国社会经济史研究》2012 年第 3 期。

后，尽数交纳官府，一来官府自设专局发卖，最大限度得利；二来转卖给引商，每铁二百斤为一引，商人备价领引，持引赴冶支铁，凭引发卖。元朝榷铁制度严厉①，如引、铁不相随，或于引数之外夹带，皆由官府没收。铁的销售，各有地界，犯界者以私铁论罪。这种政策导致官营铁器质次价高，极大损害和限制了冶户的生产积极性，铁冶生产效率极其低下。直到明朝初期，榷铁制流弊仍在。

元蒙古人建立比唐宋时期更为庞大复杂的官府工业系统，大批工匠被拘入官局劳作，形同奴隶，这种生产关系的倒退必然造成生产力的严重破坏和萎缩，元代官府工业的大投入与低效率形成强烈反差，大量官营矿业罢废，于是许多官铁逐渐改为官督民办，采用宋代税率以课铁，然后"官用铁货给价和买"，民间铁业又开始恢复并有所发展。

明代发现和开采的铁矿产地极大增加，据有关史料记载，已有 232 个州县②。明代冶铁业发展可分为两个阶段。洪武元年到宣德九年（1368—1434年）是第一阶段，官府铁业占据主导地位，为社会制造武器、官船、御用器皿及修理宫殿等提供原料。明代官铁继承了元代役使大量坑冶户进行生产，他们每年服役六个月，免除其他杂徭役，其余时间回家务农，照旧交粮纳税。此外还有轮班人匠、军匠和军夫等，这些生产者被强制服役生产，缺乏人身自由。因仓库存铁过多，同时鉴于官营冶铁所的工匠不断怠工，逃亡以至暴动，洪武十八年（1385 年）和二十八年（1395 年），明政府曾两次被迫罢停各处官营铁冶，后一次"诏罢各处铁冶，令民得自采炼，而岁输课程，每三十分取其二"，允许私人采矿冶炼。此后官营铁冶逐渐减少，民营铁冶日渐增多。虽然民营铁矿的较快发展，带来产量上升，但这一时期仍是官矿占统治地位，实行在一定范围内允许私人采矿冶炼的政策。

宣德十年（1435 年）之后是明代铁业发展的第二阶段，商品经济开始活跃，白银的货币职能日益提高。民营铁业快速发展，铁产量日增。如天顺五年（1461 年），山西阳城县民营铁课数量五六十万斤，折合成铁产量八百万斤左右，相当于洪武时期给山西全省生铁产量定额的七八倍③。作为明代官营铁冶最大的河北遵化铁冶厂，人数最多时候不过两三千人（申时行：《明会典》卷

---

① 胡小鹏、狄艳红：《略论元代的矿冶制度》，《西北师大学报（社会科学版）》，2006 年第 6 期。
② 黄启臣：《明代钢铁生产的发展》，《学术论坛》1979 年第 2 期。
③ 黄启臣：《明代山西冶铁业的发展》，《晋阳学刊》1987 年第 2 期。

194）；而在成化、弘治年间（1465—1505 年）发展成为民营冶铁铸造中心的广东佛山，生产技术有了较细的分工，各种工人超过二三万。官营铁业产量也是日益下降，遵化冶铁厂在嘉靖八年（1529 年）生熟铁产量比正德四年（1509 年）减产了 50％左右。在民营铁业继续发展同时，官营铁业"矿利甚微"，逐渐从衰落走向瓦解。

民营铁冶业有两种形式：一种是定税执照方式；一种是政府招商承办方式。前者即由政府批准，定税发给执照，才能采矿冶炼。后者是由官府管理、商民进行采矿、冶炼、生产的形式①。民营铁冶业除了交纳矿课之外，基本上是商品生产。相比前代，明代民营冶铁规模与技术有了巨大进步，明代中后期钢铁产量居世界第一。在成化、弘治年间，广东佛山已经发展成为当时冶铁中心，各种冶铸工人在二三万人以上，而官营最大的遵化铁厂，人数最多时候不过 2500 人。

明代中期，各地人口增长迅速，生活资料需求扩大，各种铁制日用品市场需求旺盛，新兴消费需求刺激了冶铁产业的升级。民间的冶铁行业开始实施专业化生产，行业分工趋向精细化，除了继续冶炼生铁外，还铸造生产铁壶、铁炉、铁锅、铁鏊等生活用具。通过对生铁进行深加工，提升了产品附加值，拓宽了市场渠道。

清代铁冶业承袭了明代官府工业的传统，但不论经营范围还是作坊数量上都比明代减少很多。顺治九年（1652 年），清廷对一些矿山下令"严行禁止"，康熙四十二年（1703 年）再次强调禁止开矿。康熙末年这种强行禁止的政策开始发生变化，乾隆时期，实行更为积极的政策，鼓励地方官招商开矿，任其经营，还对办理不力者予以惩处。"凡有司招商开矿，得税一万两者，准其优开。开矿商民上税三千两至五千两者，酌量给予顶戴，使知鼓励"，商人"自出资本，募工开挖"，矿砂以"十分抽二，变价充饷"的税率交给官府，以后历任皇帝也不再有大规模地禁止矿业开发行为，清政府还废除部分矿冶业的苛捐杂税，禁止吏胥扰累勒索②。清代铁税一般为十分抽二，即政府从 100 斤生铁中提 20 斤为铁课，明令禁止一切铁制品的出海贸易③。

清政府矿业政策的转变，使清代铁业得到迅速发展。广东佛山和陕西汉中

---

①　黄启臣：《明代钢铁生产的发展》，《学术论坛》1979 年第 2 期。

②　李绍强：《论明清时期的铁业政策》，《文史哲》1998 年第 4 期。

③　李海涛：《前清中国社会冶铁业》，《江苏工业学院学报》2009 年第 6 期。

是清代两处大型铁厂。佛山一地冶铁业兴盛时工人达 3000 余人，以莺岗为中心，每晚同时有 99 座化铁炉开炉。汉中铁场，据道光二年（公元 1822 年）成书的《三省边防备览》卷九中记述，汉中铁场有大小分厂多处，大厂有二三千人，小厂也有数百人至千余人。

晚清末年，随着洋务运动的兴起，中国全面引进欧洲钢铁技术和设备，1890 年建成青溪铁厂并投产[1]，1894 年建成汉阳铁厂并投产[2]。然而，时过境迁，前者很快破产，后者只能惨淡经营。中国再次错过了工业革命发展的时机[3]。

第二节 魏晋—明清时期河南地区的冶铁遗址

据统计，河南境内魏晋—明清时期的铁矿冶遗址有 30 余处，见表 5-1。大部分遗址只进行过简单调查，只对渑池窖藏和冶铁遗址、南召下村冶铁遗址及荥阳楚村冶铸遗址进行了较深入的科学分析与研究。

表 5-1 汉以后河南地区铁矿冶遗址统计表

序号	时 代	遗址名称	遗址地点	遗存内容
1	汉—北魏	渑池窖藏和冶铁遗址	三门峡市渑池县	炼渣、炉壁残块、陶瓦片、红烧土块、铁器、铁范、白口铁原料、鼓形砧、陶窑、炼炉、积铁块[4]
2	汉—六朝	张畈冶铁遗址	南阳市桐柏县	炼炉、陶窑、炼炉壁残块、铁矿石、铁矿粉、铁块、耐火砖坯、炼渣、铁器、陶瓦片、砖块、木炭屑[5]

---

① 刘兴明：《中国首个钢铁重工业——青溪铁厂》，《文史天地》2016 年第 5 期。

② 许华利：《汉冶萍公司百年记忆》，《湖北文史》2009 年第 1 期。

③ 毛卫民：《铁器时代演变与工业革命》，《金属世界》2019 年第 2 期。

④ 渑池县文化馆、河南省博物馆：《渑池县发现的古代窖藏铁器》，《文物》1976 年第 8 期刊；河南省文物考古研究院：《渑池火车站冶铁遗址 2016～2017 年调查简报》，《华夏考古》2017 年第 4 期。

⑤ 河南省文物管理局文物志编辑室编：《河南省文物志》（上）二稿，河南省文物管理局文物志编辑室 2007 年 8 月；河南省文物研究所、中国冶金史研究室：《河南省五县古代铁矿冶遗址调查》，《华夏考古》1992 年第 1 期。

续表

序号	时　代	遗 址 名 称	遗 址 地 点	遗 存 内 容
3	东汉—六朝	毛集铁炉村冶铁遗址	南阳市桐柏县	炼炉、铁炼渣、炉壁残块、陶瓦片、鼓风管残块、矿石粉、烧土块①
4	汉—宋	拐角铺冶铁遗址	南阳市南召县	炉渣、冶铁炉2、条形铁器、砖瓦片（汉）、瓷片（宋）②
5	汉—宋	杨树沟采铁坑道遗址	南阳市南召县	古坑道10＋、古矿井2、矿石、铁镢、铁锤、铁楔、铁镐、铁剑、木梯、马蹬、骨簪、铜钱、瓦片（汉）、瓷片（宋）③
6	汉—宋	正阳集东冶冶铁遗址	安阳市林州市	炉壁残块（熔炉、炼炉）、炉底残块（熔炉、炼炉）、鼓风管残块、积铁块、矿石、矿粉、铁渣、木炭屑、砖块、煤块、陶片、瓦片、瓷片、铜钱④
7	汉—元	后堂坡冶铁遗址	安阳市安阳县	矿粉、炼渣、铁柱、炉壁残块、陶片、瓷片、瓦片⑤
8	三国	铁门冶铁遗址	洛阳市新安县	不详⑥
9	唐宋	水冶铁炉沟冶铁遗址	安阳市殷都区	炉渣、瓷片⑦
10	唐宋	石村东山古矿洞遗址	安阳市林州市	矿洞、矿粉、淤泥、铁锤、瓷片⑧

①　河南省文物研究所、中国冶金史研究室：《河南省五县古代铁矿冶遗址调查》，《华夏考古》1992年第1期。

②　河南省地方史志编纂委员会编纂：《河南省志·文物志》，河南人民出版社，1993年。

③　同上注。

④　河南省文物研究所、中国冶金史研究室：《河南省五县古代铁矿冶遗址调查》，《华夏考古》1992年第1期。

⑤　同上注。

⑥　林志冠主编：《新安县志》，河南人民出版社，1989年，第531页。

⑦　河南省文物局编：《河南文物》（中），文心出版社，2008年，第1205页。

⑧　李京华：《河南冶金考古略述》，《中原文物》1989年第3期；河南省文物研究所、中国冶金史研究室：《河南省五县古代铁矿冶遗址调查》，《华夏考古》1992年第1期。

续表

序号	时　代	遗址名称	遗址地点	遗存内容
11	唐宋	铁炉沟冶铁遗址	安阳市林州市	炼炉9、炼渣、炉壁残块、矿粉、煤粉、陶片、瓷片、瓦片①
12	唐—元	申村冶铁遗址	安阳市林州市	炼炉、熔炉、矿粉、炼渣、炉壁残块、铁块、陶片、瓷片、瓦片、砖块②
13	宋金	冶上冶铁遗址	登封市告城镇	炼铁炉、铁块、坩埚、炉渣、烧土块③
14	宋	养钱池遗址	郑州市新密市	古矿井、矿坑、坩埚、炉渣、钱范、铜钱④
15	宋	秦赵会盟冶铁遗址	三门峡市渑池县	铁钱、矿石、坩埚、瓷片、铁块、铁锭⑤
16	宋	矿瑶瑙冶铁遗址	三门峡市渑池县	炼炉、坩埚、炼渣、瓷片（宋）⑥
17	宋	三角城冶铁遗址	三门峡市卢氏县	铁矿石、炼渣、瓷瓦片（宋）⑦
18	宋	朱砂铺冶铁遗址	南阳市南召县	冶铁炉3、铁矿石⑧
19	宋	小空山冶铁遗址	南阳市南召县	残炉1、炉渣、瓷片⑨
20	宋	北业冶铁遗址	焦作市中站区	炉址、铁矿石、铁渣、瓷片⑩
21	宋	杨林冶铁遗址	登封市徐庄镇	灰坑、炉壁残块、铁质板块、坩埚、铁渣、炭渣、灰土⑪

---

①　河南省文物研究所、中国冶金史研究室：《河南省五县古代铁矿冶遗址调查》，《华夏考古》1992年第1期。

②　同上注。

③　郑州历史文化丛书编纂委员会编：《郑州市文物志》，河南人民出版社，1999年，第12页。

④　河南省文物局编：《河南文物》（中），文心出版社，2008年，第559页。

⑤　赵青云：《河南渑池县发现宋代铸铁钱遗址》，《考古》1960年第6期。

⑥　河南省文物局编：《河南文物》（中），文心出版社，2008年，第1522页。

⑦　同上注，第1499页。

⑧　寇金昌：《南召县下村发现古炼铁遗址》，《文物参考资料》1957年第6期，第93页；河南省文物工作队：《河南南召发现古代冶铁遗址》，《文物》1959年第1期。

⑨　国家文物局主编：《中国文物地图集·河南分册》，1991年。

⑩　河南省文物局编：《河南文物》（中），文心出版社，2008年，第1049页。

⑪　郑州历史文化丛书编纂委员会编：《郑州市文物志》，河南人民出版社，1999年。

续表

序号	时　代	遗址名称	遗址地点	遗 存 内 容
22	宋	申家沟铁矿遗址	安阳市林州市	矿洞 6、炼炉 1、矿粉、矿渣、炭块、炭屑、木材灰、淤泥、炼渣、铁权、铁锤、铁镢、瓷片、锅片、板瓦、人骨①
23	宋	西南寨古矿洞遗址	安阳市林州市	矿洞、矿石、矿渣、瓷片②
24	宋	南西炉冶铁遗址	安阳市安阳县	炉址 3、铁矿粉、铁渣、铁块③
25	宋	西马楼冶铁遗址	平顶山市鲁山县	④
26	宋元	下村冶铁遗址	南阳市南召县	炼炉 7、汉代砖室墓、瓦片、陶片、瓷片、砖块⑤
27	宋元	庙后村冶铁遗址	南阳市南召县	炼炉 1、炼渣、瓷片⑥
28	宋—明	韩家集冶铁遗址	南阳市桐柏县	炉渣、瓷瓦片、砖块⑦
29	宋—明	铧炉粉红江冶铁遗址	安阳市安阳县	炼炉 3、炼渣、积铁块、炭粉、矿粉、陶片、瓷片、瓦片⑧
30	元	荥阳楚村元代冶铸遗址	郑州市荥阳市	炼渣（铜渣、铁渣、炉渣）、炉壁残块、坩埚、陶片、瓷片、瓦片、灰烬、陶窑、铜器、铜模、铜钱⑨
31	明	李封冶铁遗址	焦作市中站区	炉渣、烧土块、瓷片⑩

---

①　河南省文物研究所、中国冶金史研究室：《河南省五县古代铁矿冶遗址调查》，《华夏考古》1992年第 1 期。

②　同上注。

③　河南省文物局编：《河南文物》（中），文心出版社，2008 年，第 1205 页。

④　陈建立：《中国古代金属冶铸文明新探》，科学出版社，2014 年，第 262 页。

⑤　寇金昌：《南召县下村发现古炼铁遗址》，《文物参考资料》1957 年第 6 期；河南省文物工作队：《河南南召发现古代冶铁遗址》，《文物》1959 年第 1 期；河南省文物研究所、中国冶金史研究室：《河南省五县古代铁矿冶遗址调查》，《华夏考古》1992 年第 1 期。

⑥　同上注。

⑦　河南省文物局编：《河南文物》（中），文心出版社，2008 年，第 1995 页。

⑧　河南省文物研究所、中国冶金史研究室：《河南省五县古代铁矿冶遗址调查》，《华夏考古》1992年第 1 期。

⑨　于晓兴、吴坤仪：《郑州荥阳楚村元代铜模》，《文物》1982 年第 11 期；吴坤仪、于晓兴：《荥阳楚村元代铸造遗址的试掘与研究》，《中原文物》1984 年第 1 期。

⑩　河南省文物局编：《河南文物》（中），文心出版社，2008 年，第 1050 页。

续表

序号	时　代	遗 址 名 称	遗 址 地 点	遗 存 内 容
32	明清	陶湾矿冶遗址	洛阳市栾川县	古矿洞 30＋、钢钎、铁锤、炼渣、陶瓷片①
33	清	大庙畈铁砂矿冶遗址	信阳市浉河区	炉壁残块、积铁块、鼓风管残块、炼渣②
34	清	界河铁砂矿冶遗址	信阳市浉河区	炼炉、熔炉、制范铸造炉、炒钢炉、鼓风管残块、炉壁残块、炼渣③

汉代以后的冶铁遗址，进行过科学发掘的不是太多。中国有 7 个省份发现有宋元时期冶铁遗址④。古代冶铁作坊位置或位于矿源地，或选择在城市郊区或城内⑤。

一、渑池窖藏和冶铁遗址（魏晋时期）

遗址位于三门峡市渑池县火车站东南，包括窖藏区、冶炼及废渣区，其中冶炼及废渣区位于窖藏区南面，西北距离火车站 520 米，南部沿涧河河岸分布，西距汉魏县治约 12.5 千米⑥。遗址总面积约 13 万平方米。

1974 年，河南省博物馆联合渑池县文化馆进行调查，试掘了窖藏区，试掘面积 4.5 平方米，在其南面发现铸造遗址⑦。结合窖藏铁器的铭文内容，考古人员判断铁器作坊遗址的年代为汉至北魏时期。

2016—2017 年，河南省文物考古研究院对铸造遗址进行了调查，明确了

---

① 李京华：《河南冶金考古略述》，《中原文物》1989 年第 3 期。

② 李京华、黄克印：《信阳县清代铁砂冶炼遗址》，见中国考古学会：《中国考古学年鉴》（1994），文物出版社，1997 年，第 222—223 页；河南省文物考古研究所、北京科技大学冶金史研究室等：《河南信阳县大庙畈与界河铁砂矿冶遗址调查及初步研究》，《华夏考古》1995 年第 3 期。

③ 同上注。

④ （丹麦）华道安著，杨盛译：《中国宋元时期的高炉》，《南方民族考古》第 10 辑，2014 年，第 263 页。

⑤ 白云翔：《先秦两汉铁器的考古学研究》，科学出版社，2005 年，第 340 页。

⑥ 中国历史地图集编辑组：《中国历史地图集》（二），中华地图学社，1975 年，第 5—6 页；中国历史地图集编辑组：《中国历史地图集》（四），中华地图学社，1975 年，第 7—8 页。

⑦ 渑池县文化馆、河南省博物馆：《渑池县发现的古代窖藏铁器》，《文物》1976 年第 8 期。

作坊布局有窖藏区、冶炼区、废渣区①，见图 5-1。对所采集的炉渣检测分析，为典型的生铁冶炼炉进行冶炼的遗物，勘探结果显示该遗址炼炉数量可能非常有限，其他冶铸设施如熔炉之类，在此次钻探过程中尚未能得到确认。

图 5-1　渑池火车站冶铁遗址范围及遗迹分布图
1. 窖藏坑　2. 生铁块　3. 炼炉　4. 炉壁集中分布区　5、6. 炉渣集中分布区

冶炼及废渣区分南、北两区，南区埋藏较浅、堆积相对丰富，主要发现有陶窑、炼炉、炉壁、大量炉渣、大型积铁块。

窖藏区主要为遗迹与遗物：圆袋型窖藏坑 1 个，口径 1.28～1.42 米，底径 1.68 米，深 2.06 米。坑中发现铁范、铁器、铁材、积铁等 4195 件（块），重达 3500 千克。

① 河南省文物考古研究院：《渑池火车站冶铁遗址 2016～2017 年调查简报》，《华夏考古》2017 年第 4 期。

铁范 152 件，有板材范和工具范。其中铁板范 64 件，又可细分为长且宽的铁板范、短且宽的铁板范、双腔窄铁板范、单腔窄铁板范、方形铁板范五种形制。工具农具范有双柄犁范 3 件、三角形铁犁范 1 件、铧范 31 件、凹字形铁臿范 5 件、斧范 12 件，还发现带有箭头标记的器物范 18 件。范上可见"甼""阳成""津左""津右"等铭文。

铁器 4043 件，主要为生产工具、机械构件和农具。其中铁砧 11 件、铁锤 20 件、锻制铁钎 1 件。工具中尤以轴承最丰富，如六角承 445 件，17 种规格；圆承 32 件；凹字形承 3 件，这些轴承构件都带有磨损痕迹。齿轮 4 件，另还有铁锛、夯头、凿、夹刃斧等工具。农具有犁 48 件，犁铧 1101 件，数量较多的还有铁铲、束腰式耧铧、弧形镰刀、臿、半圆鏊镢、六角形锄等。兵器有斧 434 件，箭头 171 件。生活用具及其他有：灯 4 件；案形器 1 件，器底有铭文"津左张王"；炙炉 2 件；铁权 5 件；铺首衔环 4 件；鸠 2 件；三角形帷幕脚架 16 件。铁碾槽 3 件；铁方框 2 件。还发现有釜、鏊、敛口圜底锅、盆形甑的残片，零星车饰如车軎、盖弓帽、盖弓顶，以及生活类用器小刀、坠、钩、钉、铃、棒等。

作冶炼原材料之用的铁材（白口铁）750 千克，包括铁锭 25 块，长 24～63 厘米，断面为三角形；铁饼 31 块，直径 63 厘米，厚 2 厘米。

农具上存在的大量铭文，为了解窖藏时代、铁器来源等提供参考。铭文中的"左""右""军"等字，应为曹魏时期按军事编制的官营标志。西晋统一全国后，设"卫尉"一职，专管江北"冶令三十九、户五千三百五十"，铭文中出现的"冶令""东冶""诸冶""牵口冶"等称谓，即是对此反映。铁器上的铭文所示官冶作坊有渑池（今河南省渑池县）、新安（今河南省新安县）、夏阳（今陕西省韩城市）、绛邑（今山西省曲沃县）、阳成（今河南省登封市告城镇）等，窖藏发现的铁范、铁器来自不同地区、不同作坊，但器型、成分、规格相似，说明此时官营冶铁作坊应当具有统一的生产规格。上述这些官冶作坊多分布在黄河中游两岸。

分析工作：冶炼及废渣区所采集的炉渣，同窖藏区炉渣分析结果一致，应当属于同一铁器作坊，检测与分析工作主要围绕窖藏铁器进行[①]。窖藏铁器化

---

① 北京钢铁学院金属材料系中心化验室：《河南渑池窖藏铁器检验报告》，《文物》1976 年第 8 期；李众：《从渑池铁器看我国古代冶金技术的成就》，《文物》1976 年第 8 期；李京华：《河南汉魏时期球墨铸铁的重大发现》，《河南文博通讯》1979 年第 2 期；华觉明、李京华等：《两千年前有球状石墨的铸铁》，《广东机械》1980 年第 2 期；曾光廷：《中国古代可锻铸铁的研究——河南省渑池县南北朝铁镢的实验分析》，《成都科技大学学报》1993 年第 6 期。

学成分整体较为稳定，根据残留含磷量、含硫量，推测当时冶炼时使用了木炭。金相组织分析，铁器材料有白口铸铁，灰口铸铁、麻口铸铁、可锻铸铁、铸铁脱碳钢和熟铁等。低硅低碳灰口铸铁的出现表明当时已经能够控制冶炼时的冷却速度。在多件铁农具中，如铁斧、铁铲、"山"字铭铁镬中，都发现有球状或球团状石墨存在，类似现代球墨铸铁的组织。球墨铸铁属于高强度铸铁材料，其综合性能接近于钢，适合铸造一些受力复杂，对强度、韧性、耐磨性要求较高的零件。

二、安阳县冶铁遗址（宋代）

（一）后堂坡冶铁遗址

该遗址位于安阳市安阳县铜冶镇东北，在化炉村、东街村和官司村三村之间山坡的顶部。遗址面积5万平方米。1974年，河南省文物研究所联合中国冶金史研究单位，对河南省安阳县区域内的铁矿冶遗址进行了科学考察[①]。考古人员结合出土遗物和历史文献，推测遗址为汉至宋元时期的官营冶铁作坊，宋朝时为相州冶铁作坊，元朝为林州冶铁作坊。

遗迹遗物：遗址东面发现一坑，坑内有矿粉堆积层、灰渣堆积层以及棚架，棚架由9根长度不等的大型方体铁柱构成，铁柱长2～3.05米，边长约0.06米。遗址上发现有铁矿粉堆积、炼渣堆积、炼炉壁残块、陶瓷片和瓦片。铁渣有两种，一种渣块较大，夹杂有矿石碎块和木炭屑；另一种呈多色琉璃体状。炉壁残块有三种形式，有的由多层黑色熔融层夯成，有的为有熔融痕迹的小砖，还有的为烧熔的河卵石。调查所见陶、瓦片时代是汉代，瓷片均为宋代。

分析工作：安阳钢厂对方体铁柱进行了分析，为白口铸铁，碳含量2.5%、硅0.86%、硫1.07%、磷0.10%、锰0.001%。对炼渣进行化学分析，含二氧化硅54.26%、氧化镁11.69%、氧化钙25.20%。

（二）铧炉粉红江冶铁遗址

该遗址位于安阳市安阳县铜冶镇东北的化炉村（原铧炉村）附近，村北0.5千米内为遗址范围，西临粉红江，东南为后堂坡冶铁遗址。

---

① 河南省文物研究所、中国冶金史研究室：《河南省五县古代铁矿冶遗址调查》，《华夏考古》1992年第1期。1974年成立的中国"冶金史研究室"，是中国最早从事专业科学技术史研究的机构之一，是北京科技大学冶金与材料史研究所的前身。

1974 年河南省文物考古研究所考察此遗址。考古人员从发现炼炉的炉形、材料、陶瓷片等，判断此冶铁遗址属于宋、元、明时期[①]。

遗迹有炼炉 3 座，1 号炉位于断崖南部，2 号炉打破炉 1 北部，3 号炉位于炉 1 北面约 180 米处，坐东向西。炉 1 为圆井形，高 4 米，直径 4 米，红色坚硬的土壁内用河卵石夯筑成炉墙，炉内遗物有炼渣、炉壁残块、矿粉和灰土。炉 3 呈直筒形，高 4 米，直径 2.4 米，河卵石夯筑成炉墙，炉口开在地面上，炉内有炼渣、矿粉、炭粉和灰土。炼炉依断崖而建，炉口位于台面上，鼓风设施、出渣、出铁口建在台面下。矿石和燃料近距离堆放，极大降低成本消耗，节省人力，提高冶炼效率。

铁炼渣堆积 5 处，包括淡绿色、黑色或黑灰色的玻璃状铁渣。还发现大积铁 1 块以及少量的宋元明陶、瓷、瓦片。

对炼渣进行化学成分分析，属碱性很低的酸性渣，其中硅 43.84%，钙 19.60%，镁 10.48%、硫 0.326%、锰 0.0009%。

三、林县铁矿遗迹和冶铁遗址（宋代）

（一）申家沟铁矿遗址

该遗址位于安阳市林州市顺河镇申家沟村西北的山地上，西南为王家沟村，古矿洞在安阳钢铁集团采矿场的第二和第三采矿区内，第三采矿区在第二采矿区西约 1 千米处。

1974 年冬天，河南省文物研究所联合冶金史研究所，对林县区域的铁矿冶遗址科学考察时发现该遗址[②]，考古人员根据遗物特点推断开采年代在宋代。

遗迹遗物：第二采矿区的山腰、山顶区域发现 3 个相连的地下古矿洞，高约 1.3 米，长度至少 20 米，洞壁及洞顶有烟熏痕迹，底部有炭屑、木材灰、淤泥等。发现炼炉 1 座，掩埋在矿粉堆积的底部，方形，炉壁用红砂石砌筑，残高 4 米，径 3 米，炉周围有炭块、炼渣等。洞内外有矿粉和矿渣堆积，矿粉共有 40 千克，根据块矿与粉矿的比例推算古代冶炼的块矿约有 20 万吨。发现有重约 30 千克铁权 1 件，上有阳文楷书铭文"祯"字，锻制铁锤 8 件，铁镢 7 件，另有瓷片以及锅片等。第三采矿区内发现有南北向分布的 3 个古矿洞，洞

---

① 河南省文物研究所、中国冶金史研究室：《河南省五县古代铁矿冶遗址调查》，《华夏考古》1992年第 1 期。

② 吴坤仪、于晓兴：《荥阳楚村元代铸造遗址的试掘与研究》，《中原文物》1984 年第 1 期。

高 0.6~1.6 米，宽 3.4 米，遗物有板瓦和人骨。

该遗址的铁矿经分析为磁铁矿，含铁 50%、硫 0.3%。

（二）石村东山古矿洞遗址

该遗址位于安阳市林州市河顺镇石村东部的东山内，东山又名响龙洞山，属于林县钢铁厂采矿区。1974 年冬进行考古调查[①]，考古人员根据瓷器特征，推断古矿洞的开采年代为唐宋时期。

遗迹遗物：地下古矿洞距离地表约 10 米，南北方向延伸，长 100 多米，宽 1.5 米，高 1.8 米，南半段有 18 个支洞，侧壁上有使用铁锤击打铁锥进行采矿的痕迹，未见支护痕迹，洞底有较多矿粉和淤泥。根据现有痕迹推算出古代采出的矿石约为 2 万吨。发现铁锤 1 件，重约 15 千克，发现唐宋时期黑釉瓷罐和黑釉瓷碗的残片等。

（三）西南寨古矿洞遗址

该遗址位于安阳市林州市顺河镇正阳村南部约 1.5 千米处，分布在西南寨山的山顶。1974 年发现有 20 余个矿洞[②]。考古人员据瓷器特征推断此矿洞开采年代为宋代。

遗迹遗物：山顶岩层节理错乱，东高西低，四周发现有 20 多个鸡窝矿的矿洞，矿洞大小形状不一，高 3~4 米，洞径小的仅容 1 人通过，大的宽 2.5 米，洞壁发现有矿石颗粒，洞口有整粒矿石的砧窝痕迹。洞内外发现有矿渣、瓷片等物，器型有盆、鸡腿瓶，均为宋代瓷。

（四）正阳集东冶冶铁遗址

该遗址位于安阳市林州市正阳村西北，分布在风霜沟的南半段周围，北至老君庙，南到三官庙，以三官庙旁两水交汇处的石桥为中心，向西至 80 余米处，向东约 200 米的范围内。1974 年冬进行调查，发现汉代和宋代地层[③]。考古工作者推测其为汉至宋代进行冶炼、熔铸工作的冶铁遗址，很可能为隆虑（林虑）官冶作坊。

遗迹遗物：遗物有熔炉、炼炉的炉壁及炉底残块、鼓风管残块、炼炉积铁

---

① 河南省文物研究所、中国冶金史研究室：《河南省五县古代铁矿冶遗址调查》，《华夏考古》1992 年第 1 期。

② 李京华：《河南冶金考古略述》，《中原文物》1989 年第 3 期；河南省文物研究所，中国冶金史研究室：《河南省五县古代铁矿冶遗址调查》，《华夏考古》1992 年第 1 期。

③ 河南省文物研究所、中国冶金史研究室：《河南省五县古代铁矿冶遗址调查》，《华夏考古》1992 年第 1 期。

块、矿石、铁矿粉、铁渣、木炭屑、砖块、煤块、汉代陶瓦片和宋代陶瓷片等。对出土的铁渣、煤块和熔炉材料进行化学成分分析。铁渣含 S 0.24％、SiO_2 48.73％、CaO 23.24％、Mg O 9.55％、MnO 0.21％。煤块含 S 0.04％、灰分 96.57％、挥发份 3.90％、煤炭多有燃烧痕迹。熔炉材料有两种，红胶泥炉壁 SiO_2 32.42％、Al_2O_3 1.85％、MgO 2.39％，白色石英砂炉衬含 SiO_2 76.21％、CaO 8.25％、Al_2O_3 2.83％、MgO 5.21％。这两种材料本身均为含硅较高的耐火材料。古代工匠对耐火材料的认识已经达到较高水平，如弧形砖中羼入白色石英砂粒和细的粘土，既不易开裂，也提高整体的耐火性能。铁渣或呈灰色不规则蜂窝状、或呈铁锈色，或呈灰色或黑色琉璃体。炉壁残块有三种，有熔流痕迹的橙红色夯层状残块，砌于红胶泥炉壁上烧成深灰色的砖块和弧状的长方形砖。

（五）铁炉沟冶铁遗址

该遗址位于林州市铁牛沟村北约 400 米，分布于龙湖两岸南北约 0.5 千米的台地上（图 5-2）。1974 年冬天发现 10 处冶炼点[①]，考古人员根据出土遗物

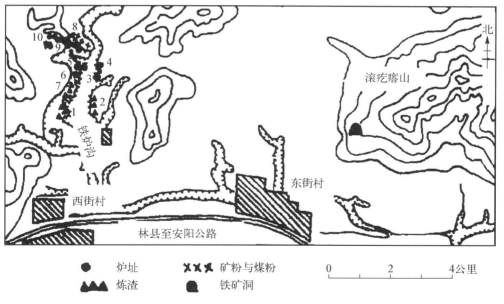

图 5-2　林州铁炉沟冶铁遗址分布图

① 河南省文物研究所、中国冶金史研究室：《河南省五县古代铁矿冶遗址调查》，《华夏考古》1992年第 1 期。

的特征，推断遗址的兴盛时间在唐宋时期。

遗迹遗物：遗迹有炼炉9座，依断崖建造，炉基在台面下，炉口在地面上，均为圆形，使用红色和白色的砂质河卵石砌筑炉壁。遗物有炼渣、炉壁残块、矿粉、煤粉和陶瓷瓦片等。炼渣堆积丰富，大部分为黑、灰色琉璃状，少量为绿色琉璃状，残留在粘土质炉壁上。大量炉壁残块，一种为河卵石残块，另一种为粘土质地。矿粉和煤粉散布在第八、第九炼炉西部，矿粉面积约190平方米，煤粉面积约150平方米，可能为两个冶炼点共同使用的矿石处理区和煤炭堆积区。另少量陶片、瓷片和瓦片，主要为唐宋时期遗物，少数为汉代。

第1点：残存炼渣堆积1处，呈黑色、灰色或绿色琉璃状，长20米，厚0.5米。另有唐宋时期的瓦片。

第2点：分布较多炉壁残块，大量黑、灰、绿色琉璃状炼渣，以及少量唐宋陶瓦片。炉壁残块有两种，第一种为河卵石残块，可能属唐宋时期，第二种为炉腹、炉底之间部位的粘土质残块，可能属汉代。

第3点：残存炼炉1座，依断崖半地穴式筑炉，平面圆形，高不明，内径0.9米。炉壁有灰白色熔融层和绿色琉璃状渣块，炉内发现唐宋板瓦片1块。

第4点：残存炼炉1座，平面圆形，残高1.9米，炉径约0.8米，炉壁厚0.2～0.4米。炉壁使用红色、白色砂质河卵石砌筑。另有少量唐宋陶、瓦片。

第5点：残存炉底1座，残高约1米，径约0.9米。炉壁亦使用红、白色砂质河卵石砌筑，内壁烧熔，应为唐宋时期炼炉。

第6点：残存炉底1座，底部外径2.6米，壁厚0.2米。炉壁采用红色、白色砂石建造，应为唐宋时期炼炉。

第7点：炼渣堆积1处，黑、灰或绿色琉璃状，长16米，厚0.4米。

第8点：残存炉底1座，炉径不明。炉子以东分布有矿粉堆积1处，面积190平方米，煤粉堆积1处，150平方米左右，以及少量汉代、宋代瓷、瓦片。

第9点：残存炉基1座，烧成灰色和褐红色，直径不明，地面散存汉代、宋代瓷瓦片。此炼炉与第8点炼炉共用同一处矿石、煤处理车间。

第10点：残存炉基3个，直径不明。周围分布有宋代瓷、瓦片。

分析研究工作：9座炼炉普遍使用取材方便的河卵石作为筑炉材料，说明这一时期的工匠认识到高硅河卵石耐高温的性能。与铧炉粉红江遗址相似，铁炉沟炼炉呈半地穴式，依断崖而建，矿石、煤炭近距离堆放等现象，说明冶铁作坊设计十分成熟，在进行建造和分区时充分考虑到经济性、高效性。

（六）申村冶铁遗址

遗址位于林州市河顺镇申村、东寨村、城北村、石村四村中间的平坦区域。面积约 30 万平方米。1974 年冬进行了调查[1]。结合地理位置、历史文献和调研，考古工作者判断该作坊从唐代开始冶炼，宋元时期发展兴盛，同时兼有冶炼、熔铸，可能是宋代林虑城[2]（隆虑城）的官营冶铁作坊。

遗址分炼炉区和生活区。炼炉区在遗址中北部，有 21 个残炉，有熔化炉和冶炼炉。其中 1 号、2 号、4 号和 5 号炉为熔炉，保存较好，炉 1、炉 4 底部残存有 5 层炉衬，炉 2 残存 8 层炉衬，炉 5 的炉墙分三层，外层有弧形砖，中层为 8 厘米厚的扇形砖，内层为厚度 8 厘米的弧形砖，里面再糊一层炉衬。建炉所用的耐火砖由红胶泥羼和角砾砂制成。部分熔炉有多层炉衬，表明该炉经过多次修补及反复熔铸。炼炉为红色砂质的河卵石砌筑，耐高温性能较好。同时遗址发现有大量矿粉、炼渣、炉壁残块、铁块、少量陶瓷片等。

生活区的有大量陶瓷片、瓦片和砖块。其中，唐代瓷有黄釉碗、黑釉碗，宋代瓷有钧瓷碗、白釉碗、黑白釉碗，元代瓷有钧瓷碗、白釉碗、白釉黑花的罐和盆等，宋元瓷片最为丰富。

分析工作：河卵石炉壁残块含 SiO_2 64.62%、Al_2O_3 13.48%、CaO 5.43%、MgO 4.77%；炼渣中 S 4.70%、SiO_2 52.79%、MgO 9.33%、CaO 24.45%；铁块中 S 4.70%、Si 0.38%；矿粉中含铁量大于 40%；部分熔炉有多层炉衬，表明该炉经过多次修补及反复熔铸。

中国冶金史研究室采集东冶冶铁遗址、申村冶铁遗址、铧炉冶铁遗址、后堂坡冶铁遗址四处安阳—林州铁矿冶遗址的炉渣，进行分析[3]，炉渣中含硫低，小于 0.2%，MgO 的含量均在 10% 左右，说明较大可能是用木炭作为冶炼燃料，使用含 MgO 高的矿石，或者冶炼中人为添加含 MgO（如白云石）作为熔剂，MgO 的加入利于改善渣的流动性、增强去硫能力。

———————

[1]　河南省文物研究所、中国冶金史研究室：《河南省五县古代铁矿冶遗址调查》，《华夏考古》1992 年第 1 期。

[2]　林州古名隆虑，东汉延平元年（106 年），避汉殇帝刘隆讳改名林虑。

[3]　河南省文物研究所、中国冶金史研究室：《河南省五县古代铁矿冶遗址调查》，《华夏考古》1992 年第 1 期。

四、南召县宋代冶铁遗址

（一）南召下村冶铁遗址

该遗址俗称南高铁炉，位于南阳市南召县太山庙乡下村南部，东距鸭河250 米，南临小河，遗址西南的龙脖子山和南部的蜘蛛头山都产有铁矿石，还发现有宋代的矿坑。面积 1.6 万平方米。1957 年 3 月，河南省文物工作队在鸭河口进行文物调查时发现[①]。1976 年秋，河南省文物研究所联合冶金史研究室再次进行考察[②]。考古人员从新发现的宋代矿坑、丰富的宋元陶瓷片，尤其是石砌高炉不同于以往发现的汉代炼炉，而与铧炉粉红江等宋代炼炉相似等特点，纠正了以往认为是汉代遗址的认识，提出其为宋至元代冶铁遗址的观点。该冶铁作坊可实现采矿、选矿、冶炼等工序的生产。

遗迹遗物：主要有炼炉 7 座，特点是径大、炉高，2 号炉形体略方，其余为圆柱形。以保存较好的 6 号高炉为例，残高 1.0～3.9 米，炉内径 3.5 米，外径 6.1 米，壁厚 0.4～2.0 米，炉腔上部向内倾斜，形成 78～80°的内倾角，炉壁内层厚 0.8～1.0 米，采用河卵石砌筑，再用耐火泥填塞缝隙，外层为厚约 0.5 米的红烧土，上下分砌，下部炉缸部位砌筑细致，烧结后无缝隙，炉体上部砌筑不规整。

炉身上部的内倾角，既能提高煤炭能源的利用率，又能延长高炉的使用寿命，是宋代高炉结构的重大改进。高炉炉壁上、下采用不同的砌筑方法，说明工匠充分掌握了冶炼中不同部位的损耗情况，对于容易被破坏的炉体上部仅粗糙砌筑，能够较大程度节省材料成本、提高工效。炉群位于河流的交汇处，具有水力鼓风进行冶炼的条件。

遗址西部和北部的居住遗址范围内有大量宋元陶瓷片、板瓦和砖块等。

对遗址的典型矿石、炼渣进行化学成分分析，结果显示遗址周围龙脖子山的铁矿属低磷、低硫、高钙的自熔性优质矿，冶炼时仅需要加入少量石灰石。但不同炼渣的成分波动较大，表明工匠的配料技术仍处于初级阶段。

[①]　寇金昌：《南召县下村发现古炼铁遗址》，《文物参考资料》1957 年第 6 期；河南省文物工作队：《河南南召发现古代冶铁遗址》，《文物》1959 年第 1 期。

[②]　河南省文物研究所、中国冶金史研究室：《河南省五县古代铁矿冶遗址调查》，《华夏考古》1992年第 1 期。

（二）南召县庙后村冶铁遗址

该遗址俗称北高炉，位于南阳市南召县庙后西约 100 米处，南部距离下村遗址不足 1000 米，遗址南的龙脖子山、凤凰坡产有铁矿石。面积约 1.4 万平方米。1957 年配合鸭河口水库工程进行文物调查时发现，1976 年再次对其考察，确认为宋元时期的冶铁遗址[①]。

遗迹遗物：仅发现炼炉 1 座，残高 1.8 米，直径 2 米，炉壁厚 0.2～1.0 米，由河卵石砌筑，东南部有炉口，形同下村遗址的高炉。发现有大量炼渣和少量宋元瓷片。

五、荥阳楚村元代冶铸遗址

该遗址位于郑州市荥阳市贾峪镇楚村西南的黄土原上，这一地区多红粘土堆积，俗称"煤土垴"。遗址面积 5000 余平方米。1963 年，楚村社员在此地发现一批铜质模具、坩埚和唐、宋、元的铜钱。1981 年，郑州市博物馆对该遗址进行调查与试掘，发现大量炉壁、炉渣、煤块、坩埚等熔炼遗迹，陶窑、陶片、灰烬堆积等制陶遗迹，以及元代陶、瓷、瓦片等生活遗迹，包括冶炼铸造区、制陶区和居住区。根据犁镜模上的"二"字铭文，确认该遗址为元代一处编号为"二"的官营铸造作坊。钻探发现该遗址的重点区域在东北部，此次试掘便在此区域进行，试掘面积 40 平方米[②]。

制陶区在断崖上，集中分布有 20 余座陶窑，试掘其中 3 座，陶窑近似圆形，由门、火池、窑膛、烟道组成。这些陶窑的容积比汉代陶窑明显增大，生产效率也有所提高。

冶炼铸造区中未发现熔炉遗迹，但出土较多炉壁残块，这些残块内壁熔融，外侧有的是草拌泥粘结，有的是黄粘土，还有的与砖、瓦块粘结，可能属于炉子的不同部位。

坩埚完整的有 22 个，其余为碎片，直筒形，直口、直腹、圜底，口沿较薄，底部较厚，表面呈紫红色或灰色，断面呈炭黑色。大小相似，高 16.5～

---

①　寇金昌：《南召县下村发现古炼铁遗址》，《文物参考资料》1957 年第 6 期；河南省文物工作队：《河南南召发现古代冶铁遗址》，《文物》1959 年第 1 期；河南省文物研究所、中国冶金史研究室：《河南省五县古代铁矿冶遗址调查》，《华夏考古》1992 年第 1 期。

②　于晓兴、吴坤仪：《郑州荥阳楚村元代铜模》，《文物》1982 年第 11 期；吴坤仪、于晓兴：《荥阳楚村元代铸造遗址的试掘与研究》，《中原文物》1984 年第 1 期。

19 厘米，口径 8.3～10 厘米，腹径 8.8～10 厘米，略大于口径，底径 7～9 厘米，口厚 0.4～0.7 厘米、腹厚 0.8～1 厘米、底厚 0.7～2 厘米，内外壁多有炉渣、煤块及熔融痕迹。

铜模 17 件，总重 18.5 千克，主要为农具模。有犁镜模 1 套 2 件，包括正面模、背面模，其中背面模上带"二"字铭文；犁铧模 1 件、耧铧模 2 件，搭配耧铧芯盒，芯盒上有"尖"字铭文；犁底模 1 件；耙齿模 2 件；还有莲花饰件 2 件和桥形器模 1 件，这批模带有芯座、浇口、冒口，可以直接进行浇铸。

带蜂窝状孔的炼渣则散布在各处，表面有铜锈，或铁锈，或与煤块、坩埚片等粘结。

北京钢铁学院地质教研室对出土坩埚进行岩相、成分分析，结果显示这批坩埚的物相组成基本相同，以粘土团块和少量煤粉为主，含有石英碎屑、石墨和莫来石组织。未经使用的坩埚中发现有莫来石组织，说明该材料羼入了一定量的废旧坩埚、砖瓦等作为"熟料"，这种方法可以有效提高坩埚的耐火度和强度。而煤粉中羼入少量石墨也具有同样作用。从坩埚成分看，耐火材料的主要成分配比，已经接近现在的粘土砖，具备较高的耐火性、抗侵蚀能力，尤其适合于酸性炉渣的使用。分析发现 695 号坩埚样品中包含 3.2% 的金属铁，说明该坩埚是用于熔铁的。

对不同类型的炉渣作岩相观察，有的含少量金属铜颗粒、赤铜矿、孔雀石和橄榄石，应为熔铜的渣；有的含金属铁颗粒，如 661 号样品经化学成分分析，含 SiO_2 52.90%、Al_2O_3 21.92%、Fe 12.10%、Ca 3.40%、Cu 0.24%，为熔铁的渣；还有的渣块与煤块粘结，说明使用煤作燃料进行熔铸。据铜的熔点为 1153℃，铁的熔点为 1245℃，推测当时熔炉的温度已达到 1300℃ 以上。炉渣进行成分分析显示多属酸性渣，这与坩埚所使用的材料相适配。

对铜模作金相分析和化学成分分析，均为铅锡青铜，含 Cu 66.2%、Sn 7.97%、Pb 24.28%、As 0.3%，以及微量 Fe、Zn、Ni。这批模型可能使用泥型铸造或砂型铸造而成，除具有一般模型表面光滑、花纹清晰、分型面合理、易于起模等基本特点，同时还具有坚固、耐用、耐磨、不易变形、不易生锈等优势，为实用模型。它的使用促进了农具的规格化，也提高了生产的效率和产品的质量。

六、明清时期河南的冶铁遗址

河南地区考古调查和发掘的明清时期冶铁遗址并不多，主要有信阳大庙畈和界河两处冶铁遗址。

大庙畈遗址、界河遗址两处铁砂冶炼遗址，均位于信阳市浉河区谭家河乡。大庙畈遗址位于大庙畈村西部的山丘顶部，东邻界河，西北 50 米左右有一处大池塘，遗址面积约 4 千平方米。界河遗址位于界河村内，南邻界河，面积约 3000 平方米。两遗址相距约 5 千米，大庙畈遗址在北，界河遗址在南。信阳地区分布大量太古代泰山系花岗质片麻岩、花岗岩，这些岩石中藏有磁铁矿及纯铁砂粒，风雨剥蚀后沉积于水中，使得信阳西半部的流域蕴藏丰富的铁砂矿资源。两处遗址南依的界河，是产铁砂矿的流域之一，该条河流为季节性河流，河床宽约 50 米，其中有大量黑色颗粒状磁铁砂。这些铁砂含铁量在 40％以上，淘洗后含铁量可达到 89％左右，可以用作冶炼原料。

1993 年 10 月，河南省文物考古研究所、北京科技大学冶金史研究所及信阳地区文化局文物科，对该地的两处铁砂矿冶遗址进行调查[①]。

大庙畈遗址的冶炼历史始于光绪十六年（1890 年），1959 年停止冶炼，是现在安钢集团信阳钢铁（原名信阳钢厂）的前身。界河遗址开始冶炼的具体时间不清楚，只知晚于大庙畈遗址几年，1958 年停止冶炼。另据《信阳县志》记载，信阳地区从 19 世纪 20 年代开始用铁砂冶炼，至 1959 年停止，冶炼时间长达 100 余年，可见该地区为当时河南的冶铁重地，冶炼铁砂技术大概在清末由湖北鄂州、大冶一带传入。

大庙畈遗址未发现残存的炉址，有大量炉壁残块。炉腔的一面有烧熔痕迹及红色铁锈，推测先用粘土羼砂粒堆筑而成，后用高岭土耐火砖建造。发现 3 块凝固的大积铁块，其中 1 块积铁块呈柱形，高约 1.4 米，直径约 0.48 米，另 1 块呈不规则圆形板状。地表大量分布的炼铁渣，为不规则块状，一种为黑色琉璃体渣，重而致密；一种为灰色琉璃体渣，较轻且有气孔。不少渣块上有木炭痕迹或漫流的条痕。

---

① 李京华、黄克印：《信阳县清代铁砂冶炼遗址》，见中国考古学会：《中国考古学年鉴》（1994），文物出版社，1997 年，第 222—223 页；河南省文物考古研究所、北京科技大学冶金史研究室等：《河南信阳县大庙畈与界河铁砂矿冶遗址调查及初步研究》，《华夏考古》1995 年第 3 期。

界河遗址发现炼炉、熔炉、炒钢炉和制范铸造址，有大量炼渣、高岭土模制而成的鼓风管残块和高岭土质地的长方形砖块。有观点认为以高岭土为材料制造鼓风管可能已经到民国时期，此前鼓风管多用泥土羼河沙制成。

铁砂矿冶铸工艺包括淘洗矿砂、冶炼、铸造和炒钢。淘洗铁砂的工具是淘沙槽，木制，形如箕，长 1.5～2.17 米，上宽 0.83 米，下宽 0.5～0.67 米，高 0.17～0.3 米，上端为一高约 10 厘米的直立木板。

炼铁炉呈中间大、上下小的腰鼓状，截面圆形，高 2.5～2.7 米，口径 0.23～0.43 米，腹径 0.60～0.80 米，炉下端径 0.23～0.43 米。炉口喇叭状；炉体外层为铁条纵横箍成的网状骨架，向里为一层 0.1 米厚的耐火泥料，再为黄土、白沙、炭粉调和而成的炉衬层，最内为未燃尽的木炭捣碎而成的炭粉层；炉缸是在直径约 1 米的三足铁锅内，填糊瓦末、粘土、盐水合成的耐火材料制成。炉缸前壁设有出铁、出渣口，涂抹有砂羼合煤灰制成的耐火材料，长 27 厘米、宽 4.5 厘米，后壁有鼓风口，直径 13 厘米。

熔炉又称为"铸锅炉"，用于熔化生铁。形制同炼铁炉，稍小，高约 1.33 米，上部内径 0.37 米，中部内径为 0.43 米，下部内径为 0.4 米。

炒钢炉用于将生铁炒成熟铁或低碳钢。由于建在地下，也称"地炉"，炉腹修于地下，炉口斛状，后上方斜出地面，炉底铺有沙石一方，厚约 0.17 米，上部用粘土建成，中部与鼓风设备相连。

鼓风设备为木风箱，圆筒形，长 2.3 米，直径 0.33～0.47 米，活塞杆长 3.4 米，鼓风时两人推拉。木风箱通过圆柱形鼓风管与炉子连接，风管由黄土、白沙、木炭粉混合的耐火材料制成，长 0.67 米，径 0.07～0.13 米，重约 20 千克。

燃料是用当地栗树烧成的木炭，也称烟炭。

冶炼工艺过程：

（1）淘洗铁砂。将水引入淘沙槽，在较宽处装砂入槽，上下翻动，铁砂由于较重便会留在槽内。

（2）冶炼。炼铁炉先加入碎木炭，将其燃烧，再加一层大块炭，然后一层碎炭、一层铁砂交替装入。待有铁汁从出铁口中流出，聚积到一定量便可以开始"起炉"，即出铁。以后每装料一次、"起炉"一次。将倾倒出来的生铁水用浇包倒入沙槽、推子推成薄片，便得到"瓦子铁"，即生铁板。使用这种方法，一昼夜便可炼出 500～650 千克生铁。

（3）熔铁铸锅。在熔炉中将"瓦子铁"熔化，将铁水沿浇口注入泥范，铸造出铁锅等产品。铸出的铁锅厚仅 1～4 毫米，行销省内外。以木炭作燃料，一昼夜可熔化生铁 500 千克，铸锅 1000 千掌，每掌约重 0.42 千克。

（4）炒钢。将打碎的"瓦子铁"装入炒钢炉中，待其熔化、搅拌成粘块后，锻打成长条，即得到熟铁或低碳钢。每一炉需生铁约 40 千克，可以炒制出熟铁 25 千克。对熟铁进行化学成分分析，含 Fe 98.68%、Si 0.37%、C 0.34%、S 0.046%、P 0.16%。

表 5-2 是对大庙畈遗址的炼渣、界河河床中的生铁块进行的能谱分析结果[1]。可以看出，炉渣为高钛炉渣，说明该地的铁砂矿为钛磁铁矿，且经配氧计算得出炉渣碱度只有 0.4～0.5，碱度很低，流动性较差，这加剧了还原难度，易造成出渣困难，甚至冶炼中断。这与发现较多积铁块的事实是符合的。假设铁砂含铁 80%，可以计算出冶炼过程中的回收率很低，仅有 65%。分析的两铁块，一块（4359）可能为直接炼出的亚共晶白口铁，另一块（4362）为灰口铁，可能为铁锅残片。

信阳地区的铁砂冶炼技术，以河道中的细铁砂为原料进行冶炼，扩大了冶铁原料资源，是烧结冶铁技术发明之前的一项伟大创造。

另外鹤壁鹿楼发现有唐玄宗开元时期（713—741 年）的遗存，如陶窑、窑具、工作坑和陶窑内的同类陶瓷片等，遗存多与陶瓷烧造相关，仅有少量铁镰、铁锄残片，未发现冶铸遗存。推测该作坊很可能在唐代已经不再从事铁器生产，转而开始烧造陶瓷器。鹿楼临近泗水，周边粘土、煤炭等资源富足，易于获取陶瓷生产所需原料、燃料和生产用水，得天独厚的自然条件，可能是此地相比鹤壁市其他地区率先出现唐代制瓷窑址的原因之一。

河南地区发现的宋元时期铁矿冶遗址，目前多集中在安阳市和南阳市，南阳市则多集中在南召县和桐柏县，该时期炉身角出现表明炉子结构上的进步。明代铁矿冶遗址集中在洛阳市、焦作市。清代集中至信阳地区。实际上河南冶铁遗址数量应远大于此，一方面可能后代冶铁遗址多被毁坏、难保留，另一方面和考古发现的该时段铁矿冶遗址材料少有关。

---

① 河南省文物考古研究所、北京科技大学冶金史研究室等：《河南信阳县大庙畈与界河铁砂矿冶遗址调查及初步研究》，《华夏考古》1995 年第 3 期。

表 5 - 2　大庙畈遗址炼铁渣及生铁 SEM 分析结果

编号	名称	分析范围	Si	Al	Ca	Mg	K	Fe	Ti	P	S	Sb	Mn	Cu	痕量元素(<2Sigma)
4359	生铁块	粘附炼渣	47.34	8.52	28.72	1.58	4.33	5.33	0.85	0.92	0.51		1.89		
		生铁面扫	0.68					97.30		0.44	0.45				Ca Cu
		生铁面扫	1.08					91.08	0.71	2.24	1.85			2.70	Ca Mg Mn
4360	炼渣	基体面扫	32.00	6.83	26.75	2.91	5.28	7.87	16.37	0.96					Ni Cu S Zr
		方颗粒		0.35	41.49				52.41						Fe Ni S Zr Ag
		枝晶	31.66	7.16	27.33	2.43	5.46	4.23	18.79	1.19					S Sb Zr
		基体	40.60	7.48	22.90	4.23	6.48	7.34	5.78	1.54		2.52			Zr Cu
4361	炼渣	基体面扫	31.54	6.79	22.51	2.56	4.04	9.68	19.52	1.39					Cu Ni Sb Zr
		铁颗粒			0.29			98.32	0.39						Mg Al Si Ni S Zr
		铁颗粒			0.21			98.56	0.43						Si S P Cu Ni Sb
4362	生铁块	基体面扫	1.64					97.31			0.29				Mg Ca K P Mn Ti

第三节　不同时期冶铁竖炉的改进

中国古代生铁冶炼，离不开冶铁竖炉，高炉从上面装料（矿石和木炭），下面鼓风，下降的炉料和上升的煤气互相对流，使燃料得到充分的利用，冶铁竖炉的特点是生产效率高、生产量较大、操作工人多。

炉型设计，是生铁冶炼技术乃至古代生铁及生铁制钢技术体系的核心技术之一。炉型包括炉体的形制和大小，炉料、气流与热量在其内腔中能够合理运行及分布，炉型对于生铁冶炼的顺畅、高效与否起到关键作用。

古代冶铁竖炉多数已经不复存在，留存下来的炉址多不完整，且缺乏系统性、基础性的调查，研究古代炉型对炉内冶炼的影响方式只能凭借经验和想象，缺乏有效的科学手段，从而导致对古代冶铁竖炉炉型的形状与类型、技术特征、演变及原因等很多内容的了解尚不清晰。黄兴等从调查复原、数值模拟、冶铁试验、综合研究等，多层次开展对"中国古代冶铁竖炉炉型研究"的大量工作。先后调查了已发现的42处古代冶铁遗址，图5-3为其对西平酒店战国冶铁炉、河南古荥汉代冶铁遗址1号竖炉、蒲江古石山汉代竖炉、武安矿

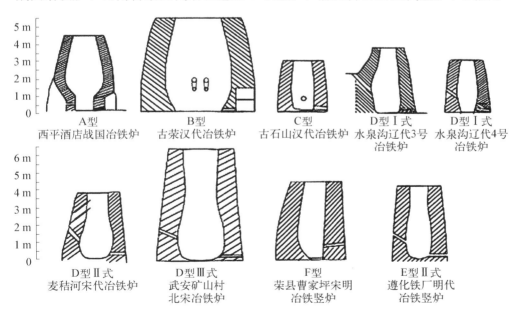

图 5-3　古代典型冶铁竖炉复原图

山村北宋冶铁竖炉、焦作麦秸河宋代竖炉、延庆水泉沟辽代 1～4 号炉、荣县曹家坪宋明冶铁竖炉、遵化铁厂明代冶铁竖炉分析，绘制的复原图。其结合古文献记载、考古资料和遗迹现象，根据炉缸、炉身、炉口、风口和横截面等，将这些冶铁竖炉的炉型分为六型九式。

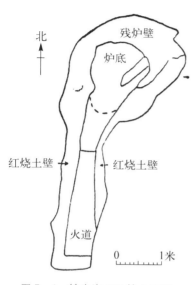

图 5-4　铁生沟 T20 炉 4 圆形炼炉平面图

河南西平酒店乡赵庄出土的战国晚期冶铁竖炉是目前发现最早的冶铁炉，炉子直径 1.70～2.10 米，炉内径约 1 米，残高 2.25 米。其利用山坡筑炉，筑炉用模制的耐火材料块，为防止炉缸冻结以及铁水保温，炉底有防潮风沟，炉腹角明显，炉缸和炉腹断面均为椭圆形[①]。

两汉时期冶铁竖炉进一步发展，已经发现的汉代冶铁竖炉数量颇多，有圆形和椭圆形两种。圆形直径多在 2 米以下，最大不超过 3 米。河南巩义铁生沟 8 座圆形炼炉，T20 炉 4 是其中保存最好的，该炉呈缶形，缸内表面已烧成青灰色玻璃态，残深 1.1 米、内径 2 米、残存炉壁厚 0.6 米，出铁槽向南，长 3.4 米、宽 0.9 米，见图 5-4。

为了满足社会发展对钢铁需要量的增加，汉代开始建造大型冶铁竖炉，圆形炉子如果规模过大，气流难以到达炉中心，冶炼就难以继续，从而发明了椭圆形竖炉结构形式（图 5-5），鼓风从风口沿短轴方向进入炼炉，距离可以更近，更迅速地提高鼓风效果。

冶铁竖炉容积扩大，鼓风设备必须相应匹配，古荥冶铁 1 号炉椭圆形炉的风口设在长轴两侧，且每侧至少有两风口，才能保证炉缸整体受热鼓风均匀。东汉时期南阳太守杜诗制造水排，用于冶铸（图 5-6），鼓风器所用原动力，经历了最初人力，再到畜力，再到水力的过程。鼓风的强化，带动生铁产量和质量的提升。

河南郑州古荥汉代冶铁遗址的两座竖炉，炉缸都呈椭圆形。其中古荥 1 号

---

① 河南省文物考古研究所、西平县文物保管所：《河南省西平县酒店冶铁遗址试掘简报》，《华夏考古》1998 年第 4 期。

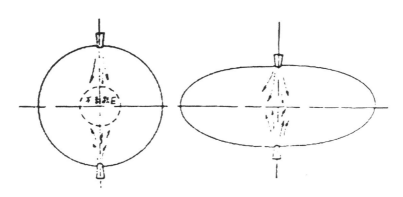

图 5-5　圆形与椭圆形高炉鼓风效果比较图（《文物》1978 年第 2 期，刘文彩）

图 5-6　冶铁用水排（带动皮囊）的模型

竖炉是目前考古发掘最大的炼铁竖炉，炉子下部炉墙外倾，可充分利用煤气，加强热交换，推测炉子有效高度达到六米，有效容积约 50 立方米。从原料运入、加工、储存，到提升到炉顶装料，有一套完整的上料系统。炉底所用耐火材料和夯筑严实与否，对于延长炉子寿命和保证生产安全起到重要作用。河南鹤壁发现 13 座椭圆竖炉，炉体宽 2.2～2.4 米、长 2.4～3 米；江苏利国驿也发现了东汉时期的椭圆形炼铁炉。

　　文献中也有关于高炉过大引发灾难的记载，《汉书·五行志》记载了两次炼铁竖炉悬料发生爆炸的事故，"征和二年（前 91 年）春，涿郡铁官铸铁，铁销，皆飞上去，此火为变使之然也"，又"成帝河平二年（前 27 年）正月，沛郡铁官铸铁，铁不下，隆隆如雷声，又如鼓音，工十三人惊走，音止，还视地，地陷数尺，炉分为十，一炉中销铁散如流星，皆上去，与征和二年同象"[①]。铁不下，意味着发生了悬料事故，这是涿郡、沛郡铁官所属竖炉冶铸生

————————
① ［汉］班固撰，梅军校疏：《汉书五行志校疏》，中华书局，2022 年。第 41、43 页。

产时发生的悬料和爆炸事故。通常炉子不超过一定高度，不至于悬料，这说明当时冶铁炉规模较大。炉子由于体积太大，炉内的温度很不均匀，当高炉的下半部炉料已经熔化烧空时，上半部的炉料可能还悬在上面，如果炉内积聚了很多的沸铁，上半部的炉料又突然坠下，炉内就会产生强大的压力。这种压力达到一定的程度，就会引起严重的爆炸事故。

望城岗冶铁遗址特大椭圆冶铁高炉炉基及其附属系统遗迹的发掘，提供了极其珍贵的实物资料，从现存迹象可清楚地判断炉缸的内径。该炉缸有改建痕迹，先是建成一长轴约 4.0 米，短轴约 2.8 米的特大椭圆炉缸，使用一段时间后，又将其改建成为长轴约 2.0 米，短轴约 1.1 米的规格略小的竖炉，为古代冶铁竖炉演变提供了鲜明的实物例证。由于技术的限制，椭圆形大型炼铁竖炉自东汉以后即不再使用，而是采用截面较小的圆形或长方形的竖炉，这种小型竖炉，鼓风也变得相对容易，生产的成功率得以提高。

唐、宋时期的冶铁竖炉：河南地区安阳县后堂坡冶铁遗址，可能是汉至宋代的官营冶铁作坊。其炼炉已被严重破坏，所剩炉壁残块，多呈夯层状，炉腔一面大多有程度不同的黑色熔融层，另一面则呈红色。炉腔外面则用小块砖砌筑。铧炉村粉红江冶铁遗址是从宋至元时期的冶铁作坊，大多依断崖挖筑而成，炉口开在台地面上。1 号炉现存炉体高 4 米，炉径 4 米，炉腔呈圆井状，炉墙由河卵石筑就。3 号炉现存高 4 米，直径 2.4 米，炉墙大部分倒塌，局部残留有河卵石筑的直筒形炉墙。由于把炉口开在台地上面，矿石和燃料同时放在台地上，加工和装料较为方便，省去了提升装料的设备。出铁口、出渣口和鼓风设施放在台地下边，出渣、出铁及鼓风的操作也很方便。

林县（今林州市）正阳集东冶冶铁遗址，是一处规模较大，由冶炼到熔铸，从汉代持续到宋代的重要冶铁遗址。铁炉沟和申村冶铁以宋元时期为盛。铁炉沟冶铁遗址，在南北 0.5 千米的小河两岸，残存着 9 座炼炉、三处炼渣堆积和一处矿石、煤炭堆积场。炼炉的炉膛内径 0.9～2.6 米，呈圆筒形，炉子靠近沟坡建造，利用山坡地形可使炉子坚固，同时在山坡上平台装料便于运送，下面平台鼓风、出铁、出渣，便于操作。利用含硅很高的河卵石建炉，不仅耐高温，同时就地取材十分经济。申村冶铁遗址至今仍保存有 21 个残炉址，结构有两种：一为河卵石筑构的冶铁炉，一为用弧形砖建造的熔铁炉。

该时期冶铁遗址规模性科学发掘少，李京华对东冶遗址、申村遗址、铧炉和后堂坡遗址出土的炉渣分析，其存在一些共性：属于酸性渣，渣中几乎不含铁，渣的断口呈玻璃状，熔化和流动性较好，并且知道加入氧化镁提高渣的流动性和去硫能力，说明造渣技术高；用木炭作为冶炼燃料；就地取材选用高硅质石作为炼炉炉壁原料，同时部分耐火砖中掺入较粗的砂粒和细的粘土，提高耐火度同时防止开裂。

唐宋以后，圆形竖炉炉型的一个重要变革，就是炉身直径向上缩小，形成"炉身角"，炉身角的出现，有利于炉料下降，减少炉墙的磨损阻力，又有利于上升气流的分布。关于冶铁竖炉上部形状的变化，缺少完整资料，由于保留下来的古代竖炉上部多毁坏，中国何时出现炉身角尚不清楚。河南南召下村残存宋代冶铁竖炉 7 座，其中 6 号炉残高 3.9 米，炉壁厚 0.8～1.0 米，内径 3.5 米，外径 6.1 米，炉腔的上部筑成 78°～80°内倾炉身角。炉子下部收口形成炉缸。高炉冶炼中，炉内煤气上升，温度随着上升而逐渐降低，煤气体积也收缩，从炉顶装入的炉料，在下降的过程中逐渐加热，炉身内倾结构，一方面利于煤气沿炉壁顺行，节省大量能源；另一方面炉身内倾大大减少炉料对炉壁的摩擦，延长炼炉的寿命[1]。炼炉炉壁采用河卵石砌筑，石缝间隙填耐火泥，砌筑细致，烧时无缝隙，使炉缸存留铁水不会渗漏。炉体上部砌筑较粗糙，工匠认识到，高炉上部在冶炼过程中的功用仅是装料，不易损坏。通过对矿石和炼渣的分析，采用的自熔性的铁矿石，且属于含硫、磷较低的优质矿，自身含钙较高，故在冶炼中只需加少量石灰石即可。遗址位于两河交汇处，推测其当时采用水力鼓风。

宋代文献称炼铁炉为蒸矿炉，取蒸石取铁之意。唐宋时代修筑炼铁炉已使用了多种筑炉方式和材料。河北邯郸矿山村宋代炼铁炉高约 6 米，最大腹径 2.7 米，由砾石和耐火泥修筑。河北林岁、安阳宋代炼铁炉和黑龙江阿城金代炼炉都依山崖修建，于崖上装料，炉前平地进行熔炼操作，以节省运输和人力，炉体用硅质红、白砂石和花岗岩砌筑。河北桐柏宋代炼铁炉也用石砌，而福建同安宋明时期冶铁遗址的炼炉则用高岭土、黄泥和谷壳修筑。

宋代炼铁炉有炉腹角和炉身角，成为两端紧束、中间放宽的腰鼓状，这种炉型有利于炉气合理分布，改善炉况，延长炉龄，是竖炉发展的重大改进。宋代炼铁已采用石灰石及白云石作为炼铁熔剂。宋代已出现可以搬移的炼铁化铁炉——行炉（图 5-7）。筑炉材料和结构与一般蒸矿炉相同，但作方形，以便

---

[1]　中国化工博物馆：《中国化工通史》，化学工业出版社，2014 年，第 313 页。

安装在可移动的木架和木脚上。为便于安装在木架上，炉后简单的梯形木风箱，由横宽改成直长。箱盖板上的推拉杆，由四根改为二根，只需两人操作。

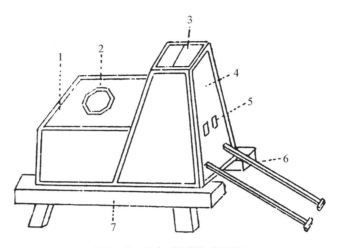

图 5-7 北宋"行炉"复原图

1. 炉 2. 炉口 3. 梯形风箱 4. 木风箱盖板 5. 箱盖板上的活门 6. 风箱拉杆 7. 木架

木炭和煤作为燃料共存。对安徽繁昌竹园湾唐宋时期冶铁竖炉炉内残存物的考察发现，当时使用栗炭为燃料。黄维等对不同地区宋代铁钱分析，发现这些铁钱不完全是在同一个钱监铸造，故用煤炼铁和用木炭炼铁是同时存在的。崇宁以后，用煤炼铁的地方增多，但即使同一个年号的钱币，硫含量仍有差异，体现了用煤炼铁的地域特点①。

元、明、清时期冶铁竖炉：元明清时期，炼铁的文献相对较多。《弘治徽州府志》和《嘉靖徽州府志》的"食货"中，都援引宋末元初人胡升所记的元代初年婺源州的炼铁情况："凡取矿，先认地脉，租赁他人之山，穿山入穴，深数丈，远或至一里。矿尽又穿他穴。凡入穴，必祷于神。或不幸而复压者有之。既得矿，必先烹炼，然后入炉。煽者、看者、上矿者、取钩沙者、炼生者，而各有其任。昼夜番换，约四五十人。若取矿之夫、造炭之夫，又不止是。故一炉之起，厥费亦重。或炉既起，而风路不通，不可熔冶；或风路虽通而熔冶不成，未免重造，其难如此，所得不足以偿所费也。"自汉代起，入炉

---

① 黄维、刘宇生等：《从晓西出土铁钱的硫含量看北宋用煤炼铁》，《内蒙古金融研究·钱币增刊》2005 年第 2、3 期《"中国北方地区钱币发现与研究"学术研讨会专集》；黄维、李延祥：《川陕晋出土宋代铁钱硫含量与用煤炼铁研究》，《中国钱币》2005 年第 4 期。

的矿石先砸碎、筛分后再入炉，颇为费力，此时改为入炉前先焙烧，再破碎，矿石经焙烧，粘土夹杂物因为干燥松散，脱离矿石，易于筛出，同时焙烧降低含磷量，焙烧后内部孔隙度增加，原料变得松脆，降低了破碎成本，有利于冶炼进程。冶炼操作者有鼓风工人、观察炉况者、送矿料入炉的上矿者等不同分工，昼夜轮班生产。元至顺元年（1330 年），陈椿在《熬波图》描绘到："熔铸拌（盘），各随所铸大小，用工铸造，以旧破铁锅镀铁为上。先筑炉，用瓶砂、白膳、炭屑、小麦穗和泥，实筑为炉。其铁拌，沉重难秤斤两，只以秤铁入炉为则，每铁一斤，用炭一斤，总计其数。鼓鞲煽熔成汁，候铁镕尽为度。用柳木棒钻炉脐为一小窍，炼熟泥为溜，放汁入拌模内，逐一块依所欲模样泻铸。如是汁止，用小麦穗和泥一块于木杖头上抹塞之即止。拌一面，亦用生铁一二万斤，合用铸冶工食（时）所费不多。"这里描绘的虽然是用化铁炉来铸造铁盘（见图 5-8），实际上冶铁炉操作有许多相似之处，从中可一窥元代冶炼操作的技术水平。

图 5-8 《熬波图》绘制的化铁炉（《熬波图》第 37 图，1330 年绘制）

把炼铁炉和炒铁炉串联使用，使从炼铁炉流出的生铁水，直接流进炒铁炉炒成熟铁，从而减少了一次再熔化的过程，既加快了速度，提高产量，又节省了燃料。这种生铁、熟铁连续生产的工艺是明代冶铁技术的一项重要成就。

与此相适应的当然是冶铁竖炉的改进和完善。明人朱国桢在《涌幢小品》卷四"铁炉"对冶铁竖炉有具体的描述："遵化铁厂深一丈二尺，广前二尺五寸，后二尺七寸，左右各一尺六寸，前辟数丈为出铁之所。俱石砌，以简千石为门，牛头石为心。黑沙为本，石子为佐，时时旋下，用炭火，置二鞴扇之，得铁日可四次。妙在石子产于水门口，色间红白，略似桃花，大者如斛，小者如拳，捣而碎之，以投于火，则化而为水。石心若燥，沙不能下，以此救之，则其沙始销成铁。不然则心病而不销也，如人心火大盛，用良剂救之，则脾胃和而饮食进，造化之妙如此。……生铁之炼，凡三时而成，……其炉由微而盛，由盛而衰，最多九十日则败矣。"这里高炉深一丈二尺即炉高 3.804 米。广前二尺五寸即指前面出铁口的内径 2 尺 5 寸。后二尺七寸是指后面出渣口的内径 2 尺 7 寸。左右各一尺六寸是指两侧鼓风口的内径各 1 尺 6 寸。砌筑炉子的材料全为石头，以"牛头石"做成炉的内壁，用"简千石"做成炉门，用两个风箱鼓风。黑沙即小块的黑色矿石，可能是磁铁矿。色间红白，略似桃花的石子应是一种淡红色的萤石（即氟石，氟化钙）。这种捣碎的萤石作熔剂，熔点较低，投入炉火中，顷刻化为水。萤石应是作为助熔剂加入。炼炉每天出铁四次，每 6 小时（三个时辰）出铁一次，高炉连续使用最多达 90 天。

遵化铁厂是明代主要冶铁基地之一，是政府制造军器用铁的一个主要来源。遵化铁厂在正德四年（1509 年）有高炉 10 座，共炼生铁 486000 斤，正德六年开高炉 5 座，产量同前。嘉靖八年（1529 年）以后，每年只开高炉 3 座，炼生板铁 180800 斤，生碎铁 64000 斤。遵化铁厂只在农闲时节生产，只生产 6 个月，即每年十月开工，到次年四月放工。据此推算，一个冶铁炉在 6 个月中能炼出生铁 77200 斤，约 486 吨。由于高炉的寿命最多达 90 天，再炼就要折旧建新，故高炉要完整保存下来实属不易。

河北省武安县矿上村一座仅存半壁的明代冶铁竖炉遗迹，残高 6 米，外形呈圆锥形，具有炉身角，实测炉直径 3 米，内径 2.5 米，估算炉容为 30 立方米，图 5-9 为该竖炉的复原示意图。

武安矿山村冶铁竖炉和遵化铁厂的冶铁炉，都是明代一种较大的高炉。宋应星《天工开物》"五金"和方以智《物理小识》"金石类"也都对当时的冶铁竖炉作过介绍。明代一般的高炉都用盐和泥砌成，泥要经过长时间的锤炼，有的炉靠山穴筑成，有的炉用大木柱框围起来。一般的冶铁炉，仅大风箱就用四

 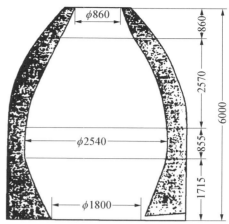

图 5-9　河北武安矿山村明代冶铁竖炉遗迹以及复原图①（单位：毫米）

人或六人才能鼓动，每炉可以装入矿砂 2000 斤，每个时辰（即 2 小时）可以炼出一炉铁，出铁约 600 斤。

清代冶铁炉的规模大体上同明代。明末清初屈大均《广东新语》卷十五"货语"的"铁"条中，记述了广东冶铁炉的情况："炉之状如瓶，其口上出，口广丈许，底厚三丈五尺，崇半之。身厚二尺有奇。以灰沙盐醋筑之，巨簏束之，铁力、紫荆木支之，又凭山崖以为固。炉后有口，口外为一土墙，墙有门二扇，高五六尺，广四尺，以四人持门，一阖一开，以作风势。其二口皆镶水石，水石产东婆大绛山，其质不坚，不坚故不受火，不受火则能久而不化，故名水石。""凡开炉，始于秋，终于春……下铁卝（矿）时，与坚炭相杂，率以机车从山上飞掷以入炉，其焰烛天，黑烛之气数十里不散。铁卝既溶，液流至于方池，凝铁一版取之，以大木杠搅炉，铁水注倾，复成一版，凡十二时，一时须出一版，重可十钧。一时而出二版，是日双钧，则炉太旺，炉将伤，须以白犬血灌炉，乃得无事……""凡一炉场，环而居者三百家，司炉者二百余人，掘铁卝者三百余，汲者、烧炭者二百有余，驮者牛二百头，载者舟五十艘，计一铁场之费，不止万金，日得铁二十余版则利赢，八九版则缩，是有命焉。"可见，清初广东冶铁竖炉的状况，炉内部好似瓶状，上口径约有 1 丈，底部直径 3 丈 5 尺，炉高 1 丈 7～8 尺，整个炉身厚约 2 尺，用灰沙、盐醋调和后，

---

①　刘云彩：《中国古代高路堤起源与演变》，《文物》1978 年第 2 期。

筑成后再用巨藤捆束，并用铁力紫荆木加以支撑，使之牢固。炉口和通风口都有耐火的"水石"。通风口在炉后面，口外有土墙，墙上装有两扇高 5～6 尺、阔 4 尺的门，这种门扇作为鼓风设备，应是宋、元时期"木扇"的发展。炉靠山崖建筑，崖上装有"机车"，铁矿石用机车从山上抛掷到炉中，表明当时已有上料的机械设备是炼炉结构上的一大进步。一个时辰每炉炼出生铁 1 版，重达 300 斤。一个炉每天得铁 10 多版，日产量应在 3600 斤，约 1.8 吨。炉场每年生产"始于秋，终于春"，约 6 个月，每炉的年产量可达 324 吨。

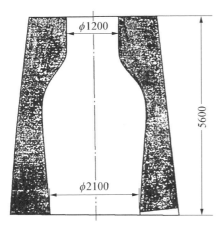

图 5‑10　佛山清代冶铁炉复原示意图① （毫米）

清代学者严如熤对陕西汉中一带冶铁炉的描述，与上述广东的冶铁炉一致，只是陕西的冶铁炉不用木扇而用风箱鼓风。根据《广东新语》对佛山冶铁竖炉的描述，有学者绘制了该炉示意图（见图 5‑10）。

鼓风技术改进和炉型改进，是保证炉料顺行、合理利用热能，使炉温得以提高，这是实现竖炉生产稳定、顺利的技术基础。而耐火材料和筑炉技术进步，无疑对延长冶铁竖炉寿命起到重要作用。元代陈椿《熬波图》和明代宋应星《天工开物》中均记述了筑炉材料。前者记载当时筑炉所用耐火材料为瓶砂，即碎陶瓷末，相当于现代的熟料，以及白墙（白色耐火土和炭屑）。《天工开物》说炼铁炉是用掺盐的耐火土砌成，建造一个炼炉不能匆忙图快，必须要个把月，不能留有缝隙，否则就会"尽弃全功"。

冶炼炉作为化学反应的容器，其中进行了复杂的热、质和流动的传递，最终人们获得预期的金属产品。中国冶铁竖炉的发展是古代工匠们长期实践经验的总结，炉形的变化不仅能炼出合格生铁，而且日产量提高 2～3 倍，是冶铁技术上的重大进步。我国古代冶铁竖炉较大可能起源于冶铜炉，战国晚期到汉代冶铁竖炉已出现炉腹角，容积大型化，并有椭圆形竖炉出现；东汉后，竖炉向小型、高效方向发展；宋代出现炉身角度，炉型定型。

中国古代冶铁竖炉类型丰富、功能多样；早期竖炉已经具备一定体量，并

① 刘云彩：《中国古代高路堤起源与演变》，《文物》1978 年第 2 期。

可实现矿石还原和渣铁液态分离；后期通过调节高径比、炉身曲线和风口，实现产量稳定；通过增加炉程、提高冶炼强度等促进间接还原来增大产量；炉型形成与演变受到鼓风条件、木炭强度和建炉材料等外部条件影响。

第四节　魏晋—明清时期的钢铁技术

汉代出现的生铁退火衍生制品，后代仍有出现，脱碳铸铁如登封县出土的两件宋代铁锛（编号 4216、4221），韧性铸铁如唐河县六朝窖藏的两件铁锸（编号 4159、4160）为球状石墨韧性铸铁、登封县出土的宋代铁锛（编号 4206）是黑心韧性铸铁，铸铁脱碳钢如唐河县六朝窖藏铁刀（编号 4145）和登封出土的宋代铁斧（4105），这些分析过的材料表明，铸铁退火处理技术，自战国出现以来，一直到宋代仍在一定范围内使用①。宋、元以后尚未发现铸铁脱碳钢制品，一方面受检测材料制约，另一方面很可能是因炒钢及灌钢的发明，固体脱碳制钢工艺逐渐衰退。

唐河县两件六朝铁镢（编号 4165、4170）可能为贴钢制品，贴钢工艺是在低碳钢或熟铁的刃口部位锻焊接上一块较硬的钢材，以使刃口锋利耐用。由于取样的限制，刃部以上部分未经鉴定。除此外还有新的生铁炼钢产品和技术出现，如生铁淋口、冶铁炉和炒钢炉连用、百炼钢、灌钢、苏钢等。

一、生铁淋口

宋应星《天工开物》第十卷锤锻、锄镈条记载："凡治地生物，用锄、镈之属，熟铁锻成，熔化生铁淋口，入水淬健，即成刚劲。每锹、锄重一斤者，淋生铁三钱为率，少则不坚，多则过刚而折。②"这段文字是描述锻造锄具用到生铁淋口的方法。

宋代农具中发现有生铁淋口制品，如来自登封、南召、邓州文化馆等的 6 件宋代铁锄经过了生铁淋口处理，其时代比宋应星记载的要早，6 件生铁淋口制品的基体都是熟铁，且都进行了淬火处理。

宋代以后锻制工农具的数量明显增多。分析的 18 件宋代工具、农具中，

①　柯俊、吴坤仪等：《河南古代一批铁器的初步研究》，《中原文物》1993 年第 1 期。
②　［明］宋应星著，周绍刚译：《天工开物》，重庆出版社，2021 年。

有 13 件为锻造制品。对铁器进行硫印试验，含硫量较高，也为宋代铁器生产用煤冶铁提供了实物证据。

二、冶铁炉和炒钢炉连用

由生铁炼成熟铁，过去是先在炼铁炉中将铁矿砂炼成生铁，再在化铁炉中使生铁熔化，经过脱碳而炼成熟铁。明代宋应星星（1587—1666 年）的《天工开物》（始刊于 1637 年），记述了炼铁炉和炒钢炉串联使用（图 5 - 11）。"凡铁分生、熟，出炉未炒则生，既炒则熟。生、熟相和，炼成则钢。[①]"描述生铁、熟铁、钢三者关系，根据其描述的"生熟炼铁炉"系统，既可炼生铁，亦可同时炼熟铁，一炉两用。在炼生铁的炉子相连数尺远、低数寸之处筑一方塘，以短墙抵之。当炉内铁矿砂以木炭在高温（1000℃）下炼成生铁并液化后，趁生铁水未冷却前让其自动流入方塘，塘内撒入干泥粉。再由数人持柳木棍迅速搅拌铁水（加速生铁中碳的氧化以脱碳），于是炒成熟铁。

图 5 - 11　明代冶铁炉和炒钢炉串联使用

① ［明］宋应星：《天工开物·五金·铁》，中华书局影印明崇祯十年本下册，1959 年，第 16—17 页。

生铁加热到熔化或基本熔化状态，在熔池中加以搅拌（古人称之为"炒"），借助空气中的氧有控制地把生铁炒炼到需要的含碳量①。将炼铁炉与炒铁设备直接串联起来，将炼生铁与从生铁炒成熟铁的两道工序加以组合，两步并一步，实现连续生产。

结合《天工开物》原文和图，推测作者原本可能想表述"生熟炼铁炉"系统，既可炼生铁，亦可同时炼熟铁，一炉两用的特点，但把原本应是两幅的图硬拼接在一起了，造成后人阅读时的困惑。如炼熟铁，则液态生铁出炉后应直接进入方塘，不应再经过冷却模（图中炉与方塘之间的部分），否则铁水凝固。炉口应密封，图中所标"坠子钢"应是"坠子铁"之刻误或笔误。

朱国帧（1558—1632 年）的《涌幢小品》、屈大均（1630—1696 年）的《广东新语》中，记载了将冶炼生铁和炒钢炉分别设置的方法。后者卷十五中对炒钢有更具体的描写："其炒铁则以生铁团之入炉，火烧通红，乃出而置砧上，一人钳之，二三人锤之，旁十余童子扇之，童子必唱歌不辍，然后可炼熟铁也。"并说冶生铁是大炉之事，冶熟铁是小炉之事。

1784 年英国科特在反射炉中用搅炼法炼钢，普德林法（puddling process）是西方现代炼钢法出现之前的主要生产方法，是工业革命初期英国大规模生产熟铁的冶炼方法。又称搅炼法。中国炒钢技术的发明比英国至少早一千多年。炒钢炉和冶铁炉连用，铁矿进入炼炉炼成生铁后，趁热直接炒成熟铁，省去了生铁再熔化工序，既提高工效，又节省燃料、劳力和时间，降低了生产成本。

三、百炼钢

百炼钢是我国古代多种生铁炼钢方法中得到的钢的质量最好的一类，多用来制造名刀宝剑，"千锤百炼""百炼成钢"这些流传于世的词语即源于此。

"百炼"一词始于东汉末年，建安年间（196—220 年），曹操命有司制作五把"百辟"钢刀，又称"百炼利器"，费时三年的描述或许夸张，但反映出其制作费工费时。其子曹植写有《宝刀赋》，就对炼制宝刀的场面作了生动的艺术描述。三国时期，孙权的一把宝刀名叫"百炼"。《晋书》记载着一种名叫"大夏龙雀"的"百炼钢刀"，此刀被誉为"名冠神都""威服九区"的利器。

---

① 钟少异：《中国古代军事工程技术史［上古至五代］》第四编第三章，山西教育出版社，2008年，第 374—375 页。

沈括在《梦溪笔谈》中曾形象地把百炼钢比作"面中"的"筋"，虽然未能揭示出百炼钢的本质，但其对炼钢方法的描述，有着史料价值。宋应星《天工开物》载"刀剑绝美者，以百炼钢包裹其外"。以百炼钢方法制造出来的钢制品，无疑是质量最好的。

到了东汉末期，这种锻造技术已很普遍，刀的数量也较往昔增多，考古材料已发现数量众多东汉时期的百炼钢兵器。汉代之后，兵器仍然有百炼钢存在。

四、灌钢

南阳唐河县出土的窖藏编号分别为 4142、4143、4144、4172 的 4 件六朝铁刀，铁刀组织特征相似，高碳层含碳量相对较高，基体纯净，低碳层内夹杂很多，分层排布且沿加工方向排列，高低碳层间有明显的碳扩散现象，初步判断为灌钢制品[①]。新郑出土的一把明代铁刀（编号 4234），是灌钢技术，还是两种钢锻打在一起的，尚不能确定。

灌钢亦称团钢，是中国史书中记载的一种生铁炼钢方法。基本原理是把生铁和熟铁按一配合生产的一种钢。有明确记载是在南北朝时期（公元 5 世纪—6 世纪）。《重修政和经史证类备用·本草卷》"宝石部"引梁陶弘景（456—536 年）的记述："钢铁是杂炼生鍒作刀镰者"[②]。生即指生铁，鍒为熟铁，"杂炼生鍒"就是指灌钢法，当时已用此法制作刀、镰用具。《北史》记载的北齐（约 550 年）綦母怀文是灌钢的实践者，他造宿铁刀的方法是"烧生铁精以重柔铤，数宿则成钢"，与陶弘景所记"杂炼生鍒"方法类同。北宋沈括在《梦溪笔谈》中对灌钢作了较全面的论述："柔铁屈盘之，乃以生铁陷其间。"即将熟铁条卷曲成盘，配以一定的生铁，嵌在盘绕的熟铁条中，用泥封起来。"锻令相入，谓之团钢，亦谓之灌钢。"泥封主要是为了防止加热时氧化脱碳，由于生铁熔点比熟铁低，生铁先熔化，铁汁流入熟铁盘中间，碳向熟铁扩散，使碳达到适当分量，成分均匀，而变成硬度高性能较好的钢。

灌钢法到了明代又有了进一步提高，明代方以智（1611—1671 年）在《物理小识》中记载："灌钢以熟铁片加生铁块，用破草鞋盖之，泥涂其下，火

---

① 柯俊、吴坤仪等：《河南古代一批铁器的初步研究》，《中原文物》1993 年第 1 期。

② 唐慎微：《重修政和经史证类本草》，华夏出版社，1993 年，第 110 页。

力熔渗，取锻再三。"明代宋应星《天工开物》记载："用熟铁打成薄片如指头阔，长寸半许，以铁片束包夹紧，生铁安置其上，又用破草覆盖其上，泥涂其下，洪炉鼓鞲，火力到时，生铁先化，渗淋熟铁之中，两情投合，取出加锤，再炼再锤，不一而足，俗名团钢，亦曰灌钢者是也。"明代灌钢法改进之处：（1）不用泥封，而用涂泥的草鞋覆盖，使生铁在还原气氛下逐渐融化。（2）把生铁放在捆紧的熟铁薄片上，当生铁熔化后，便能均匀地灌到薄片的夹缝中，增加了生熟铁之间的接触面积，有利于碳的扩散，得到含碳均匀的钢材。明唐顺之（1507—1560 年）《武编前编》卷五中记载了上述两种灌钢工艺。明代，在福建的安溪、湖头、福鼎、德化等地还很流行[①]。

五、苏钢

中国古代生产的一种钢，其生产工艺是在灌钢技术的基础上发展起来的，相传由江苏人发明而称为苏钢。在明清时期，安徽芜湖是苏钢生产最兴盛的中心，因为芜湖境内繁昌、当涂两县盛产铁，皖南山区产木炭，且水道交通便利。芜湖的钢坊多从南京迁来，炼钢工人也来自南京周围地区。从康熙到嘉庆年间（1662—1820 年），芜湖大钢坊发展到 18 家。嘉庆六年（1801 年）清政府对钢坊加强管理，芜湖炼成的钢，行销七省，最远到达山西。清乾隆年间（1736—1795 年）苏钢冶炼法传到湖南湘潭，使湘潭也逐渐成为苏钢冶炼业的中心之一。1935 年出版的《中国实业志（湖南省）》第七篇记载："湘潭产钢，名曰苏钢，……质地较优。"至咸丰时，湘潭的苏钢坊，计有 40 余家。"所产之钢，销于湖北、河南、陕西、山东、天津、汉口、奉天（今辽宁省）、吉林等地，殊见畅旺。"到光绪年间，受洋钢进口影响，钢坊相继停闭。

同灌钢相比，苏钢工艺的重大改进，在于改善了生熟铁的接触条件，使淋滴的生铁和承受淋滴的熟铁，都处于运动状态，并可由操作者适当掌握，而操作工人必然要付出艰巨劳动。

两汉时期，炒钢、百炼钢制品发展，南北朝时期出现了灌钢，隋唐时期实战中的兵器几乎都是钢铁制品，因隋唐丧葬习俗的变化，实战兵器少见随葬，钢铁兵器在考古发现中并不多见，为我们了解该时段钢铁技术带来缺憾。到了

[①]　杨宽：《中国古代冶铁技术发展史》，上海人民出版社，1982 年，第 252—254 页。

宋、明时期，出现以煤炼铁技术，等等[1]。

唐宋时期传统钢铁技术体系定型。苏颂《图经本草》称："初炼去矿，用以铸器物者为生铁，再三销拍可作鍱者为镠铁，亦谓之熟铁。"唐初仍有部分农具用生铁铸就。但河南白沙、山东临沂、江苏扬州等地出土的宋代铁锄、耙等农具已经均为锻制，锻制农具对宋代农业生产的发展是起了重要作用的。唐宋以后产生工具、农具由铸造改为锻制，原因之一在于灌钢工艺的改良与普及，灌钢被视为中国古代钢铁冶金技术体系形成又一标志，此后技术上难有开创性质的突破[2]。

第五节　行业重心从资源基地向贸易加工地的转移

一、宋代以及宋以前北方的资源禀赋优势

借鉴经济学术语，资源禀赋指一地区拥有的各种生产要素，包括劳动力、资本、土地、技术、管理等。宋代及宋代之前，中国北方的资源禀赋优势造就其成为冶铁业重心，下文分别选择不同时期代表性冶铁作坊或铁厂为例进行说明。

（一）以古荥冶铁作坊为代表的汉代冶铁业

古荥汉代冶铁作坊，是我国目前发现规模最大、保存最完整、延续时间较长的汉代冶铁遗址。该遗址的使用年代，为西汉中期到东汉，遗址保护区南100多米的位置，曾发现一座时代更早的圆形炼铁炉，有专家推测，在汉武帝和桑弘羊开办官营作坊前，这里已有私营冶铁作坊，古荥的官营冶铁业，也是在此基础上发展起来的。

汉代古荥冶铁的发展、兴盛与荥阳故城的兴衰密不可分。古荥冶铁作坊是与荥阳故城一起成长起来[3]。荥阳故城位于古代荥泽西北岸，南侧为索须河，北边遥望黄河。荥泽可能在商代中晚甚至更早时期已经形成[4]。当时合适的温度、湿度等气候条件，加上古代济水、索河、贾鲁河等河流的补给，是荥泽形

---

① 梅建军：《从冶金史看中国文明的演进》，《人文》2021年第6期。

② 乔尚孝、潜伟：《灌钢工艺新探》，《自然科学史研究》2021年第2期。

③ 荆三林：《荥阳故城沿革与古荥镇冶铁遗址的年代问题》，《中原文物》1979年第2期。

④ 侯卫东：《"荥泽"的范围、形成与消失》，《历史地理》第26辑，上海人民出版社，2012年，第292页。

成的最根本的原因。荥泽是先秦时期著名的鸿沟系统的起点，鸿沟则是中国古代最早沟通黄河和淮河的人工运河。战国时期，魏惠王为了战争需要，曾两次兴工，开挖了鸿沟。西自荥阳以下引黄河水为源，向东流经中牟、开封，折而南下，入颍河通淮河，把黄河与淮河之间的济、濮、汳、睢、颍、涡、汝、泗、菏等主要河道连接起来，构成鸿沟水系。鸿沟有圃田泽调节，水量充沛，与其相连的河道，水位相对稳定，对发展航运很有利。向南通淮河、邗沟与长江贯通；向东通济水、泗水，沿济水而下，可通淄济运河；向北通黄河，溯黄河西向，与洛河、渭水相连，使河南成为全国水路交通的核心地区。鸿沟体系的水运网络，极大地改变了黄淮地区水运格局，给战国乃至秦汉政治经济文化带来深刻影响。

鸿沟引河水自荥阳始，引水口即荥口，为济水分河的地方，渠首段是荥渎。据肖然、何凡能等研究，魏国在战国时期开通鸿沟运河时，其引水渠选用的是济隧河道，非荥渎河道；秦兼并六国后，为水运转输方便，在距离敖仓较近的荥口设置水门，控制航运，故渠首段西迁至荥渎河道；东汉后期，荥渎被黄河泥沙淤堵，鸿沟渠首段再次西迁至石门水河道（见图 5 - 12），鸿沟在汉朝之后改称狼汤渠，隋朝通济渠开凿时，也是以它为基础。

秦始皇统一中国后，充分利用了鸿沟水系和济水等河流，将南方征集的大批粮食运往北方，并在鸿沟与黄河分流处兴建规模庞大的敖仓，作为转运站。

汉武帝时期，实行冶铁官营，在河南郡设置铁官，荥阳故城外的冶铁作坊，是当时河南郡最大的冶铁中心。燃料、矿料和产品的运输路径、方式都是关系其生存的问题。

黄河中下游地区作为我国农业文明发展最早的地区之一，先秦时期，这里森林密布，草木畅茂，为冶炼燃料提供充分的木炭来源。

汉代设铁官的地方，大都是铁矿所在地，或距离铁矿不远又交通便利和商业发达的城市[1]。古荥冶铁作坊所需的原料，较大可能来源于周边。先秦文献载"少室之山……其下多铁。休水出焉，而北流注于洛"，"役山，上多白金，多铁。役水出焉，北流注于河"，"密，故国，有大隗山，溲水所出，南至临颍入颍"。据考证，少室山在今登封县北，役山在今新郑县北，大隗山在今密县[2]。

---

① 傅筑夫：《中国封建社会经济史》，人民出版社，1982 年。
② 杨宽：《战国史》，上海人民出版社，1956 年。

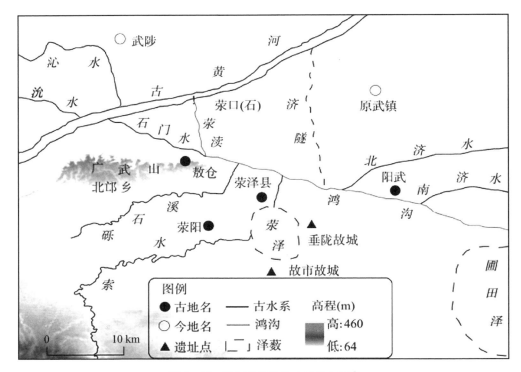

图 5-12 秦汉时期鸿沟水系分布图①

地质调查也反映出这几处区域产含铝量较高的褐铁矿，和古荥冶铁遗址中发现使用的部分矿石成分基本相符②。故而古荥冶铁之铁矿大部分可能来自登封少室山、新郑的役山和密县的大隗山。也有推测古荥当时用于冶铁的铁矿石，部分可能来自今山西境内。对于矿料来源的说明，还需要更多材料和数据。

《汉书·地理志》记载"河南郡，故秦三川郡，高帝更名。雒阳户五万二千八百三十九。莽曰保忠信乡，属司隶也。户二十七万六千四百四十四，口一百七十四万二百七十九。有铁官、工官。敖仓在荥阳。"③记载了汉代洛阳人口的增长幅度之大，但汉代河南郡的"工官、铁官、敖仓"都还设在荥阳，说明荥阳在当时地的繁荣以及地位的重要。

相较陆路交通及运输工具的局限性，水路运输的承载量大、成本低，大规

① 肖然、何凡能等：《鸿沟引水口与渠首段经流考辩》，《地理学报》2017年第4期，第718页。

② 郑州市博物馆：《郑州古荥镇汉代冶铁遗址发掘简报》，《文物》1978年第2期。

③ ［汉］班固：《汉书》；周振鹤、张莉著编：《汉书地理志汇释》，凤凰出版社，2021年。

模的原料输入，往往依赖水上交通。古代敖仓附近密布的河流，保证敖仓承担起漕运的重任。敖仓始建于秦，是大半个中国漕粮转运的大仓库。秦汉时期几个主要的农业区，如华北平原、淮河流域和山东半岛等，所产的粮食都经过黄河、济水、鸿沟等河流，在荥阳的敖仓汇总，然后转运关中。

在荥阳故城北设敖仓，使荥阳不仅成为粮食的漕运枢纽，从关东（以函谷关为界）至关中平原，形成的鸿沟—黄河—渭水的漕运线路，也使荥阳成为秦汉时期重要的中转站和货运集散地。来自登封少室山、新郑役山和密县大隗山这些地方铁矿料可分别通过休水—洛水—河水、役水—河水、溱水—颍水—鸿沟等路径运抵古荥。通过这几条路线，古荥汉代冶铁作坊生产的铁器几乎可以在河南郡全范围流通①。除了河南郡内流通，由黄河河道运输的矿石可以通过黄河运抵古荥。同时，古荥铸造的铁器也可以由黄河转运到更广大地区。处于水上交通枢纽地位的古荥阳城，具备冶铁发展所需燃料、矿料和运输的诸多便利，而冶铁业的高度发达，也使其成为当时经济发达城市之一。

古荥冶铁作坊，西汉末年已有所衰落，到东汉，渐渐被废弃。该冶铁作坊的衰落，和荥阳故城的衰落基本同步，与荥泽和鸿沟有着密切关系。西汉末年，黄河泥沙日益淤堵，东汉时荥泽几成平陆，唐初彻底淤成平陆。有研究认为荥泽干涸，是干冷气候与水源流失综合作用的结果②。因荥泽和鸿沟水运而兴的荥阳故城及其发达的冶铁业，最终也伴随着荥泽的消失和鸿沟的淤塞而衰落和荒废。

可以看出矿料、燃料、政策对古荥冶铁业的影响，但作为基本要素的河道，无疑是古荥冶铁业"成也萧何、败也萧何"的根本。

（二）以山西并州铁产品为代表的隋唐冶铁业

中国古代冶铁业经历春秋战国时期的初步发展，秦汉时期成熟，东汉铁器化进程基本实现③，魏晋南北朝时期，钢铁技术进一步成熟④，铁器的使用更加普及。

隋唐时期继承了汉以及魏晋南北朝时期的传统，在日常生活中的各个领

---

① 任艳、李静兰：《试论郑州地区早期运河对荥阳故城的影响》，《中共郑州市委党校学报》2012年第 2 期。

② 侯卫东：《"荥泽"的范围、形成与消失》，《历史地理》第 26 辑，上海人民出版社，2012 年，第 292 页。

③ 白云翔：《先秦两汉铁器的考古学研究》，科学出版社，2005 年，第 349—351 页。

④ 韩汝玢、柯俊主编：《中国科学技术史·矿冶卷》，科学出版社，2006 年，第 628 页。

域，铁器的应用进一步普及，此外，铁器的应用领域更是前所未有的广泛，一方面铁佛像、经幢等佛教用品以及铁质生肖俑、动物俑等丧葬用品陆续出现[①]；另一方面，以蒲津渡铁牛群为代表的大型铸件的出现，不仅是隋唐铁器文化的特点，更是其发达的重要标志。

隋唐时期铁矿的开采，主要分布在今河北、山西、山东、河南、安徽、江苏、浙江、江西、福建、湖北、湖南、陕西和四川等地[②]。隋唐之前铁矿主要分布在北方，文献所载唐代的铁产地，则多分布在南方[③]。河南安阳、林州一带[④]以及四川邛崃等地[⑤]发现有隋唐时期的冶铁遗址，但大多未经考古发掘。由于考古发现和研究的不足，目前对隋唐时期的冶铁业的信息了解还相对薄弱。

唐代直到明清时期甚至民国初，山西都是北方铁冶兴盛的地方。山西并州交城、盂县等地铁矿分布广泛。《全唐文》载"大农器用，赋晋山之铁，牧马于归兽之野"[⑥]，表明晋山产铁，多用来制作生产农具。并州岁入京城的贡品中包括钢铁制品[⑦]、马鞍[⑧]、铁镜贡品[⑨]等。钢铁制品中最著名的当属并州刀剪，是将生铁加工为性能优良的钢质刀剪。"并州刀，砍骨不卷；并州剪，剪毛不沾"之语传颂至今。山西"并州剪"因其优良的工艺，历朝历代文人墨客写下了无数赞美的诗句和文章。唐代诗人杜甫《戏题画山水图歌》"焉得并州快剪刀，剪取吴淞半江水"[⑩]、《怀素上人草书歌》"锋芒利如欧冶剑，劲直浑是并州铁"[⑪]，都是对锋利优质的并州剪的赞誉。并州剪不仅在唐代有名，直至宋代名气不减，文献和诗歌对此都有记载[⑫]。

---

① 白云翔：《隋唐时期铁器与铁器工业的考古学论述》，《考古与文物》2017年第4期。
② 卢本珊：《中国古代金属矿和煤矿开采工程技术史》，山西教育出版社，2007年，第167页。
③ 祝慈寿：《中国古代工业史（上）》，学林出版社，1988年，第366页。
④ 河南省文物研究所等：《河南省五县古代铁矿遗址调查》，《华夏考古》1992年第1期。
⑤ 成都市文物考古研究所等：《邛崃市平乐镇冶铁遗址调查与试掘简报》，《四川文物》2008年第1期。
⑥ ［唐］杨炎：《安州刺史杜公神道碑》，《全唐文》卷四二二，中华书局，1983年，第4305页。
⑦ ［唐］李林甫：《唐六典》卷三《尚书户部》，中华书局，1992年，第66页。
⑧ ［宋］欧阳修、宋祁：《新唐书》卷三九《地理三》，中华书局，1975年，第1003页。
⑨ 同上注。
⑩ ［唐］杜甫：《戏题画山水图歌》，《全唐诗》卷二一九，中华书局，1960年，第2305页。
⑪ ［唐］任华：《怀素上人草书歌》，《全唐诗》卷二六一，中华书局，1960年，第2904页。
⑫ ［宋］刘敞：《公是集》卷三六，新文丰出版社，1984年，第635页；［宋］陆游：《剑南诗稿》卷六三，上海古籍出版社，1985年，第3603页。

除了闻名遐迩的剪刀，唐政府分别在武德初年（618 年）、贞观元年（627年）、开元年间（713—741 年）、天宝六载（747 年）在并州设北都军器监，设置了甲坊、弩坊等机构，为军队提供作战装备，并州成为兵器制造基地[1]。

作为唐代全国唯一的贡品铁镜——并州铁镜，后世文献中"晋人用铁兮从革无方，其或五金同铸，百炼为钢。雕镂而云龙动色，磨莹而冰雪生光，烂成形于宝镜，期将达于明王[2]"，即对它的赞誉之词。另交城县狐突山、盂县原仇山生产的铁铆[3]，更是广泛应用于房屋建造、墙体加固的辅助器件。并州许多寺庙中都有佛像和钟，如蒙山法华寺内的两尊铁佛、盂县高神山的大铁钟、交城玄中寺的铁弥勒像等[4]，这些立于殿外，规格较大的铁器件，对铁原料需求量大，对工匠铸造技艺要求高。这些并州境内遗留下的唐代大型铁件，都印证着并州曾经辉煌的冶铁成就。

（三）以北方为主，多中心分布的宋代冶铁业

宋代冶铁业发达，首先在于管理体制比前代更为完善。宋代矿冶机构有监、务、场、冶等名目，监是针对矿冶的管理而专门划分的政区，它分为两级，有下统县而上隶于路的，也有分隶于府州而与县同级的[5]。监指主监官驻在地，凡铸钱之地都置监。务为矿课管理机构，冶为冶铸所在，场为采矿所在，坑为矿坑，每场之下管辖有若干矿坑。置监之处必有冶，设务之处多有坑[6]。宋代矿冶场所及钱监数量多、分布广泛，机构的设置完备程度和管理措施的严苛，远胜于唐代。

宋代，铁冶炼区增大，据《宋史·食货志》记载，铁产地"徐、兖、相三州，有四监，河南、凤翔、同、虢、仪、蕲、黄、袁、英九州、兴国军，有十二冶，晋、磁、凤、澧、道、渠、合、梅、陕、耀、坊、虔、汀、吉十四州，有二十务，信、鄂、连、建、南剑五州、邵武军，有二十五场[7]"。经过数十年的发展，到宋英宗治平年间，产铁计有登、莱等二十四州、兴国、邵武二军共七十七冶。到宋神宗元丰元年（1078 年）铁产地计有登、莱等三十六州军。

---

① ［唐］杜佑：《通典》卷二七《职官九》，中华书局，1988 年，第 759 页。

② ［宋］李昉：《文苑英华》卷一〇五，中华书局，1966 年，第 480 页。

③ ［唐］李吉甫：《元和郡县图志》卷一三《河东道二》，中华书局，1983 年，第 372 页。

④ 樊晓静：《唐代并州经济研究》，陕西师范大学硕士学位论文，2018 年。

⑤ 俞鹿年：《中国官制大辞典》，黑龙江人民出版社，1992 年，第 653 页。

⑥ 夏湘蓉、李仲均：《中国古代矿业开发史》，地质出版社，1979 年，第 86—89 页。

⑦ 《宋史》卷 185《食货志》，中华书局，1977 年，第 4523 页。

熙丰以后（1085 年以后），铁产地仍在继续扩大。从铁产地的分布来看，当然以北方诸路和东南诸路为多，这是历史传统形成的；而值得注意的是，广南西路如梧州、雷州等地，也开始生产铁，而且铁器也同样制造得很精致，表明随着铁产地向广南西路地区扩大，改变了当地的落后面貌，为地区发展注入活力。

促进宋代矿冶生产发展的另一重要原因是宋代的矿冶技术较之前代有较大提高[①]。矿冶技术包括采矿和冶炼两方面的技术，采矿区"中空如一间屋，每丈许留石柱拄之"，在矿井中留石柱，来防止矿井的塌陷，已被普遍采用。孔平仲在《谈苑》中讲到过铜矿开采过程中防止有害气体的办法。矿井中"有冷烟气，中人即死。役夫掘地而入，必以长竹筒端置火，先试之。如火焰青，即是冷烟气也。急避之，勿前，乃免"。[②] 这里提到的"冷烟气"，应是甲烷、一氧化碳之类气体。这类气体燃烧时，其火焰呈现青色。矿工们在采矿实践中，已经知道如何试探并躲避矿井中的有毒气体。宋代，煤较大可能已经成为矿冶燃料，从鹤壁宋代煤矿遗址可获知，采煤区不仅布局合理，还有排水井、辘轳提升工具。矿坑采空区，从采煤区分布看，当时已经运用较为科学的先内后外逐步撤退的跳格式采掘法。[③]

结合考古材料，可知宋代炉型以圆形截面为主，炉高一般不超过六米，容积从 2 立方米到 10 立方米不等，竖炉具有炉腹角和炉身角，成为两端紧束，中间放宽的腰鼓状，上口小，下部炉膛大，保证炉料顺行，避免悬料事故。热量集中、炉气分布合理，内衬使用耐火材料，延长炉龄[④]。

冶铁技术进步的一个重要标志是炉温的提高，而炉温的提高有赖于鼓风设备。在宋代，活门式木风箱出现。曾公亮《武经总要·前集》所述之行炉，即附有这种风箱，当时的人们称其为风扇。该风箱外形为梯形，前面装有可绕上边之轴摆动的木盖板，木盖板与箱外的木杆相连，盖板内有两个小孔是进气阀门。木箱与风管连接处也有一个阀门，是出风口阀门。推拉木杆可使盖板摆动开闭，盖板外摆时，阀门打开进气，盖板内摆时，阀门闭拢，被压缩的空气推

---

① 黄盛璋：《对宋代矿冶发展的特点及原因的研究》，《科学史集刊》第 10 集，科学出版社，1982 年，第 25 页。

② ［北宋］孔平仲著，王恒展校注：《孔氏谈苑》卷一，齐鲁书社，2014 年。

③ 杨文衡等编著：《中国科技史话》下册，中国科学技术出版社，1990 年，第 197 页。

④ 华觉明：《中国古代金属技术——铜和铁造就的文明》，大象出版社，1999 年，第 423 页。

开出风口阀门进入炉中①。后来这种木风扇的体积变大，鼓风量增大，需要两人或两人以上共拉一扇。如果同时用两具木风扇交叉使用，就可以实现连续鼓风。风量、风压显著提高，强化冶炼过程，保证冶铁产量提高。这一项鼓风技术比欧洲同类技术要早五六百年②。

政策与技术的加持使得宋代矿冶业较诸前朝有很大发展。由于商品经济的发达，货币需求量大。宋神宗年间（1068—1085 年），年铸铜钱 500 余万贯，铁钱 88 万余贯，比唐代增长 20 余倍。五代开始出现的胆水浸铜法（水法冶金工艺），到宋代也得到了长足的发展。《宋会要辑稿》记载北宋时期胆水炼铜的冶场有 11 处，分布于广东、湖南、江西、浙江、福建等南方省份，水法炼铜离不开对反应原料铁的大量需求，胆水炼铜兴盛反过来说明当时铁的充裕。就铁冶分布情况看，北方几个大的铁产区即设置矿监的地区，在规模、技术和产量上都是领先的，从而成为铁产中心。宋代的铁主要产自北方的兖州、磁州、邢州和徐州。

1. 兖州莱芜监，今山东莱芜市（现为济南市莱芜区），这里自汉代以来就是冶铁中心之一。宋初此监下辖 18 个冶务，分布在汶水两岸。按徐州一冶百余人计，这里也有 2000 余名冶铁工匠。此监虽未留下采煤记载，但却离河北煤田很近。由于多种原因，莱芜冶冶数不断减少，但到元丰元年承担的铁课仍达 24.2 万斤。

2. 河北东路邢、磁、相诸州铁冶和河东路诸冶。邢、磁、相诸州战国以来即是著名的铁产区，先进的冶铁技术在秦统一后由"山东迁虏"卓氏、程氏传到我国西南地区，邛州铁冶自此以后发展起来，直到宋朝依然未衰。在宋代，这些地区的冶铁业发挥了更为巨大的作用。

磁州和邢州是全国铁课最多的两冶，又是盛产煤炭的地方。邢州棋村冶务，遗址在今河北邢台市，是官营铁冶工场，全部产量归官府所有，每年产铁 171 万斤，元丰年间增至 217 万斤；磁州固镇冶务，遗址在今武安县境内，铭水东岸，西汉时这里就设有铁官，北宋时年产铁 181 万斤，元丰年间增至 197 万余斤。

3. 徐州利国监，这是北宋最为著名的冶铁中心。遗址在今徐州市铜山县

---

① 胡维佳：《中国科学技术史纲·技术卷》，辽宁教育出版社，1996 年，第 289 页。

② 杜石然等：《中国科学技术史稿》，北京大学出版社，2019 年。

东北约 80 千米的盘马山下，今利国驿东站附近。这一带矿产资源丰富，北宋初年设有称作邱冶务的铁冶工场，北宋中叶发展成利国监，下设 8 个冶务。到 40 年后的元丰年间，又增加到 36 个冶务，规模着实可观。加上此时附近的白土镇又发现了煤炭，更是带动了铸造业的发展。苏轼在徐州担任知州时，在《徐州上皇帝书》赞道："徐州之东北七十余里即利国监，自古为铁官，商贾所聚，其民富乐，凡三十六冶""地既产精铁，而民善锻"。

宋代铁产量河北西路居全国第一位，河北东路居第二位，而当时山东地区所属的京东路仅居第三位。元丰元年（1078 年）铁年收入量为 550 多万斤，其中邢州 217 万多斤，磁州 197 万多斤，徐州利国监 30 多万斤，兖州年收入 24 万多斤，威胜军（今山西省沁县）22 万多斤[1]。由此可见，北方产铁中心在宋代冶铁业的重要的地位。

按照常理，在宋室南渡之后，由于北方冶铁基地的丧失，南方铁冶应该快速成长，才能承担起向南宋辖区提供铁制生产工具和生活用具的责任。南宋初年铁冶一度增至 638 个，加上铜、铅、锡、金、银各冶总数达 1356 个，相当于元丰坑冶总数 136 所的 10 倍。但因为煤炭产地集中在北方，且南宋朝廷把开发矿产作为聚敛手段，矿税加重，官员贪赃，冶户被迫逃亡，所以不少新矿随开随罢，倒闭之数接近一半，残存的矿冶也是苟延残喘而已，导致产量大幅度下降。

总体来说，整个宋代矿冶生产比前代有较大发展，突出表现在主要矿冶产量大幅度增加、矿冶点增多、矿冶技术有所创新或推广、新产品的出现等几个方面。其中尤以产量的提高和矿冶点的增多较为突出。

从战国时期到宋代，黄河流域冶铁分布区主要集中于燕山—太行山—崤山山脉、山西山地、豫西山地、鲁中山地和关中盆地五大区域[2]。北方分布广泛的铁矿资源、黄河流域森林覆被对古代北方铁冶业发展、兴盛起到至关重要作用。战国至唐宋时期以分布于黄河流域为代表的北方冶铁业仍主要是资源型冶铁业。

二、宋以后南方冶铁中心的出现与快速发展

唐、宋时期中国经济重心南移，有学者从自然环境（包括气候、水文、植

---

① ［清］徐松：《宋会要辑稿》，中华书局，1957 年。
② 郭声波：《历代黄河流域铁冶点地理布局及其演变》，《陕西师范大学学报（哲社版）》1984 年第 3 期。

被、土坡多角度）的变化入手①，认为北方在当时的条件下对土地、森林等资源的开发利用已接近饱和，难以负载继续增长的人口，加之自然环境的恶化，已经无法继续维持北方原有的生产经营，而开发较迟、自然环境相对完好的南方则成为后起之秀。

唐代开始，铜铁等金属器和陶瓷器已成为海上丝绸之路贸易的主要产品。南北宋之交，北方战乱，出现了继秦汉、魏晋以来的第三次民族大迁徙，直接促进了珠江三角洲地区经济的发展，使之成为全国著名的农业生产基地。

受到国家货币政策、军备政策、新技术产生的影响，宋代在铸铁钱、铁兵器尤其是铁甲和铁炮的生产、胆铜生产这几方面的用铁量大大增加②，是以往各朝代都无法比拟的，这不仅成为宋代铁矿业发展的动因，也促进了南方地区铁矿的开采热潮。

宋代是广东冶铸业的辉煌时代，广东的铁、铜、铅、锡等矿场，都居全国前列，广东铁矿场，仅在北宋政和六年（1116年）就有92个。福建泉州成为闽南的冶铁业核心区，宋应星的《天工开物》中曾概述全国的铁矿分布，称"西北甘肃、东南泉郡，皆锭铁之薮也"，其中的"东南泉郡"便是指泉州，以泉州安溪为代表的铁产地更是久负盛名③。唐末以后闽地人口成倍增加，地狭人稠的状况迫使大批农民改行从事工业劳作；矿藏的丰富保证了就地冶炼；政府把募民开矿作为招抚流亡的一种手段，为矿冶业提供大量劳动力，宋代福建矿冶业之繁荣昌盛，实为势所必然④。宋元时期，随着泉州港的兴盛，铁产品一度成为海上丝绸之路贸易的重要商品，据《岛夷志略》记载，泉州海船行商涉及海外地名就200余处，其中将铁制品作为贸易商品的国家或地区就有48个。

（一）宋元时期泉州安溪青阳铁厂

安溪青阳下草埔冶铁遗址，是我国目前发现最大的宋元冶铁遗址，也是中国境内首个科学系统考古发掘的块炼铁和生铁冶炼并存的冶铁遗址，其独特的板结层冶炼遗物处理技术，在国际上属于首次发现。

---

①　郑学檬、陈衍德：《略论唐宋时期自然环境的变化对经济重心南移的影响》，《厦门大学学报（哲社版）》1991年第4期。

②　王菱菱：《从铁钱、铁兵器、胆铜的生产看宋政府对铁需求的增长》，《郑州大学学报（哲学社会科学版）》2005年第1期。

③　夏湘蓉、李仲均、王根元编著：《中国古代矿业开发史》，地质出版社，1980年，第232页。

④　陈衍德：《宋代福建矿冶业》，《福建论坛》1983年第2期。

　　明万历《泉州府志》记载，北宋开宝年间（968—976 年），泉州设置矿冶场务 201 处，开征铁银课。泉州产铁之场，北宋盛时有 15 场，南宋后期仍存 5 场，尤以永春倚洋（今湖洋）、安溪青阳（今青洋）为著。宋人李焘在《续资治通鉴长编》中则记载道："庆历五年（1045 年），青阳铁冶大发，即置铁务于泉州。"由此可见，安溪青阳铁场的地位举足轻重。安溪青阳铁矿资源以及山上木材植被丰富、临近水源、交通便利等得天独厚的优势，使其自北宋初在此设置青阳铁场后，便逐渐发展成宋元时期泉州乃至闽南最重要的铁产地。明代以后，由于海禁等政策的影响，青阳铁场走向衰落。

　　2019 年以来，在国家文物局统筹下，北京大学考古文博学院对安溪青阳下草埔冶铁遗址开展考古发掘。第一、二期的考古发掘，发现包括炉址、房址、石堆、护坡、池塘、活动面、小丘及众多板结层等重要遗迹，包括 6 座冶铁炉遗址和 3 处房址，发掘出土钱币、金属器、建筑构件、陶器、瓷器等遗物。碳 14 年代测定和陶瓷类型学研究，证实该遗址冶炼活动集中于宋元时期，遗迹现象表明该遗址和周边区域存在完整的生产链条：采矿—冶炼—加工—运输，实验分析则证实该冶炼场同时存在块炼铁和生铁冶炼两种技术体系，这里可同时生产块炼铁、生铁和钢，且首次发现独特的板结层冶炼遗物处理技术，即将冶炼废弃物有序平整为多层台地，使得冶炼场内部的地理空间得以持续充分利用，为了解宋元时期中国东南地区冶铁业遗址的独特面貌提供了新材料。安溪青阳下草埔冶铁遗址的发现，对中国科学技术史、贸易史、社会史研究都具有重要价值。

　　下草埔遗址是宋元时期泉州冶铁手工业发达的珍贵见证，以安溪下草埔遗址为代表的冶铁作坊，与晋江下游的铸铁冶炼作坊，共同构成了泉州完整的冶铁业生产链，各种铁制品从泉州港出发，行销至世界各地。

（二）明清时期佛山冶铁业兴盛

　　北遵化、南佛山，是明代最为著名的铁厂。唐初遵化就有官办的小冶铁厂，明代最大的冶铁厂，是永乐年间在遵化建立的，其山场分布在冀州、遵化、玉田、滦州、迁安等地。明弘治年间（1488—1505 年），遵化冶铁达到鼎盛，是明代中后期最大的冶铁生产基地，史称"遵化冶铁"。明正统时期，官方铁冶迁于此，使之成为当时北方的官办冶铁中心。英宗正统三年，遵化铁厂成为全国规模最大的冶铁厂。据记载，当时参加炼铁的工人数量最多时达到 2500 余人。生产的铁基本上都是运到京城。"（成化十九年）令遵化铁厂岁运京铁，每车一辆装铁不得过一千七百斤，车价不得过三两五钱，俱假农隙之时，领运交纳。[①]”官营铁场不再是财政收入的主要来源，甚至成为需要补贴的对象[②]。到明万历末年，遵化铁厂的炼铁成本日渐加大，明朝廷不得不将其关闭。

近年圣彼得堡大学东方系图书馆发现了《铁冶志》抄本[③]，黄兴根据此《铁冶志》，结合实地考察和前人成果，进一步分析揭示遵化铁厂的钢铁技术[④]，为我们认识 16 世纪前后中国北方钢铁技术提供借鉴。遵化冶铁冬季开炉，可能是为了避免炎热、雨水，以及冬闲时节便于雇佣较多的杂役，这与清代文献《广东新语》中“凡开炉始于秋，终于春”的记载是吻合的[⑤]；《铁冶志》中记载了炉体各部位所用石料对应的称谓和固定的数量，表明筑炉已经实现了标准化操作；遵化铁厂上承燕山地带辽金时期竖炉冶铁技术，应用了反射式炒钢炉脱碳，进一步发展了灌钢技术，与近代苏钢工艺非常接近；遵化铁厂的管理和运营能力，在当时全球范围内属于领先；遵化铁厂大量消耗木炭引发燃料危机，限制了钢铁技术和产量的进一步发展；遵化铁厂的钢铁技术囿于传统知识体系、社会生产体系和市场体系中，未能形成突破性发展。

明至清前期，广东冶铁手工业生产高度发展，铁矿产地名列全国第二（福建第一）；冶铁炉众多，据史料记载，仅潮州、惠州、梅州的民营冶铁所就有 43 处；广东所产铁质量和产量，均位居全国首位[⑥]，李约瑟（Needham Joseph）写到：“从公元五世纪到十七世纪，在此期间，正是中国人而不是欧洲人，能得到他们所追求那么多的铸铁，并惯于用先进的方法来制钢，这些方法直到很久以后，欧洲人仍完全不知道。”[⑦] 明至清前期，广东成为“南国铁都”除了技术因素，还有以下几方面原因：官营铁冶的废除、民营冶铁业得以继续发展，使广东的铁矿产地由 29 个县增加至 45 个县，冶铁炉增加至 150 多处；“轻徭薄赋，与民休息”的农业政策，为冶铁业发展提供广阔的内需市场；对广东实

---

①　晏子有：《明朝遵化官方铁厂兴衰》，《明代蓟镇文化学术研讨会论文集》，2010 年，第 509—513 页。

②　张岗：《明代遵化铁冶厂的研究》，《河北学刊》1990 年第 5 期。

③　颜敏翔：《圣彼得堡国立大学藏〈铁冶志〉抄本述略》，《自然科学史研究》2021 年第 2 期。

④　黄兴：《〈铁冶志〉与明代遵化铁厂钢铁冶炼技术》，《自然科学史研究》2022 年第 2 期。

⑤　屈大均：《广东新语》，中华书局，1985 年，第 408—409 页。

⑥　徐俊鸣：《广东古代几种手工业的分布和发展》，《中山大学学报》1965 年第 2 期。

⑦　Needham Joseph（李约瑟），*The Development of Iron and Steel Technology in China*，London：The Newcomen Society，1958.

行独立对外贸易特殊政策，促使广东作为起点的海上丝绸之路高度发展，为冶铁业开拓世界市场。

雍正九年（1731 年），广东布政使杨永斌奏称："［夷船］所买铁锅，少者自一百连至二三百连不等，多者买至五百连并有一千连者。其不买铁锅之船，才不过一、二。查得铁锅一连，大者二个，小者四、五、六个不等。每连重二十斤。若带至千连，则重二万斤。"① 到广东进行贸易的外国商人等，也把购买铁器当作他们贸易的主要内容，全汉昇引用了马士（H. B. Morse）的估计，从康熙三十九年至道光十年（1700—1830 年）的 130 年间，外国仅从广东进行贸易而输入中国的白银就达到 4 亿银元，加上全汉昇自己对其他港口输入白银数量的估计，他认为在这 130 年中，中国共输入白银 5 亿元左右②。

众多矿场的开辟，带来大量人口涌入，处于南北交通要冲的汾江水道上的佛山，成了中原移民的聚居之地，佛山古镇很快就成为以冶铸为中心的手工业城镇，各地不少商人也纷纷来佛山经营铸铁业生产。明初佛山已有约 5000 人以从事铸铁业为生计了，当地居民基本上以从事铸铁为业，到处都可以看到炉户、铁工和铁商。按陈炎宗《鼎建佛山炒铁行会碑》所记"炒铁炉四十余所"推算，当时佛山从事铸铁业者当有 2 万人左右，再加上辅助行业者，则可达 3 万人之多。可见铸铁业已成为佛山的经济支柱。出现了一些以铸铁命名的街道，如铸砧街、铸砧上街、铸犁大街、铸犁横街、铁铄街、铁香炉街、铁门链街、铁廊街、钟巷、针巷、麻钉圩等等。清乾隆年间（1736—1795 年），佛山的铸铁业有了更细的划分，如铸镬行分为：大镬分庄行、大镬车下行、大锅搭炭行；炒炼熟铁行分为：炒炼头庄行、炒炼钳手行、炒炼二庄行、炒炼催铁行等③，并衍生出单一品种的专门生产作坊如打刀行、打剪刀行、土针行、铁砧行、折铁行、铁钟行、铁针行等等。其中以铁锅产量最大，有"佛山商务以锅业为最"之说，单铁锅一项，年产量至少达 100 万千克。

佛山铁锅素有盛名，具有质地细密、不吸油、光滑美观、品种多样的特点，行销今浙江、江苏、湖北、湖南、江西、福建、广西、广东多个省区，并大量远销外洋，成为佛山当时重要的外贸商品。佛山铸造的铁锅，采用的是独

---

① 转引自彭泽益：《中国近代手工业史资料》第 1 卷，中华书局，1962 年，第 52 页。

② 全汉昇：《美洲白银与十八世纪中国物价革命的关系》，见《中国经济史论丛》第 2 册，（香港）新亚研究所，1972 年，第 503—504 页。

③ 汪宗淮：民国修《佛山忠义乡志》卷 1《乡城志》。

特的"红模铸造法",一合模仅能铸成一只锅,因而便产生了大量废弃的泥模。这些泥模遍地皆是,随手可得。由于它经高温烧成,质地坚硬,在物质缺乏的年代,也就成为一些贫苦大众建造房子的理想材料。乾隆佛山忠义乡志记述当时佛山"炒铁之炉数十,铸铁之炉百余,昼夜烹炼,火光烛天,四面熏蒸,虽寒亦燠。又铸锅在先,范土为模,锅成弃之,曰泥模。居人以焙地建墙,并治渠井……"。据考证,佛山城区地下占一半以上范围都为大量泥模堆积,所见旧建筑泥墙中也大量杂以铸铁泥模,甚至用层层泥模砌成"泥模墙",还有堆积成山的"泥模岗",这是多年大规模冶铁生产的结果。由此不难想象昔日炉场星罗棋布,作坊鳞次栉比的繁盛景况。

如今佛山境内外现存的佛山铁器,主要是大炮和钟鼎,而和老百姓息息相关的农具、铁锅、铁针等日常生活用具,由于年代久远,实物已经难觅踪迹。幸运的是,国外博物馆藏有大量清代外销画,为我们提供了历史的见证,从中可以看到佛山冶铁作坊的生产场面(图5-13)。

清代外销画指18到20世纪初,在中国广州等地制作、用于出口的一种画,欧美博物馆、图书馆多有收藏。这些外销画多创作于清代广州,融进了西洋绘画的技巧,专为海外市场而画,是中西文化交流融汇的结晶。作为旅游纪念品或者外销品,这些作品多数是流水作坊制作,但是也不乏一些艺术价值较高的作品。大英图书馆里,一共收藏了700多幅清代外销画,在中外专家学者的共同努力下,《大英图书馆特藏中国清代外销画精华》于2011年由广东人民出版社出版,这批画真实地记载了岭南社会的繁荣景象以及民间生活的日常景象和百业百态。

《佛山手工制造业作坊组画》大概作于18世纪末,这批画作可能是专门定制被带回英国的,在大英图书馆保存至今。这组画有相当高的纪实价值和史料价值,其中反映佛山冶铁业的画作共有10张,将铁锅的铸造工序全部真实再现,简述如下。

收购、敲碎铁旧料。清代佛山铁锅的原材料,一部分是利用回收废旧铁器,还有很大部分是利用外地运来的生铁。

舂泥、筛泥。在制泥过程中,还要加入谷糠,等泥模烧红时,谷糠炭化,增加泥模的透气性,提高成品率。

造模坯,从图上看,泥模分为上模和下模。

上色。上模加工完成后,要刷上一遍含有矿物质的深色细泥浆,使浇铸的

图 5‑13　佛山冶铁图（《大英图书馆特藏中国清代外销画精华》）

铁锅表面光洁。

合模、探模。将两扇内外模拼合，并检查模子是否合乎浇铸的要求。

落模、烧模。将模子放入炉内，盖上炉盖，然后将模子加热，泥模经过炭火烧后变成红色，称为"红模"。

模子变成红色之后，工匠取出模子。

落铁水，把熔化的铁水注入模子。

去模拣锅，把模子敲碎，取出铁锅。

修补下货，修补生产中出现的残品和次品。

明清时期佛山产的铁锅，以其精良坚固的工艺和光洁的品相，被誉"广锅""粤锅"。时人称"佛山之锅贵，坚也""锅以薄而光滑为上，消炼既精，乃堪久用"，明清两代"贡锅"的采办均设在佛山。

　　冶铁的兴旺，对原材料的需求也大增，大量的生铁流入佛山，又催生了把生铁炒成熟铁的炒铁行业。到了乾隆年间，从事冶铁行业的产业工人就不下两三万。罗一星教授认为，佛山冶铁创造的年产值保守估计不下银 100 万两，即使在佛山冶铁业衰落到最低点的光绪年间，仅铁锅一个行业，岁值仍有银 30 余万两。

　　佛山冶铁行业渐渐细分出锅行、铁灶行、炒铁行、铁线行、铁锁行、农具行、钉行等等，多达十余行。铁锅作为日常用品，需求量大，因广锅品质精良，还远销海外。此外，珠江三角洲制糖业和丝织业发达，这两行所需要的煮糖和煮茧的特大锅，也都赖佛山所产。佛山铁锅成为佛山冶铁业高水平的标志。

　　佛山地处珠三角冲积平原，附近没有铁矿资源，佛山冶铁业的原料从何而来？据《佛山明清冶铸》记载，佛山的铁矿主要来源于罗定、东安（今云浮）、南雄、韶州、连州、怀集以及阳江等地。《佛山忠义乡志》有载："诸冶惟罗定大塘基围炉铁最良，悉是锴铁，光润而柔，可拔之线，铸锅亦坚好，价贵于诸炉一等。诸炉之铁冶既成，皆输佛山埠。"《两广盐法志》卷三十五也有记载："盖天下之铁莫良于广东，而广铁之精莫过于罗定，其铁光润而柔，可拔为线。然其铸而成器也，又莫善于佛山，故广州、南雄、惠州、罗定、连州、怀集之铁，均输于佛山云。"阮元《广东通志》卷九十四中载："阳春、阳江及新兴产铁诸山割入东安，商贩从罗定江运集佛山。"

　　明清时期，全国各地的铁矿中所产的铁，以广铁为良，而广铁中又以罗定出产的生铁质量最好。佛山冶铁业的原材料多取材于罗定生铁。冶铁离不开燃料，珠江三角洲地区不产煤炭，明清时期佛山炼铁的主要燃料是木炭。木炭是木材经过不完全燃烧，或者在隔绝空气的条件下热解形成的固体燃料。

　　罗定的生铁质量非常之好，适合铸锅；佛山地处亚热带，森林密布，生产木炭的原料取之不尽；佛山人在生产实践中还创造了"红模铸造法"的独特工艺，用来制造薄型铸件，这种工艺也用于铁锅的制造，可以制造出直径超过一米、厚度仅为数毫米的优质铁锅，而且细密均匀、光洁度高、成品率高。好的原材料、燃料结合高超的生产技艺是佛山锅的成功秘诀。

　　19 世纪英国工业界将"红模铸造法"生产的铁锅视为工业奇迹。大英图书馆收集到的佛山冶铁业的组画，作为重要的技术史文献，记录的正是用此法造铁锅的生产工序。

　　瓷器、铁锅都是宋代大批量海运出口的产品，瓷器国外多有发现，而输往海外的铁锅则较少留存下来，而新的考古材料发现，确切实证了此段历史。1987 年，在广东阳江近海，发现 800 年前的南宋初期的沉船"南海一号"，2007 年整体打捞出水，南海一号载重 400 吨。除了装载瓷器外，还装载了 130 吨铁器，大部分是一摞摞的铁锅（图 5 - 14）、铁钉和铁锭（图 5 - 15），这些

图 5 - 14　南海一号装载的铁锅

图 5 - 15　铁条和铁钉

铁制品占了装载货物重量的三分之一，不排除"南海一号"的沉没可能是因为铁器装在船的上层货仓，带来重心不稳所致。

　　专家认为，当年"南海一号"应是先从福建泉州出发，在此装载了瓷器，后来又来到了广州港，在这里办理了海外贸易的出海手续，并在这里装载大批量的佛山铁锅、铁钉等。数量巨大的铁钉、铁条，用竹篾进行包扎。铁钉大都有 20 多厘米长，铁钉金相分析，是炒钢锻打而成。推测铁条也是方便进一步锻打制成钢凿，钢刀等器具，成为开采、建造的利器。

　　文献记载，明代的"佛山八景"就有"孤村铸炼"一景。18 世纪早期，佛山主要依靠铁制品行销全国和东南亚。冶铁业是佛山三大手工业中规模最大、人数最多、资金最雄厚、产品销售

量最大的。冶铁产品极大地促成了佛山商业的繁荣。珠江流域由西江、北江、东江流域及珠江三角洲四部分组成，地跨滇、黔、桂、粤、湘、赣六省（区）及越南部分地区，流域总面积 45.5 万平方千米。佛山位于珠江水系腹地，航运发达。佛山和广州，以西江航运干线、北江、东江等区域重要航道和港口组成了一个庞大的航运体系，在铁路出现之前，产于粤西、粤北的粗铁，通过西江、北江运输到佛山，然后加工成各种铁制品，再利用佛山发达的贸易系统，推销到全国各地和海外，铁锅成为其代表性标志产品。天时、地利、和人和造就了宋代到明清时期佛山地区繁盛发达的铸铁业。

三、经济重心的南迁与冶铁业态、生产模式的改变

造成冶铁中心转移的大背景，是社会经济重心的转移。黄河流域是中华民族的主要发祥地，秦汉到魏晋南北朝时期，经济重心始终是在黄河中下游一代。社会经济重心的南迁是自然环境、社会环境以及技术发展综合作用的结果。

据研究，近 5000 年来的中国有 3～4 个气候恶化期，它们分别处于公元前 2000 年前后、公元前 1000 年前后、17 世纪以及恶化程度相对较轻的五世纪。气候恶化期内出现的气候灾害也更为严重[1]。原先气温高、降水丰富、自然环境优越的北方，自然条件开始恶化，已经不符合水稻的种植环境（改种小麦）。气候变化，使黄河经常出现决堤现象，北宋时期，黄河更是水患不绝，从而导致汴河河床抬高，直接对开封的漕运造成了影响，使得北方的经济一度停滞不前[2]。北方水土流失严重，自然资源遭到破坏，环境恶化，也和人为地烧毁森林、滥垦荒地有关。南方光热条件好，雨热同期，水资源丰富，水利工程开发好，平原丘陵区的土层深厚，易于开垦和操作，故稻谷的种植面积在南方大大增加，稻谷生产期短，两季种、三季种也可发展，粮食产量因此大幅度提升，可以供养大量人口。

自唐末以来，北方战乱频繁，而南方相对安定。历史上三次人口大迁徙带

---

① 任振球：《中国近五千年来气候的异常期及其天文成因》，《农业考古》1986 年第 1 期。
② 张莉娜、吕祥伟：《中国式财政分权、劳动力流动与区域经济增长》，《经济问题探索》2021 年第 6 期。

来南方人口和劳动力的充沛①；西晋灭亡后，中原民户迁至长江流域者超过百万，南迁时间持续了两个世纪之久（西晋永嘉南渡）；唐朝"安史之乱"前，北方经济总的来说在整体上仍占一定优势。到安史之乱后，经济重心才开始南移；"靖康之乱"时期是北宋末年人口迁移规模最大的阶段。每次大的战争，都造成大量居民向长江流域迁移。

无论主动还是被动人口迁入，北人南迁补充大量劳动力，有助于改善流入地的劳动力结构，南方地区引入大量技能人才，而技能人才的集聚，带来工具和技术输入，产生知识溢出效应，促进技术创新，推动当地经济发展。

自然和社会环境的变化，致使当时社会生产最重要的劳动力迁徙，北方资源的约束和南方自然优势，共同导致区域经济不再沿着原来的方向前进，主动或被动地开启了变化的进程。南宋开始，标志着我国经济重心转移到东南地区，此后这种局势始终没有改变。

冶铁业作为社会经济的组成部分，其重心转移，除了受到上述大背景的影响，还有自身特点的变化。

从战国开始的生铁冶炼、铸造模式，到汉代形成自己独特的钢铁体系，在东汉晚期至魏晋南北朝时期，向锻造制钢转型。魏晋以后，冶铁业技术基本定型，进入平稳发展阶段②。

西汉初年，民营冶铁业实行"盐铁包商"制度，即由巨商包揽生产③；汉武帝以后，实行严格的盐铁官营制度；东汉和帝以后，放弃全面官营，在东汉到魏晋时期，官营和民营冶铁业长期共存。有观点认为冶铁专卖造成了东汉商品经济的萧条④。《后汉书·百官志三》载："郡县盐官、铁官，本属司农，中兴，皆属郡县。"⑤ 铁官的管理从大司农到郡县，管理机构从中央财政部门到地方，反映出官营冶铁对中央财政意义的下降。《晋书·载记·姚兴传》："兴以国用不足，增关津之税，盐竹山木皆有赋焉。群臣咸谏，以为天殖品物以养群

---

①　汤志诚：《中国历史地理环境变迁与三次大规模人口迁移的关系研究》，浙江大学硕士学位论文，2014 年。

②　白云翔：《先秦两汉铁器的考古学研究》，科学出版社，2005 年，第 2 页。

③　杨华星、缪坤和《东汉盐铁政策探析》，《盐业史研究》2003 年第 3 期；杨华星、缪坤和《魏晋盐铁政策探析》，《盐业史研究》2009 年第 1 期。

④　杨华星、黄小芳：《试论东汉时期的盐铁政策与商品经济的发展》，《四川师范学院学报（哲学社会科学版）》2003 年第 2 期；杨华星、缪坤和：《魏晋盐铁政策探析》，《盐业史研究》2009 年第 1 期。

⑤　［南朝宋］范晔撰、［唐］李贤等注：《后汉书》，中华书局，2000 年，第 3590 页。

生，王者子育万邦，不宜节约以夺其利。兴曰：'能逾关梁通利于山水者，皆豪富之家。吾损有余以裨不足，有何不可！'乃遂行之。"① 与始终列入财政收入的资源开发型产业的盐业不同，未将铁冶列入国家财源，意味政府不再垄断冶铁。与此同时，另一标志是从事冶铁生产销售的巨商在东汉已经绝迹②。假如冶铁业有高额利润、政府不垄断的话，巨商应存在。上述事实都表明东汉后大型冶铁生产模式的改变。

魏晋以后，冶铁业的财政意义显著降低，通过完全垄断冶铁业来满足财政需要已不可能。铁器生产满足实际使用需要的意义远远超过财政意义，中古时期以后，冶铁业成为一种十分普通的产业，民间存在大量个体专业户③。

先秦两汉，以生铁冶铸为主的生产模式，集中在资源开采和冶炼铸造等环节，监督机制健全，政府或巨商集中大量财力、物力、人力；规模化、标准化的生产，使得冶铁的财政意义凸显。秦汉时期形成了高度中央集权的国家治理形态。东汉晚期后，冶铁技术普及，铁器存量丰富，产品不再集中于资源开发，生产模式向锻造制钢转型，生产向产业下游转移，原来统一的冶铁生产体系被打破，中央政府放弃垄断成为必然，官营冶铁只是满足使用需要，国家治理形态也呈现分散化、地方化的特点④。

在铁矿已经大量开发后，铁器社会存量富裕，冶铁业对资源的依赖相对降低。如明清时期佛山铁厂和芜湖"苏钢"厂的发展，就不以靠近铁矿产区为优选发展因素。对矿源的依赖减弱，铁厂位置选择自然更看重地理位置带来交通便利的优越；技能工人的流动性增强带来人才集中和工艺不断进步；运销便利，保证产业持续发展。商品和市场成为冶铁业发展的根本。生产模式影响着国家治理形态，包括铁冶政策、措施等。治理形态和自然、社会环境因素，共同造就冶铁中心在不同时期的转移。

---

①　[唐] 房玄龄：《晋书》卷118《姚兴载记》，中华书局，1996年，第2994页。
②　唐长儒：《魏晋南北朝隋唐史三论》，武汉大学出版社，1992年，第41页。
③　许惠民：《两宋的农村专业户》，《历史研究》1987年第6期。
④　丁孟宇：《中古中国的生产模式转型与国家治理形态变迁——以冶铁业为中心的考察》，《中国经济史研究》2022年第5期。

第六章

冶铁燃料与鼓风技术

高炉炼铁的原料不仅有铁矿石，还有燃料、熔剂等，它们在炉内分别起着不同的作用，相互之间进行物理及化学的变化，转化成生铁、炉渣、煤气等高炉主要产品而排出炉外。

燃料在冶金生产中占有特殊的地位，它既是一种发热剂，也是一种还原剂；既为冶炼过程创造必要的高温，也直接参与冶炼的物理化学过程。金属冶炼中，为了使燃料充分燃烧，以提高炉温，一般都装有鼓风设备。通常讲炼铁原料的时候，不包含鼓风，但鼓风提供的主要成分是氧气，氧化燃料中的碳，冶炼过程所需热量和还原性气体皆离不开鼓风，即鼓风是冶炼必需原料的供给者和载体，从这个意义讲，鼓风也应算入高炉冶炼必需的原料之一。

第一节　冶　铁　燃　料

冶铁竖炉某种程度是对冶铜竖炉的借鉴，早期冶铁燃料使用的是木炭，木炭的优点主要为：第一，容易获得。第二，气孔度较大，使料柱具有良好的透气性。在鼓风能力不强、风压不高的条件下，这点极为重要。第三，所含硫、磷等有害杂质含量比较低。一直到现在，木炭还是冶炼高级生铁的理想燃料。

一、木炭

木炭是木材或木质原料经过不完全燃烧，或者在隔绝空气的条件下热解，所残留的深褐色或黑色多孔固体燃料。直接用木头作燃料的话会有大量火焰和烟雾，木炭是通过加热的方式将木头中的气体和液体挥发出去得到的产物，故而才能在燃烧时只发热而不冒烟。木炭内部氧气含量较少，燃烧反应不剧烈，但是非常耐燃。相比木材，木炭已去除了杂质（水、氮、氧、硫等），燃烧热值比木材高。木炭主要成分是碳元素，灰分很低，此外还有氢、氧、氮及少量其他元素，其含量与树种的关系不大，主要取决于炭化的最终温度。木炭属于憎水性物质，比重一般为 1.3～1.4。发热量取决于炭化条件，一般在 8000 千卡/千克左右。木炭有大量的微孔和过渡孔，孔隙占木炭体积 7% 以上，故其不仅有较高的比表面积，而且孔内焦油物质被排除后，则具有很好的吸附性能，与氧气完全燃烧产生二氧化碳，与氧气不完全燃烧产生一氧化碳。木炭的还原能力大于焦炭，古代制陶业中的窑烧法，为木炭的质量提高奠定了基础[①]。

竖炉是从炉顶加料，炉腹鼓风，鼓风燃烧形成空间，使炉料下降，燃烧产生的煤气，从炉料空隙中上升，并将热量传送给炉料，炉料下降过程被加热，其中矿石被逐渐还原和熔化，变成熔融金属和炉渣流出。从竖炉高度上来看，到了熔化带以下，料柱中唯一保持固体状态的只有燃料形成的骨架，煤气由下向上穿过骨架，金属和渣液则反向流下。燃料需要在化学成分、粒度、孔隙、强度等物理性能方面都满足竖炉需要，即在炉内下降过程中，不因挤压磨损和高温作用而粉碎，而木炭能满足上述所有要求，故早期冶金燃料都使用木炭。木炭中含固定碳在 80% 以上，灰分约 1%，最多亦不超过 3%～4%，而硫、磷等杂质含量均在万分之几以下，古代生铁制品含硫、磷低的重要原因，就是使用木炭作燃料。

在湖北铜绿山古矿冶遗址 3 号炉清理出一块孔雀石与木炭的混合物，在冶铜炉旁、风沟内均发现了木炭。木炭呈块状，木纹清晰，是质硬火力较大的栎木炭。在汉代冶铁遗址中，如河南巩义铁生沟、郑州古荥、南阳瓦房庄等，均发现堆存的木炭，在冶铁炉渣堆、粘结炉料的积铁块中，也发现了断面呈放射状细裂纹的木炭遗物，出土时还保持其块状形态[②]。

宋、金乃至明代炼铁遗址中木炭作为燃料冶铁仍屡见不鲜。近代的土法炼铁，如山西阳城犁炉中仍发现用木炭作燃料，木炭在中国冶铁史上发挥了极为重要的作用。

二、煤

木炭虽是一种优质的冶铁燃料，但却受到资源限制，据估计古代冶炼 1 吨生铁，约需 3～4 吨木炭或更多，如河南郡"河一"冶铁作坊，如日产 0.5 吨

---

① 容志毅：《中国古代木炭史说略》，《广西民族大学学报》2007 年第 7 期。
② 韩汝粉、柯俊：《中国科学技术史·矿冶卷》，科学出版社，2007 年。

或 1 吨生铁，则日耗 1.5～2 吨（或 3～4 吨）木炭，这意味着随着大片森林被砍伐，木炭供应越往后越发困难，到了清代，这个问题更为尖锐。严如熤《三省边防备览》卷十中记载："如老林渐次开空，则虽有矿石，不能煽出亦无用矣。近日铁厂皆歇业，职是之故。"[①] 任何国家冶铁史上都曾面临森林资源匮乏的严峻问题。

　　煤炭是古代植物埋藏在地下，经历了复杂的生物化学和物理化学变化逐渐形成的固体可燃性矿物。我国煤矿储量丰富，考古发掘资料表明，在新石器时代遗址中，发现用煤玉雕成的装饰品。中国古代使用煤作为燃料，起源于公元前 1 世纪。煤的古称之一为石炭，先秦著作的《山海经》记载有石涅，有人认为指的就是石炭。河南巩义铁生沟、郑州古荥、山东平陵等地均发掘出土过煤和煤饼，这些可作为"石炭为薪之始于汉"的实物例证。

　　关于炼铁用煤的记载，首见于北魏郦道元（约 470—527 年）著《水经注·河水篇》中引用的《释氏西域记》："屈茨（在今新疆库车）北二百里有山，夜则火光，昼日但烟，人取此山石炭，冶此山铁，恒充三十六国用。"新疆地区地广人稀，木材资源不甚多，而煤炭蕴藏却相当丰富，故煤之用于冶铁，是再自然不过的事情了。江苏徐州利国监铁矿，自汉代已开采，原用木炭炼铁，宋元丰元年（1078 年），苏轼在徐州任地方官时，在州西南的白土镇发现了石炭，"以冶铁作兵，犀利胜常云"。苏轼并写有《石炭行》诗，称赞石炭是"根苗一发浩无际，万人鼓舞千人看，投泥泼水愈光明，烁玉流金见精悍"。用石炭炼出生铁，可进一步制成百炼刀，故苏轼接着写道："南山栗林渐可息，北山顽矿何劳锻，为君铸作百炼刀，要斩长鲸为万段。"

　　宋代，在今陕西、山西、河南、河北、山东等省均有石炭矿的开采，并设有专门的管理机构。公元 10 世纪以后大部分生铁含硫较高，如河南宋代唐坡遗址铁锭成分是，碳 2.5%、硅 0.86%、锰 0.001%、磷 0.1%、硫 1.075%，比汉代生铁件中的硫含量高数十倍，这可能是用煤炼铁的证据[②]。

　　用煤取代木炭炼铁，解除了燃料短缺之忧，降低了燃料成本；同时，用煤作为冶铁燃料，具有资源丰富、火力强、燃烧温度高的优点。在古代，要把深藏于地底深处的煤炭挖掘出来，并不是一件容易的事情。煤的气孔度小，透气

　　① ［清］严如熤辑：《三省边防备览》，清来鹿堂藏板印行，道光十年（1830 年）；刘仁庆：《〈三省边防备览〉的作者叫什么？——纸史研究之二》，《纸和造纸》2015 年第 9 期。

　　② 北京钢铁学院《中国冶金史》编写组：《中国冶金简史》，科学出版社，1978 年，第 26—28 页。

性很差，在炉内受热后容易碎，使炉内料层凝结堵塞，从而影响正常冶炼。且由于煤中有机硫化物及无机硫酸物含量较高，使炉料中的硫含量成倍增多，当时炉渣脱硫能力低，故有较多的硫进入产品中。现有考古资料，公元 11 世纪铁器中含硫量增加，含硅量亦增加。

欧洲在 13 世纪初开始较大规模用煤，18 世纪 40 年代用煤冶铁。元代初，意大利马可·波罗（Marco polo）来到中国时，对广泛用煤作燃料感到非常惊奇，在其《行记》中专章介绍到："契丹全境之中，有一种黑石，采自山中，如同脉络，燃烧与薪无异。其火候且较薪为优。……其质优良，致使全境不燃他物。所采木材固多，然不燃烧。盖石之火力足，而其价亦贱于木也①。"这里提到火力大，价格便宜，可以作燃料的黑石即煤。

煤较木炭耐烧且不像树木那样资源容易枯竭，宋代以后，北方地区多用煤作燃料冶铁。宋以后的冶铁业所以能够进一步发展，某种程度与煤的开发使用关系密切②。木炭的短缺促进煤的普遍使用，煤所具有烟气大、杂质多、硬度小、易破碎等弊端，这也是从汉代到明清，尽管木炭作为冶铁燃料，消耗量极大，但仍为主要冶铁燃料的原因之一③。

三、焦炭

焦炭是用某些类型的烟煤，在隔绝空气条件下，经高温加热，除去挥发成分，制成的质硬多孔、发热量高的燃料，多用于炼铁。焦炭也被称为礁，中国是最早发明炼焦并用于冶铁生产的国家。

中国不少煤田产有天然焦炭，即"天然焦"。地下煤层受到岩浆侵入时，在高温的烘烤和岩浆中热液挥发气体等的影响下，受热干馏变形成了焦炭。地下煤层自燃，也可以形成天然焦炭。其颜色灰至深灰色，多孔隙，有时可呈六方柱状。与人工焦炭比较，天然焦体重大、气孔小、致密。

明方以智（1611—1671 年）在《物理小识》中记载："煤则各处产之，臭者烧熔而闭之成石，再凿而入炉曰礁，可五日不绝火，煎矿煮石殊为省力。"

---

① （意大利）马可·波罗著，冯承钧译：《马可·波罗行记》，上海书店出版社，2000 年，第 101 章。

② 吴伟：《我国古代冶铁燃料问题浅析》，见《第七届中国钢铁年会论文集》，2009 年，第 42—45 页。

③ 吴晓煌：《试论中国古代炼焦技术的发明与起源》，《河南理工大学学报》1986 年第 1 期。

所记臭煤即烟煤，作炼焦原料，它含挥发物、沥青等杂质，并能结焦成块。清康熙初年，山东益都人孙廷铨（1616—1674 年）著《颜山杂记》卷四中，提到炭有死活之分，活的火力旺盛，可以炼成礁："臭辛而火力旺盛之块，可以炼成礁"，并说"炼而坚之，谓之礁""故礁出于炭而烈于炭"。焦炭的透气性和燃烧性比煤好，更适宜于作冶炼燃料，对进一步提高冶铁的产量和质量均起到重要作用。

　　煤的成焦，是在隔绝空气的条件下加热煤，使其发生一系列化学变化，形成焦炭的过程。这些阶段涉及煤的干燥、热解、胶质体的形成、固化以及最终转化为焦炭。第一阶段（室温～300℃），为干燥、脱吸阶段，煤在这一阶段外形没有什么变化，120℃前是脱水干燥，120～200℃是放出吸附在毛细孔中的气体，如 CH_4、CO_2、N_2 等，是脱气过程。第二阶段（300～550℃或600℃），这一阶段以解聚和分解反应为主，煤形成胶质体并固化粘结成半焦。煤在300℃左右开始软化，强烈分解，析出煤气和焦油，在450℃前后焦油量最大，在 450～600℃气体析出量最多。第三阶段（600～1000℃），以缩聚反应为主，这是半焦变成焦炭的阶段，以缩聚反应为主。焦油量极少，在 550～750℃，半焦分解析出大量气体，主要是氢气，少量 CH_4，700℃时氢气量最大，此阶段基本不产生焦油。750～1000℃半焦进一步分解，继续析出少量气体（主要是氢气），同时残留物进一步缩聚，半焦变成焦炭。

　　传统焦炭的炼制过程和木炭的烧制过程相像，都是"通过燃烧去除杂质"。传统炼焦方法是仿照烧炭工艺进行的。炼焦时依地挖坑，呈圆形或长方形，底部及四周铺设火道，上堆煤料，中间设有排气烟囱。煤料堆用水加灰、煤粉等覆盖。烟囱有的设有调节阀，待煤烧熔后亦封盖。成焦时间约 4～10 天，以"结为块""烟尽为度"[1]。一般 100 吨炼焦煤出焦 55 吨。英国人达比（Darby A.）在 1709 年用焦炭代替木炭炼铁成功。中国有些边远地区，直到近现代，仍有沿用这种古代的堆法炼焦。

　　早期研究认为最晚明代就有焦炭炼铁[2]。然而，古文献中的焦炭不一定就是现代意义上的焦炭；明代焦炭用于冶铸，"冶铸"包括的范围较大，并不是特指冶铁；也不排除焦炭只是一种辅助燃料，等等。

---

[1]　吴晓煜、李进尧：《中国大百科全书·矿冶卷》，中国大百科全书出版社，1983 年，第 294 页。
[2]　杨宽：《中国古代冶铁技术发展史》，上海人民出版社，2004 年。

近年来一些学者通过对民国初年的《中国铁矿志》[①]、杨大金的《现代中国实业志》[②] 和彭泽益的《中国近代手工业史资料》[③] 这些文献资料梳理考证，发现我国在明代采用焦炭炼铁的证据并不充分，认为现有文献尚不能证明明代就已经使用焦炭炼铁，清初的焦炭炼铁是以坩埚炼铁技术实现的，在清末民国时期的传统炼铁技术中并未普遍使用焦炭炼铁[④]。要追寻中国古代何时使用煤炭，用什么性质的煤作为冶铁燃料，中国竖炉焦炭炼铁的起源等诸多问题，都还需要挖掘新的文献，进一步结合考古新材料和科技考古研究，以更加科学的方法来寻根溯源。

第二节　冶铁鼓风技术

鼓风技术是将一定压力的气流鼓入炉内，使燃料充分燃烧，提高炉温，从而提高冶炼效率。鼓风设备是鼓风技术实施的物质基础。早期冶金可能使用自然风，后来随着对高温的需求而发展为强制鼓风。

古代冶金技术的发展与鼓风器械的使用和改进密切相关。中国古代鼓风技术，是从竹管鼓风，发展到用动物皮囊与木箱鼓风，由人力吹管到畜力、水力带动鼓风，由竹、陶管发展到动力轮、变速轮等机械，鼓风技术的进步极大地促进了冶铁产量和生产效率的提高。

一、最早的鼓风器——吹管

吹管是最早使用的鼓风器，埃及塞加拉公元前 2400 年墓葬石刻上有古埃及冶金工匠使用带陶嘴的吹管，鼓风吹火熔化金属的场面（图 6 - 1 和图 6 - 2）[⑤]。古代中国、印度、东南亚等地金匠也用吹管鼓风[⑥]。

---

① （瑞典）丁格兰：《中国铁矿志》，农商部地质调查所出版，1923 年。

② 杨大金：《现代中国实业志》，商务印书馆，1938 年。

③ 彭泽益：《中国近代手工业史资料》，北京：生活·读书·新知三联店，1957 年。

④ 刘培峰、李延祥、潜伟：《从文献记载看我国古代焦炭炼铁》，《中国科技史杂志》2014 年第 1 期。

⑤ 查尔斯·辛格等：《技术史》，王前等主译：上海科技教育出版社，2004 年，第 390 页。

⑥ Ewbank T. *A Descriptive and Historical Account of Hydraulic and Other Machines for Raising Water, Ancient and Modern, with Observations on Various. Subjects Connected with the Mechanic Arts: Including the Progressive Development of the Steam Engine.* New York: Berby & Jackson, 1985. p. 234; Forbes R J., *Studies in Ancient Technology* (Vol. 3), Leiden: E. J., Brill, Second Revised edition, 1971: pp. 106 - 153.

图 6-1　埃及塞加拉公元前 2400 年石刻上吹管熔炼

图 6-2　古埃及壁画吹管鼓风

中国早期冶铜遗址也发现有用吹管鼓风的遗物，如辽宁凌源牛河梁出土的冶铜炉壁残块[2]，经研究其上的孔是鼓风管插入位置（图 6-3）。吹管鼓风较为原始，鼓入的风量和强度受肺活量的制约。另外，炉内高温使气体膨胀。鼓风管插入炉内，高温气流则可能通过鼓风管外窜，甚至会灼伤鼓风操作者。

除了辽宁省凌源牛河梁发现的炼铜坩埚炉残片是吹管鼓风的典型考古实证，内蒙古赤峰市林西县的大井古铜矿遗址（夏家店上层文化，公元前 1000 年—前 300 年）也发现了陶质兽首鼓风管 1

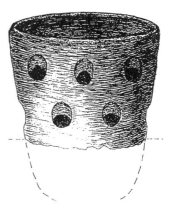

图 6-3　牛河梁炼铜炉上部结构复原[1]

① 李延祥、韩汝玢：《辽宁省凌源县牛河梁出土的炉壁的研究》，《有色金属》2000 年第 3 期。
② 李延祥等：《牛河梁冶铜炉壁残片研究》，《文物》1997 年第 7 期。

个。这些发现表明，青铜时代早期就已经出现较原始的鼓风设备。从出土的商周时期的大量青铜器及其工艺技术水平推测，当时应该存在一种较为原始的鼓风装置，只是这种鼓风设备是否属于机械装置还待进一步考证。

二、皮囊

人力鼓风的弊端使其很快进入到器具鼓风，鼓风器的进一步发展为兽皮风囊。埃及第 18 王朝（前 1500 年）勒克米尔古墓壁画上（图 6-4），绘有四具脚踏式皮囊鼓风器强制鼓风的场面。

图 6-4   勒克米尔古墓壁画上脚踏式皮囊鼓风

中国何时开始使用皮囊鼓风冶金尚不清楚，但战国时期鼓风皮囊已见于文献记载。橐，以牛皮制成的风袋；龠，原指吹口管乐器，这里借喻橐的输风管。老子的《道德经》记载："天地之间其犹橐龠乎，虚而不屈，动而愈出"[1]，这是关于皮囊的最早记载。皮囊里面充满空气而不塌缩，拉动它又能将其内空气排出。《管子·揆度》中将橐龠称为炉橐："摇炉橐而立黄金也。"[2]《墨子·备穴》记述了皮囊的制作和使用情况，"橐以牛皮，炉有两甀，以桥鼓之""灶用四橐，穴且遇，以桔槔冲之，疾鼓橐熏之"[3]，这种皮囊鼓风器是将牛皮蒙在甀上制成，采用双甀组合鼓风。"桥"可能是桔槔即杠杆机构，属于摆动鼓风；

---

① 陈鼓应：《老子注释及评价》，中华书局，1984 年，第 78 页。

② ［汉］刘向注，戴望校正：《诸子集成·管子校正》，上海书店，1986 年，第 387 页。

③ ［清］孙诒让：《墨子间诂》，中华书局，2005 年。

也可能是联动机构，使两个皮囊交替鼓风。书中还描述在战争中用囊将火烟鼓入地道，以阻止来犯之敌的情形。这些记载表明鼓风皮囊在当时应用已很广泛，是一种多用途的鼓风机械。

因缺乏考古实证和具体的记载，我们对先秦皮囊具体形制并不清楚。秦汉时期，皮囊已经用于冶金鼓风，《论衡》载："铜锡未采，在众石之间，工师凿掘，炉橐铸烁，乃成器。"《淮南子·本经训》中记有："鼓橐吹埵，以销铜铁。"又《淮南子·齐俗训》记："炉橐埵坊，设非巧，不能以冶金。"[①]《吴越春秋·阖闾内传》载："……童男童女三百人鼓橐装炭，金铁刀濡，遂以成剑。"

山东滕县出土东汉画像石上就有鼓橐[②]，画像石画面分四层，第四层为冶铁图（图6-5），左面为冶炼场面，圆形的皮囊叫鞲囊，鞲囊上的三道直线表示木框架。鞲囊上方的四根黑线表示吊杆，使鼓风机操作时保持水平状态。左右两边有人在操作，一推一拉，鼓风操作需要人力替换。中部为锻造场景，共有四人在操作：铁砧左边一人持铁钳夹住要锻造的铁器，右边三人中的一位与左边铁工做同样操作，另外两人举锤击打。右部的画面不清楚，好像有两个场面：靠近中部的一人好像是将锻打好的铁器放进容器中淬火，以增加坚硬度；最右部的三人好像是在矿山开采铁矿石的场面。此画像石描绘了一个制作兵器的作坊，虽较为简单，但仍是汉代冶铁手工业的真实写照。

图6-5　山东滕县宏道院冶铁画像石

王振铎根据画像石中人物形象、位置和动作原理，参照文献，认为鼓风器是由屋梁上四根吊杆拉持的鼓风皮囊[③]，它由四根柱悬挂，一端设把手及进风

①　［汉］刘安撰，［汉］高诱注：《淮南子注》，上海书店，1986年，第122页。
②　山东省博物馆：《山东滕县宏道院出土东汉画像石》，《文物》1959年第5期。
③　华觉明、何绍康等：《科技考古的开拓者王振铎先生》，《自然科学史研究》2017年第2期。

口，另一端设出风口接排气管，并成功地复原了这种皮囊鼓风器[①]，曾在中国历史博物馆（中国国家博物馆前身）的"中国通史陈列"中展示。山东博物馆中可见此类复原模型（图6-6）。用牛皮等兽皮制成的皮囊，能承受较大的压力，大型皮囊的风量和风压都较足，还安装了活门，人通过推拉或踩踏就带动鼓风的实现。

图6-6　复原的冶铁鼓风器模型（山东博物馆）

古代日本奈良平安时期（公元8—9世纪）也使用皮囊作为冶金鼓风用具。日本古文献中将用作风囊的牛皮称为"吹皮"，后来称为"鞴"，反映出其受中国的影响。皮囊是我国早期冶金业的主要鼓风器，东汉出现的水力鼓风应是对此的借鉴。

三、水排

冶炼炉容积扩大，对鼓风要求增大，包括畜力、水力在内的新动力出现，是冶金鼓风技术发展的必然。

关于马排的出现时间及结构原理，文献少有记载。根据后世的文献记

---

① 王振铎：《汉代冶铁鼓风机的复原》，《文物》1959年第5期。

载，对马排的结构初步认识：在一圆木立轴中部装横杆，上装置大绳轮，由马拉着横杆转动带动大绳轮，通过绳套带动小绳轮，通过安装在小绳轮上的曲柄，再由连杆和另一曲柄将动力传到卧轴，使其发生摆动，然后通过卧轴上的曲柄和另一连杆推动皮囊或木扇，使其往复摆动，达到鼓风的目的[①]。

利用水力推动鼓风器至迟在东汉时期已经发明，当时称为水排。《后汉书·杜诗传》记载，东汉建武七年（31 年），杜诗任南阳太守，"造作水排，铸为农器，用力少，建功多，百姓便之"[②]，南阳地区作为汉代冶铁业发展领先区域，不仅使用和推广新的农具，而且鼓风技术上也走在前列。《三国志·魏志》记，韩暨任监冶谒者时推广水排，"旧时冶作马排，每一熟石用马百匹，更作人排，又费功力，暨乃因长流为水排，计其利益，三倍于前"。北魏郦道元《水经注·谷水》载："魏晋之日，引谷水为水冶，以经国内，遗迹尚存"。韩暨的水排设在阙门（今河南新安县），河南安阳有水冶县，相传即古代引水鼓铸之处；因而得名。《太平御览》也有元嘉初年（424 年）在武昌建造冶塘湖，利用水排冶铁的记载。宋代苏轼《东坡志林》卷四记载四川冶炼用水排鼓风。自东汉至北宋，水排带动鼓风一直得到广泛应用。

水排的结构图直到元代才见于文献，我们今天也是通过王祯的记载来了解水排的形制（图 6-7）。王祯《农书》（1313 年）记载了立轮式和卧轮式两种水排，并绘出了卧轮式水排图[③]。"此排古用韦囊，今用木扇"，卧轮式水排带动木扇连续送风。关于卧轮式水排，王祯写道："其制当选湍流之侧，架木立轴，作二卧轮。用水激转下轮，则上轮所周弦索，通激轮前旋鼓，掉枝一例随转。其掉枝所贯行桄，因而推挽卧轴左右攀耳以及排前直木，则排随来去，搧冶甚速，过于人力。"[④]

卧轮式水排是马排的直接改进，将原动力马匹改为卧式水轮，轮子之间依靠绳带传动，小轮上方有一偏心曲柄，利用曲柄连杆构件将旋转运动转为直线往复运动。这是世界上最早的利用曲柄连杆的机械[⑤]。西方应用曲柄连杆机械

① 卢嘉锡：《中国科学技术史·机械工程卷》，科学出版社，2004 年。
② ［南朝宋］范晔撰：《后汉书·杜诗传》，中华书局，1965 年，第 1094 页。
③ 杨宽：《中国古代冶铁技术发展史》，上海人民出版社，1982 年，第 104—105 页。
④ ［元］王祯著，王毓瑚校：《王祯农书》，农业出版社，1981 年。
⑤ 刘仙洲：《中国机械工程发明史》，科学出版社，1962 年，第 52 页。

图6-7　元代王祯《农书》卧轮式水排图（木扇式水排）

的水力锯则在一个世纪后才出现①。两相比较，立轮式水排传动较为简单，见图6-8，在凸耳把推杆推向一侧鼓风后，竹子弹力迅速回弹使皮囊恢复原状，以备下次鼓风。

水排的发明和应用，不仅提高了鼓风能力，而且大大降低了成本，因而长期被冶铁工业所沿用。欧洲到13—14世纪才开始将水力用于鼓风，到15世纪水力鼓风技术才得到普及，这一发展极大地推动了欧洲冶铁技术的进步，使欧洲人首次炼出了液态生铁。

汉代的水排应该也是一种轮轴拉杆传动装置，汉代使用水排是卧轮式还结构相对简单的立轮式，有不同观点②。然就目前所发现的几十处汉代冶铁遗址

---

① Tullia Ritti, Klaus Grewe, Paul Kessener. "A relief of a water-powered stone saw mill on a sarcophagus at Hierapolis an its implications."*Journal of Roman Archaeology*，2007，20：139 - 163.

② （英）李约瑟著，鲍国宝等译：《中国科学技术史》第四卷第二分册，科学出版社，1999年，第428页；张柏春：《中国传统水轮以及驱动机械》，《自然科学史研究》1994年第3期；陆敬严、华觉明：《中国科学技术史·机械卷》，科学出版社，2000年，第62页；陆敬严：《中国古代机械文明史》，同济大学出版社，2012年，第134页。

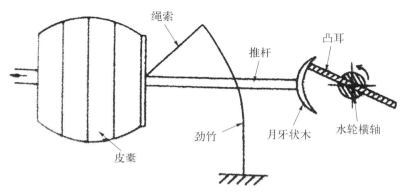

图6-8　立轮式水排示意图①

来看，不乏建在矿山附近的，缺乏利用水力的条件，只有河南鲁山望城岗、桐柏张畈村等汉代冶铁遗址是建在河边的，这也说明汉代虽已经发明了"水排"，但汉代"水排"的利用非常有限，而人力、畜力的利用却具有决定性的意义，两汉冶铁鼓风所采用的动力仍有相当部分使用的是人力和畜力②。汉代冶铁遗址中多发现大规格的积铁块，对此现象推测之一，即当时的鼓风能力跟不上冶铁竖炉的大容积所致。

　　汉代冶铁技术依然多采用发明已久的皮囊鼓风，只是在原有基础上进行了某些改进，如增加鼓风口和增加皮囊数。东汉时期高炉多为小型，皮囊鼓风更为方便。山东滕县宏道院画像石上的冶铁图中的鼓风设备即为皮囊，就是对当时冶铁状况的真实描述。

　　考古发现大量鼓风管，而鼓风管的大小、形状，与鼓风器具并没有直接关系。鼓风器具与鼓风管并非直接连接，主要为了防止炉火倒吸，当需要多个鼓风器具并联鼓风时，则可以通过皮管连接鼓风器具和风管，来增强鼓风效果。

四、木扇

　　木扇与风箱有着混为一谈现象，如甘肃省西夏壁画《锻铁图》中所绘西夏鼓风设备通常被认为是木扇的典型代表，但对其描述，业界有不同称谓：木

---

①　陆敬严、华觉明：《中国科学技术史·机械卷》，科学出版社，2000年，第251页。
②　余志勇：《关于汉代冶铁技术的几个问题》，《西北第二民族学院学报（哲学社会科学版）》1989年第1期。

扇、木风扇、木扇式风箱、双扇式风箱等等，李约瑟在《中国科学技术史》的《锻铁图》中，将此设备称为"锻铁炉鼓风机"。

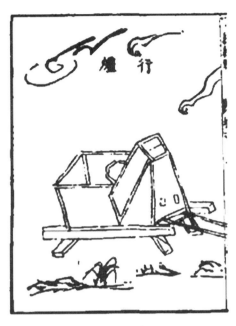

图 6-9　行炉图

木扇也叫悬扇鼓风器，木扇的出现是古代鼓风器械的又一重要发展，它比皮囊鼓风器制作简单，坚实耐用。现存最早的记录为北宋曾公亮《武经总要·前集》（1044 年）卷十二的行炉图[①]（图 6-9），行炉图中所使用的鼓风器具即为木扇，炉子呈方形，木扇利用木箱盖板的开闭来鼓风[②]。在扇板上装有两根拉杆，并开有两个小方孔，拉杆用于启闭扇板，两个小方孔为进气活门，仅向内开，当盖板扇动时，这两个活门交替开闭。也有研究者认为《天工开物》中早期行炉图的活门，并没有实际作用，而成书者又不是专门的冶炼从业者，对于行炉结构并不完全理解，或者是加入了自己的理解[③]。

木扇，通过悬挂式木扇门作开合的往复摆动，压缩空气送风。《武经总要》中是单个木扇与炼炉直接相连，单个木扇送风量有限，进一步发展，便出现了双扇式风箱。榆林窟西夏（1032—1226 年）壁画的锻铁图即是双木扇[④]（图 6-10）。该木扇有两扇门，扇板比人高，由一人操作，两门一前一后相继鼓风，形成连续风流。木扇数量增加意味着鼓风由单冲程间歇式向双冲程持续鼓风的转变。西夏双木扇风箱图的出现，较《武经总要》中出现的木扇图晚了近百年[⑤]。《王祯农书》中绘制的卧轮式水排，用的也是木扇鼓风器（见前文图

①　刘彩云：《中国古代高炉的起源和演变》，《文物》1978 年第 2 期。

②　[宋] 曾公亮、丁度：《武经总要》，见《中国兵书集成》，解放军出版社，1988 年，第 630 页。

③　王星光、柴国生：《略论中国古代的冶金鼓风设备与技术》，《商丘师范学院学报》2007 年第 4 期。

④　北京钢铁学院《中国冶金史》编写组：《中国冶金简史》，科学出版社，1978 年，第 145—146 页；蔡美彪：《中国通史》第 6 册，人民出版社，1979 年，第 206 页。

⑤　徐庄：《西夏双木扇式风箱在古代鼓风器发展中的地位》，《宁夏社会科学》2008 年第 1 期。

6-7），"此排古用韦囊，今用木扇"①。

图 6-10 敦煌榆林窟西夏壁画《千手观音变》局部 "打铁" 图②

元代陈椿《熬波图》（1334 年成书），描述制作熬盐铁盘时，冶铁图中亦绘有双木扇鼓风器③，与西夏壁画中的木扇相似，呈梯形，两扇扇门上分别设有两根拉杆，作业时需由四人同时推拉鼓风（图 6-11）。通过这些图像记载，我们只看到木扇的外观，学者们的研究④证实木扇内部还有两个结构：一是下底板内型要做成下凹面状与扇盖下沿活动曲面形成配合；二是两扇板可以保证连续鼓风，扇板上活门代表木扇式风箱密封性能的提高，同时出风口安装活门，防止炉内热空气倒流。

五、活塞式木风箱

活塞式风箱是一种配有活塞板和拉杆的箱型装置，推拉过程持续鼓风的双冲程结构，出现时间不晚于宋代⑤。通过活塞的往复运动，使气体在风箱内产生交替的压缩和排放，从而形成气流。

———————
① ［元］王祯著，王毓瑚校本：《王祯农书》，农业出版社，1981 年，第 347—348 页。
② J. Needham. *Science and Civilization in China*，vol. 4，Part II：Mechanical Engineering. 1965.
③ 杨宽：《中国古代冶铁技术发展史》，上海人民出版社，1982 年，第 150 页。
④ 周志宏：《中国早期钢铁冶炼技术上创造性的成就》，《科学通报》1955 年第 2 期；杨宽：《中国土法冶铁炼钢技术发展简史》，上海人民出版社，1960 年，第 104—106 页。
⑤ 陆敬严：《中国机械史》，（台湾）越吟出版社，2003 年，第 153—155 页。

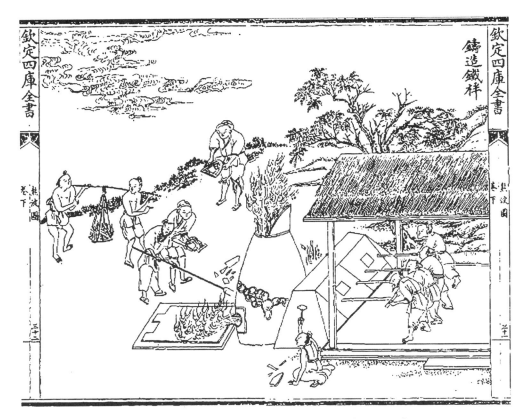

图 6-11　陈椿《熬波图咏》"铸造铁盘"图（《四库全书》）

　　活塞装置以及作用原理，出现于宋代一种喷火器——猛火油柜中，猛火油柜本身并不是鼓风器具，而是一种在古代城邑攻防作战中显示了巨大威力的战争武器①。戴念祖曾对其进行结构分析，实质上是一个以液压油缸作为主体的单筒、单拉杆、双活塞的液体压力泵②。其使用的原理却与活塞式风箱一致，故猛火油柜改装为风箱是轻而易举之事。活塞式风箱，最早出现于宋末元初（1280年）《演禽斗数三世相书》的锻铁图和锻银图中，长方体形，单根推拉杆。其更多的记载多则是在明代③。明宋应星的《天工开物》中绘有 20 余幅活

　　①　［宋］曾公亮、丁度：《武经总要》，见《中国兵书集成》，解放军出版社，1988年，第630页。
　　②　戴念祖、张蔚河：《中国古代的风箱及其演变》，《自然科学史研究》1998年第2期。
　　③　王星光、柴国生：《略论中国古代的冶金鼓风设备与技术》，《商丘师范学院学报》2007年第4期。

塞式木风箱用于冶铸的图（图 6－12）。活塞式风箱有大有小，以适用于不同的冶金炉，大的"必用四人、六人带拽"，也有"合三人力"可操作的中型风箱，小风箱一人即可。

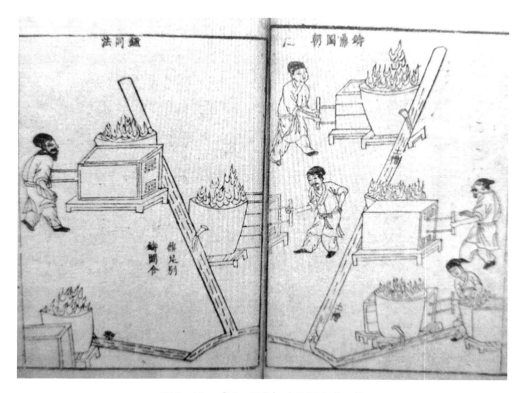

图 6－12　《天工开物》中的活塞式风箱

活塞式木风箱利用活塞推动和空气压力自动开闭活门，产生比较连续的压缩空气，从而提高了风压和风量，强化了冶炼。这种活塞式木风箱，构造巧妙，鼓风效率高，制作可大可小，使用方便，是中国古代鼓风器的又一重大发明。

清人徐柯《清稗类钞·工艺类·制风箱》中有对风箱结构及其工作原理的描述："风箱以木为之，中设鞴鞲，箱旁附一空柜，前后各有孔与箱通，孔设活门，仅能向一面开放，使空气由箱入柜。柜旁有风口。藉以喷出空气。同时，抽鞴鞲之柄使前进，则鞴鞲后之空气稀薄，箱外空气自箱后之活门入箱。鞴鞲前之空气由箱入柜，自风口出，再推鞴鞲之柄使后退，则空气自箱后之活门入箱，鞴鞴后之空气自风口出。于是箱中空气喷出不绝，遂能使炉火盛燃。"
吴其濬《滇南矿图略》还记载了一种箱体呈圆筒形的风箱："风箱，大木而空
其中，形圆，口径一尺三四五寸，长丈二三尺。每箱每班用三人。设无整木，
亦可以板箍用，然风力究逊。亦有小者，一人可扯。"风箱工作效率较以往鼓
风设备要高，且适应小型化生产的需要，故问世后即被广泛使用。

把拉杆和活塞用在木风箱中，带来鼓风技术上的极大进步。木扇鼓风密封
性较差，影响了风压，作为鼓风器，皮囊和木扇都存在送风间隙，而作为容积
型往复式鼓风器的活塞式木风箱，克服了这些缺点，比起囊和木扇启闭来鼓
风，活塞式风箱可产生连续和稳定的压缩空气，提高了风压和风量，鼓风效率
要高得多。欧洲则是到了 18 世纪中期，才有类似我国明代的这种活塞式风箱
出现。

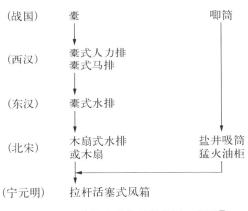

图 6-13　我国古代鼓风器发展示意图[1]

战国时期中国已将囊应用于鼓风
冶炼，汉代开始利用水力、畜力驱动
鼓风设备，唐宋时期出现了木扇，宋
元时期发明了拉杆活塞式风箱。戴念
祖认为中国传统活塞式风箱结构和原
理，可能来自"唧筒—盐井吸筒—猛
火油柜"序列影响，见图 6-13。

中国还发明独特的双作用活塞式
风箱[2]，双作用活塞式风箱作往复运
动时，活塞朝两个方向都能鼓风。其
具体结构见图 6-14，其工作原理示

意图见图 6-15），风箱壁上安装了四个活门和一个风道。向右拉的时候，左侧
活门在箱外气流作用下，自动打开，气流进入；右方活门在箱内气流带动下，
自动关闭；这样活塞右侧气流就通过右下方的活门流到风道内；再从风嘴排出
来。反之，向左推的时候，四个活门反向作用，使得右侧气流进入箱内，左侧气
流经过风道，从风嘴排出来。有的风箱将风道内的两个活门合并为一个双向活
门。在气流带动下左右开闭，引导气流从风嘴排出来。推拉过程都可以鼓风。

①　戴念祖、张蔚河:《中国古代的风箱及其演变》,《自然科学史研究》1988 年第 2 期。
②　冯立昇:《中国传统的双作用活塞风箱—历史考察与实物研究》,见《第五届中日机械技术史及机械设计国际学术会议》,2004 年,第 30—37 页。

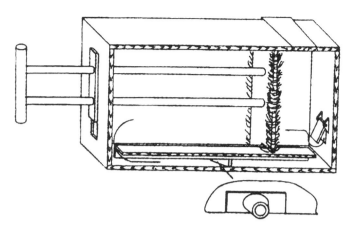

图 6-14　双活塞式风箱的结构①

中国双作用活塞式风箱，一次往复运动，可以完成两次鼓风。鼓风速度和机械效率明显高，又节省了材料和空间。此种小型风箱只要单手即可操作，另一只手可作他用，使用十分便利。黄兴认为中国鼓风器的结构，可能存在"双木扇（摆动并联）—双缸风箱平动并联—双活塞风箱平动，串联—双作用活塞式风箱"的过渡方式②。

日本古代广泛使用被称作"箱吹子"的鼓风器，实际就是拉杆活塞式木风箱。佐野英山《铸货图录》（1574 年）"钱座部"中描绘了鼓风加热铸钱模的情形。1879 年编成的《日本矿山篇》绘出了箱吹子的结构，其结构与中国的活塞式木风箱完全一样。日本学者叶贺七三男认为，箱吹子是 15 世纪中国的木匠工具传入日本后才出现的③。

活塞式风箱效率高、操作简便。直到 20 世纪，活塞式风箱仍然在乡村广泛使用，不仅用作手工业中的鼓风器，还普遍被家庭用作炉灶的鼓风装置。

水排和活塞式木风箱的发明并用于冶铸是中国的独特创造，由于鼓风技术的改进，提高了炉温，带来冶炼效率提升，这也是中国古代冶金技术在公元 17 世纪以前长期居世界前列的重要原因之一。李约瑟曾高度评价我国古代的

①　张柏春、张治中等：《中国传统工艺全集·传统机械调查研究》，大象出版社，2006 年，第182 页。

②　黄兴、潜伟：《世界古代鼓风器比较研究》，《自然科学史研究》2013 年第 1 期。

③　戴念祖、张蔚河：《中国古代的风箱及其演变》，《自然科学史研究》1988 年第 2 期；韩汝玢、柯俊：《中国科学技术史·矿冶卷》，科学出版社，2007 年，第 597 页。

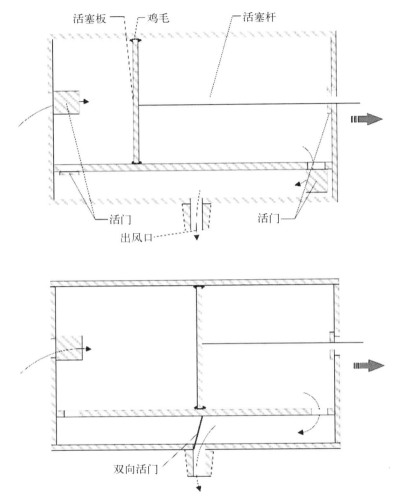

活塞板 — 鸡毛   活塞杆

活门   活门

出风口

双向活门

图 6-15 双作用活塞式风箱工作示意图（俯视，黄兴绘）

这一技术成就，认为欧洲蒸汽机的发明，是受到中国活塞式木风箱的启示。

鼓风设备则从皮囊发展到木扇、活塞式木风箱，其间还出现了马排与水排，对冶铁技术发展有着重要的贡献。同时，鼓风设备作为机械技术的一种，其发展也反映出机械技术整体水平的变化。现代机械通常包括三个部分：动力装置、传动装置和工作机。以此作为衡量标准，中国古代冶金机械鼓风技术，经历了从间歇鼓风到连续鼓风的发展，其机械结构以及机械原动力，呈现出由简单到复杂再到小型化、精细化的发展脉络。

第三节　对古代高炉冶铁燃料的再认识

煤作为冶铁的燃料，有学者认为南北朝时就已出现[1]，也有学者认为至迟在晋代就已出现[2]。目前所知最早文献材料来自北魏郦道元的《水经注》："屈茨（龟兹）北二百里有山，夜则火光，昼日但烟，人取此山石炭，冶此山铁，恒充三十六国用。"[3] 郦道元这段话引自《释氏西域记》，《释氏西域记》中的记述多与古代西域、古印度等地的自然、文化、风俗有关，今已佚失，但后世文献对其多有引用，郦道元的《水经注》引此书就多达二十余处。这里提到龟兹地区用煤（石炭）冶铁的事实。

1979 年，考古工作者在吉利区发掘西汉中晚期冶炼工匠墓葬，出土坩埚11 个，附有残剩铁、煤和炼渣、煤渣，坩埚外壁底部附有煤，是以煤为冶铁的重要燃料[4]。伴随河南巩义铁生沟遗址、郑州古荥冶铁遗址发现煤渣、煤块和煤饼等，形成一种认识，即西汉时期我国就已用煤炼铁[5]。还有学者根据古荥汉代冶铁遗址一号高炉估算规模，根据汉代冶铁的高炉物料平衡推算，每炼1000 千克铁，需要 7850 千克木炭、1995 千克矿石和 130 千克石灰石。因冶铁对木炭（植被）需求极大，故认为煤炭作为燃料更为可能。甚至形成一种认识，汉代冶铁技术和铸造技术的提高还广泛表现在用煤做冶炼燃料。然而这种说法值得商榷，我们不能仅从遗址中有煤存在，就判断当时已经用煤炼铁，还需结合煤块出土位置、遗址出土铁器的检测分析等，综合考虑这个问题。

燃料是指燃烧用以产生热或功的物料。坩埚炼铁所使用的燃料与竖炉中燃料有较大差别，坩埚炼铁技术中，燃料有内外之分，坩埚外的燃料起发热剂的作用，坩埚内的炭起还原剂和渗碳剂的作用。高炉冶铁燃料兼顾四种作用：发热剂、还原剂、渗碳剂和料柱骨架作用。对于冶铁竖炉中所用的冶炼燃料，需

① 华觉明：《中国古代金属技术》，大象出版社，1999 年，第 335 页。

② 杜茀运：《满城汉墓出土铁镞的金相鉴定》，《考古》1981 年第 1 期；杨宽：《中国古代冶铁技术发展史》，上海人民出版社，1982 年，第 88 页。

③ 王国维：《水经注校》，上海人民出版社，1984 年，第 40 页；［北魏］郦道元注，［民国］杨守敬、熊会贞疏，段熙仲点校，陈桥驿复校：《水经注疏》，江苏古籍出版社，1989 年，第 108 页。

④ 《中国古代煤炭开发史》编写组：《中国古代煤炭开发史》，煤炭工业出版社，1986 年，第 31 页。

⑤ 杨育彬：《河南考古》，中州古籍出版社，1985 年，第 235—236 页。

要参与冶铁竖炉中的化学反应，即燃烧生成一氧化碳作为还原剂，将铁矿石中铁单质还原出来，与此同时，燃料还要在冶铁竖炉中兼顾骨架的作用，来保证炉气和炉料上升、下降所需要预留的空间。

河南地区冶铁遗址如西平酒店、郑州古荥、巩义铁生沟、鲁山望城岗、南阳瓦房庄等，都发现有大量木炭，有的熔炉残壁上面还有木炭纹理。同时多处冶铁遗址也发现有煤饼、煤灰等。不同燃料在同一遗址发现，就为我们提出问题，究竟用什么作为燃料参与铁的冶炼？木炭和煤应用有什么区别？

古荥冶铁遗址发现的积铁块上面，有扁圆形向外倾斜的铁瘤，仔细观察可以看出混杂着铁矿石、渣、残留木炭。从大量未完全燃烧的炉料看，冶炼燃料是用栎木烧成的木炭，其横断面呈现放射状细裂纹，出土时还保持其块状形态[1]。对遗址发现的一、五号铁块取样，进行金相组织观察和化学成分检验[2]也印证上述判断。

这些铁块是炉内的积铁和料块，停炉后扒出来的。根据各个铁块的尺寸和所在位置，推测炉子的高度约在 6 米，容积约 50 立方米。铁块的成分差异，反映出它们在炉内所处的部位差异，一号铁块结瘤上部含碳较低（0.73％），硅含量 0.07％，下部含碳较高（1.46％），硅 0.38％，证明炉内温度自上而下逐渐升高，还原生成的铁，在下降过程中逐渐渗碳而变成生铁，炉内上部温度低，相较下部，硅更难还原出来。

古代铸铁中的硫或来自和磁铁矿共生的硫化铁矿，即含硫的铁矿石，或来自作为燃料使用的煤。我国各产铁区的铁矿石中硫含量多数在 0.1％ 以下，少数在 0.1％～0.4％ 之间[3]。中国主要的产煤区在长江以北，北方煤的平均硫含量为 0.77％，而南方煤的平均硫含量为 1.71％[4]。煤含有无机和有机硫化物，古代脱硫能力差，用煤作燃料冶炼出的铁，相应会有较高的硫含量。黄维、李延祥通过对比分析唐以前用木炭炼的铁和元、明、清时期用煤所炼铁的硫含量[5]，发现用木炭作为燃料冶炼的铁，硫含量在 0.1％ 以下，用煤作为燃料冶炼的铁，硫含量在 0.4％ 以上，而硫含量在 0.1％～0.4％ 之间的铁，其所用冶

---

①　郑州市博物馆：《郑州古荥镇汉代冶铁遗址发掘简报》，《文物》1978 年第 2 期。

②　阎书广：《古荥汉代冶铁遗址积铁块保护研究初探》，《华夏文明》2017 年第 6 期。

③　赵润恩、欧阳骅编：《炼铁学》（上册），冶金工业出版社，1958 年，第 17—18 页。

④　洪业汤等：《中国煤的硫同位素组成特征及燃煤过程硫同位素分馏》，《中国科学》B 辑 1992 年，第 70 页。

⑤　黄维、李延祥等：《川陕晋出土宋代铁钱硫含量与用煤炼铁研究》，《中国钱币》2005 年第 4 期。

炼燃料还有待进一步确定。

古荥积铁料块上遗留的木炭和铁块各部位中检测出的含硫量小于 0.12%，证实当时炼铁主要使用木炭作燃料。铁生沟冶铁遗址中炼渣和半熔融疏松的炉料中，也见到有不少木炭块，未见煤痕迹，且对铁生沟出土的 73 件铁器进行硫印试验，含硫很低，也证实铁生沟遗址是以木炭为燃料进行冶铁。

巩义铁生沟冶铁遗址的窑内或窑址附近残留有煤灰、煤块[①]。古荥冶铁遗址一共发现 13 座窑，分布于冶炼场周围，这些窑在建炉之前应该已经启用，上部都已残，现存部分前呈半圆形，后呈方形，结构基本相同，一般是在生土上挖出窑的下部形状，再在地面上砌出窑膛。通常由窑门、火池、窑膛、烟囱四部分构成一个窑。火池中堆积的除了有草木灰，还有饼形燃料（图6-16），在火池内用砖架设六条风道，饼形燃料架于风道之上。煤饼呈圆柱形，直径 18～19 cm，厚度 7～8 cm，有的已经烧成渣，有的仅烧及表面，这些煤饼掺有粘土，形状规整、整齐，更像是用某种模具特意加工，批量制作而成的[②]。

图 6-16　郑州古荥汉代冶铁遗址出土的煤饼

上述这些材料表明，冶炼炉和烧窑所用燃料是不一样的，冶炼炉中用的是木炭，兼顾提供热值和还原剂，而烧窑所用燃料为煤，只需要提供燃值。发现的窑址多残缺，使得对其功用无法明确，但结合冶铁遗址出土的遗存和遗物，可以初步作出推测：它们或是用于烧制建筑材料如瓦、砖，或烧制陶器、鼓风管，或用来烘范，或是进行退火热处理操作，等等。煤饼不仅可以在烧窑中使用，也可作为当时作坊人群的生活所用燃料。

煤作燃料在汉代已出现和应用是无疑的，但目前无实证表明它是冶铁用燃

---

① 赵青云等:《巩县铁生沟汉代冶铸遗址再探讨》,《考古学报》1985 年第 2 期。
② 郑州市博物馆:《郑州古荥镇汉代冶铁遗址发掘简报》,《文物》1978 年第 2 期。

料，汉代冶铁竖炉中仍以木炭作为冶铁燃料。

近年来鲁山望城岗发现的新材料为该问题的解答提供了新的视角，对鲁山望城岗汉代遗址 2009—2010 年度调查中采集的标本和 2000—2001 年度考古发掘中冶炼遗物的标本进行检测、对炉渣内的包含物进行分析，证实冶炼用的燃料是栎木[1]，冶炼过程炉中加入白云石作为助熔剂[2]。鲁山望城岗出土的泥范模都经过低温烘烤，部分泥模铸痕表面残存有滑石粉形成的灰色涂料层[3]，该涂层可以提高铁水的流动性，防止铁水浇铸时发生渗漏、黏砂的现象，从而提高铸件的表面质量。

^{14}C 测年是放射性同位素测年中最精确的一种，目前已广泛应用于第四纪地质学、考古学、海洋学和古气候等学科[4]，该方法适用于测定 100—50000aB. P. 的样品[5]。通常生物化石、木炭、木头、贝壳、泥炭、地下水等含碳物质，可通过此方法测定其中的 ^{14}C 含量，再用树木年轮法进行校准。对鲁山望城岗几件样品的测年分析，发现耧铧样品（7204）中的碳是死碳，未能够测出其年代[6]。全球 99.95％的碳存在于岩石圈中，岩石圈中的碳一般都是第四纪以前的，其中初始存在的 ^{14}C 原子早已衰变耗尽，这种不含 ^{14}C 的"老碳"，称之为"死碳"[7]。7204 样品中的碳显然不是来自木炭，其内部组织为铸铁脱碳钢，又排除了得到脱碳制件后又渗碳的可能，加之样品硫含量较高，这些都说明此样品是用煤炭进行冶炼得到的。然而样品 7204 犁铧系采集样品，地层年代尚不能确定；望城岗炼铁作坊可能一直到宋代还在使用。故鲁山望城岗遗址尽管也发现了一定数量的煤炭，但从这一件样品的分析就给出汉代用煤炼铁的结论，显然不够充分。

我们对待异常值更要慎重，包括对其采集品的时代的确认，要结合出土地

① 王树芝、孙凯、焦延静：《鲁山望城岗冶铁遗址出土燃料鉴定与研究》，《华夏考古》2021 年第 1 期。

② 张周瑜、邹钰淇、胡毅捷等：《河南鲁山冶铁遗址群的技术特征研究》，《华夏考古》2022 年第 2 期。

③ 河南省文物考古研究院等：《河南鲁山望城岗冶铁遗址 2018 年度调查发掘简报》，《华夏考古》2021 年第 1 期。

④ 仇士华、陈铁梅等：《中国 ^{14}C 年代学研究》，科学出版社，1990 年，第 12 页。

⑤ 沈承德、乔玉楼：《^{14}C 年龄测定方法的可靠性》，见《第一次全国 ^{14}C 学术会议论文集》，科学出版社，1984 年。

⑥ 陈建立、洪启燕等：《鲁山望城岗冶铁遗址的冶炼技术初步分析》，《华夏考古》2011 年第 3 期。

⑦ 王华、张会领等：《"死碳"对 ^{14}C 年代测定影响的初步研究》，《中国岩溶》2004 年第 12 期。

层、年代、器形以及该遗址延续使用的年代跨度等等，进行必要的深入认识，探讨煤炭在钢铁冶炼中的使用，需要放在大的背景下作进一步探讨，这方面工作仍在进行中。

宋代是否开始用煤作燃料进行高炉炼铁？仍无确定答案。北宋时期木材出现供应危机，煤炭作为燃料被广泛使用，也用于工业生产[①]。宋朝铁质文物中发现硫含量偏高，也被认为是使用煤冶炼造成的[②]。还有观点认为，宋代高炉冶铁使用的燃料，是三成木炭和七成煤炭的混合物[③]。

石灰石（$CaCO_3$）在现代高炉有两个功能：一是作为助熔剂，可以调节炉渣的熔点到适当的温度，一是作为脱硫剂，能将硫变成炉渣去除[④]。早期的冶铁高炉，使用木炭作为燃料，不需要脱硫，加入石灰石，主要起到助熔剂作用，后代使用焦炭作为燃料，往高炉中装入更多的石灰石，则可以帮助脱硫，但与此同时，却大大提高了炉渣的熔点。故从生铁中除去硫的关键，则需要依靠高炉实现更高的温度。使用焦炭尽管可以提高炉中的温度，但脱硫还不够。直到纽科门蒸汽机安装后，为高炉增加水动力，才使得更高的温度的获得成为可能[⑤]。

部分文献中明确提到，宋代已经开始使用焦炭，特别是在钢铁冶炼中[⑥]。用煤炭或焦炭作燃料的高炉，往往具有较高的硫含量。如果生铁中的锰含量大

①　Christian Daniels，Nicholas K. Menzies. "Biology and Biological Technology. Part 3：Agro-industries and Forestry." in Joseph Needham eds.，*Science and Civilization in China*，Vol. 6（1996），Cambridge：Cambridge University Press，p. 654；许惠民：《北宋时期煤炭的开发利用》，《中国史研究》1987 年第 2 期。

②　北京钢铁学院《中国冶金简史》编写小组：《中国冶金简史》，第 152 页。Hua Jueming 华觉明，"The Use of Coal，Briquetting and Agglomeration in Ancient Chinese Metallurgy."（内部资料），剑桥大学李约瑟研究所文献，1989 年，第 5 页。

③　仇士华、蔡莲珍：《我国古代冶铁燃料的碳十四鉴定》，《中国考古学研究》，文物出版社，1986 年，第 359—363 页。

④　Donald B. Wagner. *The Traditional Chinese Iron Industry and its Modern Fate*. Richmond：Nordic Institute of Asian Studies，NIAS Report Series，32，Surrey：Curzon Press，1997. pp. 22 - 23.

⑤　J. E. Rehder. "The Change From Charcoal to Coke in Iron Smelting." *Journal of the Historical Metallurgy Society*，Vol. 21（1987），pp. 42 - 43；J. E. Rehder. "Abraham Darby and Coke in the Blast Furnace." *Iron and Steelmaker*，December 1998，pp. 31 - 32.

⑥　［宋］李焘：《续资治通鉴长编》卷 164，中华书局，1979 年，第 12 页。［宋］欧阳修：《乞条制都作院》，《欧阳文忠集》（四部备要版）卷 188，中华书局，1920—1936 年，第 6—8 页；参阅《欧阳永叔集》，第 14 卷，第 8—10 页；Robert Hartwell，"Markets，Technology，and the Structure of Enterprise in the Development of the Eleventh-century Chinese Iron and Steel Industry." *Journal of Economic History*，Vol. 26（1966），pp. 55 - 57.

约是硫含量的两倍，两者结合，生成锰硫化物 MnS，这是一种无害的微观夹杂物①。即使没有锰，得到含硫的白口铸铁在一些应用中也是可以接受的，甚至优于灰口铸铁②。

宋元时期，熟铁工具的使用，要远比铸铁工具的使用更受欢迎③，用煤炭或焦炭为燃料的高炉产出的生铁，含有过多的硫，不适合用来锻造熟铁，但可以作为生产铸铁产品的一个补充，以填补不断增长的铸铁需求④。在人口增长和农业扩张时期，更便宜的铸铁工具，仍然有一定的市场份额。例如铁钱的铸造，也可以接受含硫量高的铸铁，从普通的炊具到巨大的煮盐用的牢盆以及湿法制铜工艺中需要的大量廉价的铁，这些铁由使用煤炭或焦炭作为燃料的高炉所提供应该没有问题。

黄维、李延祥等选择宋代铁钱作为研究对象来探讨炼铁燃料的问题⑤。宋代铁钱作为研究对象，有几大优势：宋代铁钱铸行量大、铁钱自带年号，年代准确、取样来源方便；一次浇铸完成后也不存在铸后加工，意味着没有更多的渗碳等。研究证实了铁钱中的硫是用煤炼铁引入的⑥，但即使在用煤炼铁的鼎盛期（崇宁至政和年间），也始终存在用木炭炼制的铁钱（硫含量在 0.1％ 以下）。宋代陕西、山西、四川等地铁钱数量多，煤矿资源丰，部分铁钱监用煤作燃料来铸钱，不仅解决了燃料短缺问题，也大大节约了成本、提高了效率。同时，考虑到文献记载铁钱和铁兵器一处生产，较多文献描述宋、元、明时期铁兵器质量不佳的情况，上述研究对该时段兵器质量下降的原因也提出一种可

---

① H. T. Angus, eds., *Cast Iron: Physical and Engineering Properties*, 2nd eds., London: Butterworth, 1976, p. 20.

② S. C. Massari, "The Properties and Uses of Chilled Iron." *Proceedings of the American Society for Testing Metals*, Vol. 38 (1938), pp. 217 - 234; William Rostoker, Bennet Bronson, & James Dvorak, "The Cast Iron Bells of China." *Technology and Culture*, Vol. 25 (1984), pp. 750 - 767; Donald B. Wagner, *Iron and Steel in Ancient China*. Leiden: Brill, 1993, p. 345. and Steel Industry, *Journal of Economic History*, Vol. 26 (1966), pp. 55 - 57.

③ 磁县文化馆：《河北磁县南开河村元代木船发掘简报》，《考古》，1978 年第 6 期。《中国冶金史》编写组、首钢研究所金相组：《磁县元代木船出土铁器金相鉴定》，《考古》1978 年第 6 期。

④ （丹麦）华道安著，杨盛译：《中国宋元时期的高炉》，《南方民族考古》第 10 辑，2014 年，第 263 页。

⑤ 黄维、李延祥等：《川陕晋出土宋代铁钱硫含量与用煤炼铁研究》，《中国钱币》2005 年第 4 期。

⑥ 黄维：《铁质钱币与兵器的原料——从铁钱成分探讨宋代铁制品的质量》，《中国钱币》2015 年第 5 期。

能的解释，正是硫的存在造成铁兵器质量下降[1]。究其根本，硫在煤中主要以黄铁矿 FeS_2 的形式存在，黄铁矿受热分解为硫化亚铁 FeS 和单质硫（挥发），即黄铁矿在还原熔炼气氛下反应如下：

$$2FeS_2 = 2FeS + S_2(g)$$

其中分解出的单质硫，呈气态随烟气脱除（硫的沸点 444.5℃），FeS 则残留溶解在液态生铁中。生铁凝固时，硫以 FeS 形态富集在晶界上形成 Fe-FeS 共晶体。生铁脱碳处理成钢时，由于 FeS 不能脱除，钢在锻打成形时出现热脆现象，导致锻造失败或产品质量低劣。

对宋代铁钱的研究，尽管揭示出铁器中有来自煤的碳信号，但尚不能直接指向用煤作为燃料进行高炉炼铁[2]。冶铁用的燃料，是冶铁技术的重要组成部分。以煤为燃料可以实现多种工序过程：用高炉冶炼生铁、用高炉熔化生铁、用坩埚冶炼生铁、用坩埚熔化生铁、锻炉内加热锻打铁器等等。古代文献对不同工序分辨不清，要确认用煤进行高炉冶炼生铁，还要有考古实物证据来说明。

目前经过分析，能够确定用煤炼铁的实物证据，来自对河北邯郸市峰峰矿区西炉上元代冶铁遗址进行的考察和科学分析。炉渣检测到残留有焦化煤块，并含有较高的硫，钾含量比以木炭为燃料的生铁冶炼渣低一个数量级，进而确认该遗址大规模使用了以煤为燃料的高炉冶炼生铁技术[3]。并推测当时存在炼焦技术，元代邯郸的煤极可能被先行烧成焦炭，再作为燃料冶炼生铁。焦炭孔隙度均匀、强度高于煤，更适合高炉冶炼生铁，因此直到现代都是高炉冶炼生铁的燃料。普通炼焦过程，理论上脱硫率只有 50％，现代炼焦脱硫率为 40％，土法炼焦脱硫率可能更低，因此古代使用焦炭炼铁可能同样会出现硫含量较高的炉渣。

目前考古材料研究所反映出是，汉代出现煤作为燃料使用，但高炉冶铁所用燃料仍为木炭。目前虽然不能直接指向宋代用煤作为燃料进行高炉炼铁，但初步推测宋代高炉炼铁可能使用不同燃料：高炉冶炼使用煤作为燃料，得到铁

---

① 黄维：《铁质钱币与兵器的原料——从铁钱成分探讨宋代铁制品的质量》，《中国钱币》2015 年第 5 期。

② 黄维：《从宋代铁钱探讨用煤炼铁》，北京科技大学硕士学位论文，2006 年，第 79 页。

③ 李延祥、王荣耕等：《邯郸西炉上冶铁遗址初步考察研究》，《有色金属》2018 年第 9 期。

用来铸造对性能要求不高的部分铁器，如铁币、盆或作为水法炼铜的原料；高炉冶炼用木炭作为燃料，得到熟铁多用来锻打兵器、工具类器物。

木炭作为燃料转变为用煤炭作为燃料的时间界限，这一转变带来的技术问题，以及对应解决方法等一系列问题，还需要未来更多的考古材料以及更多的综合研究。

第七章

河南铁矿冶遗址的现代阐释与思考

如何将古代矿冶遗址中的传统文化和河南地域要素进行凝练，引导大众认识和感受中华优秀传统文化的永恒魅力，让其融入今天的时代特征，更好地成为明天的文化遗产，需要我们在探寻中华优秀传统文化的现代化呈现方面作出更多探索。

矿冶类遗址指从事采矿和冶金生产的遗址，包括采矿选矿遗址、冶铸遗址和综合遗址。全国已发现的数千处古代矿冶遗址中，23 处被列入全国重点文物保护单位，其中铁矿冶遗产占 8 处。除一处为近现代的汉冶萍煤铁厂矿遗址外，其余 7 处，均在河南，分别为西平酒店冶铁遗址、古荥冶铁遗址、下河湾冶铁遗址、望城岗冶铁遗址、瓦房庄冶铁遗址、铁生沟冶铁遗址和舞钢冶铁遗址群。

矿冶遗址由古代矿冶业遗留的遗迹和遗物组成，具有历史、技术、社会、科学上的价值，也包含了诸如生产工艺、流程、手工技能、企业精神等非物质文化遗产。相较其他遗址，古代矿冶类遗址的专业性更强、遗存本体也更为脆弱、对其发掘和认知受限，也直接影响到对其的研究、保护和展示。本章对河南汉代铁矿冶遗址的阐释现状和存在问题进行探讨，以期为矿冶遗址的阐释提供一些参考。

第一节　河南汉代冶铁遗址的阐释现状

河南冶铁遗址的阐释，目前主要有两种方式，一种以古荥汉代冶铁遗址为代表，建设古代冶铁专题博物馆，为原址展示提供空间；一种以舞钢冶铁遗址群为代表，将古代冶铁遗址与现代钢铁产业结合，打造独特的城市名片。

一、古荥汉代冶铁遗址——与专题博物馆结合的原址展示

古荥汉代冶铁遗址重要遗迹有一号、二号炼铁炉，多座窑址及其他附属设

施，大型积铁块、炼渣堆积、矿石堆积、模范、铁器以及大量与冶铁有关的其他遗物[①]。根据积铁块的尺寸和所处位置，复原出 1 号炉高约 6 米，容积可达 50 立方米，是当时世界上产量最大的冶铁炉[②]。

1984 年，在原址位置成立了郑州市古荥汉代冶铁遗址保护管理所，1986 年正式对外开放，同年在郑州召开"BUMA-金属早期生产及应用第二次国际学术讨论会"，世界近百名专家学者到此参观并进行学术交流，对古荥汉代冶铁遗址的地位与价值作出高度评价。1986 年和 2001 年，古荥冶铁遗址先后被列入河南省文保单位和全国重点文保单位。2011 年 7 月，更名为郑州市古荥汉代冶铁遗址博物馆。2015 年至 2016 年，为配合荥阳故城遗址公园建设，郑州市文物考古研究院与郑州市古荥汉代冶铁遗址博物馆，对古荥冶铁区南部进行考古发掘，为深入了解冶铁遗址功能区分布及冶铸工艺流程提供了珍贵的实物资料。

发掘出土的遗物如铁器等，可以放入库房进行研究和保护，而一些特殊的矿冶遗迹遗物，如古荥冶铁遗址、鲁山望城岗冶铁遗址、泌阳东高庄冶铁遗址都发现重达几十吨的积铁块，只能原址保存。对不便移动又具有较大考古价值和科学价值的矿冶遗迹，在研究的基础上进行保护和展示，是矿冶遗址始终需要面临的问题，这方面古荥冶铁遗址作出了先人一步的尝试。以积铁块为例，积铁块是能反映遗址规模与冶铁产量的标志物，自然也是遗址阐释的极佳对象之一。古荥冶铁遗址十余块积铁块，少数是封闭陈列，大多数是半开放式的展陈。铁本身的活泼性质、结构的缺陷，加上潮湿环境、土壤的酸度、埋藏环境中的可溶性盐及空气中的二氧化硫等的作用，促使其锈蚀加速。半开放环境中，温、湿度难以掌控，植物腐败、根际微生物的生长繁殖及鸟类排泄物造成其表面沉积大量腐殖酸、代谢物及生物酶等，积铁块出现生锈、膨胀、龟裂、变形甚至剥落等损毁状况（图 7-1）。为更好地保护与展示，对积铁块进行保护处理，对鸟类排泄物等表层附着物清洁去除对积铁块锈蚀物分析后进行脱盐处理，对残缺的积铁块进行补配、固化，对不同程度的锈蚀、疏松、开裂的积铁块进行裂缝填补和表面钝化处理等[③]。科学研究和保护是充分阐释的前提，积铁块作为游客认识古荥冶铁作坊规模和价值的切入口之一，最大化实现其良

---

① 郑州市博物馆：《郑州古荥镇汉代冶铁遗址发掘简报》，《文物》1978 年第 2 期。

② 河南省博物馆：《河南汉代冶铁技术初探》，《考古学报》1978 年第 2 期。

③ 阎书广：《古荥汉代冶铁遗址积铁块保护研究初探》，《黄河·黄土·黄种人》2017 年第 12 期。

动物粪便

植物生长繁殖

图 7-1　积铁块保存环境下受损状况（动物粪便和植物繁殖）

好保存状态、挖掘其内涵，才能真正将其传承。

　　在研究、保护基础上，与专题博物馆结合的原址展示，古荥汉代冶铁遗址在此方面走在前列。古荥冶铁遗址博物馆于 2019 年 9 月重新对外开放。陈展面积较之前扩大了一倍，展线长度提升了四倍，共有五个展示厅："铜铁冶铸""熔石淬金""竖炉冶铁""范模成器""革故鼎新"，分别围绕中国冶金历史、古荥冶铁工艺流程、古荥冶铁竖炉遗迹、古荥陶模铁范和成品的制作和中国冶铁业的历史发展进行展示。采用遗迹展览、文物陈列、多媒体重现、3D 虚拟展示等方式，全方位、多层次地展现了古荥汉代冶铁遗址的规模、价值和内涵。

二、舞钢冶铁遗址群——传统冶铁文化和工业旅游结合

　　舞钢自古为冶铁重地，目前已经发现石门郭、铁山庙、沟头赵、尖山、许沟、圪垱赵和翟庄七处战汉时期的铁矿冶遗址[①]，合伯、干将、莫邪、龙泉等宝剑可能也产于此地[②]，是国内年代最早、技术最先进的冶铁集群之一。

　　① 秦臻、陈建立等：《河南舞钢、西平地区战国秦汉冶铁遗址群的钢铁生产体系研究》，《中原文物》2016 年第 1 期。

　　② 李京华：《古代西平冶铁遗址再探讨》，见李京华：《中原古代冶金技术研究》，中州古籍出版社，2003 年，第 55 页。

20 世纪 70 年代，我国首家宽厚钢板生产和科研基地——舞钢公司建立，经过几十年的发展，舞钢公司已成为世界五大特钢之一，从采矿、选矿、炼铁、炼钢、轧钢、钢板加工到辅料生产，形成了一条完整的钢铁产业链。

作为一个新兴的工业城市，对有着厚重底蕴的传统冶铁文化进行历史追溯，揭示其冶铁文化的发展与现代的传承，具有很强的现实意义。将古代冶铁遗址与现代钢铁产业结合，舞钢开启城市名片创立的新模式。修缮了多处省级冶铁遗址；收集整理当地冶铁文化的资料，编纂成册；拍摄"舞钢——冶铁文化之都"专题片；将已有四百余年历史的铁山庙古刹大会，发展成为舞钢地区传统冶铁文化的民间载体，并演变为物资交流大会，极大促进了地区经济的发展；建设冶铁文化古寨，复制冶铁、铸剑等生产过程，增强旅游景区的特色和历史厚重感；建立龙泉古剑生产科研中心，传承铸剑文化，等等。2013 年，建成以冶铁文化为主题的中国（舞钢）冶铁文化博物馆，其中"历史炉光"单元展示舞钢的自然环境、资源条件、冶铁历史，展现舞钢在中国冶铁史上的重要地位；"平舞会战"单元主要通过将以图片、实物等形式展现舞钢现代冶铁业的发展，展现现代舞钢人的精神；"腾飞舞钢"单元展示舞钢建市二十年来的成就。

为提升"中国冶铁文化之都"的知名度，打造具有舞钢特色和核心竞争力的文化旅游品牌，舞钢市政府把舞阳矿业旅游园区、舞钢公司展馆、冶铁博物馆、平舞工程会战展馆等整合，打造成一条集观光、科普、爱国主义教育等功能于一体的工业旅游精品线路，推动钢铁产业与旅游产业全方位、全链条深度融合，串联露天矿坑、地下矿道、炼铁高炉、热轧、冷轧等活态工业生产景点，打造精品工业旅游线路，让游客沉浸式体验现代钢铁工业从劳动密集到技术密集、从传统制造到现代"智造"的蝶变。

第二节　国外矿冶遗址阐释过程的启示

世界文化遗产中工业遗产名录一直是动态的，没有一个权威或准确的数字。由于对工业遗产的价值评估和认定标准的变化等，列入世界文化遗产名录的，未必列入工业遗产名录[1]。

---

[1]　刘伯英：《世界文化遗产名录中的工业遗产》，《工业建筑》2014 年第 2 期。

根据联合国教科文组织（UNESCO 官网）2023 年资料，世界工业文化遗产的名单中，与矿冶相关的遗址大概有三十多处，包括日本石见银山银矿遗址、德国的弗尔克林根铁工厂、埃森的矿业同盟工业区景观、赖迈尔斯堡矿和戈斯拉尔历史名城、法国的阿尔克-塞南皇家盐场、比利时的斯皮耶纳新石器时代的燧石矿等等。我国尚无一例以矿冶遗址为主体的遗产，被列入世界工业遗产名单。了解国外对于矿冶遗址的保护和再利用的过程，可以帮助我们了解自己的不足，从他处吸取经验。

我们选择其中两个具有代表性的矿冶遗址进行探讨，一个是亚洲首个入选的矿山遗址——日本石见银山遗址；一个是年代较早的冶铁遗址——布基纳法索古代遗址，以期为我们起步较晚的矿冶遗产的阐释带来参考和借鉴。

一、日本石见银山遗址——围绕"人与自然"主题的横向阐释

石见银山位于日本海沿岸岛根县中部，是日本历史上最大的银矿山，16—17 世纪期间，这里的银产量曾占全球的 30％。石见银山遗址共有包括矿山、坑道、行政建筑，以及港口城镇、银运输和出口的道路等十四处遗迹，展示了白银采掘、冶炼、运输整个流程。岛根县教育委员会世界遗产登录推进室的负责人鸟谷芳雄说，2007 年 5 月石见银山首次接受世界遗产委员会实地考察时，得到的评价是"普遍的显著价值不足"，建议"暂缓登录"。后在日本驻联合国教科文组织的建议下，申遗团队重点阐释石见银山以人力为基础的集约型矿山开发和"人类与自然环境和谐共存"的理念。普通矿山采用火药开山，露天采掘，而石见银山是人工开凿坑道，横向采掘，避免破坏山体；冶炼方面，没有因为需要木炭燃料而乱砍滥伐，而是在有序砍伐的同时，进行规划补植；由于采用灰吹法冶炼银，没有产生水银等有害物质，没有造成矿区病，周围的水和植被未受到侵害，生态环境保持良好。确立恰当的主题与理念，是石见银山于2007 年 6 月申遗成功的关键。

现遗址占地极广，分为核心区（银矿山遗迹及矿山小镇）、一般遗迹保护区（石见银山街道）和缓冲地带（港口及港口小镇）三部分遗迹。根据遗址区不同区域，制定不同保护对策。人们可以参观坑道和展示的各种工艺；矿场的生活街，建筑物和街道适合人们漫步或者远距离徒步；周围港口小镇有著名的疗愈温泉适合休闲。发挥民间力量，形成生活中随手保护遗产的氛围、及时报修、当地退休人士来当志愿者、邀请不同专业方向大学生实地探

访等①。这些对策和具体措施使该遗址进入可持续、循环利用型的开发模式。

二、非洲布基纳法索古冶铁遗址——以冶铁技术为轴心的纵向阐释

2019 年，西非布基纳法索古冶铁遗址成功列入世界遗产名录。该遗址由杜鲁拉、天威、雅曼、金迪博和贝基 5 个遗址点组成，它们分布于布基纳法索的不同省份。杜鲁拉发现有公元前 8 世纪的半地穴式熔炉，该遗址点代表非洲冶铁的初始阶段。天威、雅曼、金迪博和贝基都是公元 10 世纪以后布基纳法索地区大规模的冶铁基地。整个遗址包括十五个熔炉、若干炉基、炉渣堆积、矿坑、居住遗迹，除了这些物质的遗存，遗址提供的锻造技艺一直延续到今天。该遗址阐释包含三方面：一是展示非洲地区从公元前 8 世纪延续到近现代近的冶铁技术和文化遗产；二是以地下、半地穴和地上三种形态的竖炉、人工鼓风和自然鼓风两种鼓风模式以及多样化的耐火材料等，串联起西非冶铁技术体系；三是展示冶铁技术对国家的建立和发展以及对该地区长途贸易的作用。

农场扩张、当地金矿开采的开发压力，和作物种植、白蚁巢穴、树木生长、水土流失和动物破坏等环境条件，是该遗址保护面临的主要压力。为应对这些问题，当地政府采取传统保护方法和机构管理结合的措施，充分发挥政府的作用，积极向公众传播研究成果，通过在当地建立民族学博物馆，结合当地的节日举办公众活动增强公众保护意识；通过模拟熔炉的保护试验进行抑制熔炉退化的研究，加大对冶铁遗址的技术保护力度；结合周边的遗址建立价值评估体系；调整管理结构，使得管理体系更加灵活；以非破坏性的勘探为主，在部分地区试掘，继续推进考古研究，同时促进遗产的增值。同时，布基纳法索政府积极与国内外的大学和组织机构建立合作。并计划将该遗产列入面向国际游客的官方旅游路线当中，加快建设参观设施和基础设施，鼓励当地居民通过接待游客、组织活动、作为导游等方式获取更多就业机会，参与到遗产阐释的全过程，以发展旅游业带动当地经济发展②。

石见银山的保护与展示，带来最大的启示，即要有专注的主题和理念。从古代至近现代跨度较大的布基纳法索冶铁遗址，其保护措施也代表目前国际矿冶遗产保护的较高水平。它们的阐释为河南汉代铁矿冶遗址的研究、保护、展

---

① 孙浩、郭洋等：《国外如何保护工业遗产》，《决策探索》（上半月）2014 年第 12 期。

② World Heritage Convention. Advisory Body Evaluation（ICOMOS）［2019］. https：//whc. unesco. org/en/list/1602/documents/.

示带来启发和借鉴：重视遗址的保存、保护和增值；加强研究和保护的力度，最大限度地延长遗迹、遗物的寿命和相对良好的状态；给游客传递与冶炼相关的知识、工艺、技能等信息；密切与当地居民、专业机构的联系，加强与公众的互动、促进当地经济的发展，等等。

第三节　国内矿冶遗址阐释的经验与教训

迄今为止，我国入选世界遗产名录或预备清单的矿冶遗址仅有两处：一处是安溪下草埔冶铁遗址，该遗址于 2021 年作为"泉州：宋元中国世界海洋商贸中心"的二十二处遗址点之一，被列入《世界遗产名录》，其仅是作为系列遗产中的代表性遗产要素；另一处是铜绿山古铜矿遗址，2012 年，它作为"黄石矿冶工业遗产"的核心遗址，重返《中国世界遗产预备名单》。目前尚无一例以矿冶遗址为主体的遗产被列入《世界遗产名录》。

下草埔冶铁遗址是宋元时期泉州冶铁手工业的珍贵见证。申遗工作开始以来，各方极其重视该冶炼遗址的保护，已经建设遗址展示馆一座、保护棚二座，配置有步道、栈道、观景台等参观设施，并继续完善安全防护设施，加强遗产日常管理监测。泉州将依托安溪下草埔遗址和其余二十一处遗址点，共同打造"宋元中国·海丝泉州"城市名片，逐步建设安溪青阳冶铁遗址考古遗址公园，与当地历史文化名镇联合打造旅游胜地，继续推进考古发掘和遗产保护[1]。

铜绿山古铜矿遗址，1982 年被国务院列为全国重点文物保护单位，1984 年在七号矿体古遗址上建成我国首个矿冶遗址博物馆，1994 年被列入《世界遗产名录》预备清单。遗憾的是，由于该遗址的考古发掘和遗产保护，与该地区的采矿生产和经济利益产生极大冲突，如遗址的建设导致七号矿体的近四百吨矿石无法开采，企业损失几十亿，巨大的利润致使当地企业和个人将保护政令置若罔闻，不合理的采矿和非法盗采活动长期存在，遗址本体和周边环境遭受严重破坏，甚至面临坍塌危险[2]。2006 年 12 月，铜绿山古铜矿遗址从候选

---

① 泉州市人民政府办公室：泉州市人民政府办公室关于印发泉州市加快推进 21 世纪"海丝名城"建设实施方案（2022—2026 年）的通知［2022 - 10 - 18］．www. quanzhou. gov. cn/zfb/xxgk/zfxxgkzl/zfxxgkml/．

② 谭元敏、李社教等：《关于铜绿山古铜矿遗址保护管理的思考》，《湖北理工学院学报（人文社会科学版）》2017 年第 3 期。

了十余年的预备名单中被撤销，遗址博物馆也于 2007 年被关闭。铜绿山古铜矿遗址的几乎坍塌使得大冶人清醒过来，省、市级政府采取了一系列保护措施。2010 年，遗址博物馆重新对外开放，并于 2012 年进行第二次考古发掘，同时开始建设铜绿山国家矿冶考古遗址公园。同年 10 月，铜绿山古铜矿遗址、汉冶萍煤铁厂矿旧址、大冶铁矿东露天采场旧址和华新水泥厂旧址共同组成"黄石矿冶工业遗产"，重返《中国世界遗产预备名单》。2023 年，以"铜绿山，青铜源"为主题的铜绿山古铜矿遗址新馆建成，该馆规划设计"铜山有宝""找矿有方""采矿有道""炼铜有术""青铜有源" 5 个展厅，未来将以崭新面貌向大众开放。

安溪下草埔冶铁遗址和铜绿山古铜矿遗址进入世界遗产名录或预备清单的历程，引发我们对矿冶类遗址的阐释与城市经济发展这一矛盾的思考。只要地下矿产资源未枯竭，这种矛盾就会一直存在。矿冶遗址保护中的管理权属不一，保护管理机制不全，当地政府、企业和村民保护意识不强等，又加剧了这种矛盾。寻找矿冶遗产保护与当地经济发展的平衡点，化解两者之间的矛盾，政府主导机制的建立是重中之重，这是矿冶遗址阐释从无序走向有序的保证。

以古荥和舞钢冶铁遗址为代表的现代阐释已经进行不少有益的尝试，并取得了很大进展。但这类遗址的展示与利用，总体上仍然处在摸索和尝试阶段，存在主要问题如下：

首先，原址保护的难度较大。当下的矿冶遗址以原址保护为主，一方面，开放环境当中的遗址，极易受到破坏。另一方面，原址保护会占据一定的土地空间和矿产资源，造成遗址阐释与经济发展之间的矛盾，如果两者无法兼顾，便难以实现遗址及当地城市的可持续发展。

其次，小型矿冶遗址的阐释空白较多。规模较小的矿冶遗址，多坐落于乡镇，基础设施不足、人流量极少。相对大型矿冶遗址，其价值和观赏度更低，既无系统、完整的调查和发掘资料，也缺少有关文献记载，多数尚无完善的建设规划，遗址缺乏管理，人员和资金严重不足。

最后，阐释方式千篇一律，风格雷同。矿冶遗址中的遗迹比如竖炉以及陶窑、水井等附属设施，多仅残留炉基或灰坑，观赏性不强。而遗物如铁器、铁矿、炼渣、陶器、石器等，从颜色、光泽和纹饰看，都难以像青铜器、玉器一样对游客产生视觉冲击。

第四节　对河南铁矿冶遗址阐释的展望

铁矿冶遗址的阐释内容，不仅包括冶炼设备、工具、遗迹等有形文化遗存，还包含与冶炼相关的传统技艺、社会习俗等无形的文化遗产。结合国内外矿冶遗址的研究、保护、展示经验，对河南铁矿冶遗址的未来阐释有以下思考和设想。

一、突出矿冶遗址的特点——以技术为核心的阐释方向

矿冶遗址是古代冶金手工业的遗存，涉及矿石的开采、流通，金属的冶炼、熔铸、加工，产品的流通、使用和管理等内容，以技术为核心是其最大特色。比如布基纳法索古冶铁遗址，就是因其在保存传统冶铁技术方面具有突出的价值而闻名。

将技术体系作为核心进行阐释，离不开围绕技术的研究。古荥冶铁遗址夯筑技术的使用使得炼铁炉既结实又耐高温，椭圆形的炉缸克服了风力吹不到中心的难题，炉腹角的出现减少了燃料的消耗；出土铁器经检测，有灰口铁、白口铁、麻口铁、铸铁脱碳钢、球墨韧性铸铁等。古荥冶铁遗址是我国目前发现的众多冶铁遗址中，规模最大、保存最完整、技术水平最高的汉代冶铁遗址，是汉代最具代表性的一处冶铁遗址，前两者可以通过考古资料展示说明，后者是通过研究对遗迹、遗物内在的认识，更是当时生产力、生产水平的标志，是今人深入了解中国古代人民的智慧和创造力，了解和认识中国古代科技发展辉煌成就的窗口。

舞钢市冶铁遗址群，是多处战国到西汉时期的遗址组成的矿冶遗址群体。遗址群中的不同作坊，功能各有侧重。尖山遗址具有采矿功能，矿石主要为赤铁矿；许沟、翟庄、圪垱赵遗址主要作为生铁冶炼作坊；铁山庙遗址同时兼具采矿和冶炼的功能；沟头赵和石门郭遗址则可能是对生铁进一步加工，即脱碳处理的炒钢作坊。该遗址群已经形成了具有采矿、冶炼、铸造、炒钢等一套较为完整的钢铁生产体系。

坚持以技术为核心的阐释方向，才能真正将矿冶遗址的价值展示。考古、冶金、地质勘探、博物馆等多学科协同合作，将矿冶遗址的调查、发掘、资料整理、检测分析和保护展示有机结合、综合研究，才能更好地构建技术体系，

为矿冶遗址的阐释提供丰富的科学依据。

二、阐释的主题和视角的选择

矿冶遗址的阐释立足于本地区、本遗址的技术特征和传统冶炼文化，通过遗迹、遗物以及核心技术，确定阐释的主题和视角。

古荥冶铁遗址，作为河南郡第一冶铁作坊，不仅是秦汉时期重要的交通要道之一，更是处在四通八达的水利枢纽中心：北接黄河，东有鸿沟，南邻索须河，内有荥泽。便利的交通为古荥冶铁遗址原料的输入、产品的集散和技术的传播带来极大的便利，荥阳不仅是军事重镇，也成为当时的经济重镇。

古荥汉代冶铁遗址，既是世界文化遗产中国大运河通济渠郑州段附属遗产，也是我国因黄河而生、依黄河而兴的重要手工业遗存，是古荥大运河文化片区重要展示节点。对于展示黄河文化和大运河文化有着积极的推动作用。待建的中国古代冶铁博物馆，将依托古荥汉代冶铁遗址建设中国古代冶铁博物馆，项目占地约 185 亩，其中陈列展示馆 50 亩，遗址展示区 135 亩，建设面积约 30000 平方米。博物馆将对中国古代冶铁流程、技术进行系统性展示，填补我国缺少古代冶金史专题馆的空白。根据公开资料显示，项目建成后，将为全国历代冶铁历史、遗址、成就提供展示空间，也将成为全国古代冶铁技术试验、复原、研究和公众互动的场所。同时，对于展示中华文化发展的文化成果、科技成果等历史轨迹，展示黄河文化和大运河文化，提升和展示郑州城市形象、促进城市发展有着积极的推动作用。

西平县今属驻马店市，其位于河南省中南部，西部与平顶山市舞钢毗邻。这一地区自东周起就有冶铁实践，汉代此地的冶铁作坊，专设铁官管理，此地有着以冶铁文化为主的丰厚文化遗产。由于地理位置上的接近、发展背景相似，建议将舞钢冶铁遗址群和西平的酒店、何庄和冶炉城遗址资源整合。2009年以来，北京大学对舞钢、西平地区冶铁遗址群多次调研[1]，从宏观、微观角度探讨遗址的性质与生产方式[2]。根据对不同作坊炉渣的分析，西平的酒店及

---

① 陈建立：《中国古代金属冶铸文明新探》，科学出版社，2014 年，第 249 页。
② 秦臻：《舞钢、西平地区战国秦汉冶铁遗址研究：从微观到宏观》，北京大学硕士学位论文，2011 年。

何庄这两处遗址为冶炼遗址。冶铁炉则为一处城址，汉代在此设有铁官①。从遗址群分工，可以看出舞钢、西平地区，不仅已经初步具备完善的生产体系，也有相应的管理机构。

因此，对于古荥冶铁遗址，我们可以将其作为一个"点"，从横向空间视角出发，将主题定位在古荥冶铁遗址的地位及其对汉代社会的影响方面，结合发掘的遗存，依托荥阳故城大遗址进行展示。

而舞钢冶铁遗址群的阐释，需要横向和纵向视角的结合。横向阐释，需将众多大小不一的冶铁遗址，由"点"形成"面"联合起来，以区域遗址群映射出当时较完善的生产、管理体系为主题；纵向的阐释，对传统冶铁文化进行历史追溯，揭示当地冶铁文化的发展、传承。

三、阐释模式的个性化

当前国内矿冶遗址阐释的模式主要有：价值不高、保存状况较差或地理位置较偏僻的矿冶遗址多采用原址；兴建考古遗址博物馆；近年兴盛的考古遗址公园或文化生态公园，通过整体规划，将遗址本体与周边环境结合，将文化教育、公众考古、旅游休闲集为一体，包含遗址博物馆在内的生态友好型展示。当下的阐释方式多样，但不容易展示出冶铁遗址的特色，也存在重复交叉内容过多、特点不够鲜明等缺点。

古荥是汉代的交通枢纽以及经济重镇，古荥冶铁遗址的阐释上不应仅局限于冶铁手工业，而是要兼顾历史地理因素进行考量。古荥冶铁遗址是世界遗产"大运河通济渠郑州段"的附属遗产，该段运河是中国北方地区最早沟通黄河、淮河两大水系的运河遗存。荥阳故城（含古荥汉代冶铁遗址）作为大运河项目之一，已经于2021年入选国家文物局《大遗址保护利用"十四五"专项规划》"'十四五'时期大遗址"名单②。荥阳故城，不仅是军事重镇，更是天下漕运的中心，有着秦汉时期最大的粮仓——敖仓。将古荥冶铁遗址与运河示范段、古荥历史文化名镇结合，不仅有助于扩大冶铁遗址的影响，更有助于打造当地

---

① 李京华：《古代西平冶铁遗址再探讨》，见李京华：《中原古代冶金技术研究》，中州古籍出版社，2003年，第53页。

② 文物局网站：国家文物局关于印发《大遗址保护利用"十四五"专项规划》的通知. 文物保发〔2021〕29号〔2021－10－12〕〔2023－06－14〕.〔https://www.gov.cn/zhengce/zhengceku/2021-11/19/content＿5651816.htm.〕

特色旅游专线，提升古荥区域影响力。

舞钢遗址群的阐释是将冶铁文化与城市建设结合，打造以科技含量和企业文化为特点的工业旅游。企业借助游客的参观，获得更多的社会影响力和企业知名度，是一种双赢的阐释方式。而将矿冶遗址阐释与特色城市发展相结合，既有效保护遗址、挖掘遗址的价值，又彰显城市个性、提升城市品位，使得文物保护成为一项实在的惠民工程。

酒店冶铁遗址有我国迄今所发现时代最早、保存最完整的冶铁炉[①]，在中国古代冶金历程中有无可替代的价值。1999 年建有"酒店战国冶铁炉保护房"暨"西平县酒店冶铁遗址陈列馆"。以西平酒店冶铁遗址为核心，建设"西平县华夏冶铁文化生态园"，有冶铁历史文化长廊、历史体验馆、冶铁遗址博物馆、科普教育园、棠溪古驿等旅游景点。依托西平国家级的非物质文化遗产——棠溪宝剑锻制技艺（2014 年，第四批），当地对棠溪源的自然、人文资源进行开发，在棠溪湖景区设计有"论剑亭"冶铁炉游园、冶铁铸剑坊[②]。

西平和舞钢冶铁遗址紧邻，为了避免重复建设，可考虑将西平和舞钢资源整合，以工业旅游和冶铁相关的非物质文化传承为特色，促进区域铁矿冶遗址阐释的一体化。

四、社会多方力量共同参与

矿冶类遗址的保护，除了保护遗址本体，还要注重对周边环境的保护，要整合矿冶遗址周边遗存，结合城市发展的总定位，形成区域增长点。

当前我国推行的是自上而下的遗产保护模式，政府、专家、遗产保护相关人员成为遗产保护的主力军[③]。但矿冶遗址的阐释是社会问题，社区居民及社会公众应当共同参与到遗产的阐释之中。

矿冶遗址的良好阐释离不开政府的政策、资金、制度支持，政府应充分发挥统筹作用，结合本地区实际，制定当地矿冶遗产的阐释规划，并坚决落实；牵头建立省、市、县、乡、镇、村多级管理、保护、监测制度，明确责任制度；支持非物质文化遗产和文化产业的发展；科学规划、协调矿冶遗址及周边

---

① 河南省文物考古研究所、西平县文物保管所：《河南省西平县酒店冶铁遗址试掘简报》，《华夏考古》1998 年第 4 期。

② 韩祖和、李国喜等：《西平冶铁铸剑文化大放光彩》，《驻马店日报》2015 - 11 - 07（003）.

③ 陈广华：《文化遗产保护离不开民众力量》，《人民论坛》2017 年第 31 期，第 246—247 页。

国土空间的开发强度，妥善处理遗产保护特别是矿山遗址的保护与城市经济发展之间的关系，同时，有计划地组织单位、学校、公众的参观学习活动。激发社区居民、社会公众参与矿冶遗产阐释的积极性，如联合部门、媒体，普及文物保护法及当地遗产的重要价值，增强居民对遗产保护的责任感；搭建使公众能够切实地参与的平台，建立"以居民为核心"的保护制度，形成对文物保护的认同感、参与感。

各大高校及有关机构可以同矿冶遗址单位签订合作协议，定期进行学术研究、交流、宣传等活动。同时推动公众考古，让矿冶遗址相关研究成果被大众知道，提高整个社会的遗产保护意识。

河南是古代铁矿冶遗址最为丰富的省份，和以风景或自然景观著名的遗产相比，矿冶遗产强调的是纪实而非观赏性，故而平日较为冷清，相对缺少活力。依据铸铁遗址遗存类型，对其文化进行挖掘，进行文化展示设计；通过遗址物质要素和非物质元素的融合以及物质元素的再提炼、利用，来增强游客的记忆点等，针对矿冶遗址专业性强、观赏性弱的特点，借鉴国外前沿的阐释方法，构建与国情相符的阐释体系，结合自身定位，寻找出一条合理保护与展示之路，任重道远。

结语与展望

　　陨铁是为珍稀之物，陨铁作刃更是带有偶然性的行为，不是人类有意识从事并发展成普遍存在的技术，故选择将块炼铁技术的出现，作为冶铁起源的基本标志和评判依据。

　　目前为止，尚未发现春秋时期的冶铁作坊遗址。以河南、山西、陕西为代表的黄河中游地区，不仅是中国商周时期的青铜冶铸技术核心区，也是生铁技术的发源区。公元 5 世纪前，黄河中游的豫、陕、晋交界的中原地区，是人工冶炼铁器出土较为集中的区域之一，该阶段中原地区的铁器制品，是内生性产品，也说明中原的冶铁技术是独立发展，自成体系。

　　河南地区不仅有着中原最早的块炼铁器物，还有最早的春秋时期的生铁件（之一），这些是河南地区古代人工冶铁技术发轫的物证。

　　三门峡虢国墓出土多件复合材料铁器，6 件经过分析，其中 3 件为陨铁制品，另 3 件兵器为块炼铁或块炼渗碳钢，属于人工冶铁制品，也是目前中原地区发现时代最早的人工冶铁器物。

　　中国古代早期块炼铁技术作为早期东西方贸易内容之一由西亚传来，新疆、甘肃很大可能是传播的通道之一。从某种程度上，块炼铁技术传入中原后，应该加快了人们对铁属性的认识从而也推动了中国特有生铁技术的发展。

　　河南有目前国内发现最早，也是保存较好的西平酒店冶铁遗址出土的冶铁竖炉。战国中晚期发现有烘范窑和熔炉，出土遗物显示与铜器相关的铸造活动的延续和铁器铸造的出现，在同一时空并存的可行性。熔炉的筑造用到了多种材料。河南多处战国铸铁遗址都发现有脱碳炉。

　　河南地区战国冶铁遗址发现的均为泥范铸造铁器，但遗址中也发现夹固铸范的铁夹具和铸造铁质镬芯的模具，不排除有使用铁范的可能。在铸造铁器的长期实践中，为了提高铸铁质量，对陶范进行了重大改革。战国晚期，制范材料技术改进，铸范的砂比增加，范面涂一层澄滤过的细泥，兼顾面料和涂料作用。不同遗址的工具范，可以是由一套模具，批量翻制可以浇铸多次的泥范。用一件模翻出范，可以任意扣合成套并扣合得严密，大大提高制范效率。战国晚期河南地区已发现应用于铜带钩制作的叠铸技术，无疑对汉代铁件的叠铸制作，奠定了基础。

脱碳铸铁、铸铁脱碳钢与韧性铸铁等，是根据组织对生成材质的描述。究其本质，是战国时期已经有了生铁柔化的意识和技术。而退火技术提高，带来生铁柔化技术的发展和多种钢铁材料的出现。新郑唐户南岗春秋晚期墓出土的一件板状残铁器（M7∶4100），是脱碳铸铁件。迄今为止发现并经过检验的最早的生铁工具，是河南洛阳水泥厂出土的战国早期的铁锛（脱碳铸铁），与铁锛同出土的铁铲则为韧性铸铁。阳城战国早期铸铁遗址中，发现有铸铁脱碳钢的板材。新郑仓城铸铁遗址出土的经过退火脱碳处理的铁器，组织显示退火工艺不够娴熟，退火技术处于发展阶段。

战国时期，不同地区铁制品材质与工艺存在一定差异。河南地区战国冶铁遗址中，韩国冶铁遗址数量达十余处，占绝对比例。分析的韩国铁器，均为铸造成型，且多铸后经过处理，尚未发现有块炼铁成型器物，战国时期的韩国不仅铸造铁器，还通过对铸件后处理，增强铁器的韧性。出土的板、条铁材，也多先脱碳成钢，然后供给本地或外地作坊进行再加工，制成所需类型的钢铁器件。一定程度说明韩国铸铁技术发展的领先。而同时期属于魏国的辉县固围村一号战国大墓所出土的大量铁质农具，铁器多为块炼铁。极大可能来自古共城战国铸铁遗址。

脱碳炉的出现、条材和板材的发展，带来铸造材料的广泛应用，同时也促进了锻造技术的发展和成熟，也为后来完全钢件的锻造和汉代贴钢与夹钢复合材料的出现，奠定了物质和技术基础；铸范的互换技术提高铸造效率，铜器叠铸技术为汉代铁器叠铸技术发展提供基础；铸铁脱碳材料的广泛应用，也加快了退火工艺的长足发展和娴熟。锋利而耐用的钢铁农具和工具的制造与使用，促进战国时期农业和手工业的迅速发展。

中国韧性铸铁的发明及使用比欧洲早了 2200 多年。其中黑心韧性铸铁，目前仅在战国晚期的韩国和燕国出土的铁器中检测出，同时期的其他各国均未发现，战国晚期，工匠对退火的认识更加丰富，可以根据铁器的具体用途，采用不同方法。如条材、板材为方便直接锻打成器，直接选择退火脱碳，处理至近钢或熟铁；需要一定强度、硬度和韧性的铁农具、铁工具，需要进行较长时间的退火处理，且部分退火后又经过锻打、渗碳等加工；而对机械性能没过高要求的小铁环，组织显示其退火脱碳的时间就较短。

河南地区战国冶铁遗址发现的板材范、条材范的数量、规格都较多。铁条材、板材出现意味着铁的应用性、实用性范围扩大。我国最早的铁板材和条材的生产分别始于春秋晚期和战国晚期。均是在铸铁基础上，进行退火脱碳处理，其中条材的脱碳更为彻底，已接近纯铁组织，可以直接锻打成铁器。

铜铁复合器是先秦—汉代特有的一种现象。商代、西周的金属复合器，更多是作为身份地位象征，或带有神秘力量寄托。战国以后出现的复合器则呈现出本土技术特色和实用性的工艺理念。商代、西周金属复合器，较大可能是借助中西贸易通道获取原料（陨铁和块炼铁条），由本土制作而成的，铁料稀有，仅用来作刃；春秋时期复合器更多可能是受欧亚草原影响，属于北方游牧民族特有器类；而战国甚至延续到秦汉的复合器，则是在本土生铁技术基础上发展来的，是当时人们结合已出现的新材料和新工艺，因时、因事作出的优选。

全国的汉代冶铁遗址 80% 以上都集中在黄河流域，尤以河南、山东、河北三省发现的冶铁遗址最多，且呈现出分布密、规模大、技术高等特点。河南省的汉代冶铁遗址数量，是国内最多的。

从汉代冶铁遗址来看，当时的作坊有以炼铁为主而兼铸铁器的，也有专门铸造铁器的。汉代高炉炼铁已成为一种经济而有效的炼铁方法。高炉炼铁中的筑炉技术达到了较高的水平。砌筑所用耐火砖由耐火粘土烧成，甚至不同部位的耐火砖所用的材料、厚度、形状均不相同。耐火砖达到 $1463 \sim 1469℃$ 耐火强度。高炉炼铁所用原料大部分已进行了加工。两汉冶铁竖炉的数量较多，炉型有所扩大，有椭圆形和圆形两种。椭圆形的炉缸，解决了鼓风吹不到炉中心的问题，从而扩大和提高了铁的产量。但炉子过于高大，鼓风不匹配造成不方便，又促进炼炉和鼓风设备的改进。古荥炼炉积铁瘤柱上，发现了炉身角的痕迹，表明此时炉的结构已有新改进。改进后的炼炉可以有效发挥炉内热能的作用。鲁山望城岗冶铁遗址发现的大型椭圆形冶铁炉，有改建的痕迹，并首次发现冶铁高炉的渣与出铁的分开，带来操作的便利和产量的提高。

高炉冶铁技术的发展，离不开鼓风技术的改进。古代炼铁高炉是用皮制的"橐"作为鼓风器的。随着时间的推移以及经验的积累，人们增加鼓风器和鼓风管，使得炉中燃料充分燃烧，提高炉子的温度，加速冶炼的进程。鼓风侧吹法为熔炼炉向大型化发展提供了重要技术条件，南阳瓦房庄的"阳一"铸铁遗址中发现"换热式"鼓风，既提高了熔炉温度，又缩短了冶炼时间，提高了铁水和铸件的质量、产量。东汉水排的发明和应用，不仅提高了鼓风能力，而且大大降低了成本，但此对条件要求苛刻，需要作坊建在河流旁。

汉代炼铁与化铁的分工已很明确，出现较多专用的化铁炉。炼铁炉与化铁炉的结构和筑炉材料有明显的区别，后者更方便提高熔铁的质量、获得优质铸件。汉代已较好认识和掌握了熔炉的结构特点和操作方法。

汉代冶铁遗址发现较多退火脱碳炉，巩义铁生沟"河三"冶铁遗址出土的退火脱碳炉是目前发现比较科学的炉型结构，温度分布均匀，提高了热效率，有利于提高产品质量。遗址发现的铸铁脱碳钢、可锻铸铁等产品差异可能因加热炉温、气氛、速度等因素不同而不同。

不同于战国情况，河南汉代冶铸遗址发现的范有泥范、陶范和铁范，特别是铁范的使用，实现了从一次型向多次型的飞跃，使铸造铁器的质量与效率都有不同程度的提高。白口铁、灰口铁和麻口铁都出现在河南地区汉代铁范材料的组织中，白口铁硬且脆，热稳定不如灰口铁，汉代铁范用灰口铁制造是使用金属范的一项重大发展。

汉代叠铸技术更加成熟，叠铸技术的设计非常高超，不仅能够按照铸件的形状和工作要求选择不同的分型面，对收缩量、拔模斜度的考虑也非常合理，而且使吃泥量减小到最小限度。不仅用于铸钱，还广泛应用于铸造车马器、衡器等小件器物，大大提高了劳动生产率。

河南汉代铁器，农具、工具所占数量最多，铁兵器较少。组织反映出铁材质有白口铁、灰口铁、马口铁、韧性铸铁（包括球墨韧性铸铁）、脱碳铸铁、铸铁脱碳钢、炒钢。而原始块炼铁技术几乎不见痕迹。其中生铁退火热处理产品（韧性铸铁、脱碳铸铁和铸铁脱碳钢）所占比例最高，其次为铸造产品（白口铁、麻口铁、灰口铁），最后为炒钢，主要为工具、兵器类。

铸铁柔化离不开退火热处理。汉代的铁工具、铁农具、铸造兵器和具有刃口的用具等类型，基本上都是薄壁铸件，退火相对容易实施；该时期用木炭炼制生铁，得到纯净的碳铁合金，非金属夹杂少，金属晶粒细，过冷倾向大，退火较容易。这是汉代退火热处理技术进一步发展的根本。大量的退火产物——韧性铸铁、球墨铸铁、脱碳钢等产品，成为汉代工具、农具的主流材质。

生铁材经过退火处理，成为韧性铸铁和脱碳钢件，然后可以根据需要加工成不同类型的钢铁器件。古荥冶铁遗址重达几十千克的梯形铁板材、瓦房庄出土百余件条形材、由板材卷锻而成的棒材实物即是证明。

汉代工匠，对于材质和性能，已经有一定认识。脱碳铸铁因其表面脱碳，韧性提高，有助于改善铸铁性能，应用于铁锛、铁镢、铁锄、铁铧等农具时，芯硬表略软，更加耐磨；对于抗冲击力要求更高的工具和兵器，多选用铸铁脱碳钢或其他钢件，铸铁脱碳钢性能良好，可以成批生产，需要较长时间退火，但生成效率较高；轴套、轴承、铁釜、铁范等仍用白口铁；韧性铸铁应用更加广泛，质量更加稳定。大批汉代铁器中，都发现了韧性铸铁的农具和工具。灰口铸铁多用于耐高温和冲击的浇口、铁芯等。已可以根据不同用途造出不同强度的铁工件。

铸铁柔化技术在汉代达到较高水平，热处理尤其退火工艺成为汉代铁官冶铁作坊常规方法，铸铁的热处理技术在汉代快速发展，并臻于成熟。

西汉后期已创造了技术把生铁加热到熔化或基本熔化的状态下加以炒炼，使铁脱碳成钢或熟铁的“炒钢”技术。炒钢炉出现，标志着炼钢技术发展到了一个新的阶段，使得钢材的产量大大提高，这对于当时生产工具的改进，钢制品的推广均具有重要的意义。百炼钢出现，标志汉代以生铁为基础的中国古代钢铁体系成熟。

河南因其业态格局与模式的领先，完善钢铁体系的建立，中原生铁技术的辐射，成为汉代冶铁业核心。汉代河南铁工业体系化初见雏形，体现在其产业空间布局的优化、市场机制与管理体制的成熟、产业技术的进步。

汉代出现的生铁退火衍生制品，后代仍有出现，一直到宋代仍在一定范围内使用。宋、元以后尚未发现出土的铸铁脱碳钢制品，一方面受检测材料制约，另一方面很可能是因炒钢及灌钢的发明，固体脱碳制钢工艺逐渐衰退。

除此外还有新的生铁炼钢产品和技术出现，如生铁淋口、冶铁炉和炒钢炉连用、灌钢、百炼钢、苏钢等。

生铁淋口是指用生铁水对熟铁或低碳钢锻制的器物刃口进行表面渗碳。宋代农具中发现有生铁淋口制品。来自登封、南召、邓州文化馆的 6 件宋代铁锄经过了生铁淋口处理。这是我国古代铁器中首次发现的生铁淋口制品，并且时代比宋应星记载得要早。6 件生铁淋口制品的基体都是熟铁，且都进行了淬火处理。

分析的 18 件宋代工农具中，有 13 件为锻造制品。宋代以后锻制工农具的数量明显增多。对铁器进行硫印试验，含硫量较高，也为宋代铁器生产用煤冶铁提供了实物证据。

生铁加热到熔化或基本熔化状态，在熔池中加以搅拌（古人称之为"炒"），借助空气中的氧有控制地把生铁炒炼到需要的含碳量。此工艺将炼铁炉与炒铁设备直接串联起来，将炼生铁与从生铁炒成熟铁的两道工序加以组合，两步并作一步走，实现连续生产。从铁矿进入炼炉炼成生铁后，趁热直接炒成熟铁。于是省去了生铁再熔化工序，既提高工效，又节省燃料、劳力和时间，降低了生产成本。中国炒钢技术是中国古代钢铁技术发展史中的一项重大贡献。

百炼钢可能是我国古代盛行过的多种生铁炼钢方法中质量最好的一类，多用来制造名刀宝剑。考古材料已发现数量众多的东汉时期的百炼钢兵器。汉代之后，仍然有百炼钢兵器存。

唐河县出土的四把六朝窖藏铁刀（编号4144、4143），初步判断为灌钢制品。如是，则为我国首次发现的灌钢制品。灌钢亦称团钢，是中国史书记载的一种生铁炼钢方法。基本原理是把生铁和熟铁按一配合生产的一种钢，由于生铁熔点比熟铁低，生铁先熔化，铁汁流入熟铁盘中，碳向熟铁扩散，使碳达到适当分量，成分均匀，而变成硬度高性能较好的钢。灌钢法水平到明代又有了进一步提高，（1）不用泥封，而用涂泥的草鞋覆盖，使生铁在还原气氛下逐渐融化；（2）把生铁放在捆紧的熟铁薄片上，当生铁熔化后，使其能均匀地灌到薄片的夹缝中，增加了生熟铁之间的接触面积，有利于碳的扩散，得到含碳均匀的钢材。

苏钢也是中国古代生产的一种钢，其生产工艺是在灌钢技术的基础上发展起来的，同灌钢相比，苏钢工艺的重大改进，在于改善了生熟铁的接触条件，使淋滴的生铁和承受淋滴的熟铁，都处于运动状态，并可由操作者适当掌握，操作工人必然要付出艰巨劳动。

北宋时期，王安石变法，放开民营冶铁业，推行"二八抽分"税率，冶铁业又得到快速发展，古代钢铁技术在北宋逐渐达到了顶峰。明代官营冶铁业日渐衰落，逐渐落后于西方。

秦汉时期形成了高度中央集权的国家治理形态，冶铁的财政意义凸显。监督机制健全，政府或巨商集中大量财力、物力、人力进行规模化、标准化的生产。东汉晚期后，冶铁技术普及，铁器存量丰富，产品不再集中于资源开发，生产模式向锻造制钢转型，生产向产业下游转移。原来统一的冶铁生产体系被打破，中央政府放弃垄断成为必然，官营冶铁只是满足使用需要，国家治理形态也呈现分散化、地方化的特点。

铁矿已经大量开发，铁器社会存量赋富裕，冶铁业对资源的依赖相对降低。铁厂选择就不以靠近铁矿产区为优选发展因素，更看重地理位置带来交通便利的优越；这又带来了技能工人的流动。人才集中、运销便利，保证产业持续发展。生产模式影响着国家治理形态，包括铁冶政策、措施等。而治理形态和自然、社会环境因素共同造就冶铁中心在不同时期的转移。

目前的研究成果已基本阐明河南地区先秦至汉钢铁技术积累和发展的过程，体系构架较为清晰。战国到汉代，是河南地区古代冶铁技术迅猛发展到成熟期，此阶段古代生铁及制钢技术体系逐渐建立并成熟。这是根据我国资源的特点和优秀技术传统，发展出的自己的技术道路。

但目前研究仍然存在许多空白和不足。冶铁遗址考古发现与发掘，仍然存在有些区域不充分甚至缺乏的情况；冶铸遗址发掘报告的规范性，很多概念、术语不统一，甚至有表述错误之处；如何保证样品采集的有效性、规范性；块炼铁技术如何在中原被赋予新的生命力研究，以及对生铁与块炼铁技术出现时间的认识；很多遗址和铁器年代尚不明晰，随着^{14}C年代测定技术的发展，特别是仅需要极少量的碳样品的加速器质谱法的普及，国际上对铁器进行^{14}C年代测定的研究亦逐年增多，也成为一发展趋势；魏晋以后冶铁遗址的发掘、研究材料较少；自宋朝开始的中国钢铁技术发展到高峰之后的命运，还需要更多的技术支持与社会研究，这方面不论是考古材料还是研究都不够；古代冶铁业技术发展进程方面，需要更多的全过程复原模拟实验研究，这中间可能需要利用操作链、产业链和供应链等理论模式的深入探讨；古代冶铁业传播与交流的途径和影响的研究深化；如何将发掘、采样、分析工作与测绘技术对遗址进行的空间信息采集相结合，对冶金遗址保护和展示问题制定方案，并有效实施，使其最大价值服务于人民；等等。

近年来，冶铸业考古作为手工业一大类，其研究成果为构建和完善中华文明发展时空框架作出了应有的贡献。2020年，集田野考古、科技考古和综合研究于一体的《临淄齐故城冶铸业考古》（三卷本）出版，并入选"2020年度中国社会科学院创新工程重大科研成果"。2022年4月22日，国家文物局组织编制的《"十四五"考古工作专项规划》（以下简称《规划》）发布。在《规划》提出的 18 项"重点任务"中，"手工业考古"同时被列入"'考古中国'重大项目"与"考古科学关键技术研发与综合应用"所涵盖的研究方向。

农业与手工业，是社会生产力发展的主要体现领域。白云翔认为，手工业的研究构成文明起源研究中的重要方面。手工业技术、手工业生产、手工业经济、手工业的组织管理等，既是社会复杂化的标志之一，更是社会复杂化的动力之一。手工业遗存不仅仅是作为技术层面的物质存在，还涉及当时的生产、技术、经济、社会观念等各个方面。手工业考古学的研究内容包括对古代手工业原材料、生产工具和生产设施、工艺技术和生产流程、产品、产品流通和应用、生产者、生产经营方式、产业布局和产业结构等多方面的研究。

这也为未来冶金考古提出方向。立足于田野考古，强化多学科合作研究，用科学的理论和方法对冶铁遗址进行解读和阐释，复原当时手工业的状况。较好的例子如山东临淄齐故城冶铸考古过程中，结合了人骨鉴定、动物考古和植物考古等研究成果，为了解东周秦汉时期临淄城内的居民尤其是工匠的生活及其环境等，提供了重要信息。

冶金史研究不仅仅涉及采矿、选料、冶炼、材料处理，更需要结合多学科研究成果，进行综合性的研究，进而获得科学可信的结论。不仅重视冶铁工艺技术方面的研究，更要关注工艺技术和当时社会动态关联度的研究，包括冶铁的管理体系，铁器的生产、流通和分配，以及工匠的组织模式等诸多问题。

后　记

　　能成为《河南冶铁技术发展史》的作者，最初感到有些意外。2022年4月，省社科院通知我参加2022年河南兴文化研究专项立项动员会，方知是经郑州大学历史学院袁延胜老师推荐，成为2022年河南兴文化研究专项项目《河南冶铁技术发展史》的作者。从2022年7月项目立项，到2024年7月书稿初成，历时两年，其间经历了从头绪迷茫到一步步有相对清晰脉络展现的艰苦过程。

　　本书聚焦河南冶铁历史遗存，对河南冶铁遗址的发掘及研究成果进行了较为全面而系统的梳理与分析，从河南铁矿资源分布、冶铁技术起源、战国—魏晋时期冶铁遗址与铁器分析、燃料与鼓风技术，古代冶铁遗址的当代阐释等方向，尝试构建出从西周晚期到明清时期，河南地区古代铁器和冶铁业发展脉络，全面揭示河南地区古代冶铁技术发展历程，为更好认识河南古代手工业史，挖掘河南文化底蕴，增进中华民族的文化自信做出努力。

　　正如陈建立老师所言，生铁冶炼和利用生铁制钢技术是中国冶金技术第二次本土化，河南是这个过程非常重要的完成地之一。河南发现的汉代冶铁遗址，其技术水平在当时是全国也是全世界最高的。本书稿创新之处在于，论述产业空间布局的优化、政府为主导的市场机制与管理体制对产业技术进步的促进，重点探讨了河南汉代古代冶铁业态格局与模式、完整的钢铁技术体系建立以及辐射四方的影响力，凸显河南在中国冶铁技术发展史上的地位与作用；对于从块炼铁冶炼到生铁冶炼技术转变原因进行深入思考，尝试从块炼铁冶炼技术传播的时空背景、思想观念以及技术因素等方面进行综合讨论，提出自己见解；通过不同时期冶铁业的分布变化，对行业经济重心的转移与冶铁业态、生产模式的改变进行关联探讨；对河南冶铁技术文化产品转化的优秀案例——郑州古荥冶铁遗址博物馆和舞钢中国冶铁文化博物馆的现代阐释状况，进行分析和思考，并结合国内矿冶遗址阐释的经验与教训，对河南铁矿冶遗址的未来阐释方向提出进一步提升的思考等。

《河南冶铁技术发展史》是建立在巨人肩膀上完成的工作，该书不仅是对为河南冶铁事业作出巨大贡献的前辈李京华先生的致敬，也是对为河南古代冶铁发展研究做出贡献和努力的老师们和同行们的致敬。

姚智辉

2024 年 10 月

图书在版编目(CIP)数据

河南冶铁技术发展史研究 / 姚智辉著. -- 上海 ：
上海古籍出版社，2024. 12. -- ISBN 978 - 7 - 5732 - 1431
- 7

Ⅰ. TF5 - 092

中国国家版本馆 CIP 数据核字第 20245UM414 号

“郑州大学考古学学科建设创新中心”系列丛书(一)

河南冶铁技术发展史研究

姚智辉　著

上海古籍出版社出版发行

(上海市闵行区号景路 159 弄 1 - 5 号 A 座 5F　邮政编码 201101)

(1) 网址：www. guji. com. cn

(2) E-mail：guji1@guji. com. cn

(3) 易文网网址：www. ewen. co

苏州市越洋印刷有限公司印刷

开本 710×1000　1/16　印张 25. 25　插页 5　字数 426,000

2024 年 12 月第 1 版　2024 年 12 月第 1 次印刷

ISBN 978 - 7 - 5732 - 1431 - 7

K · 3757　定价：138. 00 元

如有质量问题，请与承印公司联系